高职光伏发电技术及应用专业系列教材

国家骨干高职院校建设项目成果

太阳能资源开发与利用

主　编　戚桓瑜　袁雅琳

西北工业大学出版社

【内容简介】 本书全面、具体地介绍了农村太阳能利用方面的实用技术。主要内容包括：太阳能基本知识、热传学基础、太阳灶、太阳能热水器与热水系统、太阳能热水器设备及附件、被动式太阳房、太阳能干燥、太阳能温室、太阳能制冷与空调、太阳能光伏发电系统、太阳能热发电系统等。

本书可作为高职院校光伏和光热专业学生专业课学习教材，也可作为实际生产生活中关于太阳能利用技术方面的工具书，为施工技术人员提供方便。

图书在版编目(CIP)数据

太阳能资源开发与利用 / 戚桓瑜,袁雅琳主编. —西安：西北工业大学出版社，2015.6
ISBN 978-7-5612-4333-6

Ⅰ. ①太… Ⅱ. ①戚… Ⅲ. ①太阳能利用 Ⅳ. ①TK519

中国版本图书馆CIP数据核字(2015)第127738号

出版发行：西北工业大学出版社
通信地址：西安市友谊西路127号　　邮编：710072
电　　话：(029) 88493844　88491757
网　　址：www.nwpup.com
印 刷 者：兴平市博闻印务有限公司
开　　本：787 mm×1 092 mm　1/16
印　　张：18.5
字　　数：360千字
版　　次：2015年6月第1版　　2015年9月第1次印刷
定　　价：33.00元

前　言 FOREWORD

能源是人类赖以生存的物质基础,那么,究竟什么是"能源"呢？关于能源的定义大约有20种。《科学技术百科全书》说:"能源是可从其获得热、光和动力之类能量的资源";《大英百科全书》说:"能源是一个包括着所有燃料、流水、阳光和风的术语,人类用适当的转换手段便可让它为自己提供所需的能量";我国的《能源百科全书》说:"能源是可以直接或经转换提供人类所需的光、热、动力等任一形式能量的载能体资源。"可见,能源是一种呈多种形式的,且可以相互转换的能量源泉。确切而简单地说,能源是自然界中能为人类提供某种形式能量的物质资源。

能源亦称能量资源或能源资源。它是可产生各种能量(如热量、电能、光能和机械能等)或可作功的物质的统称,是指能够直接取得或者通过加工、转换而取得有用能的各种资源,包括煤炭、原油、天然气、煤层气、水能、核能、风能、太阳能、地热能、生物质能等一次能源和电力、热力、成品油等二次能源,以及其他新能源和可再生能源。

而太阳自地球诞生以来就源源不断地向地球输送能量,可以说地球上绝大部分的能源都来自太阳能。自古人类也懂得以阳光晒干物件,并作为制作食物的方法,如制盐和晒咸鱼等。在化石燃料日趋减少的情况下,太阳能已成为人类使用能源的重要组成部分,并不断得到发展。

太阳能既是一次能源,又是可再生能源。它资源丰富,既可免费使用,又无需运输,对环境无任何污染,为人类创造了一种新的生活形态,使社会及人类进入一个节约能源、减少污染的时代。光热技术和光伏技术作为现阶段太阳能利用的两种主要形式,在进入21世纪之后快速发展。

本书可作为高职院校光伏和光热专业课程教材,也可作为实际生产生活中关于太阳能利用技术方面的工具书,为施工技术人员提供方便。

编写本书曾参阅了相关文献资料，在此，谨向其作者深表谢忱。

本书在编写过程中,由于笔者水平和掌握材料所限,难免存在纰漏和欠妥之处,恳请广大读者批评指正。

编　者

2015年2月

序　言 PREFACE

我国太阳能资源丰富,取之不尽,用之不竭。同其他技术,如小水电、风力发电等相比,尽管光伏发电的成本目前还比较高,但光伏发电资源普遍,系统结构简单,设备体积小且轻,运行维护简单,清洁安全、无噪声、可靠性高、寿命长,经济性比较有优势。无论从能源安全的长远战略角度出发,还是从调整和优化能源结构需求考虑,大力发展光伏发电都是保障我国能源安全的重要战略措施之一。

在太阳能应用领域,太阳能热水器、太阳能集热器、太阳能灶、太阳暖房、太阳能干燥器、太阳能温室、太阳能制冷与空调及热发电系统在全球各领域发展很快,太阳能资源应用领域的开发研究是提升太阳能转换效率,解决能源危机的有效途径。2011年6月1日,国家发展和改革委员会颁布的《产业结构调整指导目录(2011年本)》正式实施,在该目录鼓励新增的新能源门类中,太阳能光热发电被放在突出位置。太阳能光热发电也已成为当前投资热点,我国太阳能热水器产业已形成较为完整的产业化体系。随着太阳能与建筑一体化的实施,国内已有很多地区要求新建12层及以下住宅必须应用太阳能热水系统。太阳能与建筑一体化,俨然已经成为发展节能建筑的必然趋势。

这些产业的发展和政策的实施,使我们信心倍增。我们相信太阳能资源在应用方面的研究与开发必将成为21世纪最前沿、最具发展的产业之一,困扰人类的石化能源危机被快速解决后,新能源必将带领人类进入新的光辉世纪。

武威职业学院能源工程系主任胡建宏副教授

2015年2月30日

目　录 CONTENTS

第一章　太阳能的基本知识

1.1　世界能源的主要来源及能源危机

1. 世界能源的主要来源

能源是人类生存与经济发展的物质基础，然而随着世界经济持续、高速地发展，能源短缺、环境污染、生态恶化等问题逐渐加深，能源供需矛盾日益突出。当前世界能源消费以化石资源为主，其中中国等少数国家是以煤炭为主（见图 1－1），其他国家大部分则是以石油与天然气为主。

化石能源是一种碳氢化合物或其衍生物。它由古代生物的化石沉积而来，是一次能源。化石燃料不完全燃烧后，会散发出有毒的气体，但却是人类必不可少的燃料。化石能源所包含的天然资源有煤炭、石油和天然气。

根据专家预测，按目前的消耗量，石油、天然气最多只能维持半个世纪，煤炭也只能维持一二百年。不管是哪一种常规能源结构，人类面临的能源危机都日趋严重。预计化石能源使用年限分别为石油 40 年，天然气 61 年，煤炭 227 年。

图 1－1　煤炭

2. 能源危机

能源危机是指因为能源供应短缺或是价格上涨而影响经济。这通常涉及石油、电力或其他自然资源的短缺。能源危机通常会造成经济衰退。从消费者的角度看，汽车或其他交通工具所使用的石油产品价格的上涨降低了消费者的信心，并且增加了他们的开销。

(1)世界能源重大历史事件。

1973年能源危机——原因:石油输出的主要力量为阿拉伯国家,他们因不满西方国家支持以色列而采取石油禁运。

1979年能源危机——原因:伊朗革命爆发。

1990年石油价格暴涨——原因:波斯湾战争。

加州电力危机——原因:电力管制政策失败,加上供给小于需求。

英国石油抗议活动——原因:英国油税已高居不下,而原油价格却又上扬。

2005年石油价格上涨——原因:供需关系失调。

(2)能源战争。自从三次科技革命以来,能源成了国家经济的命脉,而地球上的能源是有限的。于是在各个大国之间引发了一些与石油有关或纯粹是为了石油的战争。为了争夺对世界资源与能源的控制权,导致了两场世界大战的爆发。一战中31个国家15亿人口卷入了战争,伤亡人数达3 100万,其中死亡1 000万人,军费支出与战争损失共计3 877亿美元。二战中这个数字成倍增长。7年的战争中有60个国家参与,总伤亡人数达9 000万人,死亡5 000万人,直接军费支出1 117亿美元,物质损失3万亿美元。二战后美苏两个超级大国为了争夺资源与能源展开了40多年的冷战。

1)第一次石油危机。1973—1974年的第一次石油危机产生于第四次中东战争。为打击以色列与西方国家,阿拉伯国家使出狠招:1973年10月16日提高石油价格,第二天减少生产,并实施对西方国家的禁运,使油价从每桶3.01美元增加到11.651美元。随着阿拉伯国家1 100亿美元的巨额收益,伴随着的是西方国家(包括日本)的经济衰退。保守估计,此次石油危机至少使全球经济倒退2年。

2)第二次石油危机。1979—1980年的第二次石油危机则由两伊战争引起。两大产油国的战争造成国际油价飙升,再次使西方国家遭受打击。以美国为例,GDP增长率由1978年的5.6%下降到1980年的3.2%,直至1981年0.2%的负增长。这里值得一提的是日本。日本从第一次石油危机吸取经验,进行了大规模的产业调整,增加了节能设备的利用,提升核电发电量,在第二次石油危机中保持了3.35%的增长率。一举取代美国成为世界上最大的债权国。

1990年的海湾战争是一场彻彻底底的石油战争。当时美国总统老布什曾表示:如果世界上最大的石油储备权落到萨达姆手中,那么美国人的就业机会、生活方式都会遭受毁灭性的灾难。于是美国联合西方国家发动海湾战争。期间油价曾飙升至每桶40美元。不过由于国家能源机构的及时运作,再加上沙特阿拉伯的支持,很快便渡过了这次石油危机。

伊拉克战争名为反恐战争,实为石油战争。美国经济当时已经放缓,急需大宗商品来刺激。美车联合英国发动石油战争，结果打开了潘多拉的魔盒，不仅造成恐怖组织的大量泛滥，也直接导致了2008年的经济问题，是一场全球的噩梦。

1.2 克服能源危机的出路

大力发展可再生能源，用可再生能源和原料全面取代生化资源，进行一场新的工业革命，不仅是出于生存的原因，与之相连的是世界经济可获得持续的发展。在这种世界经济中，高科技术和生态可以承载的区域性经济形式将得以发展。可再生能源主要有如下方面：

(1)以太阳能的利用为主的可再生能源潜力极大，据天文物理学家的计算表明，太阳系还能存在45亿年，每年太阳提供的能量是世界人口商品消费量的1.5万倍。

(2)光伏电力的应用。如在德国每年的平均日照量为1 100 $kW \cdot h/m^2$。电力的总需求量约为5 000 kW·h，光伏技术的年平均功率约为太阳辐射量的10%。依光伏设备生产5 000亿 kW·h的电力，需要5 000 km^2 的光伏转化模板面积。明智的做法是用相关设备安装在建筑物的表面，在德国，这一做法意味着只需不到10%的建筑物顶部。

(3)光热利用。在中欧和北欧等缺少阳光的地区，已经出现了一些完全依赖阳光供暖的建筑物(应用比较理想的热与热交换系统)。

(4)生物质燃料能源。全球农用面积约为1 000万平方千米，约有4 000万平方千米的土地为森林覆盖，荒漠地区的面积约为4 900万平方千米。光合作用的年产量(包括自然生长的植物和粮食生产)大约是2 200亿吨干胚料，这相当于每年80亿吨生化资料所提供的能量，只需不到1 200 km^2 的可耕地和林地面积(不计沼气的能力)。

(5)氢能源利用。自然界大量存在的水，由电解水产生氢或由太阳能光催化水分解氢。小水电与潮汐发电也可提供可观的电力。

(6)风力发电。丹麦是风力发电大国，现有6 300座风力发电机，提供13%的电力需求。总之，可再生能源的利用潜力很大，完全可满足人类社会可持续发展的能源需求。

1.3 关于太阳

太阳是太阳系中唯一的恒星和会发光的天体，是太阳系的中心天体，太阳系质量的99.86%都集中在太阳。图1-2所示是用天文望远镜拍摄的太阳。

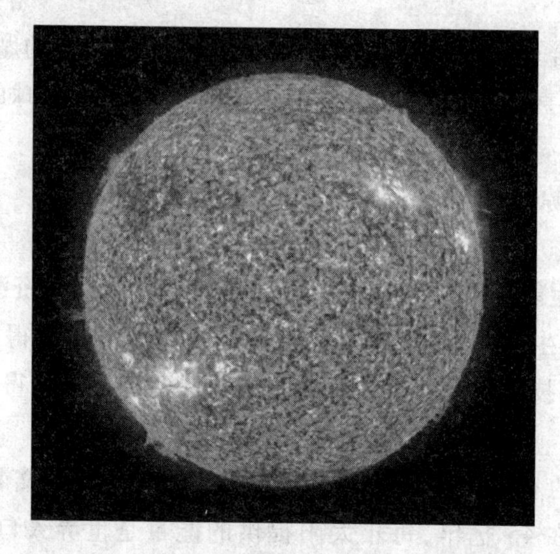

图 1 – 2　太阳

1. 太阳的基本参数

太阳是距地球最近的恒星。

(1)半径:$R=6.96\times10^{5}$ km(地球的 109 倍);

(2)体积:1.4122×10^{7} km^{3}(地球的 130 万倍);

(3)质量:约为 1.99×10^{27} t(地球质量的33 万倍);

(4)平均密度:1.409 g/cm^{3}(地球密度的1/4),160 g/cm^{3}(核心);

(5)温度:5 770 ℃(表面),1.56×10^{7}℃(核心);

(6)日地平均距离:1.5×10^{8} km;

(7)太阳光到达地球表面时间:约 8 min18 s;

(8)年龄:约 50 亿年;

(9)寿命:100 亿年。

2. 太阳结构

太阳结构可以分为里三层和外三层,如图 1 – 3 ~ 图 1 – 5 所示。

(1)里三层——太阳内部。

1)核反应区:0.25 *R* 内,温度 1 500 万摄氏度,太阳一半的质量,压力约 2 500 亿大气压;氢聚合时放出射线,这种射线通过较冷区域时,消耗能量,增加波长,变成 X 射线或紫外线及可见光。

2)辐射区:0.25 ~ 0.8 *R* 范围,温度 13 万摄氏度,密度 0.079 g/cm^{3},太阳能量通过这个区域由辐射传输出去。

3)对流区:0.8 ~ 1.0 *R* 范围,温度 5 000℃,密度 10^{-8} g/cm^{3},太阳能量主要靠对流传播。

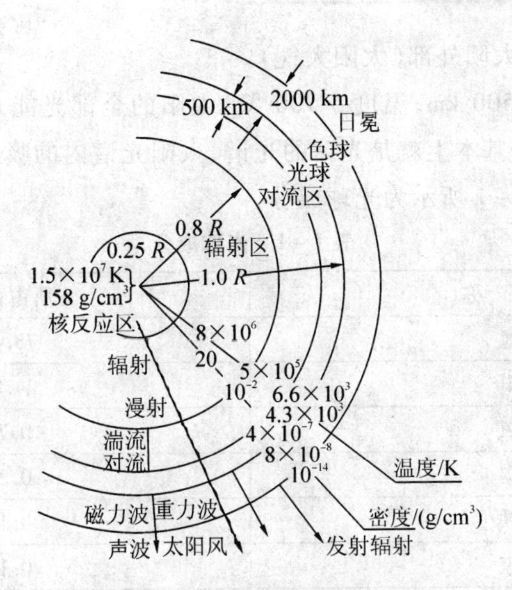

图 1－3　太阳结构和能量传递方式

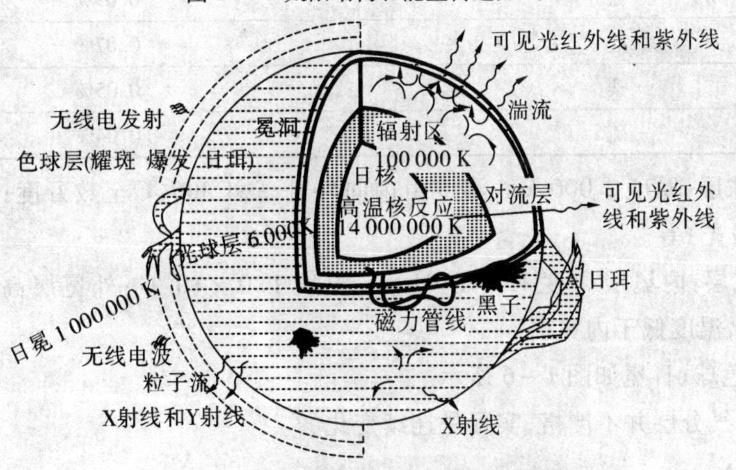

图 1－4　太阳结构示意图

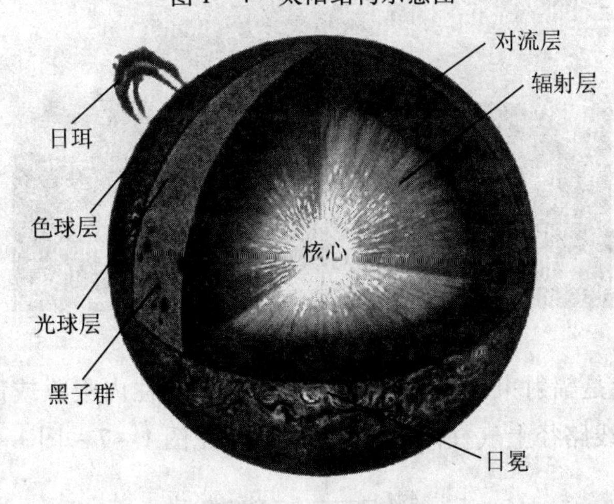

图 1－5　太阳结构

(2)外三层——太阳外部(太阳大气)。

1)光球层:厚度500 km,温度5 700 ℃,太阳的全部光能几乎全从这个层次发出。太阳的连续光谱基本上就是光球的光谱,太阳光谱内的吸收线基本上也是在这一层内形成的。表1-1所示为光球成分。

表1-1　光球成分

名　　称	所占百分比
氢	73.46%
氦	24.85%
氧	0.77%
碳	0.29%
铁	0.16%
氖	0.12%
氮	0.09%
硅	0.07%
镁	0.05%
硫	0.04%

2)色球层:厚度2 000 km,温度由内向外升高,4 300 ℃至数万度;边缘产生日珥、耀斑(极光)等。

3)日冕层:内冕层高度1.7×10^5 km,温度1.0×10^6℃;外冕层高度在1.7×10^5 km以上,温度低于内冕层。

光球、色球、日冕如图1-6所示。

太阳大气分层并不严格,实际是连续变化的。

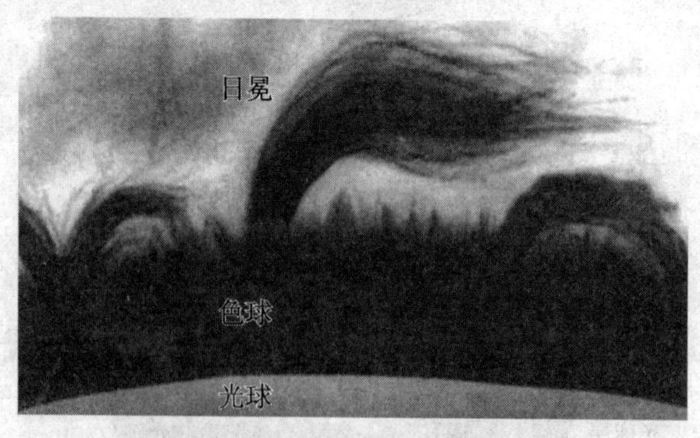

图1-6　光球,色球,日冕

大气光学质量是辐射束沿传输路径在单位截面气柱内吸收或散射的气体质量。简单来说,就是光线路径上气柱内空气的总质量(见图1-7~图1-9)。

$$AM=\frac{1}{\cos\theta s}=\sec\theta s$$

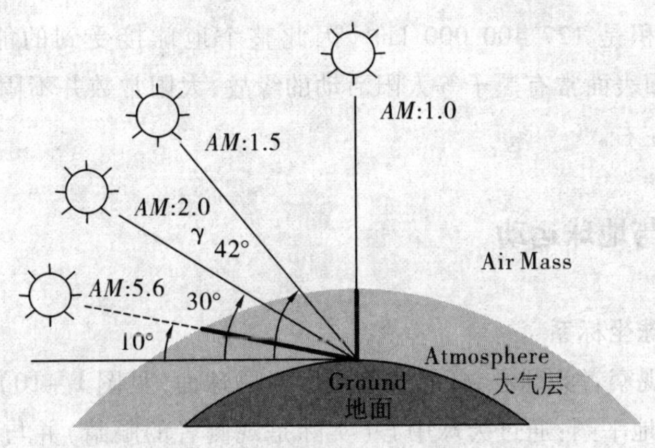

图 1－7 大气光学质量 AM 定义(美国)

任何地点的大气光学质量可以由以下公式估算

$$AM=\sqrt{1+\left(\frac{s}{h}\right)^2}$$

式中，s 是高度为 h 的竖直杆的投影长度。

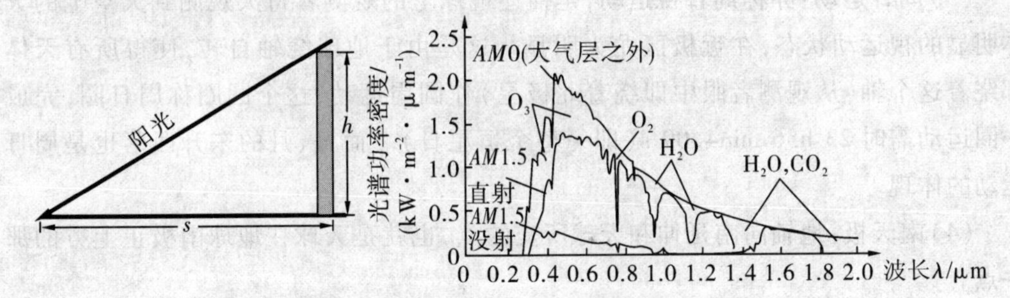

图 1－8 大气光学质量估算

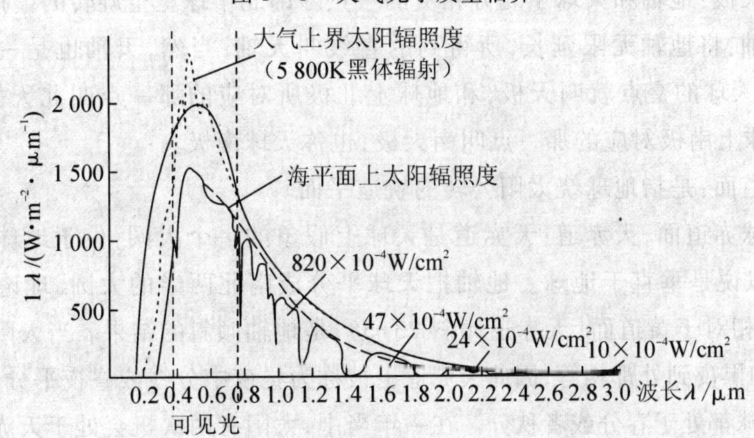

图 1－9 太阳辐射光谱

太阳光在大气层外(即大气光学质量为零或者 AM0)和 AM1.5 时的光谱分布如图 1－8 所示。AM0 从本质上来说是不变的，它的功率密度在整个光谱范围积分的总和，称为太阳常数，它的公认值是 $\gamma=1.3661\ \mathrm{kW/m^2}$。

地球的截面积是 127 400 000 km^2,因此整个地球接受到的能量是 1.740 × 10^{17} W。由于太阳表面常有黑子等太阳活动的缘故,太阳常数并不固定,一年当中的变化幅度在1%左右。

1.4 太阳与地球运动

1. 天球与天球坐标系

天球是指以观察者为球心,任意长度为半径的球面(见图 1-10)。

(1)地平面,地平圈:通过天球中心(实际是观测者的眼睛)并与铅垂线(天顶与天底联线)相垂直的平面,称为天球的地平面,地平面与天球相交而成的大圆称为地平圈。

(2)天顶和天底:天顶,位在观察者正上方处的天球点,天顶对应天球上的坐标与观察者所在的位置,与时间有关,天顶与天底正好相反。

(3)周日运动:亦称周日视运动,是描述地球上的观测者每天观测到天空上的天体明显的视运动状态,在近极区尤为明显。这是由于地球绕轴自转,使得所有天体都绕着这个轴(从观测者眼中即绕着北极星)作圆周运动,这个圆圈称周日圈,完成一圈运动需时 23 h56 min4.09 s(即一整个恒星日)。而日、月的东升西落也是周日运动的体现。

(4)南天极:地轴向南延伸和天球所交的点,也就是天球在地球南极正上方的那一点。

(5)北天极:地轴和天球于北方相交的一点。即北半球星空旋转的虚拟中心点。

(6)天轴:将地轴无限延长,所得到的直线叫天轴,当然,天轴也是一根假想的轴。天轴与天球的交点就叫天极,和地球上北极所对应的那一点叫北天极,或天球北极;和地球上南极对应的那一点叫南天极,也称天球南极。

(7)黄道面:是指地球绕太阳公转的轨道平面。

(8)天球赤道面,天赤道:天赤道是天球上假象的一个大圈,位于地球赤道的正上方;也可以说是垂直于地球。地轴把天球平分成南北两半的大圆,理论上有无限长的半径。相对于黄道面,天赤道倾斜 23.5°,是地轴倾斜的结果。当太阳在天赤道上时,白昼和黑夜到处都相等,因此天赤道也被称为昼夜中分线或昼夜平分圆,那时北半球和南半球都处于春分或者秋分。在一年当中,太阳有两次机会处于天赤道上。只要我们把地球赤道不断向外扩大,一直延伸到无限大,这个无限的圆就是天赤道。

(9)子午圈:地平坐标系或赤道坐标系中的大圆,即在地平坐标系中经过北天极的地平经圈,或在赤道坐标系中经过天顶的赤经圈。它是地平坐标系和第一赤道坐标系中的主圈。子午圈是天球上经过北天极、天顶、南点、南天极、天底和北点的,并与天球相交的大圆。天体运动经过子午圈称为中天。

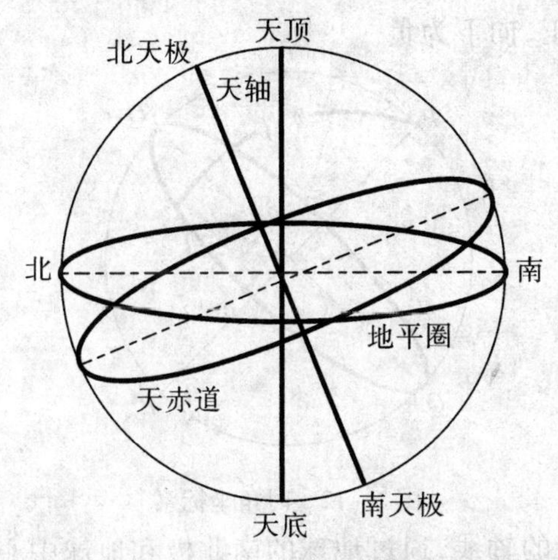

图 1-10 天球及天球坐标系

2. 地平坐标系

(1)地平坐标系:以地平圈为基本圈,天顶为基本点,南点为原点的坐标系(见图 1-11)。

(2)地平经圈:通过天顶和太阳(或任一天体)X 作一大圆。

(3)地平经度 A:从原点 S 沿地平圈顺时针方向计量的弧 SM,或方位角 A。

(4)地平纬度 h:弧 XM,或高度角 h,向上为正,向下为负。

(5)天顶距 Z:自 Z 起计量的弧 ZX,$Z=90°-h$。

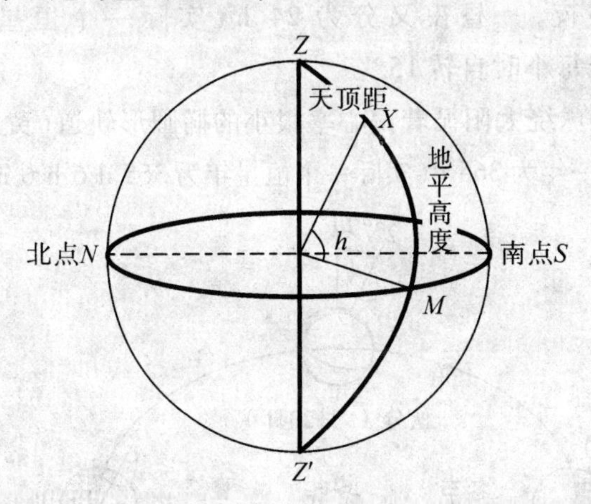

图 1-11 地平坐标系

3. 时角坐标系

(1)时角坐标系:以天赤道为基本圈,北天极为基本点,天赤道和子午圈在南点附近的交点为原点的坐标系;通过北天极和太阳(或任一天体)X 作一大圆,叫做时圈,时圈交天赤道于 T 点(见图 1-12)。

从原点 Q 沿天赤道顺时针方向计量,弧 QT 为时角 τ,τ 以度、分、秒为单位来表示，也可以时、分、秒为单位来表示，弧 XT 叫做赤纬 δ，δ 以度、分、秒为单位来表示，从天赤道算起，向上为正，向下为负。

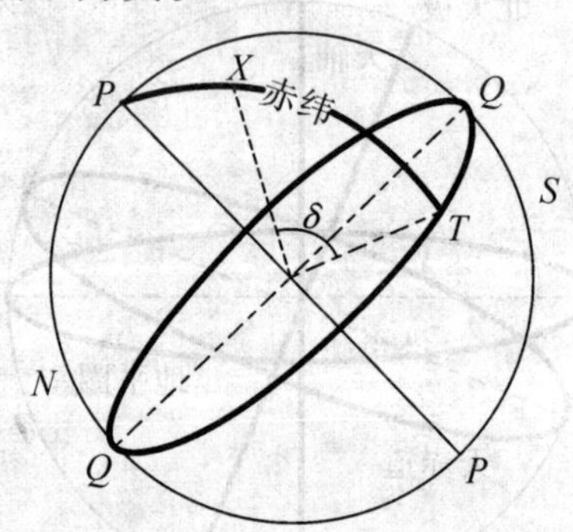

图 1－12　时角坐标系

（2）地轴：地球自转的轴线，通过地球的南北极和地球中心。

（3）赤道：地球中腰与地轴垂直且与南北极距离相等的大圆圈。

（4）纬线：赤道的南北两边若干与赤道平行的圆圈，即纬圈，构成纬圈的线段，称为纬线。

（5）纬度：赤道南、北各有 90°，规定赤道为纬度 0°，分别向两极排列，南、北极分别为南、北纬 90°。纬圈越小，纬度越高。纬度的高低标志气候的冷热。0°～30°，低纬度区；30°～60°，中纬度区；60°～90°，高纬度区。

（6）地球自转：地球绕着通过它本身南极和北极的"地轴"自西向东转动。每转一周（360°）为一昼夜，一昼夜又分为 24 h（实际一个恒星日为 23 h 56 min 4.090 5 s），所以地球每小时自转 15°。

（7）地球公转：地球绕太阳循着偏心率很小的椭圆形轨道（黄道）上运行，称为"公转"。其周期为一年，一年为 365 d（实际一个恒星年为 365 d 6 h 6 min 9 s，见图1－13）。

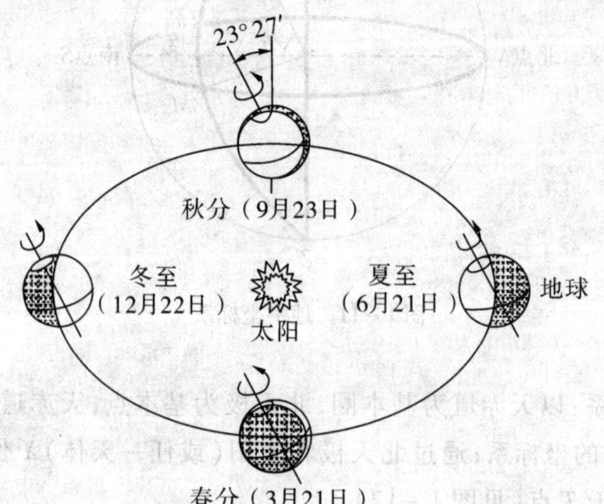

图 1－13　地球公转

地球的自转轴与公转运行的轨道面(黄道面)的法线倾斜成23°27′的夹角(黄赤交角),而且地球公转时其自转轴的方向始终不变,总是指向天球的北极(见图1-14)。

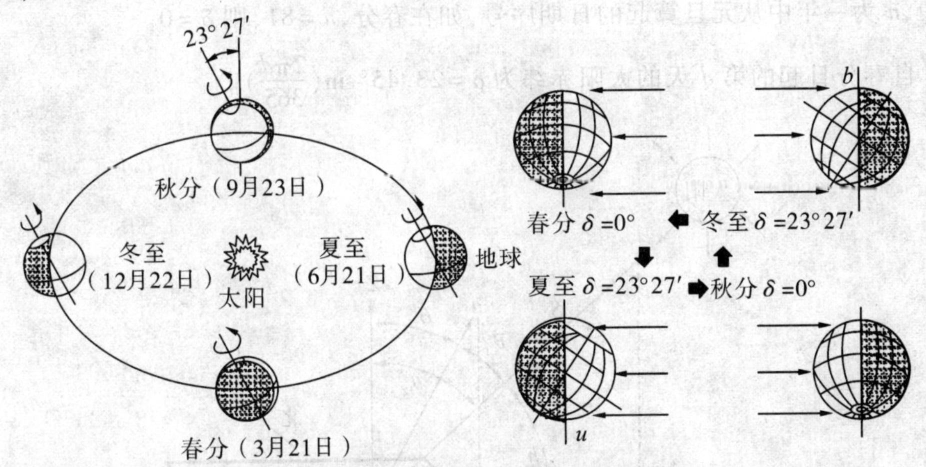

图1-14 地球绕太阳运行及其影响

地球上人们观察到的太阳运动轨迹,称太阳视运动,实质是相对运动(见图1-15)。

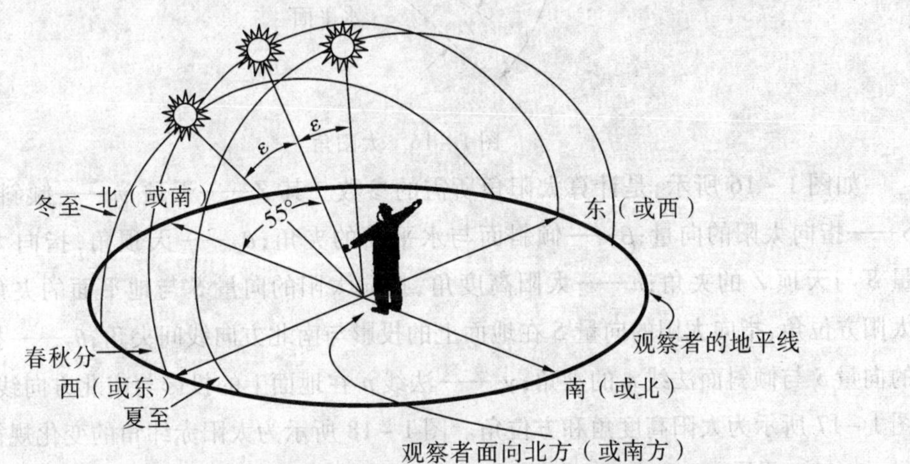

图1-15 观察者在南纬或北纬35°时所观察到的太阳的视运动

注:ε 是地球自转平面(赤道平面)与地球围绕太阳公转平面(黄道平面)之间的夹角 ε = 23°27′ = 23.45°

1.5 计算日照数据

太阳光线与地球赤道面的交角就是太阳的赤纬角,以 δ 表示。在一年当中,太阳赤纬每天都在变化,但不超过 ±23°27′的范围。夏天最大变化到夏至日的 +23°27′,冬天最小变化到冬至日的 -23°27′。

太阳赤纬角按库珀(Cooper)方程计算为

$$\delta = 23.45^\circ \sin(360^\circ \times \frac{284n}{365})$$

式中,n 为一年中从元旦算起的日期序号,如在春分,$n=81$,则 $\delta=0$。

自春分日起的第 d 天的太阳赤纬为 $\delta = 23.45^\circ \sin(\frac{2\pi d}{365})$。

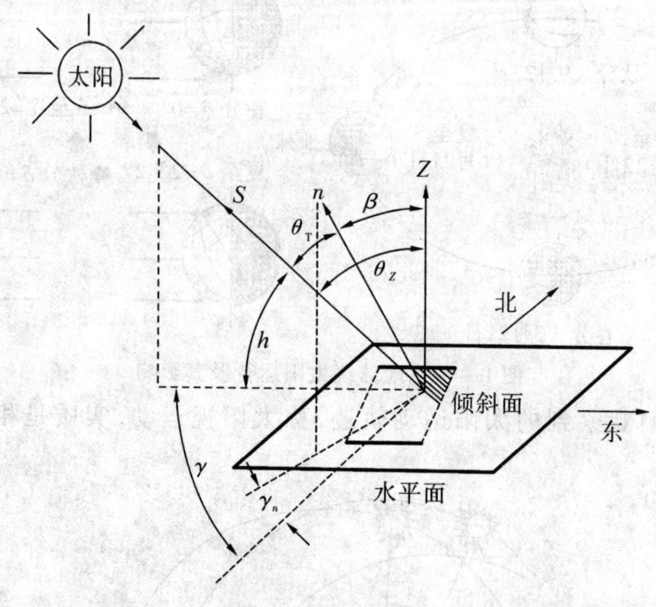

图 1－16　太阳角

如图 1－16 所示,是计算太阳角所需的参数。其 Z——天顶;n——倾斜面法线;S——指向太阳的向量;β——倾斜面与水平面的夹角;θ_Z——天顶角,指向太阳的向量 S 与天顶 Z 的夹角;h——太阳高度角,指向太阳的向量 S 与地平面的夹角;γ——太阳方位角,指向太阳的向量 S 在地面上的投影与南北方向线间夹角;θ_T——指向太阳的向量 S 与倾斜面法线 n 的夹角;γ_n——法线 n 在地面上的投影与南北方向线的夹角。图 1－17 所示为太阳高度角和方位角。图 1－18 所示为太阳赤纬角的变化规律。

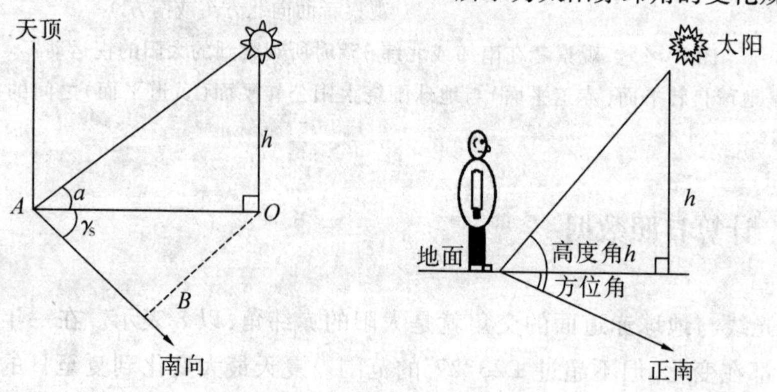

图 1－17　太阳高度角和方位角

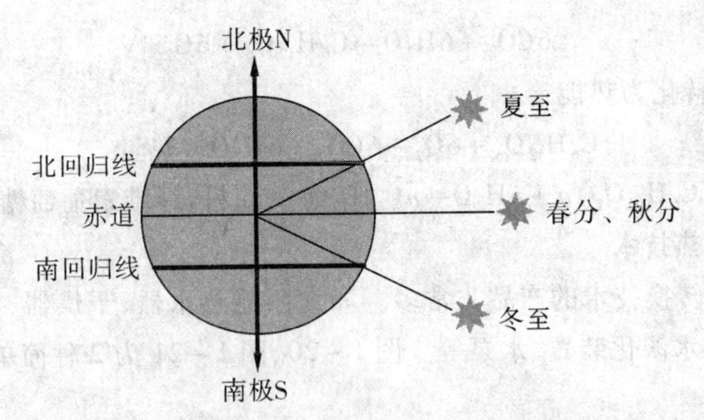

图 1-18　一年中太阳赤纬角的变化规律

1.6　太阳能的利用

太阳能必须经过各种转换，才可能方便地服务社会。太阳能利用成功的关键在于太阳能转换技术。

现代意义上的太阳能转换技术开发的主要内容可归纳为两方面：

(1) 高效收集太阳能，主要技术内容如下：

1) 选择性表面技术；

2) 受光面的光学设计；

3) 集热体的热结构设计与分析；

4) 装置的机械结构设计。

(2) 将收集的太阳能高效地转换为其他形式的有用能，主要技术内容如下：

1) 尽可能降低能量转换过程中的各种热、电损失；

2) 优异的系统设计。

太阳能光热转换在太阳能工程中占有重要地位，其基本原理是通过特制的太阳能采光面，将投射到该面上的太阳辐射能作最大限度地采集和吸收，并转换为热能，加热水或空气，为各种生产过程或人们生活提供所需的热能。

1. 光合作用

大自然利用太阳能的最成功的途径——植物的光合作用。

光合作用是地球生物赖以生存的一系列基本化学反应，是无机物转变为有机物的最基本方式（见图 1-19）。

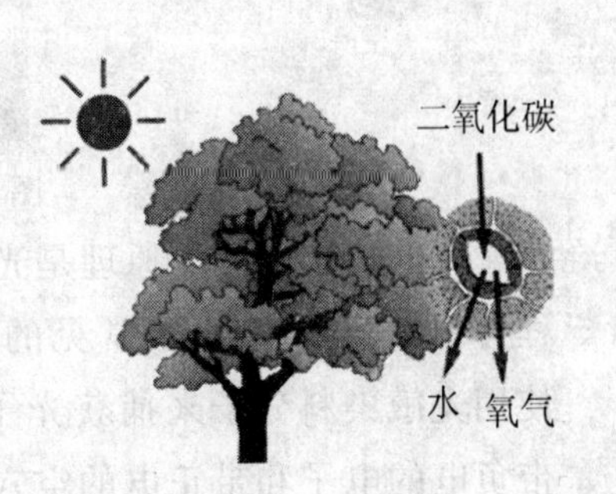

图 1-19　光合作用

光合作用化学反应方程式如下：

(1) 光能转化为化学能：

$$6CO_2+6H_2O \rightarrow C_6H_{12}O_6+6O_2$$

(2)化学能转化为热能:

$$C_6H_{12}O_6+6O_2 \rightarrow 6CO_2+6H_2O+\text{热量}$$

$$(C_6H_{10}O_5)n+nH_2O \rightarrow nC_6H_{12}O_6+\text{淀粉、纤维素葡萄糖}$$

2. 太阳能光热技术

太阳能光热转换技术的产品非常多。如太阳能热水器、干燥器、太阳能空调、太阳房、太阳灶、海水淡化装置、水泵等。图1-20、图1-21为2种简单的太阳能利用装置。

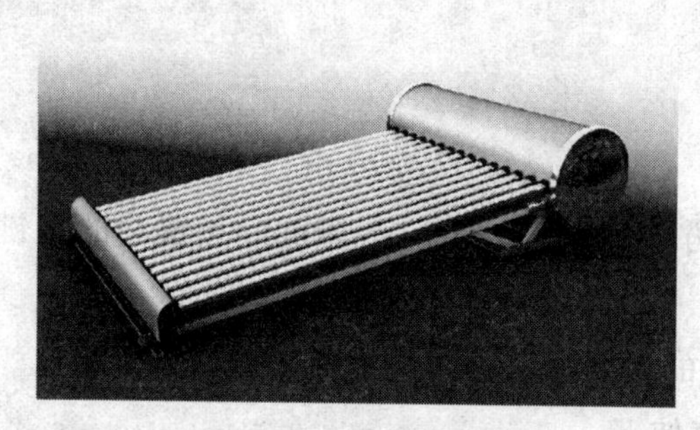

图1-20 太阳能热水器

图1-21 反射式太阳灶

光热转换定义:通过反射、吸收或其他方式把太阳辐射能集中起来,转换成足够高温度的过程,以有效地满足不同负载的要求。

3. 太阳能电池及光伏发电

太阳能电池的应用范围也很广。例如人造卫星、无人气象站、通信站、电视中继站、太阳钟、电围杆、航标灯、铁路信号灯等等,都需要太阳能电池来提供能源。图1-22所示为人造卫星提供能源的太阳能电池。

图1-22 人造卫星的太阳能电池

光电转换过程的原理是光子将能量传递给电子使其运动从而形成电流。这一过程有两种解决途径,最常见的一种是使用以硅为主要材料的固体装置,另一种则是使用光敏染料分子来捕获光子的能量。染料分子吸收光子能量后将使半导体中的带负电的电子和带正电的空穴分离。

光照射在物质上时,部分的光会被物质吸收,部分的光则经由反射或穿透等方式离开物质,选取太阳能电池材料的第一要素就是吸光效果要很好,如此才能使输出功率增加。选取太阳能电池材料的第二要素是光导效果要好,欲选取光导效果佳的材料首先必须了解太阳光的成分及其能量分布状况,进而找出适合的物质作为太阳能电池的材料。

当电子从外界获得能量时将会跃迁较高的能阶,获得的能量越多,跃迁的能阶也越高,电子处在较高的能阶时并不稳定,很快就会把获得的能量释放然后回到原来的能阶。如果电子获得的能量足够高就会摆脱原子核的束缚成为自由电子,电子空出来的位置则称为空穴。自由电子可能会因为摩擦或碰撞等因素损失能量,最后受到空穴的吸引而复合。例如,硅的最外层电子要成为自由电子需要吸收 1.1eV 的能量,当硅最外层子吸收到的光能量超过 1.1eV 时将会产生自由电子及空穴,称之为光生电子空穴对。电子空穴对的数目越多导电的效果也越好,因为光使得导电效果变好的现象称之为光导效应。

自由电子与空穴的多寡对电气特性有很大的影响,越多的自由电子与空穴可以使导电性增加,同时也可以使输出电流增加,因此可以阳光越强时生成的自由电子与空穴越多,输出电流也越大。然而如果只是单纯的产生自由电子与空穴,将会因为摩擦及碰撞等因素失去能量,最后自由电子会与空穴复合而无法利用。为更有效地利用由电子与空穴来产生电流,必须加入电场使自由电子与空穴分离进而产生电流。产生电场的方式很多,如 PN 结、金属半导体接面等,最常用的为 PN 结。

图 1 - 23 所示为户外独立光伏系统的太阳能电池板。太阳能电池的具体应用有太阳能光伏电站、太阳能发电帐篷、光伏灌溉系统、家用光伏电源等。

图 1 - 23 太阳能电池板

4. 光化学转化技术

光化学转换技术亦称光化学制氢转换技术,就是将太阳辐射能转化为氢的化学自由能,通称太阳能制氢,属于另一类太阳能利用途径。

1.7 太阳能利用的发展史

45 亿年前,太阳能开始辐射到地球。

公元前9世纪,中国人开始用“阳燧”(凹面镜)聚光取火。7世纪,开始使用凸透境聚集太阳能取火。

公元前3世纪,希腊人和罗马人用“燃烧镜”(凹面镜)做武器聚焦太阳能点火并点燃敌方战船的船帆。

1世纪,意大利史学家普林尼修建了第一个保温隔热的被动式太阳能房。1—500年,罗马人在浴室中修建了朝向南面的大窗户以便利用太阳光直射来吸热。

6世纪,东罗马帝国皇帝查丁尼颁布法律保护房屋和公共建筑的太阳能浴室,以使档板不再阻挡太阳光的射入。

14世纪,居住在北美地区的印第安人的祖先,冬季时居住在悬崖的南侧以直接面对太阳方便取暖。

17世纪,有学识的人接受了太阳和其他恒星是相同的这一观念,1615年出现了一台利用太阳能加热空气使其膨胀做功的抽水机。1643—1715年法国国王路易十四统治时期是太阳能试验的一个时代。

18世纪,欧洲贵族利用太阳能墙储存成熟的水果,英国与荷兰利用倾斜的面向南的玻璃墙促进了太阳能温室的发展。1767年瑞士科学家贺瑞斯发明了第一台太阳能集热器。1774年,在法国巴黎有人举行了一场用透镜聚焦阳光把金属熔化的表演。

19世纪,富有的欧洲人开始修建和使用太阳能温室和保温房,法国科学家用从太阳能集热器获得的热量产生蒸气为蒸汽机提供动力。1837年,英国天文学家赫胥黎在去非洲好望角的探险途中,把一个黑箱子埋入沙土中,箱上用双层玻璃保温,使箱内温度达到116℃,于是他就用这种简易的太阳能装置烧饭。1839年,法国科学家 Edmund Becquerel 观察到了太阳能的光伏效应。1861年,法国科学家 Augustin Mouchot 取得了太阳能设备的专利权。1870年 Augustin Mouchot 利用太阳能炊具、太阳能水泵灌溉、太阳能蒸发器制酒和水蒸馏(广泛的利用太阳能)。美国工程师 John Ericsson 开发了太阳能驱动的船只。1891年,美国发明家 John Ericsson 对第一台最大商业化的太阳能热水器申请了专利。1892年,英国发明家 Aubrey Eneas 成立了波士顿太阳能发动机公司,发明了太阳能驱动机来代替煤炭或木头驱动的蒸汽机。

1901年,美国加利福尼亚洲建成了一台太阳能抽水装置,采用截头圆锥聚光器,功率为7.36 kW。1902—1908年,洛杉机卡内基钢铁公司发明了现代的屋脊式太阳能集热器。1913年,埃及开罗以南建成一台由5个抛物槽镜组成的太阳能水泵,每个镜长62.5 m宽4 m,总采光面积达1 250 m^2。1936年,美国天体物理学家 Charles Greeley Abbott 发明了太阳能热水器。1940年,太阳能房出现大量需求。1941年,在佛罗里达州大约有6万套太阳能热水器被使用。

1950年,苏联设计了第一座塔式太阳能发电站。美国建筑师 Frank Bridgers 设计了世界上第一栋太阳能办公建筑。1952年,法国国家研究中心在比利牛斯山东部建成一座功率为 50 kW 的太阳炉。1954 年,美国贝尔实验室研制成实用型硅电池,被广泛应用于航天工业的人造地球卫星上。1955 年,以色列的泰伯等在第一次国际太阳热利用科学会议上提出选择性涂层的基础理论,并研制成实用的黑镍等选择性涂层,为高效集热器的发展创造了条件。

1960 年,美国佛罗里达州建成世界上第一套用平板集热器供热的氨-水吸收式空调系统,制冷能力为 5 冷吨(17.6 kW)。1961 年第一台带有石英窗的斯特林发动机问世。

1977 年,美国总统吉米·卡特在白宫安装太阳能板,推动太阳能系统利用的发展。澳大利亚悉尼大学研究发明“渐变膜”选择性吸收涂层,用于太阳能真空集热管。1979 年第二次美国石油危机,太阳能贸易协会在华盛顿特区成立。

1983 年,美国威斯康星洲颁布太阳能利用的有关法律以保护城市花园“充足的光照”,随后亚利桑那州和密歇根州也通过了类似的法律。

1990 年,日本东京大约有 150 万栋建筑使用了太阳能热水器,以色列大约 30% 的房屋安装了太阳能热水器系统,所有的新房子都要求安装太阳能热水系统。希腊、澳大利亚等其他几个国家在太阳能利用上都有突破性进展,如澳大利亚悉尼大学发明“干涉膜”选择性吸收涂层。1992 年,联合国在巴西里约热内卢召开“世界环境与发展大会”,1996 年,联合国在津巴布韦召开了“世界太阳能高峰会议”。1997 年,160 个国家在日本京都召开的“联合国气候变化框架公约第三次缔约方大会”上通过了《京都议定书》。

21 世纪到来后,《中华人民共和国可再生能源法》实施,中国光热市场居全球首位;美国科学家提取菠菜叶绿素中的蛋白质,制成了叶绿素太阳能电池;德国建成由 33 500 块太阳能电池组成的太阳能电站。人类太阳能事业已经进入了一个自觉、积极开发利用的新阶段。

将太阳能作为一种能源和动力加以利用,只有 300 多年的历史。真正将太阳能作为“近期急需的补充能源”和“未来能源结构的基础”,则是近来的事。其中 20 世纪的 100 年间,太阳能科技发展历史的七个阶段:

第一阶段(1900—1920 年)起步;

第二阶段(1920—1945 年)低潮;

第三阶段(1945—1965 年)发展;

第四阶段(1965—1973 年)停滞不前;

第五阶段(1973—1980 年)大发展;

第六阶段(1980—1992 年)再次停滞;

第七阶段(1992 年至今年)走出低谷。

1.8 太阳能利用现状

目前来看,太阳能热水器等光热转换技术因为成本较低、技术相对简单等因素,应用推广的比较广泛。我国20世纪70年代后期开始开发家用热水器,目前全国有500多个热水器生产厂家,1998年的产量约400万平方米,总安装量约1 400万平方米,产量及销量均占世界第一位。

而光电转换技术等则因为技术及材料等因素的限制,还没有能够像光热技术一样被大范围的推广普及。不过进入21世纪以来,全球多个国家相继推出新能源发展战略,将光电转换技术列为重点发展和扶持项目,光伏发电的发展进入快车道,虽然受2008年以来世界金融危机的影响较大,但光伏产业已经逐渐复苏,相信会再次进入快速发展的阶段。

目前,国际上最大的商业化太阳能槽式发电站是2013年10月投运的美国Solana槽式电站,装机为280 MW;最大的商业化太阳能塔式发电站是2014年2月运行的美国Ivanpah电站,装机容量为392 MW(包括三个塔式电站,装机分别为133 MW、133 MW和126 MW)。已建成的太阳能热发电站以槽式发电站为主,所占比例在90%左右,但在规划建设的光热电站项目中塔式所占的比例已经超出了槽式(见表1-2)。

表1-2 2005—2013年全球太阳能光热装机量

年度	太阳能光热装机量/MW
2005年	600
2006年	600
2007年	600
2008年	600
2009年	700
2010年	1 100
2011年	1 800
2012年	2 500
2013年	3 320

2014—2020年,全球太阳能光热行业将继续高速发展,光热发电已经开始由美国和西班牙两大传统市场转向澳大利亚、中国、智利、印度和中东、北非地区等新兴市场(见图1-24)。

(1)中东地区:作为拥有全球将近一半的太阳能开发潜能的中东也加入到了开发太阳能光热的队伍中来。中东知名商业视点观察机构MEED Insight日前与中东太阳能行业协会(MESIA)联合发布了 MENA Solar Energy Report 2014。该报告预计,到2020 年,中东、北非地区的新增太阳能发电将达 12 ~ 15 GW,预计其中光热和光伏发电的装机将各占一半。其中,沙特将成为这一地区太阳能市场的领头羊,其计划到2030 年太阳能光热发电装机量达到 25 GW;摩洛哥、埃及和阿尔及利亚三国将至少拥有 1 500 MW,1 800 MW 和 3 000 MW 的太阳能装机。

图 1 - 24　龙羊峡 320 MW 并网光伏电站

(2)美国:清洁能源分析机构 GBI Research 预测,美国计划发展众多个大规模光热发电项目,这将使美国光热发电市场将至少从 2011 年的 509 MW 增加到 2020 年的25 815 MW,年复合增长率高达 55%。

(3)全球:CSPPLAZA 根据全球各国目前规划的太阳能光热发电目标预期,全球太阳能光热发电装机容量将由 2011 年 1 546 MW 增长到 2020 年的 47 462.9 MW,年复合增长率高达 46%。

第二章　传热学基础

光线中包含不同频率的光，则为复合光，如果只含有一种频率的光，则为单色光，如激光。单色性是频率的宽度，越窄单色性越好。

白光是可见光中各色光的混合，当然也可以说白光的频率宽度覆盖了可见光的区域，覆盖了可见光中的各种单色光，所以做色散的时候，三棱镜可以分出各种颜色的光，三棱镜的作用相当于把频率表示成偏转角的函数而已，所以白光单色性当然差。光源发出的复合光经单色器分解成按波长顺序排列的谱线，形成光谱（见表 2－1）。

表 2－1　可见光波长

序号	光色	波长范围 λ/nm	中心波长/nm
1	红	610～700	660
2	橙	590～610	600
3	黄	570～590	580
4	绿	501～570	550
5	青	490～501	495
6	蓝	450～490	470
7	紫	400～450	420

光的颜色是由光的波长（或频率）决定的，如图 2－1 所示。

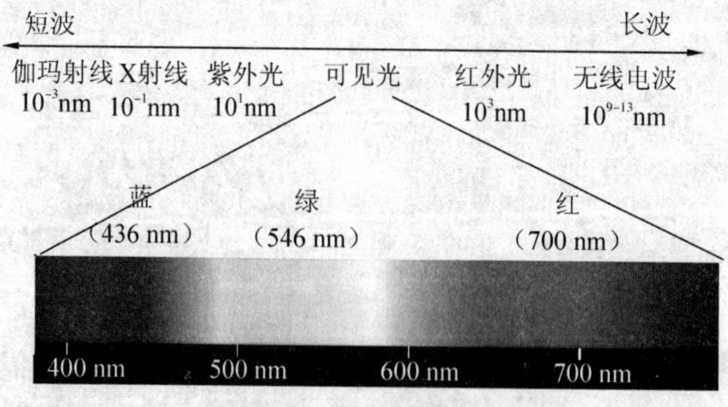

图 2－1　太阳辐射

对于太阳来说，紫外光的辐射占据太阳总辐射的 7%，可见光的辐射占据太阳总辐射的 50%，红外光的辐射占据太阳总辐射的 43%，虽然到达地球表面的热量只是太阳总辐射量的20亿分之一,但人类利用太阳辐射能量来进行各项活动已经具有相当长远的历史。

说到底,人类以及地球上所有生物需要从太阳辐射当中汲取能量,热力学第一定律告诉我们:能量是不能够被生产或者消灭的,只能由一种形式转换为另一种形式。热量作为能量的一种基本存在形式,热量传递有三种基本方式,分别是热传导(导热)、热对流、热辐射(见图2-2)。紫外光、可见光、红外光都是属于热辐射。而我们经常使用的太阳能热水器、太阳灶、太阳能暖房等也需要通过各种各样的方式来吸收热量。

图2-2 热传导、热对流、热辐射

本章我们将简单介绍关于传热学的基本知识,以便在实际生产中帮助我们发现和解决问题。

2.1 热传导

1. 热传导(导热)的本质和基本概念

(1)定义。

热传导指温度不同的物体各部分或温度不同的两物体间直接接触时,依靠分子、原子及自由电子等微观粒子热运动而进行的热量传递现象。可以在固体、液体、气体中发生。

(2)导热的特点。

1)必须有温差;

2)物体直接接触;

3)依靠分子、原子及自由电子等微观粒子热运动而传递热量;

4)不发生宏观的相对位移(单纯的导热只存在固体或静止的流体中)。

(3)导热机理。

1)气体:气体分子不规则热运动时相互碰撞的结果。

2)导电固体:自由电子运动。

3)非导电固体:晶格结构的振动。

4）液体：很复杂。

（4）应用实例。

烧红的铁棒中的热量传递。

屋内的外墙（大平壁）内的热量传递。

暖气片/管（圆筒壁）内外壁的热量传递。

（5）温度场、等温面和等温线。

1）温度场：某一时刻物体内各点温度的分布（见图2-3）。

$$t=f(x,y,z,\tau)$$

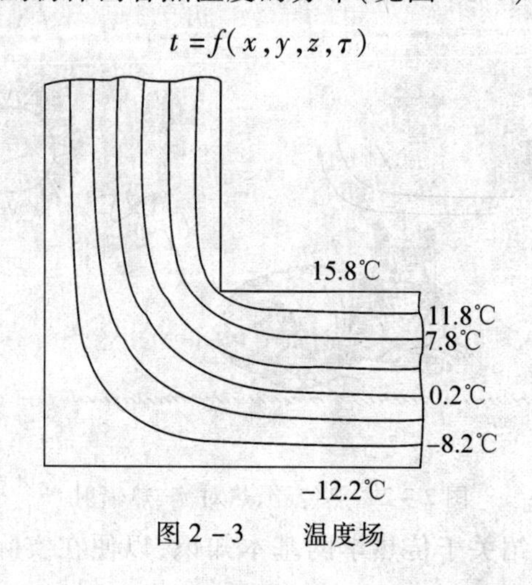

图2-3　温度场

稳态温度场：

$$t=f(x,y,z)$$

一维稳态温度场：

$$t=f(x)$$

2）等温面：同一时刻、温度场中所有温度相同的点连接起来所构成的面。

3）等温线：同一时刻、温度场中所有温度相同的点连接起来所构成的线。

用一个平面与各等温面相交，在这个平面上得到一个等温线簇。

等温面与等温线的特点：

· 温度不同的等温面或等温线彼此不能相交；

· 在连续的温度场中，等温面或等温线不会中断，它们或者是物体中完全封闭的曲面（曲线），或者就终止于物体的边界上；

· 沿等温线（面）无热量传递；

· 等温线的疏密可直观反映不同区域温度梯度（热流密度）的相对大小。

· 等温面上没有温差，不会有热传递。不同的等温面之间，有温差，有导热梯度。

（6）导热梯度与温度梯度。

1）导热梯度：指向变化最剧烈方向的向量，见图2-4。

$$\frac{\Delta t}{\Delta n} \neq \frac{\Delta t}{\Delta s}$$

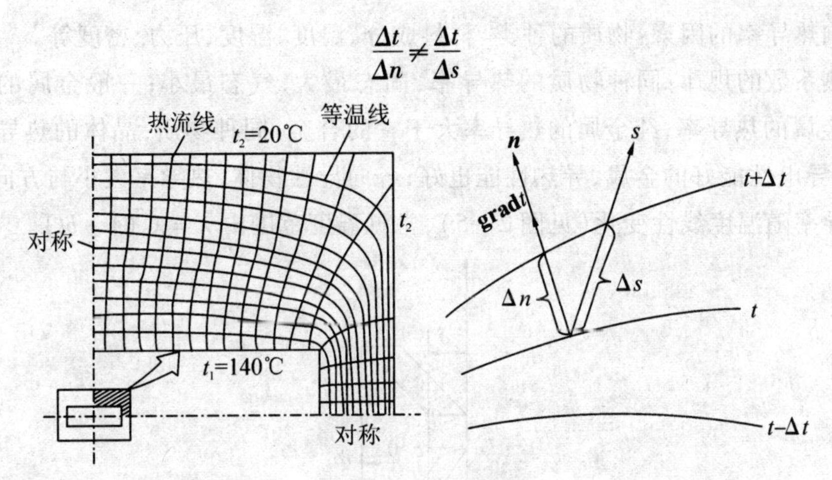

图 2－4　导热梯度

2）温度梯度：沿等温面法向上的温度变化率。矢量，指向温度增加的方向，则有

$$\mathbf{grad}t = \vec{n} \lim_{\Delta n \to 0} \frac{\Delta t}{\Delta n} = \vec{n} \frac{\partial t}{\partial n}$$

$$\mathbf{grad}t = \vec{i} \frac{\partial t}{\partial x} + \vec{j} \frac{\partial t}{\partial y} + \vec{k} \frac{\partial t}{\partial z}$$

$$q = \frac{d\Phi}{dA}$$

2. 导热基本定律——傅里叶定律

热流量：单位时间内传递的热量。符号 Φ，单位为 W。热流密度：单位时间内通过单位面积的热流量。符号 q，单位为 W/m^2。

各向同性均匀的导热物体，通过某导热面积的热流密度大小正比于其导热面法向温度的变化，方向与温度梯度方向相反。

温度分布影响导热，求解温度场是导热分析的主要任务，有

$$\vec{q} = -\lambda \frac{\partial t}{\partial n} \vec{n}$$

比例系数，热导率（导热系数）[W/(m·K)]：

$$\vec{q} = -\lambda \frac{\partial t}{\partial n}$$

$$\Phi = -\lambda A \frac{\partial t}{\partial n}$$

热导率——物质的重要热物性参数：

$$\lambda = \frac{\vec{q}}{-\mathbf{grad}t}$$

热导率的数值：就是物体中单位温度梯度、单位时间、通过单位面积的导热量。

热导率的数值表征物质导热能力大小。

影响热导率的因素：物质的种类、材料成分、温度、湿度、压力、密度等。

导热系数的规律：同种物质的热导率，固态最大，气态最小；一般金属的热导率大于非金属的热导率；纯金属的热导率大于它的合金；同种物质，晶体的热导率大于非晶体；导电性能好的金属，导热性能也好；各向异性物体，热导率大小与方向有关。

热导率随温度线性变化（见图2－5），常见温度范围内 $\lambda=\lambda_0(1+bt)$。

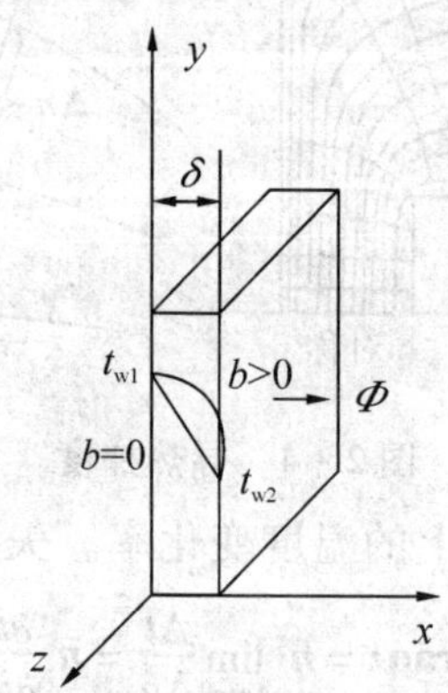

图2－5　热导率随温度线性变化

3. 热阻与导热热阻的增强与减弱

$$\Phi=\frac{\Delta t}{R_{t,A}}q=\frac{\Delta t}{R_t}$$

式中，Δt——温差，单位为℃；

$R_{t,A}$—总面积的热阻，单位为 k/W；

R_t——单位面积的热阻，单位为（$m^2\cdot K$）/W。

$$\Phi=\frac{\Delta t}{R_{\lambda,A}}q=\frac{\Delta t}{R_\lambda}$$

式中，$R_{\lambda,A}$——总面积的导热热阻，单位为 k/W；

R_λ——单位面积的导热热阻，单位为（$m^2\cdot K$）/W。

（1）强化导热（减少导热热阻）可采用如下措施：

1）导热材料选择热导率大的金属材料。

2）减少壁厚。

3）及时清除各受热面的水垢和灰垢。

（高效吹灰器定期吹灰；选择合适的烟气流速；锅炉定期排污；凝汽器胶球冲洗。）

（2）削弱导热（增大导热热阻，减少散热）可采用如下措施：

1）在设备外表面附加保温层。

2）采用热导率小的保温材料。

2.2 热对流

1. 对流换热的基本概念

热对流:流体中,温度不同的各部分之间发生相对位移时所引起的热量传递过程。

对流换热:流动的流体与固体壁面直接接触时所发生的热量传递。

图 2-6 所示为热对流和对流换热。

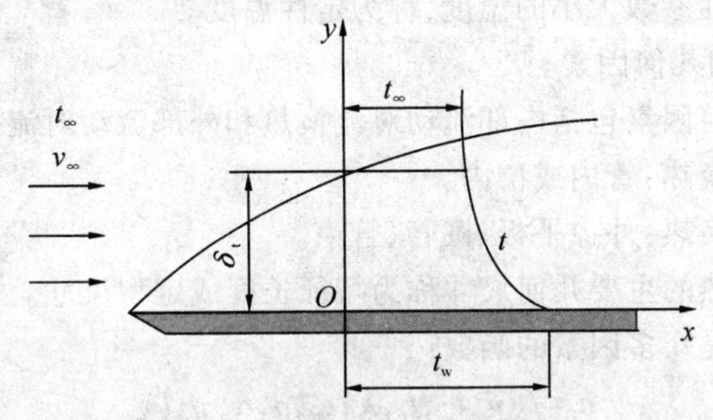

图 2-6 热对流与对流换热

对流换热的特点:

(1)导热与热对流同时存在的复杂热传递过程。

(2)必须有直接接触(流体与壁面)和宏观运动,也必须有温差。

(3)由于流体的粘性和受壁面摩擦阻力的影响,紧贴壁面处会形成速度梯度很大的边界层。

2. 对流换热的影响因素

(1)流动起因。

1)强迫对流:流体在风机、水泵等外部动力作用下产生的流动。

2)自然对流:流态在不均匀的体积力(重力、离心力、电磁力等)的作用下产生的流动。

一般来说:$h_{强制} > h_{自然}$。

(2)流体有无相变。

流体的无相变包括以下儿和中情况:

1)单相换热;

2)相变换热;

3)凝结换热;

4)沸腾换热。

其中,$h_{湍流} > h_{层流}$,$h_{相变} > h_{单相}$

(3)流动状态。

1)层流时流体的对流换热主要靠导热。

2)紊流时的对流换热主要靠流体的掺混作用,主要热阻是层流底层的导热热阻,但层流底层的导热热阻比层流时的导热热阻小得多。

3)对于同种流体,紊流时的对流换热强于层流时的对流换热。

(4)流体的热物理性质。

流体的热物理性质包括热导率 λ,动力粘度 η,运动粘度 ν,体积膨胀系数 α,密度 ρ,比热容 c。

一般把确定物性参数大小的温度,称为定性温度。

(5)换热表面的几何因素。

换热表面的几何因素包括内部流动对流换热和外部流动对流换热。

内部流动对流换热:管内或槽内。

外部流动对流换热:外掠平板、圆管、管束。

把影响对流换热的主要几何尺寸称为特征长度或定型尺寸。

表面传热系数是众多因素的函数:

$$h = f(\vec{\nu}, t_w, t_f, \lambda, c_p, \rho, \alpha, \eta, l)$$

图 2-7 所示为对流换热的分类。

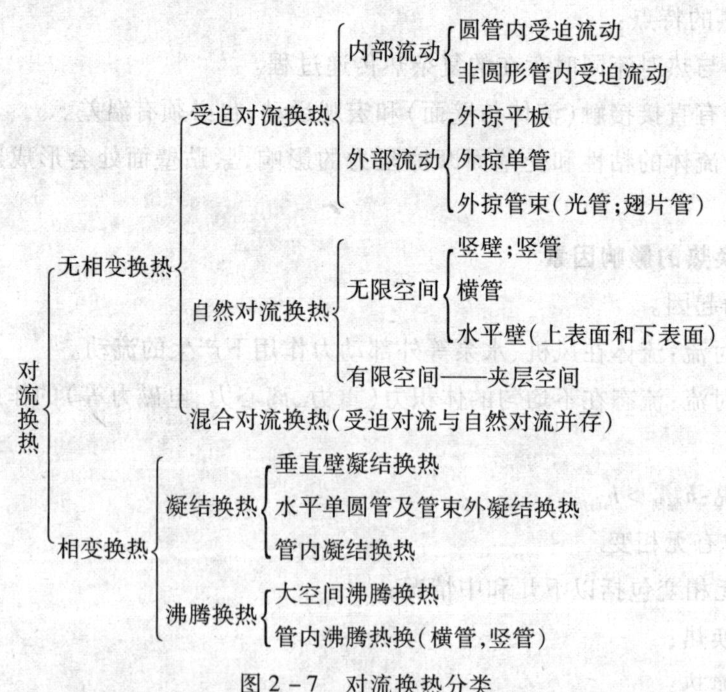

图 2-7 对流换热分类

3. 流体无相变和有相变时的对流换热

(1)流体无相变时的对流换热。

流体无相变时的对流换热在工程上、日常生活中有大量应用,如暖气管道、各类热水及蒸汽管道、换热器等,如图 2-8 所示为管道热对流。

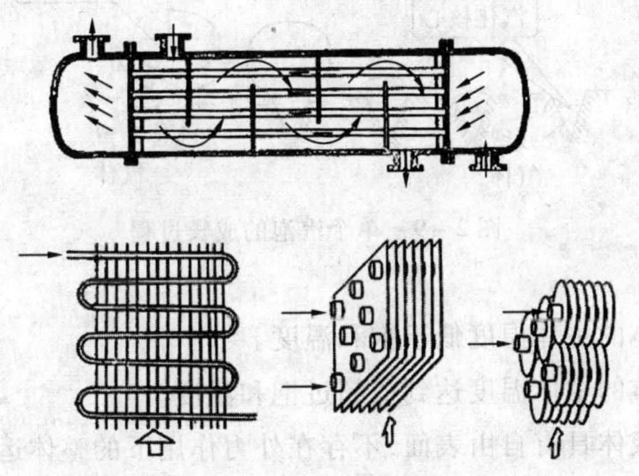

图 2-8 管道热对流

1)根据已知条件,选取适当的定性温度、特征长度和特征流速,查取相应的物性参数;

2)先由已知条件计算 Re,再根据 Re 值判断管内流体的流态;

3)根据管内流体的流态(层流、紊流或过渡区)和适宜范围,选用相应的特征数关联式;

4)由已知条件选取或计算有关的修正系数;

5)应用修正系数,得到修正后的 Nu;

6)由 Nu 值求得对流换热系数 h;

7)由牛顿冷却公式计算热流量。

换热计算时,先计算 Re 判断流态,再选用公式。

流体与管壁温度相差较小时,有

$$Nu_{\mathrm{f}} = 0.023 Re_{\mathrm{f}}^{0.8} Pr_{\mathrm{f}}^{n}$$

应用条件:对于气体,温差 $\Delta t = t_w - t_f < 50℃$;对于水,温差 $\Delta t < 30℃$;对于油,温差 $\Delta t < 10℃$。

流体与管壁温度相差较大时,有

$$Nu_f = 0.027 Re_{\mathrm{f}}^{0.8} Pr_{\mathrm{f}}^{1/3} \left(\frac{\eta_{\mathrm{f}}}{\eta_{\mathrm{w}}}\right)^{0.14}$$

应用条件:$Re \geqslant 10^4$,$0.7 \leqslant Pr_f \leqslant 16700$,$1/\mathrm{d} \geqslant 60$,光滑管道,常热流和等壁温边界条件。

(2)流体有相变的对流换热。

沸腾换热过程:当液体与高于其相应压力下的饱和温度的壁面接触时,液体从固体壁面吸收热量并汽化的过程如图 2-9 所示。

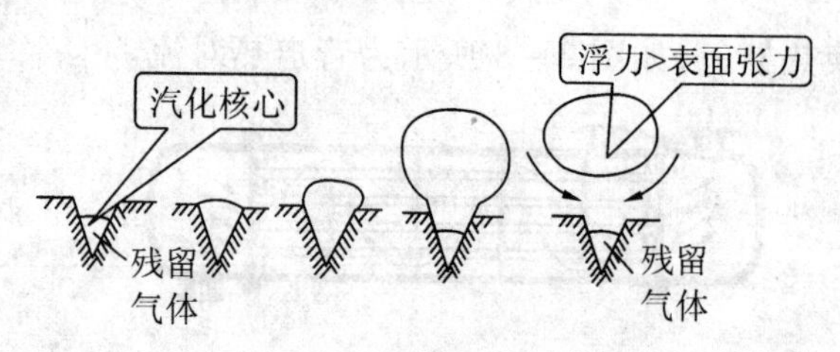

图 2-9　单个汽泡的成长过程

1）沸腾的分类。

过冷沸腾：液体的主体温度低于饱和温度。

饱和沸腾：液体的主体温度达到或超过饱和温度。

大容器沸腾：液体具有自由表面，不存在外力作用下的整体运动。

强迫对流沸腾：液体沸腾时处于强迫对流状态。

2）影响沸腾换热的因素。

①液体的性质：一般情况下，表面传热系数随着液体的热导率和密度的增加而增大，随液体的黏度和表面张力的增大而减小。

②不凝结气体：在制冷系统蒸发器管路内，不凝性气体（如空气）的存在会使蒸发器内的总压力升高，导致沸点升高，换热温差降低，严重影响蒸发器的吸热制冷。

③液位高度：大容器沸腾中，当液位降低到一定值时，沸腾表面传热系数会明显随液位的降低而升高，这一点的液位值称为临界液位。

④加热壁面：加热壁面的材料不同，粗糙度不同，则形成气泡核心的条件不同，对沸腾换热将产生显著的影响。通常是新的或清洁的加热壁面表面传热系数的值较高；壁面越粗糙，气泡核心越多，有利于沸腾换热。此外加热壁面的布置情况对沸腾换热也有明显的影响。

3）凝结换热。凝结换热过程为当蒸汽与低于其相应压力下的饱和温度的壁面接触时，蒸汽释放出汽化潜热并传递给固体壁面的过程。包括膜状凝结和珠状凝结。

膜状凝结是指凝结液浸润壁面形成液膜，能持久保持，蒸汽不能直接与壁面接触，汽化潜热要通过液膜传到壁面，换热较弱。

珠状凝结是指凝结液不能很好浸润壁面，不能持久保持，蒸汽直接与壁面接触，换热较强。

4）影响凝结换热的因素。

①流体的种类（决定凝结液的物性、饱和温度）；

②换热面的几何形状、尺寸、位置和表面状况；

③蒸汽的压力（决定饱和温度）；

④换热温差；

⑤不凝结气体；

不凝结气体削弱换热主要两方面原因：

a. 不凝结气体阻碍蒸汽靠近壁面，增大热阻；

b. 使蒸汽分压下降，饱和温度降低，减小换热温差。

⑥蒸汽流速；

⑦蒸汽过热度；

⑧饱和液的过冷度。

5）冷却表面情况。

冷却表面粗糙不平或不清洁时，会阻碍凝结液膜的流动，使液膜流速减小，液膜厚度增加，换热热阻增大。如果冷却表面被氧化或不清洁时，氧化物或污染物会成为又一项附加热阻，从而使凝结换热系数减小。

6）工程应用。如图 2－10 所示为真空太阳能集热管。

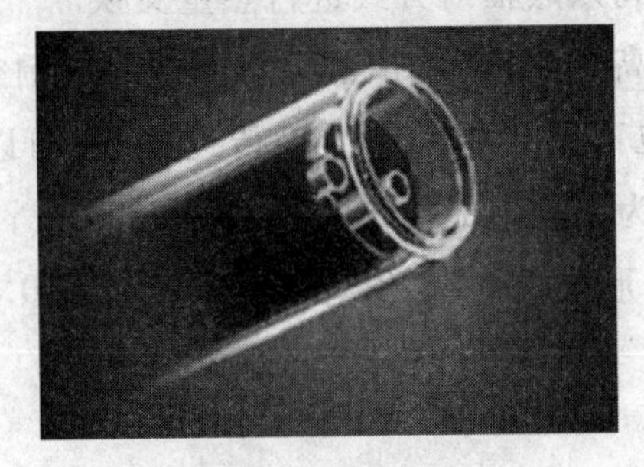

图 2－10　真空集热管

热管是 20 世纪 70 年代发展起来的高效传热元件，将沸腾和凝结换热巧妙地结合在一起，在现代工程和科学技术中得到广泛应用。如图 2－11 所示为集热管换热示意图。

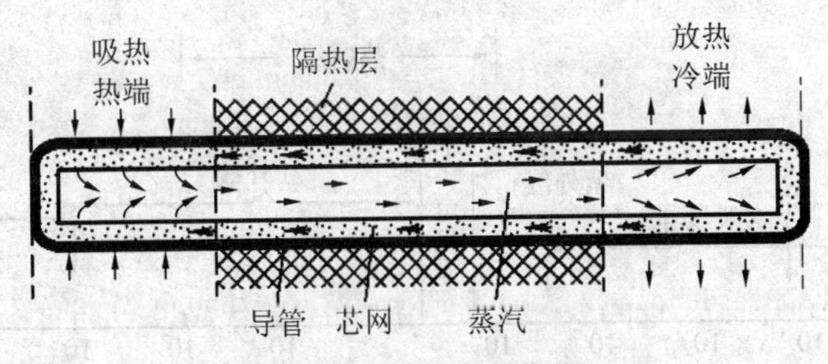

图 2－11　集热管换热

管壳：管壳一般由铜、不锈钢、镍等金属材料制成，选择时要考虑工作温度、强度、耐腐蚀性与工质的相容性。

芯网：由金属丝网、玻璃纤维或金属粉末烧结做成的多孔材料毛细液芯层，作用是利用毛细管输送液态工质。

蒸汽：常用的有氨、甲醇、水、导热姆、液态金属等，选择时要考虑工作温度、与管壳材料的相容性、能否浸润管芯等因素。

热管传热特点：热阻小，两端温差小，传热能力强；适应工作温度范围广（－200～2 000℃），温度可调（调节管内压力）；热流密度可调（改变蒸发段和冷凝段的长度或管外传热面积）。

2.3 热辐射

1. 热辐射的基本概念

（1）热辐射的本质。

1）辐射：物体通过电磁波传递能量的过程。

2）热辐射：由于物体内部微观粒子的热运动状态的改变，而将部分内能转换成电磁波的能量发射出去的过程。

3）辐射换热：物体之间以热辐射方式进行热量交换。

4）热辐射特点：温度高于0K的物体都会不停地向周围空间发出电磁波；不需要冷、热物体的直接接触，也不需要中间介质来传递热量，可以在真空中传播；伴随能量形式的转变，热能转换为电磁波的能量。

电磁辐射包含了多种形式，而我们所感兴趣的范围是0.1～100 μm，即工业上有实际意义的热辐射区域。

电磁波的传播速度为

$$c = f\lambda$$

式中，f——频率，s^{-1}；

λ——波长，μm。

图2－12所示为电磁波谱。

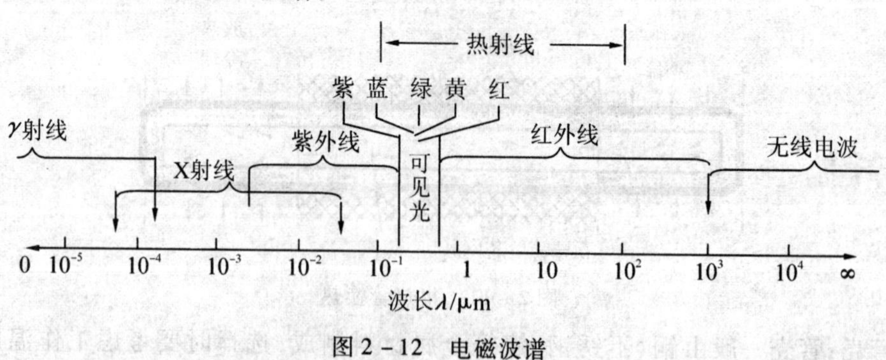

图2－12 电磁波谱

（2）吸收、反射和透射（见图2－13）。

投入辐射 G：单位时间内投射到单位面积物体表面上的全波长范围内的辐射能，则有。

$$G = G_r + G_t + G_a$$

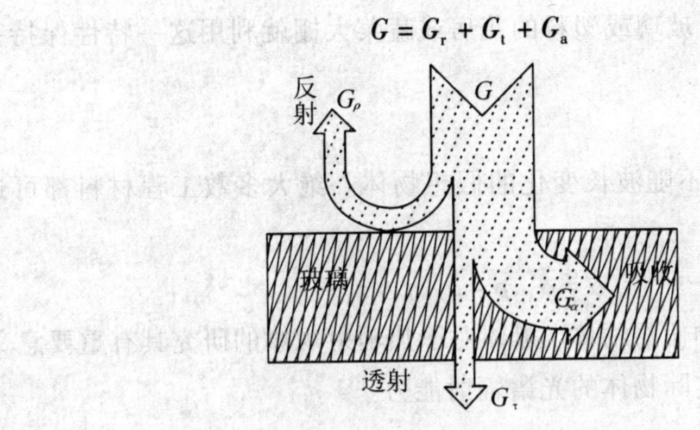

图 2－13 反射、吸收、透射

反射率：$\rho = \frac{G_\rho}{G}$

透射率：$\tau = \frac{G_\tau}{G}$

吸收率：$\alpha = \frac{G_\alpha}{G}$

$$\rho + \tau + \alpha = 1$$

固体和液体的透射率为零：$\alpha + \beta = 1$

气体反射率为零：$\alpha + \tau = 1$

图 2－14 所示为常见镜面反射示意图。

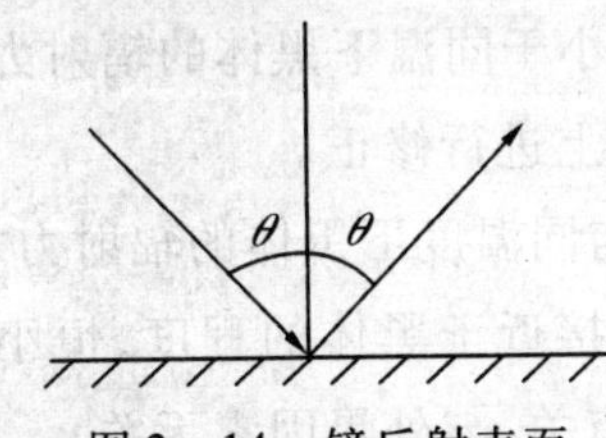

图 2－14　镜反射表面

投入辐射是某一波长 λ 的辐射能 G_λ，则

光谱吸收率：$\alpha_\lambda = \frac{G_{\alpha\lambda}}{G_\lambda}$

光谱反射率：$\rho_\lambda = \frac{G_{\rho\lambda}}{G_\lambda}$

光谱透射率：$\tau_\lambda = \frac{G_{\tau\lambda}}{G_\lambda}$

$$\alpha_\lambda + \rho_\lambda + \tau_\lambda = 1$$

温室效应：红外线不会穿透玻璃，但可见光是可以透过玻璃的。太阳光（含有近50%的可见光）透过玻璃射进室内，但室内的物体和室内环境发射的红外线不会穿透玻璃，不会以热辐射的方式重新将能量传递出去，从而保持了室的温暖，这就是所

谓的"温室效应"。冬天，玻璃或塑料的花房或蔬菜大棚就利用这一特性保持一定的温度。

（3）灰体与黑体。

灰体：光谱辐射特性不随波长变化的假想物体。绝大多数工程材料都可近似作为灰体处理。

$$\alpha = \alpha_\lambda, \rho = \rho_\lambda, \tau = \tau_\lambda$$

黑体：吸收比 $a = 1$ 的假想物体。黑体对于热辐射规律的研究具有重要意义。

如图 2－15 所示为实际物体的光谱辐射能力。

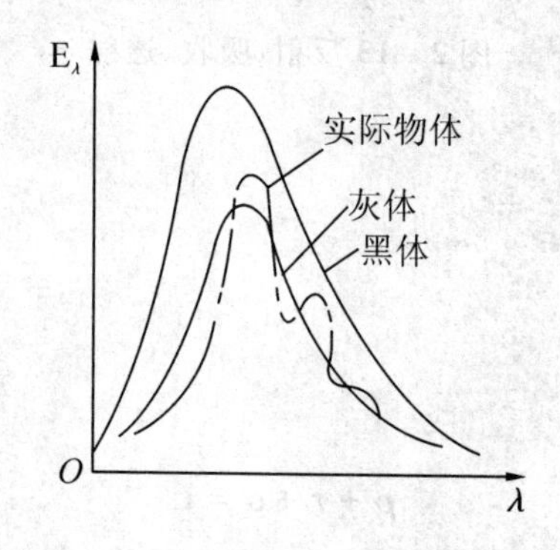

图 2－15　实际物体的光谱辐射能力图

白体（镜体）：反射比 $\rho = 1$ 的假想物体。

透明体：透射比 $\tau = 1$ 的假想物体。

实际物体和灰体的辐射力小于同温下黑体的辐射力，在计算实际物体辐射力时，只需在计算黑体辐射力的基础上进行修正。

黑度：实际物体的辐射力与同温度下黑体的辐射力之比。

黑度表明物体的辐射能力接近于黑体的程度，恒小于 1。物体的黑度是物体的一种性质，只与物体本身情况有关，与外界因素无关。

2. 维恩位移定律和基尔霍夫定律

（1）维恩位移定律。

黑体的光谱辐射力随波长和温度的变化具有下述特点：

1）温度越高，同一波长下的光谱辐射力 $E_{b\lambda}$ 越大；

2）在一定温度下，黑体的光谱辐射力随波长连续变化，并在某一波长下具有最大值；

3）随着温度的升高，光谱辐射力取得最大值的波长愈来愈小，即在坐标中的位置向短波方向移动。

如图 2－16 所示为黑体光谱辐射力与波长、温度变化关系。

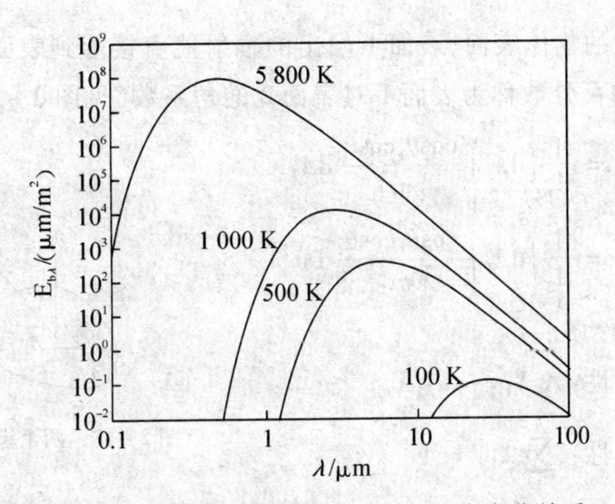

图 2－16　黑体光谱辐射力与波长、温度变化关系

黑体光谱辐射力取得最大值的波长与热力学温度之间的关系为

$$l_{max}T = 2.8976 \times 10^{-3}\,\mathrm{m \cdot K}。$$

光学仪器测得太阳的光谱辐射力最大时的波长为 $l_{max} = 0.5\,\mathrm{mm}$，$T = 5\,796$ K。

工业上常见的温度一般低于 2 000 K，$l_{max} = 1.45\ mm$，处于红外线范围内。

(2)基尔霍夫定律。

任何一个温度为 T 的物体在(θ,φ)方向上的光谱吸收率，等于该物体在相同温度、相同方向、相同波长的光谱发射率。

$$\alpha_\lambda(\theta,\varphi,T) = \varepsilon_\lambda(\theta,\varphi,T)$$

善于辐射的物体必善于吸收辐射能。

由于灰体辐射特性与波长无关，基尔霍夫定律表达式为

$$\alpha(T) = \varepsilon(T)$$

工程上常见的温度范围内($T \leqslant 2\,000\ K$)，绝大多数材料都可近似为漫射灰体。在研究对太阳能的利用中，物体不能当作灰体。

3. 灰体间的辐射换热

(1)角系数。换热面的形状及其相对位置对辐射换热也有很大的影响，通过角系数表示(见图 2－17)。

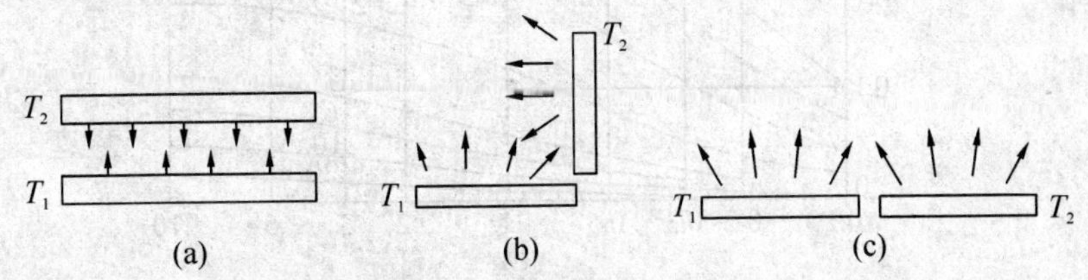

图 2－17　不同位置的辐射换热

角系数是几何量，取决于物体的几何形状、大小和相对位置，反映几何因素对辐射换热的影响。

两个任意放置的物体表面，表面 1 发出的辐射能直接落到表面 2 上的能量占表面 1 总发射能量的百分数称为表面 1 对表面 2 的角系数（见图 2－18）。

$$X_{1,2} = \frac{\Phi_{1\to2}}{A_1 E_{b_1}} = \frac{1}{A_1}\int_{A_1} \mathrm{d}A_1 \int_{A_2} \frac{\cos\theta_1 \cos\theta_2}{\pi r^2} \mathrm{d}A_2$$

$$X_{2,1} = \frac{\Phi_{2\to1}}{A_2 E_{b_2}} = \frac{1}{A_2}\int_{A_1} \mathrm{d}A_1 \int_{A_2} \frac{\cos\theta_1 \cos\theta_2}{\pi r^2} \mathrm{d}A_2$$

图 2－18　两个黑体表面间的角系数

（2）角系数的性质。

角系数的相对性：$A_1 X_{1,2} = A_2 X_{2,1}$

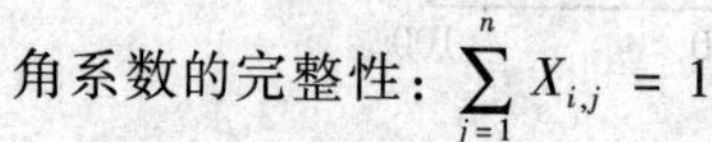

角系数的完整性：$\sum_{j=1}^{n} X_{i,j} = 1$

角系数的可加性：$X_{1,(2+3)} = X_{1,2} + X_{1,3}$

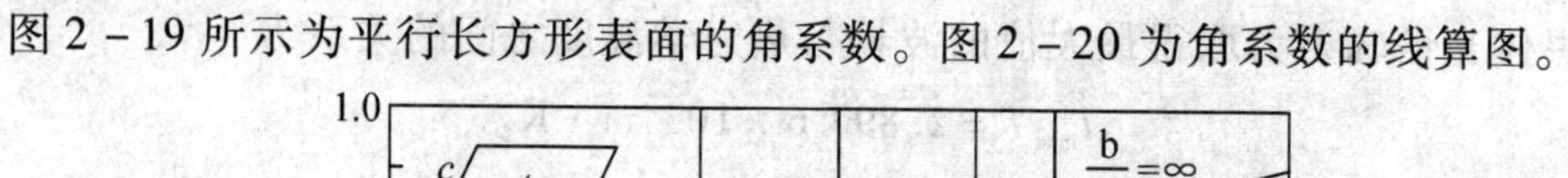

图 2－19 所示为平行长方形表面的角系数。图 2－20 为角系数的线算图。

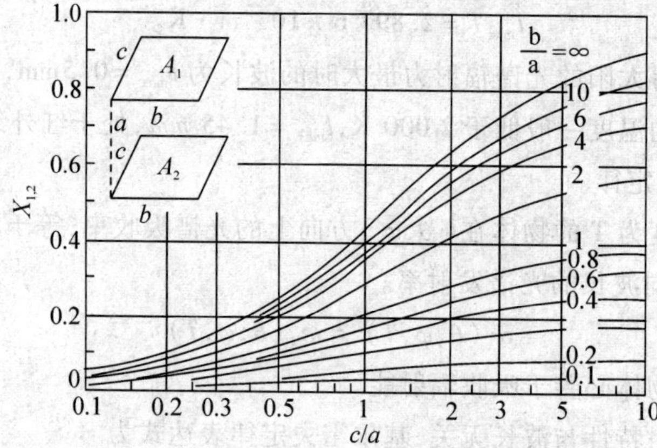

图 2－19　平行长方形表面间的角系数

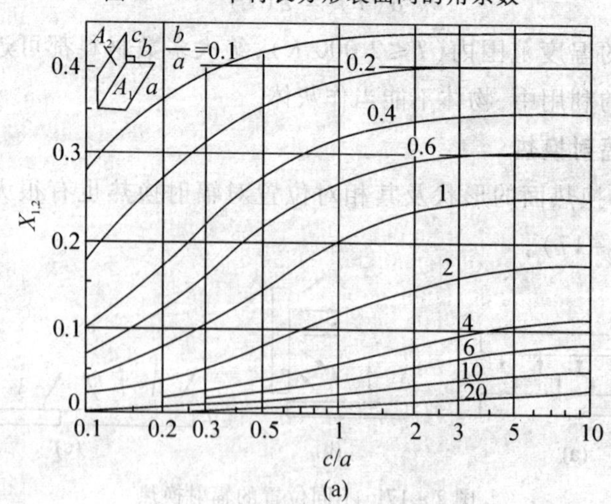

(a)

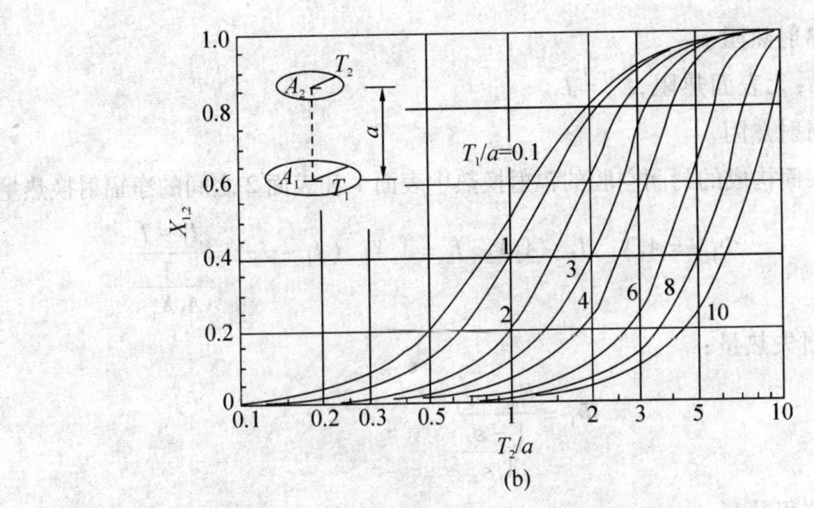

(b)

图 2-20 角系数的线算图

(3) 有效辐射 J：单位时间内离开单位面积表面的总辐射能(见图 2-21)。

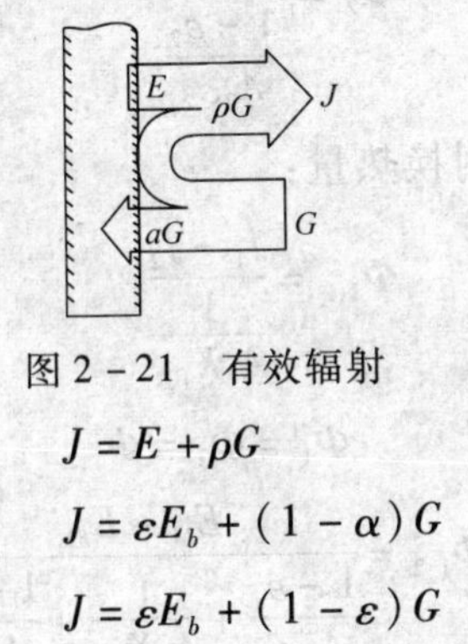

图 2-21 有效辐射

$$J = E + \rho G$$

$$J = \varepsilon E_b + (1-\alpha) G$$

$$J = \varepsilon E_b + (1-\varepsilon) G$$

(4) 单位面积辐射换热量。

$$\frac{\Phi}{A} = J - G = E - \alpha G = \varepsilon (E_b - G)$$

$$\Phi_i = \frac{E_{bi} - J_i}{\dfrac{1-\varepsilon_i}{\varepsilon_i A_i}}$$

因为
$$G = \frac{J - \varepsilon E_b}{1-\varepsilon}$$

所以
$$\frac{\Phi}{A} = \frac{\varepsilon (E_b - J)}{1-\varepsilon}$$

4. 辐射换热量计算

(1) 辐射换热简化计算假设：

1) 进行辐射换热的物体表面之间是不参与辐射换热的介质或真空；

2) 参与辐射换热的物体表面都是漫射灰体或黑体；

3) 进行辐射换热的每个表面的温度、辐射特性和投入辐射都分布均匀。

(2)表面辐射热阻。

黑体:$\varepsilon=1$,无表面热阻,$E_b=J$

(3)空间辐射热阻。

两个漫灰表面构成的封闭空腔的辐射换热中表面1和表面2之间的净辐射换热量为

$$\Phi_{1,2}=A_1X_{1,2}J_1-A_2X_{2,1}J_2=A_1X_{1,2}(J_1-J_2)=\frac{J_1-J_2}{\dfrac{1}{A_1X_{1,2}}}$$

表面1净损失热量:

$$\Phi_1=\frac{E_{b1}-J_1}{\dfrac{1-\varepsilon_1}{A_1\varepsilon_1}}$$

表面2净获得热量:

$$\Phi_2=\frac{J_2-E_{b2}}{\dfrac{1-\varepsilon_2}{A_2\varepsilon_2}}$$

表面1和2之间的净辐射换热量:

$$\Phi_{1,2}=\frac{J_1-J_2}{\dfrac{1}{A_1X_{1,2}}}$$

因为

$$\Phi_1=\Phi_2=\Phi_{1,2}$$

所以

$$\Phi_{1,2}=\frac{E_{b1}-E_{b2}}{\dfrac{1-\varepsilon_1}{A_1\varepsilon_1}+\dfrac{1}{A_1X_{1,2}}+\dfrac{1-\varepsilon_2}{A_2\varepsilon_2}}$$

图2-22所示为两灰体的辐射网络。

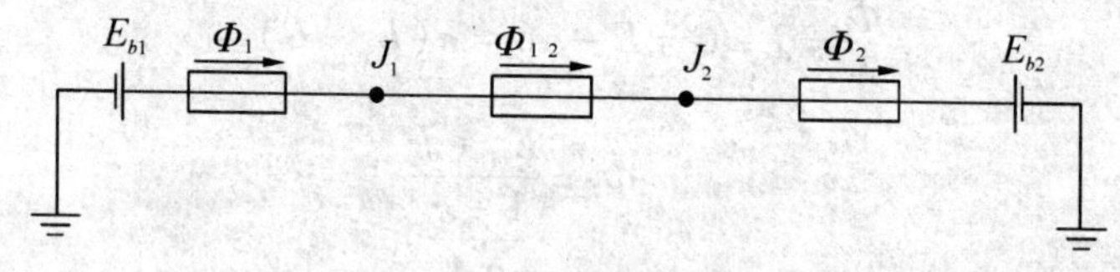

图2-22　辐射网络

图2-23所示为两块距离很近的大平壁与一个非凹表面1和一个凹表面2构成的封闭空腔的换热示意图

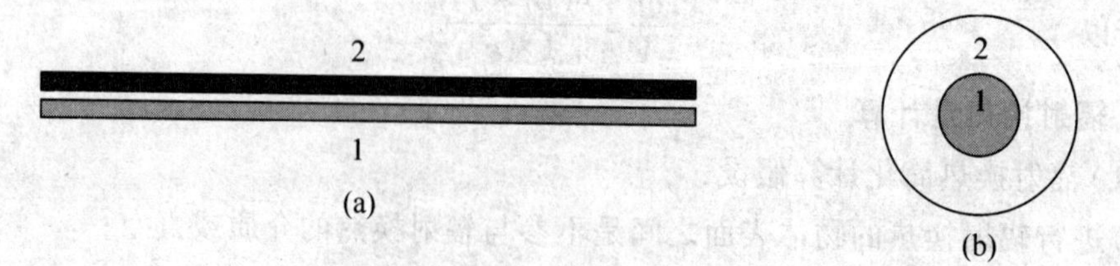

图2-23　两块距离很近的大平壁

(a)两块距离很近的大平壁;(b)一个非凹表面1和一个凹表面2构成的封闭空腔

因为

$$A_1 = A_2 = A,$$

$$X_{1,2} = X_{2,1} = 1$$

$$\Phi_{1,2} = \frac{E_{b1} - E_{b2}}{\dfrac{1-\varepsilon_1}{A_1\varepsilon_1} + \dfrac{1}{A_1X_{1,2}} + \dfrac{1-\varepsilon_2}{A_2\varepsilon_2}}$$

所以

$$\Phi_{1,2} = \frac{A(E_{b1} - E_{b2})}{\dfrac{1}{\varepsilon_1} + \dfrac{1}{\varepsilon_2} - 1}$$

$$\Phi_{1,2} = \frac{E_{b1} - E_{b2}}{\dfrac{1-\varepsilon_1}{A_1\varepsilon_1} + \dfrac{1}{A_1X_{1,2}} + \dfrac{1-\varepsilon_2}{A_2\varepsilon_2}}$$

因为

$$X_{1,2} = 1$$

所以

$$\Phi_{1,2} = \frac{A_1(E_{b1} - E_{b2})}{\dfrac{1}{\varepsilon_1} + \dfrac{A_1}{A_2}(\dfrac{1}{\varepsilon_2} - 1)}$$

5. 辐射换热的增强与削弱

(1)改变系统黑度。增大一个换热物体表面黑度或同时增大两个换热物体的表面黑度都会使系统黑度增大,从而增大辐射换热量。例如:为增强辐射散热能力,电厂常在电器设备外表面涂以颜色漆,使表面黑度增大;暖气片上常涂有银粉漆除了可以防腐蚀外,还可增强辐射散热;在需要减小辐射换热的场合,则可在表面镀以黑度较小的银铝薄层,保温瓶胆就采用了这种方法。

(2)采用遮热板削弱辐射换热。采用遮热板削弱辐射换热的实例如下:

1)航天器多层真空舱壁;

2)热电偶遮热罩;

3)炼钢工人的遮热罩。

6. 气体辐射简介

(1)气体辐射与气体分子结构及性质有关。不是所有的气体都参与辐射和吸收。惰性气体和分子结构对称的双原子气体——氧、氮、氢等及纯净的空气对热辐射可视作透明体;具有非对称性分子结构的气体(一氧化碳)、三原子气体中的二氧化碳、水蒸汽、碳和氮的氧化物,及所有有机气体都参与辐射和吸收。气体反射率为零。

(2)气体的辐射和吸收对波长有选择性。图 2-24 所示为黑体、灰体、气体辐射光谱,其中 1 为黑体,2 为灰体,3 为气体。气体不能当作灰体处理。

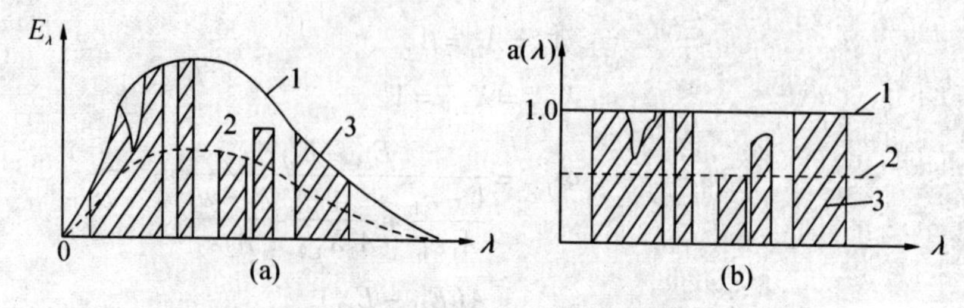

图 2－24　黑体、灰体、气体辐射光谱

(3)气体的辐射和吸收在整个容积内进行。如图 2－25 所示。

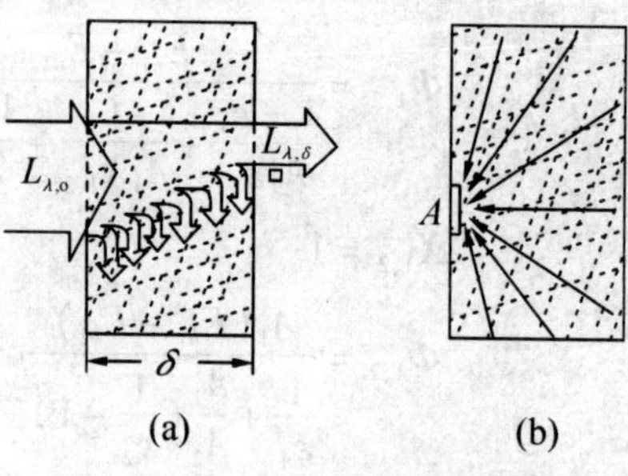

图 2－25　气体的辐射和吸收

(a)气体吸收；(b)气体辐射

气体的辐射和吸收与气体的形状和容积有关，还与气体的压力、温度、射线行程有关。

第三章 太阳灶

3.1 常见的太阳灶类型

1. 太阳灶

太阳灶利用太阳辐射能烹饪食物的一种器具。太阳灶已是较成熟的产品；人类利用太阳灶已有200多年的历史，特别是近二三十年来，世界各国都先后研制生产了各种不同类型的太阳灶。尤其是发展中国家，太阳灶受到了广大用户的好评，并得到了较好的推广和应用。

我国是发展中国家，又是农业大国，农村人口占全国人口的80%以上，而国家供应农村的常见能源，只能满足需求量的一半。据统计，一台截光面积为2 m^2的聚光太阳灶，每年可节省1t左右的农作物秸秆。因此大力推广应用太阳灶，对于节省常规能源，减少环境污染，提高和改善农牧民的生活水平具有重要意义，特别是在大西北农村和边远地区，那里太阳能资源极其丰富，交通又不方便，就更具有它的特殊现实意义。早在2002年，我国就已推广应用太阳灶约30万台。2006—2007年，农业部为了实施太阳能温暖工程，安排了大批资金，在四川、青海、甘肃、云南、宁夏等14个区县，为122 947户农牧民安装了太阳灶，产生了良好积极的社会效益，深受广大农牧民的欢迎。为了总结我国聚光太阳灶的科研成果和生产实践经验，2003年农业部制定了第一个聚光型太阳灶行业标准NY—219—2003。该标准提出了太阳灶的设计、型号、规格和测试方法，规定了其技术要求、结构及性能试验方法。太阳灶研制生产技术工艺水平的不断改进和市场需求的增加，以及对环境的积极意义，都将会加速我国太阳灶行业的发展。

2. 太阳灶的性能

太阳灶作为烹饪食物的一种装置，应能满足烧开水、煮饭及煎、炒、蒸、炸的功能。

根据太阳灶的不同功能，它所能提供的温度也有所区别。如蒸煮或烧开水，要求温度为100～150 ℃；如果需要煎、炒、蒸、炸，则需要提供500～600 ℃的高温。

太阳灶的功率大小由用户的需求决定。一般家庭使用的太阳灶，其功率大多为500～1 500 W，截光面积为1～3 m^2。

通过试验和检测,太阳灶的热效率约为50%。

太阳灶除以上性能以外,还要满足炊事人员操作的方便,如锅灶的高度,它与人体的距离,以及便于定时调整角度和方位。此外,还要考虑耐候性和抗风载等要求。

3. 太阳灶的分类

太阳灶基本上可分为箱式太阳灶、平板式太阳灶、聚光太阳灶和室内太阳灶、储能太阳灶、菱镁太阳灶。前三种太阳灶均在阳光下进行炊事操作。

(1)箱式太阳灶。箱式太阳灶根据黑色物体吸收太阳辐射较好的原理研制而成。它是一只典型的箱子,朝阳面是一层或二层平板玻璃盖板,安装在一个托盖条上,其目的是为了让太阳辐射尽可能多地进入箱内,并尽量减少向箱外环境的辐射和对流散热。里面放了一个挂条来挂放锅及食物。箱内表面喷刷黑色涂料,以提高吸收太阳辐射的能力。箱的四周和底部采用隔热保温层。箱的外表面可用金属或非金属,主要是为了抗老化和形状美观。整个箱子包括盖板与灶体之间用橡胶或密封胶堵严缝隙。使用时,盖板朝阳,温度可以达到100℃以上,能够满足蒸、煮食物的要求。这种太阳灶结构极为简单,可以手工制作,且不需要跟踪装置,能够吸收太阳的直射和散射能量,故该产品价格十分低。但由于箱内温度较低,不能满足所有的炊事要求,推广应用受到很大限制。箱式太阳灶如图3-1所示。

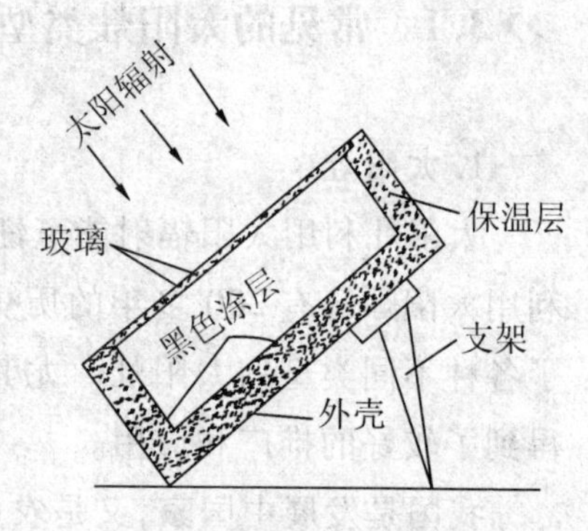

图3-1 箱式太阳灶

(2)聚光式太阳灶。聚光式太阳灶是将较大面积的阳光聚焦到锅底,使温度升到较高的程度,以满足炊事要求。这种太阳灶的关键部件是聚光镜,不仅有镜面材料的选择,还有几何形状的设计。最普通的反光镜为镀银或镀铝玻璃镜,也有铝抛光镜面和涤纶薄膜镀铝材料等。聚光式太阳灶如图3-2所示。

图3-2 聚光式太阳灶

(3)平板式太阳灶。利用平板集热器和箱式太阳灶的箱体结合起来就形成平板式太阳灶。

平板集热器可以应用全玻璃真空管,它们的集热温度均可以达到100 ℃以上,产生蒸汽或高温液体,将热量传入箱内进行烹调。普通拼版集热器如果性能很好也可以应用。例如盖板的涂料采用高质量选择性涂料,其集热温度也可以达到100 ℃以上。这种类型的太阳灶只能用于蒸煮或烧开水,大量推广应用也受到很大限制。

3.2 聚光式太阳灶的设计原理

1.旋转抛物面反射器

旋转抛物面聚光镜是按照阳光从主轴线方向入射的,往往通过焦点上的锅具时会留下一个阴影。这就会减少阳光的反射,从而直接影响太阳灶的功率。青岛本游太阳能设备有限公司在研制太阳灶时,首先提出了关于偏轴聚焦的原理,克服了上述弊病。目前,我国大部分太阳灶的设计均采用了偏轴聚焦原理。

聚光式太阳灶的镜面设计,大都采用旋转抛物面的聚光原理。在数学上抛物线绕主轴旋转一周所得的面,即称为"旋转抛物面"。若有一束平行光沿主轴射向这个抛物面,遇到抛物面的反光,则光线都会集中反射到定点的位置,于是形成聚光,或叫"聚焦"作用。作为太阳灶使用,要求在锅底形成一个焦面,才能达到加热的目的。换言之,它并不要求严格地将阳光聚集到一个点上,而是要求一定的焦面。确定了焦面之后,就不难研究聚光器的聚光比,它是决定聚光式太阳灶的功率和效率的重要因素。聚光比 K 可用公式求得,K = 采光面积/焦面面积。采光面积是指太阳灶在使用时反射镜面阳光的有效投影面积。根据我国推广太阳灶的经验,设计一个功率为700～1 200 W 的聚光式太阳灶,通常采光面积为1.5～2.0 m^2。个别大型蒸汽太阳灶也是聚光式太阳灶,但其采光面积较大,有的要在5 m^2 以上。

聚光式太阳灶除采用旋转抛物面反射镜外,还有将抛物面分割成若干段的反射镜,光学上称之为菲涅耳镜,也有把菲涅耳镜做成连续的螺旋式反光带片,俗称"蚊香式太阳灶"。这类灶型都是可折叠的便携式太阳灶。聚光式太阳灶的镜面,有用玻璃整体热弯成型,也有用普通玻璃镜片碎块粘贴在设计好的底板上,或者用高反光率的镀铝涤纶薄膜裱糊在底板上。底板可用水泥制成,或用铁皮、钙塑材料等加工成型,也可直接用铝板抛光并涂以防氧化剂制成反光镜。聚光式太阳灶的架体用金属管材弯制,锅架高度应适中,要便于操作,镜面仰角可灵活调节。为了移动方便,也可在架底安装两个小轮,但必须保证灶体的稳定性。在有风的地方,太阳灶要能抗风不倒。可在锅底部位加装防风罩,以减少锅底因受风的影响而功率下降。有的太阳灶装有自动跟踪太阳的跟踪器,但是一般认为这只会增加整灶的造价。中国农村推广的一些聚光式太阳灶。大部分为水泥壳体加玻璃镜面,造价低,便于就地制作，但不利于工业化生产和运输。

2. **聚光的必要性**

非聚光情况下，太阳能集热工质的温度一般低于 100 ℃。为提高工质温度从而扩大应用范围，或者为提高太阳能电池的光电转换效率，需要采用适当的聚光方式，将自然状态下能量密度较低的太阳辐射能汇聚到很小的接受表面上，以产生高温工质或高光通量。如图 3－3 所示为太阳能热发电系统热电转换效率与聚光比及吸热器温度之间的关系。

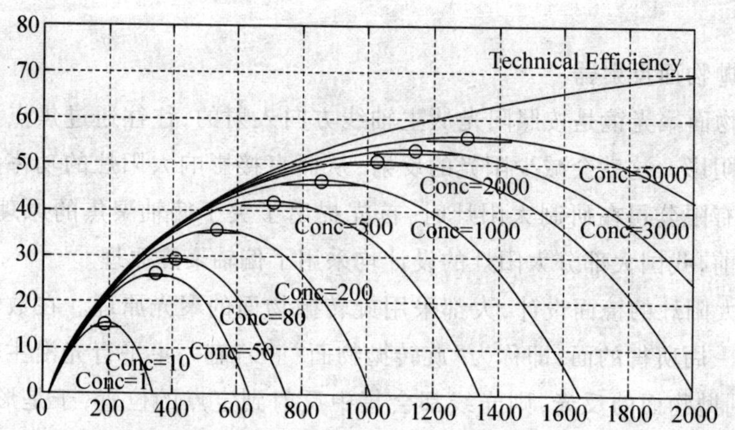

图 3－3　太阳能热发电系统热电转换效率与聚光比及吸热器温度之间的关系

(1) 反射式聚光。反射式聚光的示意图如图 3－4 所示。

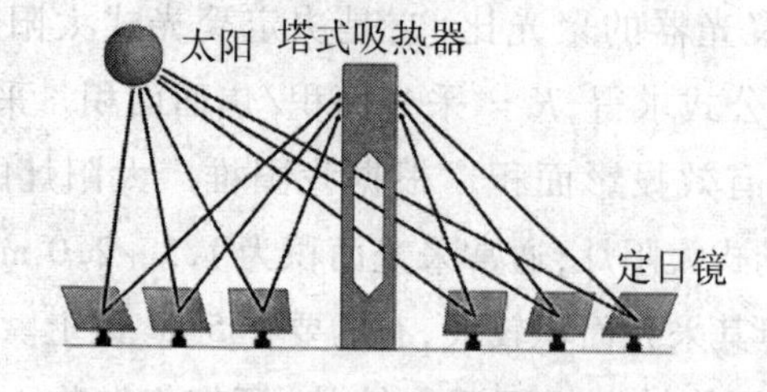

图 3－4　反射式聚光

(2) 折射式聚光。折射式聚光的示意图如图 3－5 所示。

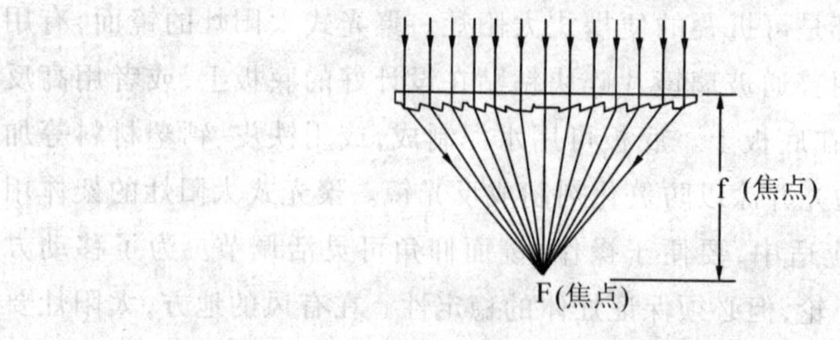

图 3－5　折射式聚光

(3) 抛物面反射聚光。抛物面焦点上的光源（焦点）所产生的平行光束如图3－6 所示。

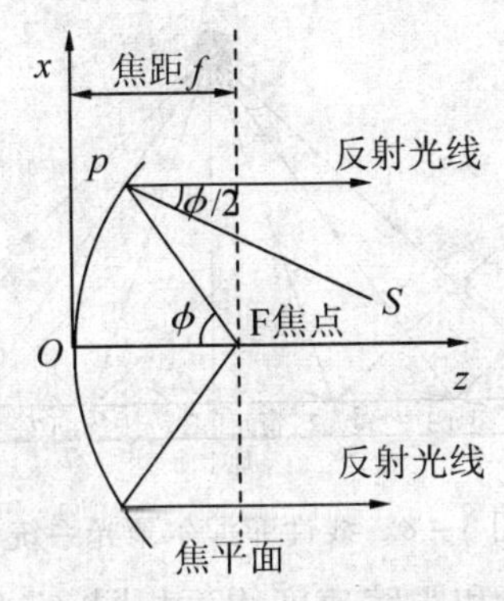

图 3-6 抛物面反射聚光

抛物线方程：$Z^2=4fx$

太阳到达地球表面的光线并非平行光，而是张角为 32′的发散光，因此不可能完全聚焦。经抛物面聚焦后所产生的图像宽度 W，随着反射点 P 的位置不同而变化。

太阳图像宽度 W 计算公式：

$$W=\frac{4f\tan16'}{\cos\varphi(1+\cos\varphi)}$$

图 3-7 所示为实际太阳入射地球光线

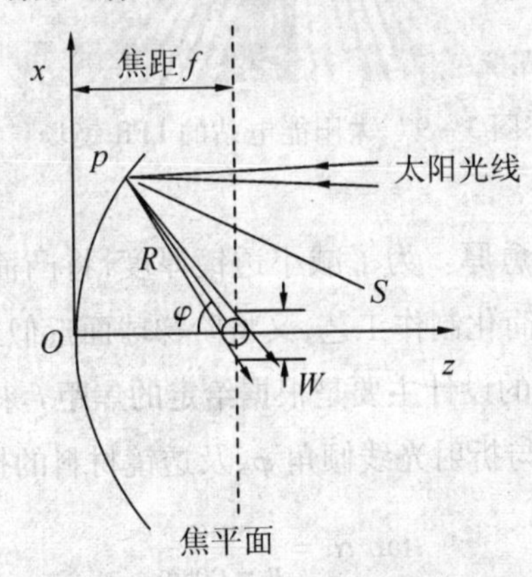

图 3-7 实际太阳入射地球光线

(4)抛物面的离散化——线性菲涅尔聚光系统。

当为提高聚光比而扩大抛物面时，会产生如下问题：

1)抛物面的重量及转动惯量随尺度增大而急剧增大，为跟踪设计带来困难。

2)抛物面过大难以解决风荷载问题。

3)连续抛物面的精确机械加工不容易实现。

此外，在普通抛物面聚光器中，吸热器必须和集热面一同转动，造成无谓的动力消耗。

线性菲涅尔聚光系统（Linear Fresnel Reflector，LFR），因由法国工程师 Augstin - JeanFresnel 发明而得名。图 3-8 所示为线性菲涅尔聚光系统。

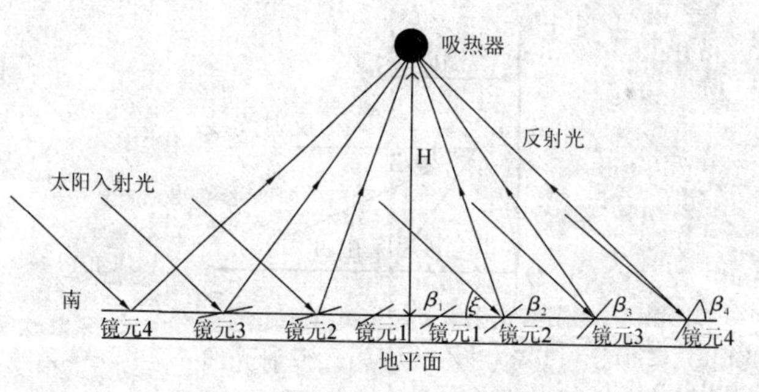

图 3－8　线性菲涅尔聚光系统

每一个带状镜元的倾角 β 和跟踪速度均不相同，需要进行具体的设计计算。

西班牙 NovatecBiosol 公司建造的 PE－1 太阳能电站的 LFR 镜场。该电站 2009 年成功试运行，是世界上第一座 LFR 型电站（见图 3－9）。

图 3－9　太阳能电站的 LFR 镜场

3. 菲涅尔透镜聚光

通常聚光比愈大则透镜愈厚。为了减小透镜厚度，将凸面做成阶梯球面，同样能够达到很好的聚光效果。为了简化制作工艺，又将阶梯球面近似地用平面代替，从而形成了“菲涅尔透镜”。菲涅尔透镜的设计主要是根据给定的焦距 f 来具体确定每一个阶梯平面的倾角 α。阶梯平面倾角 α 与折射光线倾角 φ、及透镜材料的折射率 n 的关系：

$$\tan\alpha = \frac{\sin\varphi}{n-\cos\varphi}$$

如图 3－10 所示为阶梯平面倾角关系。

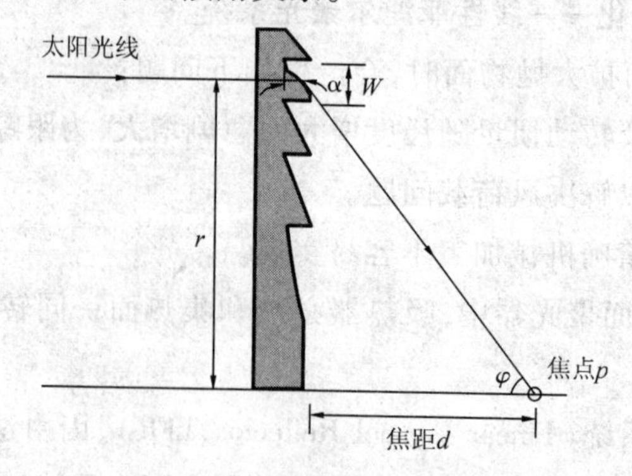

图 3－10　阶梯平面倾角关系

阶梯面倾角 α 与当地平面参数 r、W 及焦距 d 之间的关系为

$$\tan\alpha=\frac{r}{n\sqrt{(d+\frac{W}{2}\tan\alpha)^2+r^2}-(d+\frac{W}{2}\tan\alpha)}$$

3.3 聚光比

1. 聚光比的定义

(1) 几何聚光比。集热器的收光孔面积 A_{ap} 与吸热器的吸热面积 A_{abs} 之比，有

$$C_g=\frac{A_{ap}}{A_{abs}}$$

(2) 辐射通量聚光比。聚集到吸热器上的平均辐射强度 I_{ab} 与入射太阳辐射强度 I_{abs} 之比。

$$C_e=\frac{I_{ap}}{I_{abs}}$$

由于镜面在光学加工过程中存在加工误差，导致通过收光孔的射线并不是都能够汇集到吸热面上，因此，C_e 总是小于 C_g。二者之间的关系为

$$C_e=\eta_0 C_g$$

其中，η_0 称为"光学散射损失因子"。

(3) 抛物面聚光器的理论聚光比。设抛物面焦平面与其收光孔重合。假如太阳光线是绝对平行的，抛物面聚光器的聚光比应趋于无穷大，光线都聚焦在一点，如图 3－11 所示。

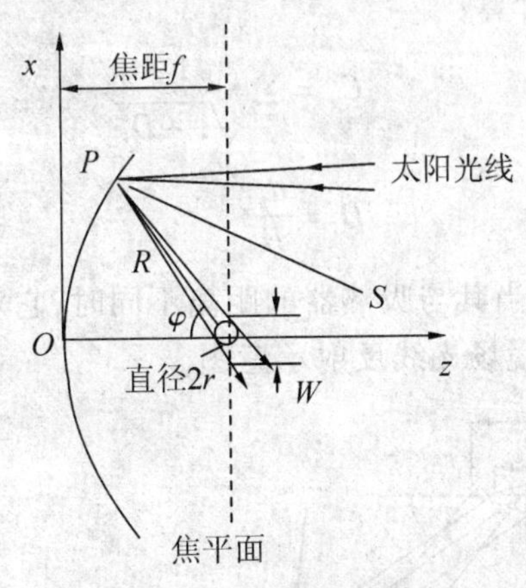

图 3－11 实际光线路径

而事实上，由于太阳圆盘有 32′的张角，所以碟式抛物面和槽式抛物面所能够达到的极限聚光比分别为

$$C_{max}=\frac{1}{F_{a,s}}=\frac{1}{\sin^2\beta}$$

$$C_{max}=\frac{1}{F_{a,s}}=\frac{1}{\sin\beta}$$

式中，$F_{a,s}$为抛物面的收光孔对太阳所张的角系数，代表入射太阳光与抛物面法向 z 之间的夹角，在16′～90°之间变化。

2. 聚光比的计算

对于任何形式的集热－吸热系统，通过热平衡分析可以导出其吸热器的运行温度 T_{abs}与几何聚光比 C_g之间存在关系式

$$T_{abs}=\left(\frac{(1-\eta)\rho\alpha C_g\sin^2\xi T^4)_{sun}}{\varepsilon}+T_{amb}^4\right)^{\frac{1}{4}}$$

式中，η——吸热器以导热和对流方式损失能量所占总接收的辐射能的份额；

α——吸热器的吸收率；

ρ——聚光器表面对太阳辐射的反射率；

ξ——太阳圆盘所张的半角，大约等于4.7mRad；

ε——吸热器的发射率；

T_{sun}——太阳表面温度。

T_{amb}——镜场环境温度。

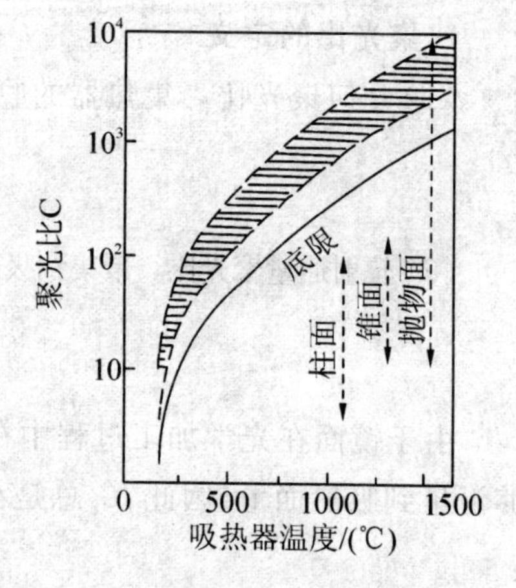

图3－12　聚光比与吸热器工作温度之间的关系

图3－12所示为聚光比与吸热器工作温度之间的关系图。

LFR 集热器的聚光比计算：

$$C_g=\sum_{j=1}^{n}\frac{1}{\sqrt{1+D_j^2}}$$

$$D_j=\frac{d_j}{H}$$

上式表明，同样的镜元当其与吸热器的距离不同时，它对聚光比的贡献不同。图3－13所示为LFR镜场光线反射示意图。

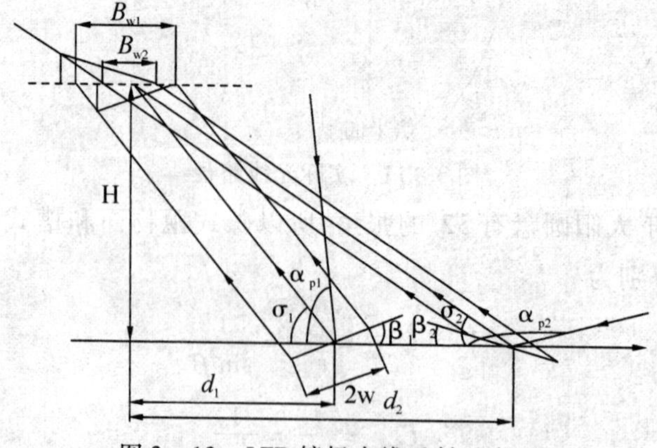

图3－13　LFR镜场光线反射示意图

表 3-1 所示为非聚光型集热器的基本参数。

表 3-1 非聚光型集热器的基本参数

跟踪类型	集热器类型	吸热体类型	聚光比范围	使用温度范围/℃
静止	平板	平板	1	30~80
静止	真空管	管型	1	50~200
静止	复合抛物面	管型	1~5	60~240
单轴跟踪	复合抛物面	管型	5~15	60~300
单轴跟踪	线性非涅尔	管型	10~40	60~250
单轴跟踪	圆柱槽式	管型	15~50	60~300
单轴跟踪	抛物面槽式	管型	10~85	60~400
双轴跟踪	碟式	点	600~2000	100~1500
双轴跟踪	塔式-定日镜	点	300~1500	150~2000

3.4 合理选取太阳灶设计参数

1. 一年中太阳直射变化规律

图 3-14 所示为冬至日太阳高度角。

(1)纬度变化规律:由太阳直射点所在经纬度向南北两侧递减。可推知,与太阳直射点的纬度相差 1°,正午太阳高度角就减小 1°。进一步可得出:已知某一正午太阳高度角,一般有两条纬线等于此度数。

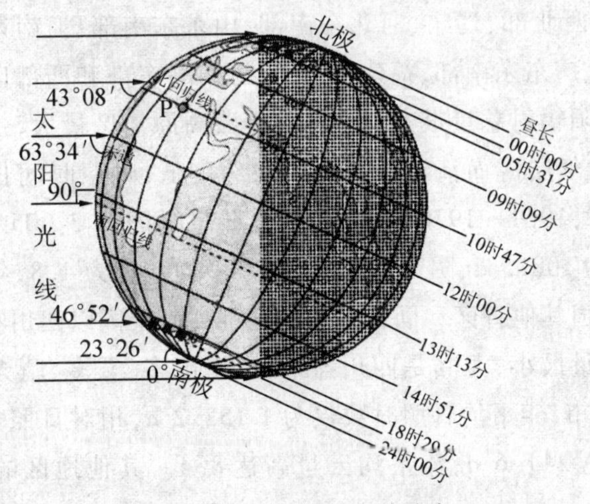

图 3-14 冬至日太阳高度角

例如:太阳直射 20°N,这天全球正午太阳高度角就从 20°N 向南北两侧逐渐递减,19°N 的正午太阳高度角就等于 89°。即 19°N 的正午太阳高度 = 90° -(太阳直射点 - 该地纬度)= 90° -(20° - 19°)= 89°

(2)季节变化规律:太阳直射点移来时渐增,移去时渐减(太阳直射点相对某地所在纬线而言)。例如:对于31°N的地区,在12月22日(冬至日)至6月22日(夏至日)这段时间,正午太阳高度角渐增,6月22日(夏至日)至12月22日(冬至日)这段时间,正午太阳高度角渐减。

1)整个南或北半球,正午太阳高度角能同时达全年最小值(该半球的冬至日),但不能同时达全年最大值;

2)南北回归线之间的地区,太阳直射时达全年最大值,而非该半球的夏至日;

3)南北回归线上一年一次最大值(该半球的夏至日)和最小值(该半球的冬至日);南北回归线之间的地区一年两次最大值(太阳直射时)、一次最小值(该半球的冬至日),但赤道一年各两次;

4)回归线以外的地区,一年各一次最大值(该半球的夏至日)和最小值(该半球的冬至日)。

2. 我国日照数据及太阳能资源分布情况

中国的疆界,南从北纬4°附近西沙群岛的曾母暗沙以南起,北到北纬53°31′黑龙江省漠河以北的黑龙江心,西自东经73°40′附近的帕米尔高原起,东到东经135°05′的黑龙江和乌苏里江的汇流处,土地辽阔,幅员广大。中国的国土面积,从南到北,自西至东,距离都在5 000 km以上,总面积达960万平方千米,为世界陆地总面积的7%,居世界第3位。在中国广阔富饶的土地上,有着十分丰富的太阳能资源。全国各地太阳年辐射总量为3 340 ~ 8 400 MJ/m^2,平均值为5 852 MJ/m^2。

从中国太阳年辐射总量的分布来看,西藏、青海、新疆、宁夏南部、甘肃、内蒙古南部、山西北部、陕西北部、辽宁、河北东南部、山东东南部、河南东南部、吉林西部、云南中部和西南部、广东东南部、福建东南部、海南岛东部和西部以及台湾省的西南部等广大地区的太阳辐射总量很大。尤其是青藏高原地区最大,这里平均海拔高度在4 000 m以上,大气层薄而清洁,透明度好,纬度低,日照时间长。例如人们称为“日光城”的拉萨市,1961—1970年的年平均日照时间为3 005. 7 h,相对日照为68%,年平均晴天为108.5 d、阴天为98. 8 d,年平均云量为4. 8,年太阳总辐射量为8 160 MJ/m^2,比全国其他省区和同纬度的地区都高。全国以四川和贵州两省及重庆市的太阳年辐射总量最小,尤其是四川盆地,那里雨多、雾多、晴天较少。例如素有“雾都”之称的重庆市,年平均日照时数仅为1 152. 2 h,相对日照为26%,年平均晴天为24. 7 d、阴天达244. 6 d,年平均云量高达8. 4。其他地区的太阳年辐射总量居中。

中国太阳能资源分布的主要特点:

(1)太阳能的高值中心和低值中心都处在北纬22° ~ 35°这一带,青藏高原是高值中心,四川盆地是低值中心;

(2)太阳年辐射总量,西部地区高于东部地区,而且除西藏和新疆两个自治区外，基本上是南部低于北部；

(3)由于南方多数地区云多雨多，在北纬30°~40°地区，太阳能的分布情况与一般的太阳能随纬度而变化的规律相反，太阳能不是随着纬度的增加而减少，而是随着纬度的升高而增长。

为了按照各地不同条件更好地利用太阳能，20世纪80年代中国的科研人员根据各地接受太阳总辐射量的多少，将全国划分为如下5类地区。

(1)一类地区。全年日照时数为3 200~3 300 h。在每平方米面积上一年内接受的太阳辐射总量为6 680~8 400 MJ，相当于225~285 kg标准煤燃烧所发出的热量。主要包括宁夏北部、甘肃北部、新疆东南部、青海西部和西藏西部等地，是中国太阳能资源最丰富的地区，与印度和巴基斯坦北部的太阳能资源相当。尤以西藏西部的太阳能资源最为丰富，全年日照时数达2 900~3 400 h，年辐射总量高达7 000~8 000 MJ/m^2，仅次于撒哈拉大沙漠，居世界第2位。

(2)二类地区。全年日照时数为3 000~3 200 h。在每平方米面积上一年内接受的太阳能辐射总量为5 852~6 680 MJ，相当于200~225 kg标准煤燃烧所发出的热量。主要包括河北西北部、山西北部、内蒙古南部、宁夏南部、甘肃中部、青海东部、西藏东南部和新疆南部等地，为中国太阳能资源较丰富区，相当于印度尼西亚的雅加达一带。

(3)三类地区。全年日照时数为2 200~3 000 h。在每平方米面积上一年接受的太阳辐射总量为5 016~5 852 MJ，相当于170~200 kg标准煤燃烧所发出的热量。主要包括山东东南部、河南东南部、河北东南部、山西南部、新疆北部、吉林、辽宁、云南、陕西北部、甘肃东南部、广东南部、福建南部、江苏北部、安徽北部、天津、北京和台湾西南部等地，为中国太阳能资源的中等类型区，相当于美国的华盛顿地区。

(4)四类地区。全年日照时数为1 400~2 200 h。在每平方米面积上一年内接受的太阳辐射总量为4 190~5 016 MJ，相当于140~170 kg标准煤燃烧所发出的热量。主要包括湖南、湖北、广西、江西、浙江、福建北部、广东北部、陕西南部、江苏南部、安徽南部以及黑龙江、台湾东北部等地，是中国太阳能资源较差地区，相当于意大利的米兰地区。

(5)五类地区。全年日照时数为1 000~1 400 h。在每平方米面积上一年内接受的太阳辐射总量为3 344~4 190 MJ，相当于115~140 kg标准煤燃烧所发出的热量。主要包括四川、贵州、重庆等地，此区是中国太阳能资源最少的地区，相当于欧洲的大部分地区。

一、二、三类地区，年日照时数大于2 200 h，太阳年辐射总量高于5 016 MJ/m^2，是中国太阳能资源丰富或较丰富的地区，面积较大，约占全国总面积的2/3以上，具有利用太阳能的良好条件。四、五类地区，虽然太阳能资源条件较差，但是也有一定的利用价值，其中有的地方是有可能开发利用的。

中国的太阳能资源与同纬度的其他国家相比，除四川盆地和与其毗邻的地区外，绝大多数地区的太阳能资源相当丰富，和美国类似，比日本、欧洲条件优越得多，特别是青藏高原的西部和东南部的太阳能资源尤为丰富，接近世界上最著名的撒哈拉大沙漠。表3－2所示为我国太阳能资源分布。

表3－2　我国太阳能资源分布

年总辐射量	峰值日照时数	地　区	相同辐照的其他国家和地区
6 680 ~ 8 400 MJ/m²	5.08 ~ 6.395.7	宁夏北部、甘肃北部、新疆东南部、青海西部和西藏西部	印度和巴基斯坦北部
5 852 ~ 6 680 MJ/m²	4.45 ~ 5.084.7	河北西北部、山西北部、内蒙古南部、宁夏南部、甘肃中部、青海东部、西藏东南部和新疆南部	印度尼西亚的雅加达
5 016 ~ 5 852 MJ/m²	3.82 ~ 4.454.1	山东东南部、河南东南部、河北东南部、山西南部、新疆北部、吉林、辽宁、云南、陕西北部、甘肃东南部、广东南部、福建南部、江苏北部、安徽北部、天津、北京和台湾西南部	美国华盛顿地区
4 190 ~ 5 016 MJ/m²	3.19 ~ 3.823.5	湖南、湖北、广西、江西、浙江、福建北部、广东北部、陕西南部、江苏南部、安徽南部以及黑龙江、台湾东北部	意大利米兰地区
3 344 ~ 4 190 MJ/m²	2.54 ~ 3.192.8	四川、贵州、重庆	欧洲大部分地区

3. 太阳灶的使用和维护

（1）太阳灶的安放。

1）太阳灶应选择坐北朝南的开阔、避风、平坦处安放，且底座要平稳牢靠；

2）要避开周围高大建筑物及树木、电杆等能遮阴挡光的地方，使用期间不应受到任何建筑和物体对阳光的遮挡；

3）要远离柴草、秸秆等易燃物；

4）不要放在人畜、机械经常活动和容易阻碍其他活动的场所；

5）不要放在阴冷潮湿的地方；

6）不能放在公共设施场所。

（2）安全使用方法和注意事项。

1）太阳灶使用的灶具底部要涂黑，新灶具要用柴草熏黑底部，以提高太阳灶的使用效率，减少光的反射；

2）使用太阳灶时，要随当日时间的变化调整太阳灶的方位和高度，一般每

20～40分钟进行一次跟踪调整，使太阳灶的焦斑始终保持在锅（壶）底部中央；

3）在使用太阳灶时严禁小孩在灶的周围玩耍，以免造成烫伤；

4）由于光斑温度很高，调整时要特别注意不要使光斑落到人体或其他物体上，特别要注意农家院落内晾晒的衣物、堆积的柴草（秸秆）等易燃物，以免造成人身伤害或引起火灾导致财产损失；

5）太阳灶使用完毕后，应背对阳光搁置，以免引起火灾造成人体损伤和对建筑物的破坏；

6）如遇刮风时，应将灶背风放置，必要时底座加压重物，以防太阳灶被风刮倒，损坏灶体；

7）太阳灶上的炊具要加盖，减少热量损耗；

8）不能损坏灶面镀铝膜。

（3）灶面的维护与保养。灶面是太阳灶重要的一个部件，应特别注意镀铝膜表面的清洁，在清洗时应用棉布等柔软物轻擦表面，不要用硬物或带有腐蚀性的化学品擦洗，以免损坏反光材料而影响太阳灶的热效率，减少使用寿命。不使用期间，要将灶面背向阳光，以延长反光材料的使用寿命。遇到阴雨天将太阳灶搬至空闲的房子，防止冰雹打破反光面和雨水侵入缝隙缩短寿命。

（4）支架及转动部分的维护与保养。当太阳灶使用一段时间后，要及时对各转动部件定期进行保养，如加润滑油等，必要时还需要喷刷防锈漆，以便转动灵活、方便使用，延长使用时间。

（5）冬季不使用时保护。应将太阳灶的灶面擦拭干净、对支架及转动部分加入润滑油，并放置到妥善位置，不让太阳灶受到雨雪损害，待来年再使用。

第四章　太阳能热水器与热水系统

4.1　概述

太阳能热水系统是太阳能热利用产品中,技术最成熟、热效率最高、使用领域最广、经济效益最好的产品。

近年来,我国太阳能热水系统产业获得了突飞猛进的发展,取得了举世瞩目的辉煌成就,2009 年全国太阳能热水系统企业达 3 000 多家,产品年产量约 4 000 万平方米,总保有量达 1.45 亿平方米,分别占全世界的 78% 和 54%,成为名副其实的太阳能热水系统最大的生产国和应用国,目前正向太阳能热水系统强国而努力。

太阳能热水系统下乡是国家商务部、财政部为拉动内需,提升农民生活水平推出的一项主要惠民政策,自 2009 年以来,全国共有四百多家企业近 80 多个型号产品参加了太阳能下乡中标活动,开创了新农村建设的环保时代。

2007 年国家发展和改革委员会、建设部发布了《关于加快太阳能热水系统推广应用工作的通知》。各地方政府纷纷出台了在大中城市推行强制安装太阳能热水系统的政策,有的省、市、自治区政府还制定了地方建筑标准,写入了强制安装执行条款,并要求与建筑同步规划、同步设计、同步施工安装、同步验收交用。

为了提高太阳能热水系统的工程质量和性能,北京地区一些企业已开始应用远程自动控制技术与网络相结合,可以实时监控任何一个太阳能热水工程的运行状态并进行能量的计算,这不仅能为政府和有关管理部门提供确切的节能减排数量统计,还可以为企业用户和服务商提供工程运行性能和品质的保证。

太阳能热水系统是太阳能热利用主要产品之一。它是利用温室原理,将太阳能的能量转变为热能,并向水传递热量,从而获得热水的一种装置。

太阳能热水系统也称家用太阳能热水器或太阳能热水工程,但严格来说是有区别的。按国标 GB/T18713 和行标 NY/T513 的规定,太阳能热水系统储热水箱的容水量在 0.6 t 以下的为家用太阳能热水器,大于 0.6 t 则称为太阳能热水系统或太阳能热水工程。

典型的太阳能热水器由集热器、保温水箱、连接管路、控制中心、热交换器等部分构成。

1. **集热器**

集热器是系统中的集热元件，其功能相当于电热水器中的电加热管。和电热水器、燃气热水器不同的是，太阳能集热器利用的是太阳的辐射热量，故而加热时间只能在有太阳照射的白昼，所以有时需要辅助加热，如锅炉、电加热等。图 4－1 所示为太阳能集热器。

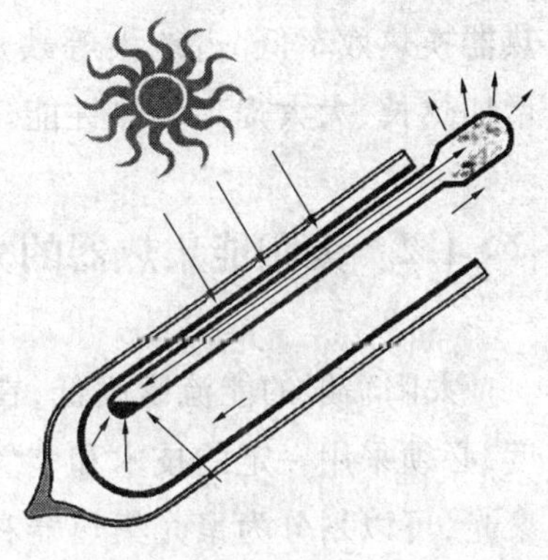

图 4－1 太阳能集热器

2. **保温水箱**

太阳能热水器的储热装置一般为保温水箱。

保温水箱和电热水器的保温水箱一样，是储存热水的容器。因为太阳能热水器只能白天工作，而人们一般在晚上才使用热水，所以必须通过保温水箱把集热器在白天产出的热水储存起来。水箱容积是每天晚上用热水量的总和。采用搪瓷内胆承压保温水箱，保温效果好，耐腐蚀，水质清洁，使用寿命可长达 20 年以上。图4－2所示为太阳能保温水箱。

图 4－2 太阳能保温水箱

3. **连接管路**

连接管路将热水从集热器输送到保温水箱、将冷水从保温水箱输送到集热器的通道，使整套系统形成一个闭合的环路。设计合理、连接正确的循环管道对太阳能系统是否能达到最佳工作状态至关重要。热水管道必须做保温防冻处理。管道必须有很高的质量，保证有 20 年以上的使用寿命。

4. **控制中心**

太阳能热水系统与普通太阳能热水器的区别就是控制中心。作为一个系统，控制中心负责整个系统的监控、运行、调节等功能，现在的技术已经可以通过互联网远程控制系统的正常运行。

太阳能热水系统控制中心主要由电脑软件及变电箱、循环泵组成。

5. **热交换器**

板壳式全焊接换热器吸取了可拆板式换热器高效、紧凑的优点，弥补了管壳式换热器换热效率低、占地大等缺点。板壳式换热器传热板片呈波状椭圆形，圆形板片增加热长，大大提高传热性能。广泛用于高温、高压条件的换热工况。

4.2 太阳能集热器的分类

太阳辐射的能流密度低，在利用太阳能时为了获得足够的能量，或者为了提高温度，必须采用一定的技术和装置（集热器），对太阳能进行采集。根据集热器按是否聚光，可以划分为聚光集热器和非聚光集热器两大类。非聚光集热器（平板集热器，真空管集热器）能够利用太阳辐射中的直射辐射和散射辐射，集热温度较低；聚光集热器能将阳光会聚在面积较小的吸热面上，可获得较高温度，但只能利用直射辐射，且需要跟踪太阳。

1. **平板集热器**

历史上早期出现的太阳能装置，主要为太阳能动力装置，大部分采用聚光集热器，只有少数采用平板集热器。平板集热器是在17世纪后期发明的，但直至1960年以后才真正进行深入研究和规模化应用。在太阳能低温利用领域，平板集热器的技术经济性能远比聚光集热器好。为了提高效率，降低成本，或者为了满足特定的使用要求，开发研制了许多种平板集热器。按工质划分有空气集热器和液体集热器，目前大量使用的是液体集热器；按吸热板芯材料划分有钢板铁管、全铜、全铝、铜铝复合、不锈钢、塑料及其他非金属集热器等；按结构划分有管板式、扁盒式、管翅式、热管翅片式、蛇形管式集热器，还有带平面反射镜集热器和逆平板集热器等；按盖板划分有单层或多层玻璃、玻璃钢或高分子透明材料、透明隔热材料集热器等。目前，国内外使用比较普遍的是全铜集热器和铜铝复合集热器。铜翅和铜管的结合，国外一般采用高频焊，国内以往采用介质焊，1993年我国也开发成功全铜高频焊集热器。1937年从加拿大引进铜铝复合生产线，通过消化吸收，现在国内已建成十几条铜铝复合生产线。为了减少集热器的热损失，可以采用中空玻璃、聚碳酸酯阳光板以及透明蜂窝等作为盖板材料，但这些材料价格较高，一时难以推广应用。

2. **真空管集热器**

为了减少平板集热器的热损，提高集热温度，国际上20世纪70年代研制成功真空集热管，其吸热体被封闭在高真空的玻璃真空管内，大大提高了热性能。将若干支真空集热管组装在一起，即构成真空管集热器，为了增加太阳光的采集量，有的在真空集热管的背部还加装了反光板。真空集热管大体可分为全玻璃真空集热管、玻璃－U型管真空集热管、玻璃、金属热管真空集热管、直通式真空集热管和储热式真空集热管。我国还研制成全玻璃热管真空集热管和新型全玻璃直通式真空集热管。我国自1978年从美国引进全玻璃真空集热管的样管以来，经过20多年的努力，已经建立了拥有自主知识产权的现代化全玻璃真空集热管的产业，用于生产集热管的磁控溅射镀膜机在百台以上，产品质量达世界先进水平，产量雄居世界首位。我国自80年代中期开始研制热管真空集热管，经过十几年的努力，攻克了热压封等许多技术难关，建立了拥有全部知识产权的热管真空管生产基地，产品质量达到世界先进水平，生产能力居世界首位。

3. 聚光集热器

聚光集热器主要由聚光器、吸收器和跟踪系统三大部分组成。按照聚光原理区分，聚光集热器基本可分为反射聚光和折射聚光两大类，每一类中按照聚光器的不同又可分为若干种。为了满足太阳能利用的要求，简化跟踪机构，提高可靠性，降低成本，在20世纪研制开发的聚光集热器品种很多，但推广应用的数量远比平板集热器少，商业化程度也低。在反射式聚光集热器中应用较多的是旋转抛物面镜聚光集热器（点聚焦）和槽形抛物面镜聚光集热器（线聚焦）。前者可以获得高温，但要进行二维跟踪；后者可以获得中温，只要进行一维跟踪。这两种聚光集热器在本世纪初就有应用，几十年来进行了许多改进，如提高反射面加工精度，研制高反射材料，开发高可靠性跟踪机构等，现在这两种抛物面镜聚光集热器完全能满足各种中、高温太阳能利用的要求，但由于造价高，限制了它们的广泛应用。

20世纪70年代，国际上出现一种“复合抛物面镜聚光集热器（CPC）”，它由二片槽形抛物面反射镜组成，不需要跟踪太阳，最多只需要随季节作稍许调整，便可聚光，获得较高的温度。其聚光比一般在10以下，当聚光比在3以下时可以固定安装，不作调整。当时，不少人对CPC评价很高，甚至认为是太阳能热利用技术的一次重大突破，预言将得到广泛应用。但几十年过去了，CPC仍只是在少数示范工程中得到应用，并没有像平板集热器和真空管集热器那样大量使用。我国不少单位在七八十年代曾对CPC进行过研制，也有少量应用，但现在基本都已停用。

其他反射式聚光器还有圆锥反射镜、球面反射镜、条形反射镜、斗式槽形反射镜、平面、抛物面镜聚光器等。此外，还有一种应用在塔式太阳能发电站的聚光镜——定日镜。定日镜由许多平面反射镜或曲面反射镜组成，在计算机控制下这些反射镜将阳光都反射至同一吸收器上，吸收器可以达到很高的温度，获得很大的能量。

我国从20世纪70年代至90年代，对用于太阳能装置的非涅耳透镜开展了研制。有人采用模压方法加工大面积的柔性透明塑料非涅耳透镜，也有人采用组合成型刀具加工直径1.5 m的点聚焦非涅耳透镜，结果都不大理想。近年来，有人采用模压方法加工线性玻璃非涅耳透镜，但精度不够，尚需提高。还有两种利用全反射原理设计的新型太阳能聚光器,虽然尚未获得实际应用,但具有一定启发性。一种是光导纤维聚光器,它由光导纤维透镜和与之相连的光导纤维组成,阳光通过光纤透镜聚焦后由光纤传至使用处。另一种是荧光聚光器,它实际上是一种添加荧光色素的透明板(一般为有机玻璃),可吸收太阳光中与荧光吸收带波长一致的部分,然后以比吸收带波长更长的发射带波长放出荧光。放出的荧光由于板和周围介质的差异,而在板内以全反射的方式导向平板的边缘面,其聚光比取决于平板面积和边缘面积之比,聚光比的值很容易达到10~100,这种平板对不同方向的入射光都能吸收,也能吸收散射光,不需要跟踪太阳。

4.3 平板型太阳能集热器

平板太阳能集热器(见图4-3)是一种吸收太阳辐射能量并向工质传递热量的装置。它是一种特殊的热交换器,集热器中的工质与远距离的太阳进行热交换。平板型太阳能集热器是太阳能集热器中的一种类型。它是由吸热板芯、壳体、透明盖板、保温材料及有关零部件组成。在加接循环管道、保温水箱后,即成为能吸收太阳辐射热,使水温升高。

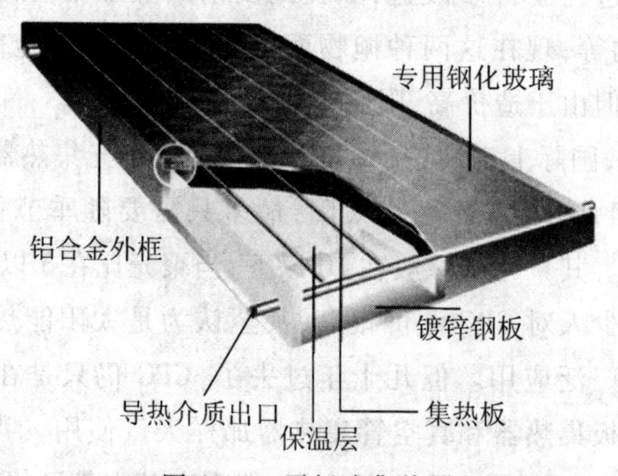

图4-3 平板式集热器

平板型太阳能集热器结构简单,运行可靠,成本低廉,热流密度较低,安全可靠,与真空管太阳能集热器相比,它具有承压能力强,吸热面积大等特点,是太阳能与建筑一体结合最佳选择的集热器类型之一。

平板型太阳能集热器一般应用在企业事业单位、工厂、院校、宾馆酒店、医院、社区、游泳池(包括机关等集体单位和家庭)。凡需用热水温度小于100℃的领域内,原则上都可以用平板型集热器作为热源。

1.平板型太阳能集热器组成

平板型集热器的工作过程是阳光透过玻璃盖板照射在表面有涂层的吸热板上,吸热板吸收太阳能辐射能量后温度升高。

(1)要求。有一定的承压能力,与水的相容性良好;热工性能良好,即吸热板吸收太阳辐射量后转变成的热量能很快传递给水。一般广东地区使用的平板型太阳能尺寸为1 m×2 m(也可定向设计),每平方米采光面积可产能45~65℃的热水约100 kg。

(2)盖板。阳光与吸热板之间的辐射传热板上表面需有透明盖板,使之进去的能量大于散失的能量而提高温升。一般采用高强耐热透明玻璃和普通平板玻璃。盖板层数由使用地区的气象条件和工作温度而定,但从防尘、防水角度考虑,一般仍需要用单层盖板。盖板与吸热板之间的距离一般为2.5 cm左右。

(3)保温层。减少集热器向四周环境的散热,以提高集热器的热效率。常用的保温材料一般采用岩棉、矿棉、聚苯乙烯、聚氨酯等,底部保温层一般3~5 cm厚,四周保温层的厚度为底部的一半(当然在平板太阳能中央热水系统工程方面,保温水箱、管网均需采用保温材料,做好保温,以确保热量不易散热)。

(4)吸热板(简称板芯)。平板型太阳能集热器一般采用铜铝复合和全铜的材质,目前广东地区大部分采用铜铝复合太阳能集热板。这种集热板是由铜铝复合吸热翼片与铜质集热管连接而成的,这种吸热翼片的特点在于由两面铝板中间夹着铜管,通过压辗复合工艺,铝铜和铝铝之间可以紧密结合(基本上达到冶金结合)。

(5)涂层。在吸热面板上涂有选择性或非选择性涂层,这种涂层既可使吸热面板吸收更多的太阳能辐射,又可减少吸热板向环境的辐射散热损失。

涂层在吸热方面特别重要,目前一般采用黑铬涂层。

(6)壳体。一般采用铝合金、钢材等,组成一个整体并保持有一定的刚度和强度便于安装。

(7)支架。一般采用热镀锌、铝合金、不锈钢等材质,加工成品,焊接于钢结构棚架上。

平板型太阳能集热器一般分为以下几类:

常规结合方式——管板式、管翼式

常规排管方式——蛇形管、栅形管

常规板芯材质——铜板、铝板

常规板芯类型——整板式、条带式

常规焊接方式——超声波、激光

常规吸热涂层——真空镀蓝膜、电镀黑格

常规透明盖板——超细钢化玻璃、布纹钢化玻璃、低铁钢化玻璃

常规系统类型——自然循环、强迫循环

2. 平板型太阳能集热器的工作原理

平板太阳能集热器的基本工作原理十分简单。概括地说,阳光透过透明盖板照

射到表面涂有吸收层的吸热体上，其中大部分太阳辐射能为吸收体所吸收，转变为热能，并传向流体通道中的工质。这样，从集热器底部入口的冷工质，在流体通道中被太阳能所加热，温度逐渐升高，加热后的热工质，带着有用的热能从集热器的上端出口，蓄入储水箱中待用，即为有用能量收益。与此同时，由于吸热体温度升高，通过透明盖板和外壳向环境散失热量，构成平板太阳集热器的各种热损失。这就是平板太阳集热器工作原理。

(1)吸热板。吸热板是平板型太阳能集热器内吸收太阳辐射能并向传热工质传递热量的部件，其基本上是平板形状。

1)吸热板的结构形式。在平板形状的吸热板上，通常都布置有排管和集管。排管是指吸热板纵向排列并构成流体通道的部件；集管是指吸热板上下两端横向连接若干根排管并构成流体通道的部件。吸热板的材料种类很多，有铜、铝合金、铜铝复合、不锈钢、镀锌钢、塑料、橡胶等。吸热板的主要结构形式如下：

①管板式。管板式吸热板是将排管与平板以一定的结合方式连接构成吸热条带，然后再与上下集管焊接成吸热板。这是目前国内外使用比较普遍的吸热板结构类型。

近年来，全铜吸热板正在我国逐步兴起，它是将铜管和铜板通过高频焊接或超声焊接工艺连接在一起。全铜吸热板具有铜铝复合太阳条的所有优点：热效率高，无结合热阻；水质清洁，铜管不会被腐蚀；保证质量，整个生产过程实现机械化；耐压能力强，铜管可以承受较高的压力。

②翼管式。翼管式吸热板是利用模子挤压拉伸工艺制成金属管两侧连有翼片的吸热条带，然后再与上下集管焊接成吸热板。吸热板材料一般采用铝合金。翼管式吸热板的优点：热效率高，管子和平板是一体，无结合热阻；耐压能力强，铝合金管可以承受较高的压力。缺点：水质不易保证，铝合金会被腐蚀；材料用量大，工艺要求管壁和翼片都有较大的厚度；动态特性差，吸热板有较大的热容量。

③扁盒式。扁盒式吸热板是将两块金属板分别模压成型，然后再焊接成一体构成吸热板，吸热板材料可采用不锈钢、铝合金、镀锌钢等。通常，流体通道之间采用点焊工艺，吸热板四周采用滚焊工艺。扁盒式吸热板的优点：热效率高，管子和平板是一体，无结合热阻；不需要焊接集管，流体通道和集管采用一次模压成型。缺点：焊接工艺难度大，容易出现焊接穿透或者焊接不牢的问题；耐压能力差，焊点不能承受较高的压力；动态特性差，流体通道的横截面大，吸热板有较大的热容量；有时水质不易保证，铝合金和镀锌钢都会被腐蚀。

④蛇管式。蛇管式吸热板是将金属管弯曲成蛇形，然后再与平板焊接构成吸热板。这种结构类型在国外使用较多。吸热板材料一般采用铜，焊接工艺可采用高频焊接或超声焊接。蛇管式吸热板的优点：不需要另外焊接集管，减少泄漏的可能性；热效率高，无结合热阻；水质清洁，铜管不会被腐蚀；保证质量，整个生产过程实现机

械化;耐压能力强,铜管可以承受较高的压力。缺点:流动阻力大,流体通道不是并联而是串联;焊接难度大,焊缝不是直线而是曲线。

2)吸热板上的涂层。为了使吸热板可以最大限度地吸收太阳辐射能并将其转换成热能,在吸热板上应覆盖有深色的涂层,这称为太阳能吸收涂层。

太阳能吸收涂层可分为两大类:非选择性吸收涂层和选择性吸收涂层。非选择性吸收涂层是指其光学特性与辐射波长无关的吸收涂层,选择性吸收涂层则是指其光学特性随辐射波长不同有显著变化的吸收涂层。

一般而言,要单纯达到高的太阳吸收比并不十分困难,难得是要在保持高的太阳吸收比的同时又达到低的反射率。对于选择性吸收涂层来说,随着太阳吸收比的提高,往往反射率也随之升高;对于通常使用的黑板漆来说,其太阳吸收比可高达0.95,但发射率也在0.90左右,属于非选择性吸收涂层。

选择性吸收涂层可以用多种方法来制备,如喷涂方法、化学方法、电化学方法、真空蒸发方法、磁控溅射方法等。采用这些方法制备的选择性吸收涂层,绝大多数的太阳吸收比都可达到0.90以上,但是它们可达到的发射率范围却有明显的区别。从发射率的性能角度出发,上述各种方法按优劣程度的排列顺序:磁控溅射方法、真空蒸发方法、电化学方法、化学方法、喷涂方法。当然,每种方法的发射率值都有一定的范围,某种涂层的实际发射率值取决于制备该涂层工艺优化的程度。

(2)透明盖板。透明盖板是平板型集热器中覆盖吸热板、并由透明(或半透明)材料组成的板状部件。它的功能主要有3个:一是透过太阳辐射,使其投射在吸热板上;二是保护吸热板,使其不受灰尘及雨雪的侵蚀;三是形成温室效应,阻止吸热板在温度升高后通过对流和辐射向周围环境散热。

1)透明盖板的材料。用于透明盖板的材料主要有两大类:平板玻璃和玻璃钢板。但两者相比,目前国内外使用更广泛的还是平板玻璃。

①平板玻璃。平板玻璃具有红外透射比低、导热系数小、耐候性能好等特点,在这些方面无疑是可以很好地满足太阳能集热器透明盖板的要求。然而,对于平板玻璃来说,太阳透射比和冲击强度是两个需要重视的问题。

我国目前常用的透明盖板材料是普通平板玻璃。据了解,国内3 mm厚普通平板玻璃的太阳透射比一般都在0.83以下,有的甚至低于0.76。根据国家标准GB/T6424—1997的规定,透明盖板的太阳透射比应不低于0.78。相比之下,发达国家的市场上已有专门用于太阳能集热器的低铁平板玻璃,其太阳透射比为0.90~0.91。因此,我国太阳能行业面临的一项任务是在条件成熟时,联合玻璃行业,专门生产适用于太阳能集热器的低铁平板玻璃。尽可能选用钢化玻璃作为透明盖板,确保集热器可以经受防冰雹试验的考验。

②玻璃钢板。玻璃钢板(即玻璃纤维增强塑料板)具有太阳透射比高、导热系数

小、冲击强度高等特点,在这些方面无疑也是可以很好地满足太阳能集热器透明盖板的要求。然而,对于玻璃钢板来说,红外透射比和耐候性能是两个需要重视的问题。玻璃钢板的单色透射比与波长关系曲线表明,单色透射比不仅在 2 pm 以内有很高的数值,而且在 2.5 pm 以上仍有较高的数值。因此,玻璃钢板的太阳透射比一般都在 0.88 以上,但它的红外透射比也比平板玻璃高得多。

玻璃钢板通过使用高键能树脂和胶衣,可以减少受紫外线破坏的程度。但是,玻璃钢板的使用寿命是无论如何不能跟作为无机材料的平板玻璃相比拟的。当然,玻璃钢板具有一些平板玻璃所没有的特点。例如:玻璃钢板的质量轻,便于太阳能集热器的运输及安装;玻璃钢板的加工性能好,便于根据太阳能集热器产品的需要进行加工成型。

2)透明盖板的层数及间距。透明盖板的层数取决于太阳能集热器的工作温度及使用地区的气候条件。绝大多数情况下,都采用单层透明盖板;当太阳能集热器的工作温度较高或者在气温较低的地区使用,譬如在我国南方进行太阳能空调或者在我国北方进行太阳能采暖,宜采用双层透明盖板;一般情况下,很少采用 3 层或 3 层以上透明盖板,因为随着层数增多,虽然可以进一步减少集热器的对流和辐射热损失,但同时会大幅度降低实际有效的太阳透射比。

如果在气温较高地区进行太阳能游泳池加热,有时可以不用透明盖板,这种集热器被称为无透明盖板集热器,国际标准 ISO9806—3 就是专门适用于无透明盖板集热器的热性能试验。

对于透明盖板与吸热板之间的距离,国内外文献提出过各种不同的数值,有的还根据平板夹层内空气自然对流换热机理提出了最佳间距。但有一点结论是共同的,即透明盖板与吸热板之间的距离应大于 20 mm。

(3)隔热层。隔热层是集热器中抑制吸热板通过传导向周围环境散热的部件。

1)隔热层的材料。用于隔热层的材料有岩棉、矿棉、聚氨酯、聚苯乙烯等。目前使用较多的是岩棉。虽然聚苯乙烯的导热系数很小,但在温度高于 70℃时就会变形收缩,影响它在集热器中的隔热效果。在实际使用时,往往需要在底部隔热层与吸热板之间放置一层薄薄的岩棉或矿棉,在四周隔热层的表面贴一层薄的镀铝聚酯薄膜,使隔热层在较低的温度条件下工作。即便如此,长时间后,仍会有一定的收缩,所以使用聚苯乙烯时,应给予足够的重视。

2)隔热层的厚度。隔热层的厚度应根据选用的材料种类、集热器的工作温度、使用地区的气候条件等因素来确定。应当遵循这样一条原则:材料的导热系数越大、集热器的工作温度越高、使用地区的气温越低、则隔热层的厚度就要求越大。一般来说,底部隔热层的厚度选用 30 ~ 50 mm,侧面隔热层的厚度与之大致相同。

(4)外壳。外壳是集热器中保护及固定吸热板、透明盖板和隔热层的部件。

1)外壳的技术要求。根据外壳的功能,要求外壳有一定的强度和刚度,有较好的密封性及耐腐蚀性,而且有美观的外形。

2)外壳的材料。用于外壳的材料有铝合金板、不锈钢板、碳钢板、塑料、玻璃钢等。为了提高外壳的密封性,有的产品已采用铝合金板一次模压成型工艺。

(5)平板太阳能集热器特点。平板型太阳能集热器结构简单,运行可靠,成本低廉,热流密度较低,即工质的温度也较低,安全可靠,与真空管太阳能集热器相比,它具有承压能力强,吸热面积大等特点,是太阳能与建筑一体结合最佳选择的集热器类型之一。

4.4 真空管集热器

真空管集热器是将单根真空管装配在复合抛物面反射镜的底面,兼有平板和固定式聚光的特点,它能吸收太阳光的直射和80%的散射。

1. 全玻璃真空集热管

20世纪70年代中期,美国首先研制开发出内管与外管间抽真空的全玻璃真空集热管(见图4-4)。

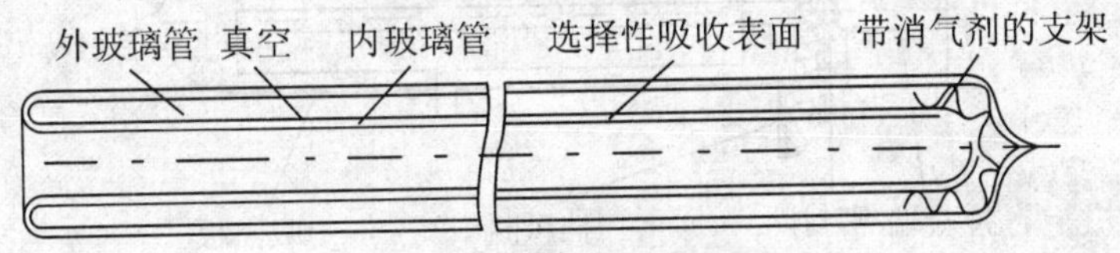

图4-4 玻璃真空集热管

全玻璃真空集热管生产工艺如图4-5所示。

· 内管的清洗—切割—封圆底—二次清洗—镀膜
· 安装支撑架及消气剂
· 装入外玻璃管,封口
· 检漏—真空排气—检测

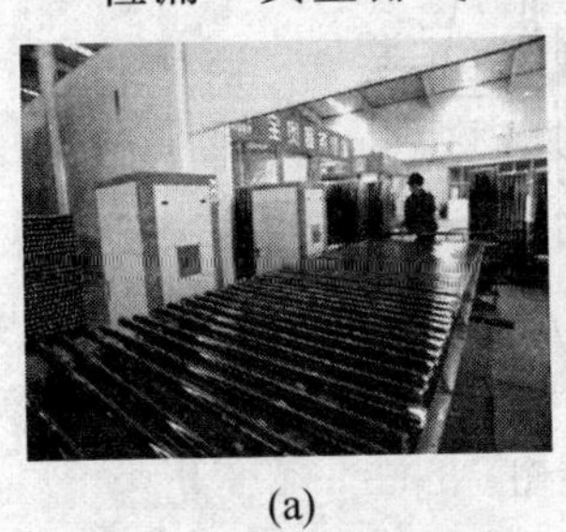
(a)

(b)

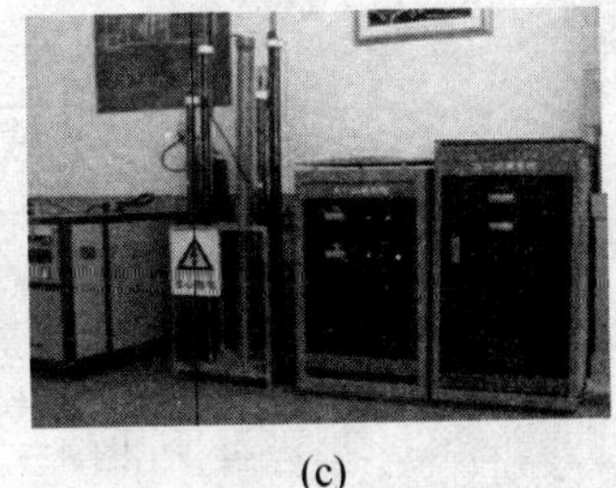
(c)

图4-5 全玻璃真空集热管部分生产工序图

2. 热管式真空集热管

吸热体由金属材料组成的真空管集热器,有时也称为金属-玻璃真空管集热器。

最具代表性的是热管式真空管集热器。

一般说来,热管真空管集热器主要分为单玻璃集热管和双玻璃集热管。

热管真空管太阳能集热器由热管真空管、联集管、保温盒和支架等部分组成。太阳光透过真空玻璃管,照射在真空管内金属吸热翅片的选择性吸收涂层上,高吸收率的太阳选择性吸收膜将太阳辐射能转化为热能通过导热铜带传至内置热管,迅速将热管蒸发端内的少量工质汽化,被汽化的工质上升到热管冷凝端,使冷凝端快速升温,集热器联集管上的导热块(或导热套管)吸收冷凝端的热量加热联集管内流体。热管工质放出汽化潜热后,冷凝成液体,在重力作用下回流热管蒸发端,再汽化再冷凝。热管真空管集热器通过内部少量工质的汽—液相变循环,不断吸收太阳辐射能,为热水系统或采暖系统提供热量。

热管单玻璃集热器是带有平板镀膜肋片的热管。其结构示意图如图 4 - 6 所示。热管的蒸发端封接在单层真空玻璃管内,其冷凝端插入导热块或直接插入水箱里,冷凝端将所获得的热能传给水箱中的水。

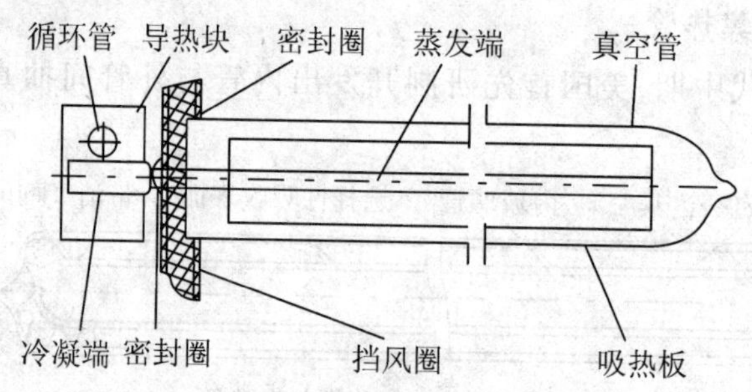

图 4 - 6　热管单玻璃集热器结构示意图

热管双玻璃真空集热器是由清华大学索兰环能技术研究所研制的。其结构示意图如图 4 - 7 所示。该集热管的蒸发端以紧配合方式插入双玻璃真空集热管内的弹性金属肋片中,冷凝端通过硅胶圈插入水箱中。

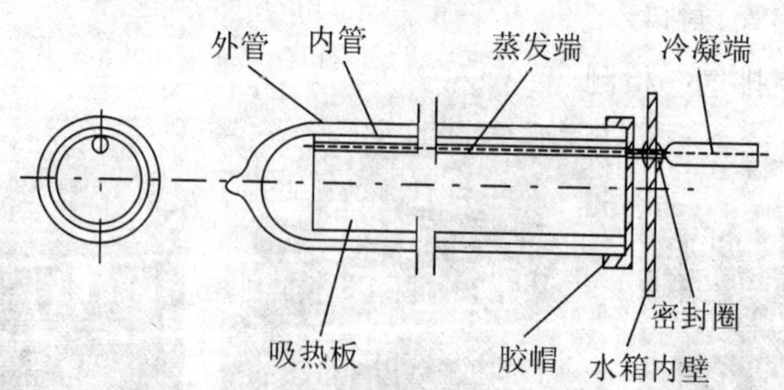

图 4 - 7　热管双玻璃集热器结构示意图

3. 其他型式金属吸热体真空管集热器

其他型式金属吸热体真空管集热器主要包括同心套管式、U 型管式、储热式、内聚光式和直通式等。图 4 - 8 所示为几种不同集热方式的真空管集热器。

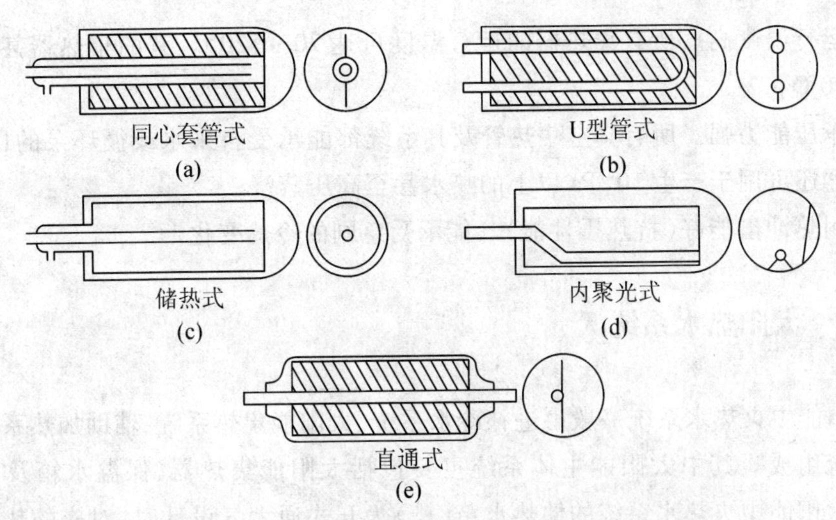

图 4－8　几种不同集热方式的真空管集热器

(1)同心套管式真空管集热器。同心套管式真空管集热器由同心套管、金属吸热板、玻璃管等组成。

太阳光穿过玻璃管，投射在吸热板上，吸热板吸收太阳辐射能并将其转换为热能，传热介质(通常是水)从内管进入真空管，被吸热板加热后，通过外管流出。

(2)U 型管式真空管集热器。U 型管式真空管集热器主要由 U 型管、金属吸热板、玻璃管等组成。工作原理类似于同心套管。

(3)储热式真空管集热器。储热式真空管集热器主要由吸热管、内插管、玻璃管等几部分组成，吸热管内储存水，外表面有选择性吸收涂层。白天，太阳辐射能被吸热管转换为热能，直接用于加热吸热管内的水，使用时，冷水通过内插管渐渐注入，同时将热水从吸热管顶出；晚上，由于真空夹层隔热，吸热管内的热水降温很慢。

最大特点：不需要另设水箱。

(4)内聚光真空管集热器。内聚光真空管集热器主要由吸热体、复合抛物聚光镜(CPC)、玻璃管等组成。

吸热体通常是热管平行的太阳光无论从什么方向穿过玻璃管，都会被 CPC 反射到位于其焦线处的吸热体上。

特点：运行温度高(100～150℃)；不需要跟踪系统。

(5)直通式真空集热器。直通式通常跟抛物柱面聚光镜配套使用，组成聚光型太阳集热器。

特点：运行温度高，抛物面聚光镜的开口可以做得很大，使得集热器的聚光比很高，温度可高达 300～400℃；比较易于组装。

(6)金属吸热体真空管集热器的特点。

1)运行温度高。所有集热器的运行温度可达70～120℃,有的集热器甚至可达300～400℃;

2)承压能力强。所有真空集热管及其系统都能承受自来水或循环泵的压力,多数集热器还可用于产生10^6 Pa以上的热水甚至高压蒸汽;

3)耐热冲击能好(抗热震性能)。能承受急剧的冷热变化。

4.5 太阳热水系统

太阳能中央热水系统一般由进补冷水系统、太阳能集热系统、辅助加热系统及供热水系统组成。其中太阳能主体系统主要包括太阳能集热器、保温水箱及循环系统。当太阳能中央热水系统的储热水箱(槽)为开式通大气设计时,对应的热水系统称之为通大气常压太阳能中央热水系统。通大气常压中央热水系统一般安装在屋面(可节省室内空间),其供热水一般采用落水式重力给水,如需顾及较高楼层的用水压力不足问题,一般需采用加压供热水系统。而当太阳能中央热水系统的储热水箱(槽)为闭式承压设计时,对应的热水系统称之为闭式承压太阳能中央热水系统。

太阳热水系统(或工程)基本上可分为三类,即自然循环系统、强制循环系统和直流式循环系统。

4.5.1 自然循环太阳热水系统

自然循环太阳热水系统如图4－9所示。

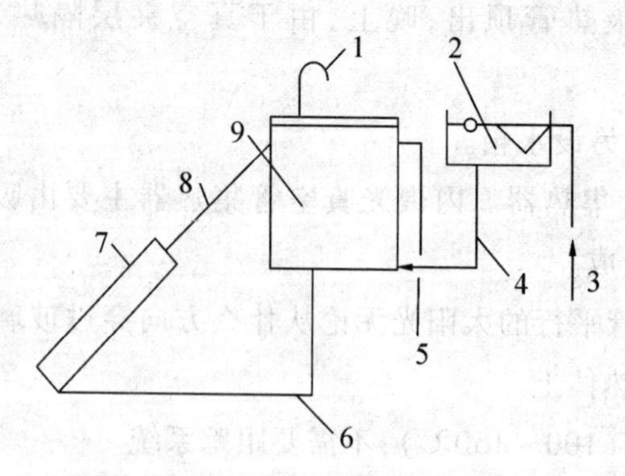

1－排气管;2－补给水箱;3－自来水;4－补给水管;5－供热水管;6－下循环管;

7－集热器;8－上循环管;9－蓄水箱

图4－9 自然循环式热水系统

该系统依靠集热器与蓄水箱中的水温不同产生的密度差进行温差循环,水箱中的水经过集热器被不断地加热。由补水箱与蓄水箱的水位差所产生压头,通过补水箱中的自来水将蓄水箱中的热水顶出供用户使用，与此同时也向蓄水箱中补充了冷水，其水位由补水箱内的浮球阀控制。

这是国内最早采用的一种系统，具有结构简单、运行安全可靠，不需要循环水泵、管理方便等特点，故目前仍是大量应用且值得推广的一种太阳热水系统。其缺点是为防止系统中热水倒流及维持一定的热虹吸压头，蓄水箱必须置于集热器的上方。这对于与建筑结合不太有利，尤其是坡屋顶，不仅安装施工有困难，而且也影响观瞻。对于大型系统，由于水箱太大，管道太多，给建筑布置、结构承重及安装工作都带来一些问题，所以该类型较适合用于中小型太阳热水系统。

经理论计算和实践验证，一天中，整箱水通过集热器一次的流量为最佳流量，也就是说通过集热器一次所需时间刚好等于一天的日照时间，这时系统的日效率也高。

为了克服自然循环式太阳热水器的缺点，在此基础上发展了自然循环定温放水式太阳热水系统，如图 4 - 10 所示。

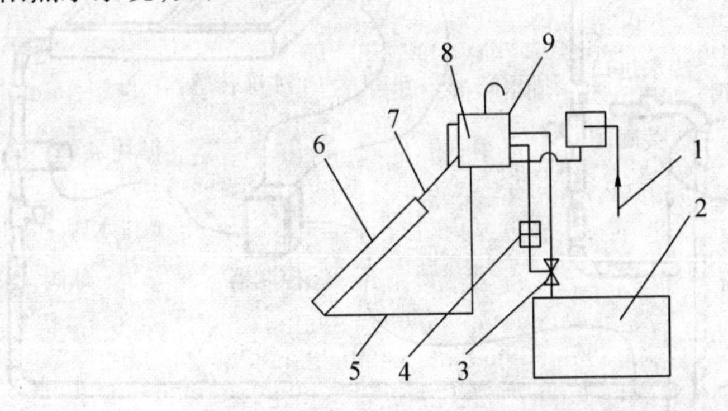

1 - 自来水；2 - 蓄水箱；3 - 电磁阀；4 - 继电器；5 - 下循环管

6 - 集热器；7 - 上循环管；8 - 循环水箱；9 - 电接点温度计

图 4 - 10　自然循环定温放水式热水系统

它与自然循环式的不同点在于：循环水箱被 1 个只有原来容积的 1/4 ~ 1/3 的小水箱代替，大容积的蓄水箱可以放在任意位置（当然必须高于于是热水喷头的位置）。增加一套电控线路，在循环水箱上部一定位置装有电接点温度计，当水箱上部水温升到预定温度时，电接点温度计通过控制器立即给信号接通线路，使装在热水管上的电磁阀打开，将热水排至蓄水池内，同时补水箱也会自动向循环水箱补充冷水。此时，循环水箱内水温下降，当降到预定的温度时，电接点温度计下限接点接通线路电磁阀关闭。这样，系统周而复始向蓄水箱输送设定恒温热水。

该装置的优点是笨重的蓄水箱不必高架于集热器之上，缺点是系统中增加一个水箱，安装麻烦。由于电磁阀需要一定自来水压力才能关严，故要求有一定的安装条件，即循环水箱必须高于集热器，这就大大影响使用范围。

4.5.2 强制循环太阳热水系统

强制循环热水器可分为直接强制循环式(也称一次循环或单回路系统)和间接强制循环式(也称二次循环或双回路系统)两大类。

强制循环太阳热水系统,根据采用控制器的不同和是否需要抗冻和防冻要求,可以采用不同的强制循环系统方案。下面介绍几种典型的系统。

(1)温差控制直接强制循环系统。

该系统如图 4－11 所示。

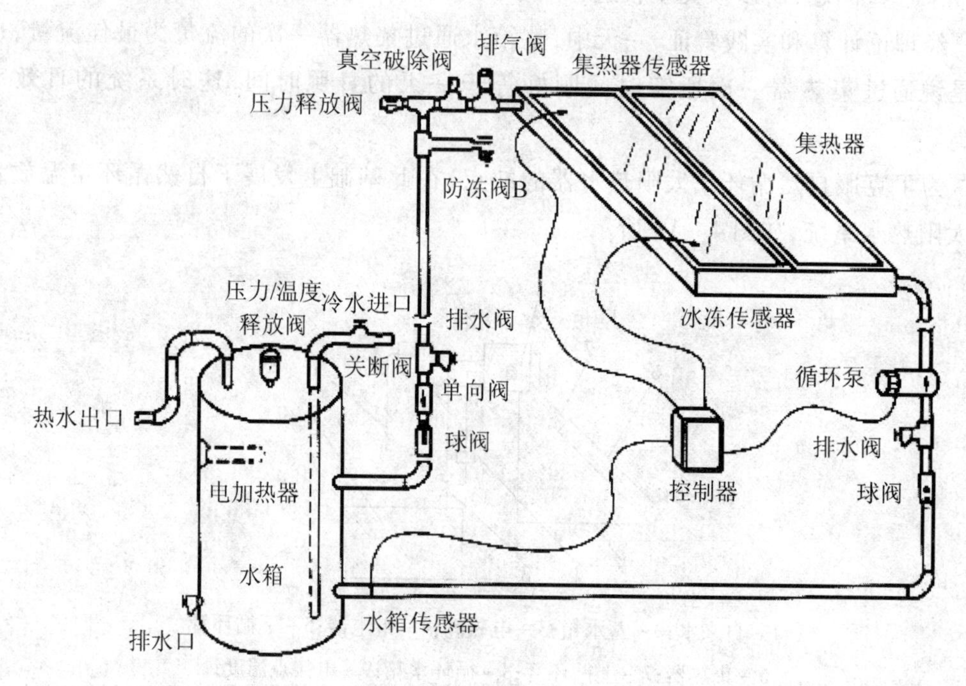

图 4－11　温差控制直接强制系统

它靠集热器出口端水温和水箱下部水温的预定温差来控制循环泵进行循环。当两处温差低于预定值时,循环泵停止运行,这时集热器中的水会靠重力作用流回水箱,集热器被排空。在集热器的另一侧管路中的冷水,则靠防冻阀予以排空,这样整个系统管路中就不会被冻坏。

(2)光电控制直接强制循环系统。

光电控制直接强制循环系统,如图 4－12 所示。

它是由太阳光电池板所产生的电能来控制系统运行的。有太阳时,光电板就会产生直流电启动水泵,系统即进行循环。无太阳时,光电板不会产生电流,泵就停止工作。这样整个系统每天所获得的热水取决于当天的日照情况,日照条件好,热水量就多,温度也高。日照差,热水就少。该系统在天冷时,靠泵和防冻阀也能将集热器中的水排空。

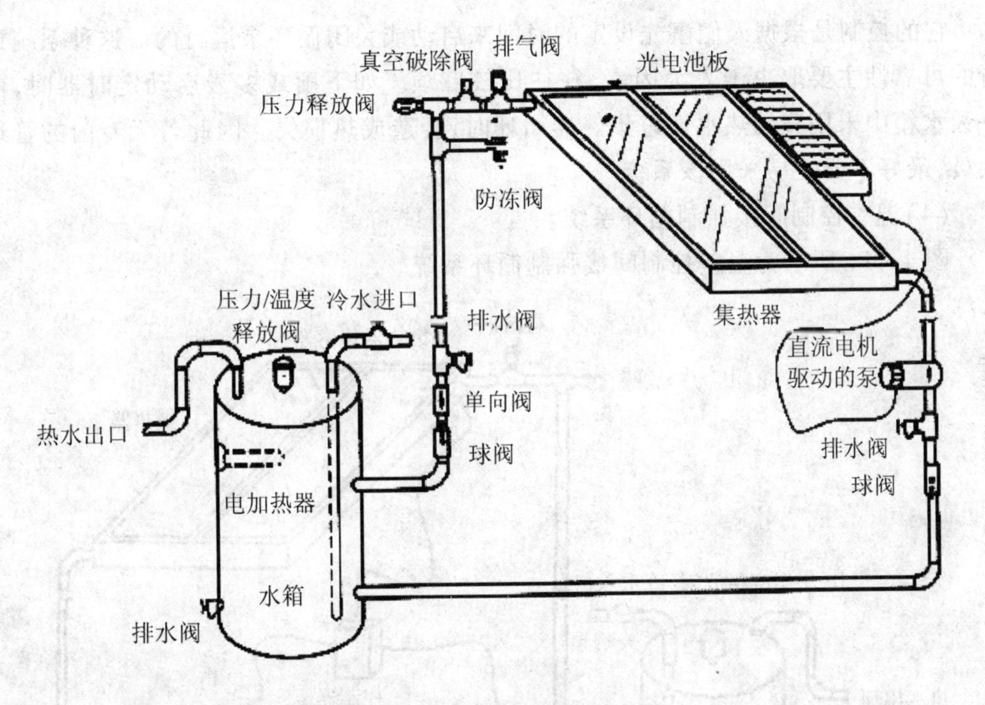

图 4－12　光电控制直接强制系统

(3)定时控制直接强制循环系统。

图 4－13 所示为定时器控制直接强制循环系统。

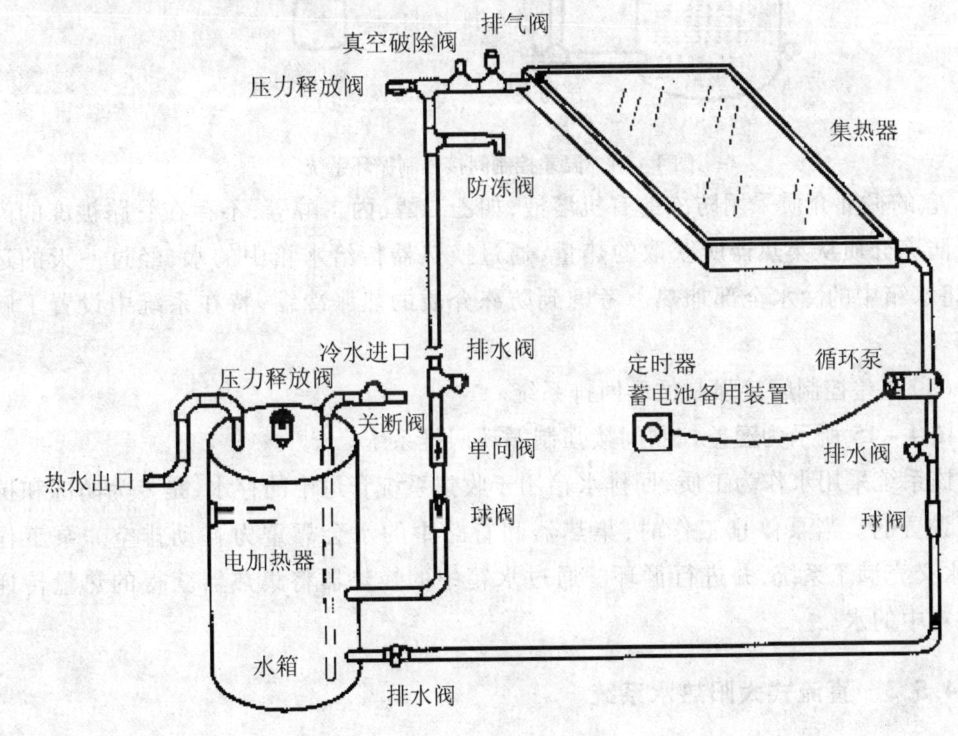

图 4－13　定时器控制直接强制系统

它的控制是根据人们事先设定的时间来启动或关闭循环泵运行的。这种系统运行的可靠性主要取决于人为因素,往往比较麻烦。如下雨或多云启动定时器时,前一天水箱中未用完的热水通过集热器循环时,会造成热损失。因此若无专门的管理人员,最好不要轻易采用该系统。

(4)温差控制间接强制循环系统。

图 4-14 所示为温差控制间接强制循环系统。

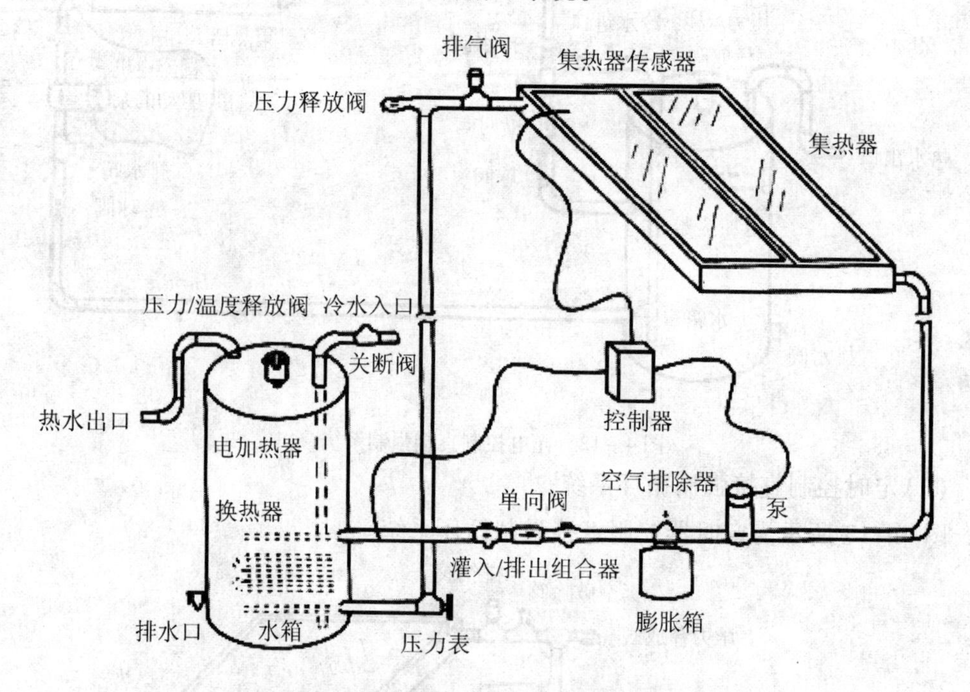

图 4-14　温差控制间接强制循环系统

它的循环介质采用防冻的有机溶液,如乙二醇、丙二醇等,不存在管路被冻的问题。防冻介质从集热器所获取的热量,通过换热器传给水箱中的水,经过一天的运行,将水箱中的冷水全部加热。考虑到防冻介质的热胀冷缩,特在系统中设置了膨胀箱。

(5)温差控制间接强制循环回排系统。

图 4-15 所示为温差控制间接强制循环回排系统。

该系统采用水作为工质,回排水箱用于收集系统管道中的存水,是专为防冻和抗冻而设置的。当泵停止工作时,集热器和管路中的水会靠重力自动排空。泵工作时,水又充满了系统,并进行循环。通过水箱中的换热器将集热器获得的热量传递给水箱中的水。

4.5.3　直流式太阳热水系统

直流式太阳热水系统是传热工质一次流过集热器加热后便进入储水箱或用水点

的非循环热水系统,储水箱的作用仅为储存集热器所排出的热水,直流式系统有热虹吸型和定温放水型两种。

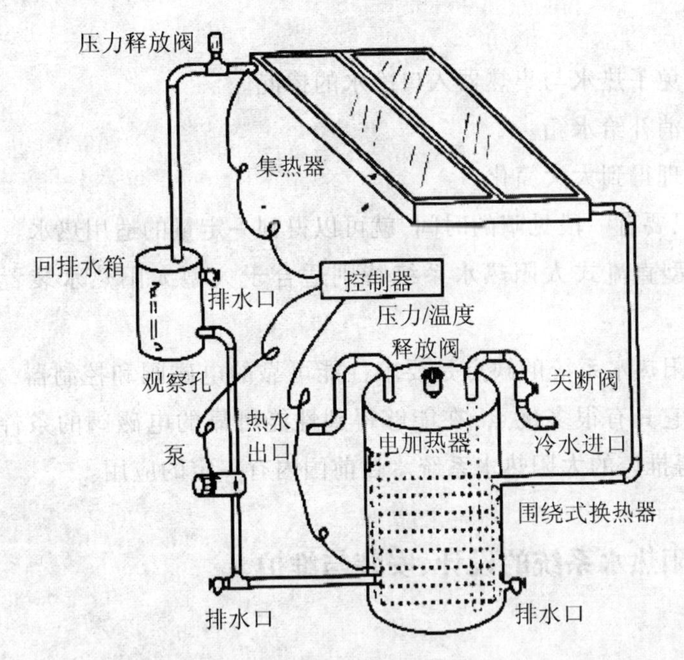

图 4－15　温差控制间接强制循环回排系统

(1)热虹吸型:热虹吸型直流式太阳热水系统由集热器、贮水箱、补给水箱和连接管道组成。

补给水箱的水位由箱中的浮球阀控制,使之与集热器出口(上升管)的最高位置一致。根据连通管的原理,在集热器无阳光照射时,集热器、上升管和下降管均充满水,但不流动。当集热器受到阳光照射后,其内部的水温升高,在系统中形成热虹吸压力,从而使热水由上升管流入储水箱,同时补给水箱的冷水则自动经下降管进入集热器。太阳辐射愈强,则所得的热水温度愈高,数量也愈多。早晨太阳升起一段时间以后,在储水箱中便开始收集到热水。这种虹吸型直流式太阳热水系统的流量具有自动调节功能,但供水温度不能按用户要求自行调节。这种系统目前应用的较少。

(2)定温放水型:为了得到温度符合于用户要求的热水,通常采用定温放水型直流式太阳热水系统。该系统在集热器出口处安装测温元件,通过温度控制器,控制安装在集热器入口管道上的开度,达到根据温度调节水流量,使出口水温始终保持恒定。这种系统不用补给水箱,补给水管直接与自来水管连接。系统运行的可靠性,同样决定于电动阀和控制器的工作质量。

(3)直流式太阳热水系统的优点。

1)由于系统的补冷水由自来水直接供给,自来水具有一定的压头,保证了系统的水循环动力，因此系统中不需设置水泵。

2）储水箱可以因地制宜地放在室内，既减轻了屋顶载荷，也有利于储水箱保温，减少热损失。

3）完全避免了热水与集热器入口冷水的掺混。

4）可以取消补给水箱。

5）系统管理得到大大简化。

6）阴天，只要有一段见晴的时间，就可以得到一定量的适用热水。

定温放水型直流式太阳热水系统特别适合于大型太阳热水装置，布置也较为灵活。

直流式太阳热水系统的缺点是要求性能可靠的电磁阀和控制器，从而使系统较为复杂。由于它具有很多优点，在能够得到性能可靠的电磁阀的条件下，应是一种结构合理、值得推广的太阳热水系统。目前国内有一定的应用。

4.6 太阳热水系统的设计、安装与维护

4.6.1 太阳热水系统设计

1. 太阳热水系统的技术要求

太阳热水系统应具有防冻、防雷击、抗风、抗冰雹、抗震和防噪声干扰等功能。

太阳热水系统必须符合建筑构件标准及设计、安装和施工规范的要求，不得损害或破坏建筑屋面和维护结构的功能、外形，并尽量与其相互融合。

太阳热水系统应达到国标所要求的热性能指标。供热水温度应≥40℃，每平方米采光面积的每天得热量应大于 7.65 MJ（当日太阳辐照量为 17MJ/m²时），相当于日效率大于45%。热损系数应低于5 W/m²·℃。

2. 太阳热水系统集热面积的确定

$$A_C = \frac{Q_w C_w (t_{end} - t_i) f}{J_T \eta_{ed} (1 - \eta_C)}$$

式中，A_C——系统集热器采光面积，m²；

Q_w——日平均用水量，kg；

C_w——水的定压比热容，4.1868 kJ/(kg·℃)；

t_{end}——蓄水箱内的终止水温，℃；

t_i——水的初始温度，℃；

J_T——当地春分或秋分所在月份集热器采光面上的月平均日辐照量。

3. 蓄水箱容积的确定

蓄水箱的容积应稍大于日平均出水量。因为日平均出水量是按年平均计算的,考虑到夏季产热水量要多,所以需要蓄水箱的容积有足够的余量,一般按日平均出水量的120% ~130%设计。

4. 太阳热水系统设计

(1)家用太阳热水系统设计。

1)一种是在建房时把热水器作为固定设备进行设计和施工,用户迁入新居时就可以使用。

2)另一种是在现有的房屋上安装集热器、蓄热水箱和其他装置。比较麻烦的是管道安装时,墙壁和地板需要开孔,但要防止损坏建筑结构。

(2)设计方案。

1)分户安装。即一家一个热水器。

2)集体安装。即一个单元,几个单元或整栋楼房合用一个热水系统。

合用热水系统设集中水箱,可大大降低造价,并便于统一维修。但从节约用水、便于管理及减少各家间不必要的人为纠纷考虑,应当为每户安装热水表进行热水使用量计量。一家一个热水器可较好地避免以上矛盾,但造价高,和建筑结合比较困难,维修极不方便,水箱放在户内占据较大空间。所以,采用哪种方案需根据具体情况和用户要求加以确定。不论哪种方案,如果用户有需求,均可以设辅助热源,以保证全天候热水供应。

从我国简介节能规划考虑,板楼住宅设计安装大型全天候太阳热水工程有如下优点:

1)统一安装有利于建筑结合和建筑节能,同时有利于城市的美观;

2)造价成本比较低;

3)维修管理由物业统一安排,用户五维修之忧;

4)每户采用热水计量不会发生用户之间的用水矛盾;

5)由于有辅助热源,用户可全天候使用热水,这种系统应成为今后推广应用的方向。

(3)集热器的选择。

设计施工单位应向用户介绍各种产品的特点,并根据用户的需要、地理位置和报价等条件选择和确定集热器。

一般季节性使用生活热水或我国南方的热带、亚热带气候区,可采用单层玻璃盖板,非选择性涂层的普通平板型太阳集热器。而要求全年使用生活热水或中、高温热水,则应采用选择性吸收涂层的平板型太阳集热器或真空管太阳集热器。

(4)太阳热水系统的保温。

为了提高太阳热水系统的热效率,水箱和管路应选择性能良好的保温材料,保温层要保持一定的厚度。

常用的保温材料有聚氨酯、聚苯乙烯、聚乙烯、岩棉等。

保温层的密封好坏及“热桥”对保温效果影响较大,因此,保温层不要有空隙和漏洞,不要出现水箱、管路与导热体直接接触或暴露的“热桥”,这个问题对于在冬季运行的系统尤为重要。

4.6.2 太阳热水系统的安装

1. 太阳热水系统安装位置的选择

太阳集热器的最佳布置方位是朝向正南,其偏差允许在±15℃以内,否则影响集热器表面的太阳辐照度。

为了保证有足够的太阳光照射在集热器上,集热器的东、西、南方向不应有遮挡的建筑物或树木;为了减少散热量,整个系统宜尽量放在避风口,如尽量放在较低处,能放一层楼顶的绝不防到二层楼顶上去;最好设阁楼层将蓄水箱放在建筑内部,以减少热损失;为了保证系统效率,连接管路应尽可能短,集热器、水箱直接放在浴室顶上或其他用热水的场所,尽量避免分得太散,对自然循环式这一点格外重要。

2. 太阳集热器采光面积、倾角、距离和连接方式的确定

(1)集热器采光面积应根据热水负荷大小,集热器种类,热水系统的热性能指标,使用期间的太阳辐射,气象参数来确定。热水系统的热性能指标可由国家认可的质量检验机构测试得出,各生产厂家应将自己生产的各类热水器的热性能指标编入产品说明书,以供设计人员选用。

(2)集热器的倾角。

一般原则:$\theta = \varphi \pm \delta$

春夏秋使用时:$\theta = \varphi - \delta$

全年使用时:$\theta = \varphi + \delta$

式中,θ——集热器倾角;

φ——当地纬度

δ——一般取5°~10°。

当集热器放在特殊位置上时,其倾角决定于具体的安装条件。如多层住宅家用太阳热水装置,将集热器作为阳台栏板的一部分,考虑到安全其倾角较大,大约为80°以上,而不是按照上述公式的30°和50°。甚至按垂直摆放,牺牲一些热效率,换来布局美观和安全。

(3)集热器前、后排间不挡阳的最小距离S,则有

$$\sin\alpha = \sin\varphi\sin\delta + \cos\varphi\cos\delta\cos\omega$$

$$\sin\gamma = \cos\delta\frac{\sin\omega}{\cos\alpha}$$

$$S = H\frac{\cos\gamma}{\tan\alpha}$$

式中,S——不遮阳最小距离,m;

H——前排集热器的高度,m;

α——太阳的高度角;

γ——方位角;

ω——时角(以太阳时的正午起算,上午为负,下午为正,它的数值等于离正午的实践钟点数乘以15°);

δ——赤纬度。

(4)集热器的连接方式。

集热器有三种连接方式,如图4-16所示。

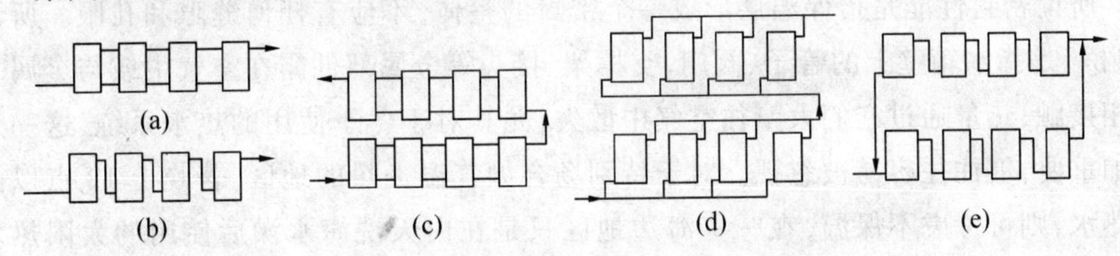

图4-16 集热器组的不同连接方式

1)串联。一集热器的出口与另一集热器的入口相连。

2)并联。一集热器的出入口分别与另一集热器的出入口相连。

3)混联。若干集热器间并联,各并联集热器之间再串联或若干集热器间串联,各串联集热器间再并联,亦称并串联或串并联。

在选择集热器连接方式时,若采用并联时,每组集热器数量应该相同,以于流量的均衡。

3.自然循环系统的管道走向

对于自然循环太阳热水系统,管道的连接和走向是确保系统正常运行的重要因素,如图4-17所示。储热水箱的下出口与上入口以及集热器进出口均应呈对角线布置,水箱下出口应在水箱最低位置。

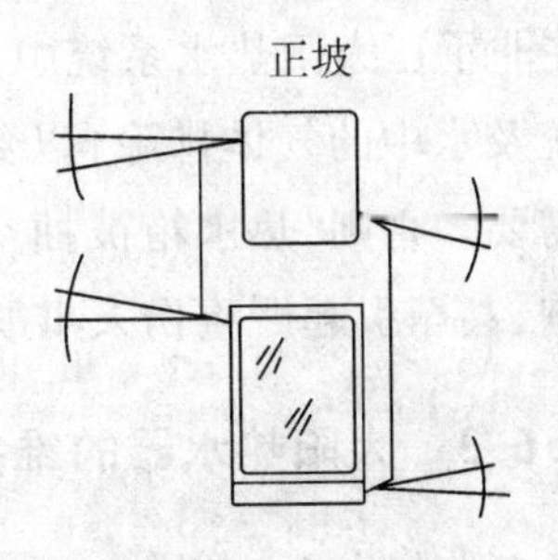

图4-17 自然循环系统管道连接走向

所有连接管道的走向,即沿水流流动方向均必须有1%~3%的向上坡度。水箱底部与集热

器顶部之间的垂直距离，一般取0.3～0.5高差。

4.强制循环太阳热水系统安装注意事项

(1)水泵的选择和安装。水泵的扬程迎合循环管路阻力相匹配，流量可按系统的采光面积选取，一般为1～2。水泵的安装位置最好设在水箱下部。若必须安装在室外，应采取防雨和隔音措施。

(2)浴室喷头数量，一般由水箱容水量和洗浴时间来决定，一般1t水量，用热水时间是2 h，可选两个喷头。

(3)电磁阀的安装应考虑满足水温100℃的耐温要求，工作压力应大于自来水压力，必须水平安装，阀体的箭头方向应与水流方向一致，阀体两端应装活接头，以便于维修拆卸方便。

(4)感温件应安装在最后一块集热器上集管的出口处，水箱的下部。

5.太阳热水系统的保温措施

为了提高太阳热水系统的热效率，除了选择性能良好的保温材料和保证一定厚度的保温层外，保温层的密封性及防止"热桥"出现，对保温效果有着举足轻重的影响。所谓密封性能是指保温层形成一个密封的整体，不应有任何缝隙和孔眼。所谓"热桥"是指水箱壁上的管子、阀门、支撑架、接头等金属部件露在空气中或与金属基础相接触，热量通过它们大量往空气中散失，尤其对于冬季使用的热水系统，这一点更加重要，但往往容易被忽视。对于特别场合如气温炎热的地区，若晚上12点以前用热水，则可考虑不保温，在一些海边地区只是在白天洗海水澡后使用的太阳热水系统，整个系统可以不保温。

6.太阳热水系统的排污和排气

在太阳热水系统中，设置排气阀是维持系统正常运行必不可少的组成部分。排污阀的作用一方面在冬季到来之前，将系统中的水排空(对冬季不能运行的热水器而言)，另一方面及时排除系统中的污物，尤其对于铁质制作的，内壁又无防透处理的集热器，更应经常排污，有个别单位长期无人管理，致使大块铁锈将管道堵塞，系统停止运行。

在非承压太阳热水系统中，设置排气管的作用，一方面是正常运行的需要，及时将系统及水中的气体排除，以免影响循环及系统热效率；另一方面是取热水和补冷水的需要。否则，热水箱被抽空，容器壁被抽变形或整个水箱及支架产生巨大的震动声响，甚至引起严重伤人事故。

4.6.3　太阳热水器的维护

1.自然循环太阳热水系统的常见故障

(1)平板集热器盖板表面或真空管表面温度很高，用手摸着烫手。其原因均为产生气堵。气堵常见有三种原因：

1)前后排集热器循环管连接不当造成气堵。

2)集热器与水箱连接的上循环管有反坡造成气堵。

3)整排集热器由东向西造成往下倾斜,致使循环不畅,形成气堵。

(2)储水箱内水温已升高,但供热水量却少于设计值。原因可能是取热水管位置过低,应采用顶水方式。

(3)水位控制失灵是最常见的故障。目前水位控制器基本有两大类,即电子式水位控制器和机械式水位控制器。电子式水位控制器动作可靠性主要取决于水位敏感元件,因水位敏感元件常期泡在水中易结水垢,往往容易失灵,造成误动作,发生满水溢流现象。机械式水位控制器最常见的是浮球阀,由于浮球阀长时间安置在水箱中,连接转动部件结水垢后,也常常会失灵。因此在选用时要特别注意,选择工作可靠的水位控制器,同时也要定期维护。

(4)太阳热水器(或系统)最常见的故障还有密封件老化渗漏水、管路连接处未安装到位造成漏水,保温不好冻坏管路,软塑料管因老化或受热变形堵塞造成循环不畅,太阳热水器安装固定不牢靠被大风刮倒,没有考虑防雷造成雷击,辅助电加热器没有过热保护或电路导线漏电等均为常见故障。

建议维护单位或用户最后每年至少要全面对太阳热水系统进行1~2次检查维护,防止发生事故,减少损失。如果有条件对集热器玻璃盖板和真空管进行定期擦洗也是很有必要的。

取热水时,热水管口上部热水取不出来,影响了洗浴人数。此外,水压不足热水顶不出来也是影响热水供应量原因之一。

2. 自然循环定温放水热水系统的常见故障

该系统的常见故障是电接点温度计、继电器、控制器和电磁阀若有一处有问题则系统无法运行。

3. 强迫循环热水系统的常见故障

强迫循环热水系统的常见故障是控制系统和循环泵容易出毛病。控制系统品种类型很多,应选择可靠的控制器和循环泵。

4. 太阳热水器(或系统)一般常见故障

太阳热水器(或系统)一般常见故障是若对北方使用的太阳热水器(或系统)没有采取防冻措施,则可能使集热器、循环管路冻坏。解决方法如下：

(1)在结冰季节到来之前,将集热器和系统排空。

(2)采用间接循环系统。

(3)采用防冻阀,当循环管路或集热器的水温降到冻结温度时,防冻阀自动放水。

(4)采用电热带加热循环管路也是一种简便有效的方式。

4.7 真空管型集热器系统设计

1.自然循环系统

玻璃真空集热管:冷水从蓄热水箱下部经下循环管进入连集箱后,再进入各玻璃真空集热管内,当集热管管中的水被太阳加热后,产生比重差而向上浮升,于是上部的水流入连集箱上部,再经上循环管流至蓄热水箱上部,而蓄热水箱下部的冷水由于比重较大,经下循环管自动流入连集箱而进入集热管下部,如此反复循环。

玻璃真空热管集热管:冷水从蓄热水箱下部经下循环管进入连集箱后,当玻璃真空管内的热管的蒸发端被太阳加热后,将热量传给冷凝端,通过冷凝端将热能传递给连集箱中的水,使连集箱中的水产生比重差而向上浮升,经上循环管流至蓄热水箱上部,而蓄热水箱下部的冷水由于比重较大,经下循环管自动流入连集箱下部,如此反复循环。

安装组数:小于10组(500支)集热器的连接方式及上、下循环管的连接方式如图4-18、图4-19所示。

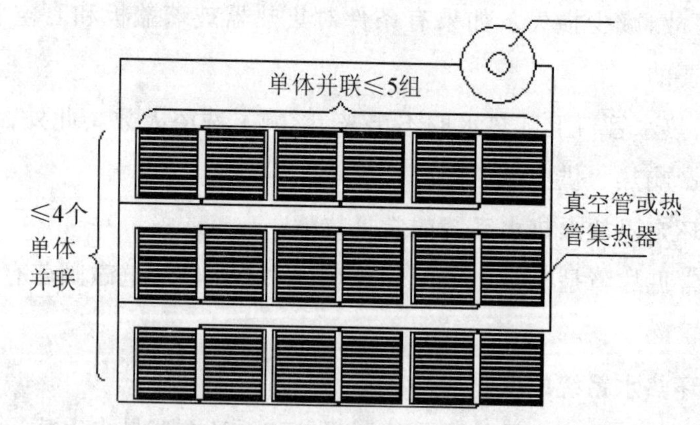

图4-18 真空管或热管集热器自然循环连接方式之一

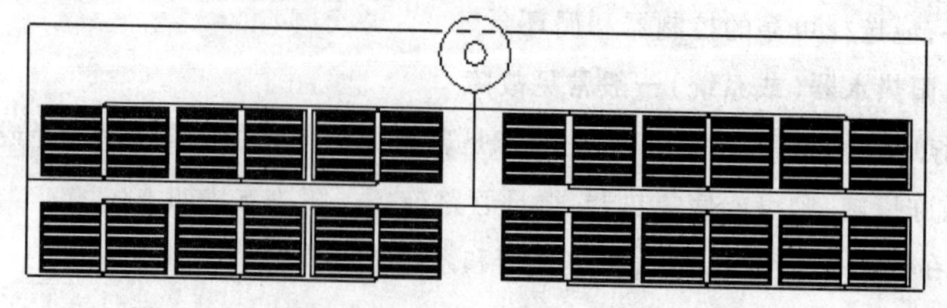

图4-19 真空管或热管集热器自然循环连接方式之二

上、下循环管的连接方式：因为是自然循环，故要求系统的上、下循环管弯头尽可能减少，否则，循环效果不好，会影响系统的热效率，因此，优先采用自然循环系统或500支以上的集热管也可考虑设几个单一的自然循环系统。

循环管管径的截面积约等于若干组集热器出口与循环管并联接驳时的截面积总和，循环管管径如表4-1所示。

表4-1 循环管管径

集热器组数	1	2	3	4	5	6	7	8	9	10
管径	DN25	DN32	DN40	DN50	DN50	DN65	DN65	DN80	DN80	DN80

水箱设置：每个自然循环系统设一个蓄热水箱，也可几个系统共用一个蓄热水箱。

2. 强制循环系统

强制循环是利用水泵使集热器与蓄水箱内的水进行循环，它的特点是蓄热水箱的位置不受集热器位置制约，可任意设置，我们一般采用温差控制方式循环，即利用蓄热水箱下部的温度传感器与集热器上部的温度传感器之间的温度差控制水泵的起动运行，其温差值在5~8℃之间。图4-20所示为真空集热管强制循环系统简图。

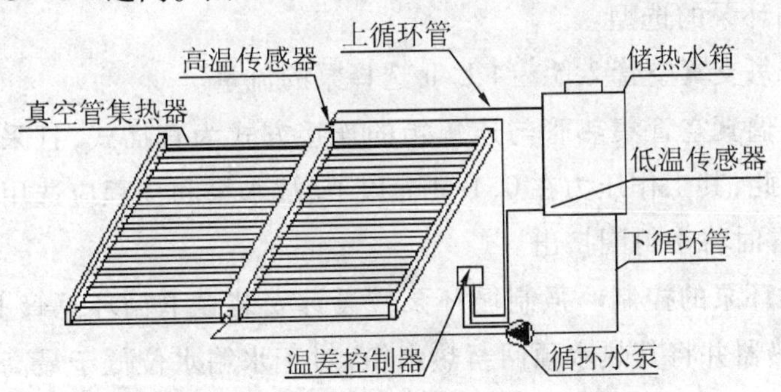

图4-20 真空集热管强制循环系统简图

安装面积：25组或1 250支

(1)集热器的连接方式与上、下循环管的连接方式。上、下循环管应为同程式连接设计。上、下循环管与蓄热水箱的距离尽量缩短，弯头尽可能少一些，以减少管道的阻力；要求上循环管有1%的坡度，防止产生气堵，而影响循环效果。由于真空管集热器（不含热管）不能承受太大压力，一般宜关联，不可串联。如图4-21和图4-22所示。

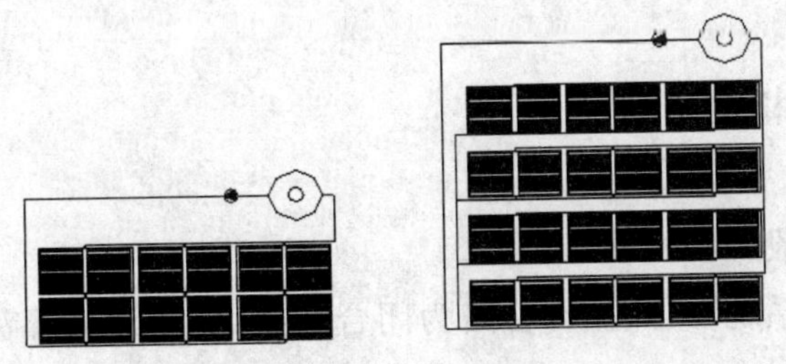

图4-21 真空管集热器连接方式与上、下循环管的连接方式

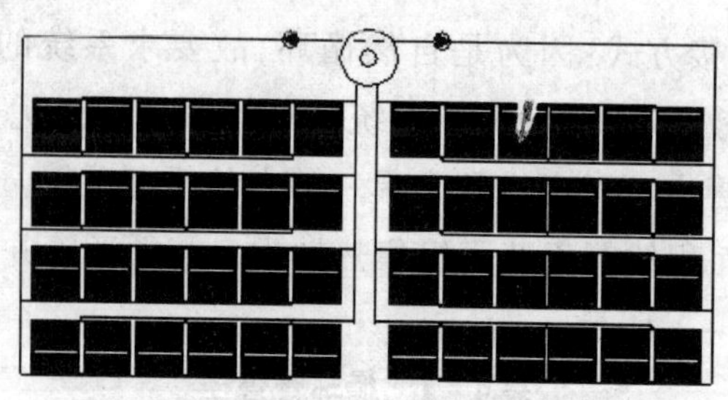

图 4 - 22　真空管集热器强制循环连接方式

(2)循环管管径的选择。上、下循环管的流通面积应不小于集热器串、并联后与循环管接驳口截面积的 60%。循环管管径的选择如表 4 - 2 所示。

表 4 - 2　循环管管径的选择

集热器组数	一 组	二 组	三 组	四 组	五 组	六 组
循环管管径	DN20	DN25	DN32	DN32	DN40	DN40

水箱设置:每个系统可设一个或多个蓄热水箱,也可几个系统共用一个蓄热水箱。

(3)强制循环泵的选型。

1)流量:按每支真空管 2.5 ~4 L/h 选择泵的流量。

2)扬程:玻璃真空管集热管与连集箱的连接方式为直插式,且采用“O”型硅胶密封圈密封,因此,其工作压力在 0.1 MPa 以下,故水泵和扬程应选用 10 m 以下,以防止运行不正常时将密封圈挤出。

(4)强制循环泵的控制。强制循环泵应设计安装在下循环总管上,将蓄热水箱内的水抽入集热器并将其热水顶回蓄热水箱,对于水箱水位低于最高位置集热器的应在泵前设置单向止回阀,以防止集热器内的水倒流回蓄热水箱,使集热器空晒而影响热效率。其水泵受温差控制器控制,温差控制器有 2 个温度传感探头,一个装在集热器阵列末端上循环管最高温度点处,检测集热器内水的温度;另一个装在蓄热水箱距底部 50 mm 处的外臂上,检测未进入集热器前水的温度。它是利用 2 个温度传感探头之间温差控制水泵的起动运行,其温差为 5℃,我们所采用的温差控制器的温差设定值为:当温差达到 8℃时,水泵启动;当温差小于 3℃时,水泵停止。对于可以调整温差控制值的,在冬季可以将该值调小一些。

4.8　水泵的相关计算

1. 集热器流量设计

对于太阳热水系统,集热循环管路为闭合回路,则管道计算流量为循环流量,按下列公式计算,有

$$q = A \cdot Q_S$$

式中，q——循环流量，L/h；

Q_S——集热循环流量，由于太阳辐照量的不确定性，太阳能热水系统的集热循环流量无法准确计算，一般采用每平方米集热器的流量为0.01~0.02 L/s，即36－72 L/(h·㎡)。

A——太阳能集热器的总集热面积。

假设，集热循环流量取50 L/h·㎡，太阳能集热器的总集热面积为100 m^2，经计算集热器循环流量为5 000 L/h。

2. **集热循环主管道管径确定**

$$d_j = \sqrt{4q/\pi v}$$

式中，q——设计流量（一般取0.01~0.02 L/s·m^2即0.6~1.2 L/min·m^2,）；

d_j——管道计算内径，m；

v——流速，m/s（一般取0.8~2.0 m/s）。

上式中流速的确定，根据我国《建筑给水排水设计规范》中规定，通过技术经济分析，并考虑室内环境产生噪声允许范围来选用，集热系统的流速可以按表4－3选取并计算。

表4－3 集热系统的流速

公称直径(DN)/mm	15~20	25~40	≥50
水流速度/m/s	≤0.8	≤1.0	≤1.2

假设，设计流量为100 L/min（即0.001 67m^3/s），流速取1 m/s，经计算得管道计算内径为0.046 m，即可选用DN50的管道。

3. **太阳能集热循环系统泵的选型依据**

(1)管网的沿程水头损失：

$$\sum h_f = i_1 l_1 + i_2 l_2 + i_3 l_3 + \cdots + i_n l_n$$

式中，$\sum h_f$——系统沿程损失合计；

$i_1, i_2, \cdots, i_n$——各计算管段单位长度沿程水头损失，kPa/m；

$l_1, l_2, \cdots, l_n$——各计算管段的管道长度，m。

(2)单位长度水头损失：

$$i = 105 C^{-1.85} d_j^{-4.87} q_g^{1.85}$$

式中，i——各计算管段单位长度沿程水头损失，kPa/m；

C——海澄－维廉系数；

各种塑料管、内衬(涂)塑管 $C=140$，铜管、不锈钢管 $C=130$，衬水泥、树脂的铸铁管 $C=130$，普通钢管、铸铁管 $C=100$；

q_g——设计秒流量，m^3/s；

d_j——管道计算内径，m。

(3)局部水头损失：

$$H_m = 0.5\xi V^2 g^{-1}$$

式中，H_m——局部水头损失，m；

ξ——局部阻力系数；

v——管道中流速，m/s；

g——重力加速度，m/s²。

由于在太阳能热水系统中，弯头、三通、球阀等配件数量甚多，对局部水头损失不逐个计算，而是按照系统沿程损失的30%近似计算。

$$H_m = \sum h_f 30\%$$

(4)强制循环泵的扬程：

$$H = 1.05 \times 1.3 \sum h_f \text{（水箱与集热器不在同一楼面上）}$$

$$H = 1.05 \times 1.3 \sum (h_f + \Delta h) \text{（水箱最高水位低于集热器阵列末端上循环出口高度）}$$

式中，H——水泵的扬程，m；

$\sum h_f$——系统沿程损失合计，m；

Δh——水箱最高水位与集热器阵列末端上循环出口落差，m（承压系统取值为0）；

系统最不利点水力计算 $H \geqslant \Delta h - 1.3 \sum h_f$

式中，H——最不利点水头要求，m；

ΔH——水箱最低点水位与最不利点高度差，m；

$1.3\sum h_f$——水箱至最不利点水头损失合计，m。

当系统水箱高度不能满足最不利点供水水头要求时，加设加压水泵。

(5)加压水泵的扬程。

$$H_B = H + 1.3 \sum h_f - \Delta H$$

式中，H_B——加压水泵扬程，m；

H——最不利点水头要求，m；

ΔH——水箱最低点水位与最不利点高度差，m；

$1.3\sum h_f$——水箱至最不利点水头损失合计，m。

4.9 管网设计计算

1. 热水供应系统管路流量设计

热水供应系统的管路流量按照给水系统的设计秒流量计算。

(1)住宅建筑热水供应系统的设计秒流量应按下列步骤和方法计算。

1）根据住宅配置的卫生器具给水当量、使用人数、用水定额、使用时数及小时变化系数，按下式计算出最大用水时卫生器具给水当量平均出流概率：

$$U_0 = \frac{q_0 m K_h}{0.2 \times N_g T \times 3600}$$

式中，U_0——热水供应管道的最大用水时卫生器具给水当量平均出流概率，%；

q_0——最高日用水定额；

m——每户用水人数；

K_h——小时变化系数；

N_g——每户设置的卫生器具给水当量数；

T——用水时数，h；

0.2——一个卫生器具给水当量的额定流量，L/s。

2）根据计算管段上的卫生器具给水当量总数，按下式计算得出该管段的卫生器具给水当量的同时出流概率：

$$U = \frac{1 + \alpha_c (N_g - 1)^{0.49}}{\sqrt{N_g}}$$

式中，U——计算管段的卫生器具给水当量同时出流概率，%；

α_c——对应于不同 U_0 的系数，查 GB50015—2003《建筑给水排水设计规范》附表 C；

N_g——计算管段的卫生器具给水当量总数。

3）根据计算管段上的卫生器具给水当量同时出流概率，按下式计算得计算管段的设计秒流量：

$$q_g = 0.2 U N_g \text{ (L/s)}$$

式中，q_g——计算管段的设计秒流量，L/s。

注：1. 为了计算快速、方便，在计算出的 U_0后，即可根据计算管段的 N_g值，从 GB50015—2003《建筑给水排水设计规范》附表 D 的计算表中直接查的给水设计秒流量。该表可用内插法。

2. 当计算管段的卫生器具给水当量总数超过 GB50015—2003《建筑给水排水设计规范》附表 D 的计算表中最大值时，其流量应取最大用水平均秒流量，即 $q_g = 0.2 U_0 N_g$。

4）对于有两条或两条以上具有不同最大用水当量的给水支管和给水干管，当支管的给水当量最大时，卫生器具中给水干管给水当量平均流出概率按下式计算：

$$\bar{U}_0 = \frac{\sum U_{0i} N_{gi}}{\sum N_{gi}}$$

式中，$\bar{U}_0$——给水干管的卫生器具给水当量平均出流概率；

U_{0i}——支管的最大用水时卫生器具给水当量平均出流概率；

N_{gi}——相应支管的卫生器具给水当量总数。

（2）集体宿舍、旅馆、宾馆、医院、疗养院、幼儿园、养老院、办公楼、商场、客运站、会展中心、中小学教学楼、公共厕所等建筑热水供应系统的设计秒流量应按下式计算：

$$q_g = 0.2\alpha\sqrt{N_g}$$

式中，q_g——计算管段的给水设计秒流量，L/s；

N_g——计算管段的卫生器具给水当量总数；

α——根据建筑物用途而定的系数，应按表4－4采用。

表4－4　根据建筑物用途而定的系数值（α值）

建筑物名称	α值	建筑物名称	α值
幼儿园、托儿所、养老院	1.2	医院、疗养院、休养所	2
门诊部、诊疗所	1.4	集体宿舍、旅馆、招待所、宾馆	2.5
办公楼、商场	1.5	客运站、会展中心、公共厕所	3
学校	1.8		

注：1. 如计算值小于该管段上的一个最大卫生器具给水额定流量时，应采用一个最大的卫生器具给水额定流量作为设计秒流量。

2. 如计算值大于该管段上按卫生器具给水额定流量累加所得流量值时，应按卫生器具给水额定流量累加所得流量值确定。

3. 有大便器延时自闭冲洗阀的给水管段，大便器延时自闭冲洗阀的给水当量，均以0.5计，计算得到的q_g附加1.10L/s的流量后，为该管段的给水设计秒流量。

4. 综合楼建筑的α值应按加权平均法计算。

（3）工业企业的生活间、公共浴室、职工食堂或营业餐厅的厨房、体育场馆运动员休息室、剧院的化妆间、普通理化实验室等建筑热水供应系统的设计秒流量应按下式计算：

$$q_g = \sum q_0 N_0 b$$

式中，q_g——计算管段的给水设计秒流量，L/s；

q_0——同类型的一个卫生器具给水额定流量，L/s；

N_0——同类型的卫生器具个数；

b——卫生器具的同时给水分数，应按表4－5采用。

表4－5～表4－7分别为一些单位的同时给水分数。

表 4－5 工业企业生活间、公共浴室、剧院化妆间、体育馆运动员休息室等卫生器具同时给水分数

卫生器具名称	同时给水分数/(%)			
	工业企业生活间	公共浴室	剧院化妆室	体育场馆运动员休息室
洗涤盆(池)	33	15	15	15
洗手盆	50	50	50	50
洗脸盆、盥洗槽水嘴	60～100	60～100	50	80
浴盆	—	50	—	—
无间隔淋浴器	100	100	—	100
有间隔淋浴器	80	60～80	60～80	60～100
大便器冲洗水箱	30	20	20	20
大便器自闭式冲洗阀	2	2	2	2
小便器自闭式冲洗阀	10	10	10	10
小便器(槽)自动冲洗水箱	100	100	100	100
净身盆	33	—	—	—
饮水器	30～60	30	30	30
小卖部洗涤盆	—	50	—	50

注:1. 如计算值小于该管段上一个最大卫生器具给水定额流量时,应采用一个最大的卫生器具给水额定流量作为设计秒流量。

2. 大便器自闭式冲洗阀应单列计算,当单列计算值小于 1.2L/s 时,以 1.2L/s 计;大于 1.2L/s 时,以计算值计。

3. 健身中心的卫生间,可采用本表体育场馆运动员休息室的同时给水分数。

表 4－6 职工食堂、营业餐厅厨房设备同时给水分数

厨房设备名称	同时给水分数/(%)	厨房设备名称	同时给水分数/(%)
污水盆(池)	50	器皿洗涤机	90
洗涤盆(池)	70	开水器	50
煮锅	60	蒸汽发生器	100
生产性洗涤机	40	灶台水嘴	30

注:职工或学生饭堂的洗碗台水嘴,按比例 100% 同时给水,但不与厨房用水叠加。

表 4－7 实验室化验水嘴同时给水分数

化验水嘴名称	同时给水分数/(%)	
	科学研究实验室	生产实验室
单联化验水嘴	20	30
双联或三联化验水嘴	30	50

(4)热水系统的热水循环流量计算。全天供应热水系统的循环流量,按下式计算:

$$q_x = \frac{Q_s}{1.163\Delta t\rho}$$

式中,q_x——循环流量,L/h;

Q_s——配水管道系统的热损失,W,应经计算确定;初步设计式,可按设计小时耗热量的3% ~5%采用;

Δt——配水管道的热水温度差,℃,根据系统大小确定,一般可采用5 ~10℃;

ρ——热水水密度,kg/L。

定时供应热水的系统,应按管网中的热水容量每小时循环2 ~4次计算循环流量。

2.管网的水力计算

(1)管网热水流速的确定。热水管道内的流速,宜按表4-8选用。

表4-8 热水管道内的流速

管道直径 DN/mm	15 ~20	25 ~40	≥50
流速/(m/s)	≤0.8	≤1.0	≤1.2

(2)热水管道阻力的确定。热水管道的沿程水头损失可按下式计算,管道的计算内径应考虑结垢和腐蚀引起过水断面缩小的因素。

$$i = 105 C_h^{-1.85} d_i^{-4.87} q_g^{1.85}$$

式中,i——管道单位长度水头损失,kPa/m;

d_i——管道计算内径,m;

q_g——热水设计流量,m^3/s;

C_h——海澄-威廉系数,各种塑料管、内衬(涂)塑料 $C_h = 140$;铜管、不锈钢管 $C_h = 130$;衬水泥、树脂的铸铁管 $C_h = 130$;普通钢管、铸铁管 $C_h = 100$。

1)热水管道的配水管的局部水头损失,宜按管道的连接方式,采用管(配)件当量长度法计算。当管道的管(配)件当量长度资料不足时,可按下列管件的连接状况,按管网的沿程水头损失的百分数取值。

①管(配)件内径一致,采用三通分水时,取25% ~30%;采用分水器时,取15% ~20%。

②管(配)件内径略大于管道内径,采用三通分水时,取50% ~60%;采用分水器分水时,取30% ~35%。

③管(配)件内径略小于管道内径,采用三通分水时,取70% ~80%;采用分水器分水时,取35% ~40%。

注:螺纹接口的阀门及管件的摩阻损失当量长度可参照 GB50015—2003《建筑给水排水设计规范》附表 B 选用。

2)热水管道上附件的局部阻力可参照以下计算。

①管道过滤器的局部水头损失,宜取 0.01 MPa。

②管道倒流防止器的局部水头损失,宜取 0.025 ~0.04 MPa。

③水表的水头损失,应选用产品所给定的压力损失计算。在未确定具体产品时,可按下列情况取用:住宅的入户管上的水表,宜取 0.01 MPa;建筑物或小区引入管上的水表,宜取 0.03 MPa。

④比例式减压阀的水头损失,阀后动水压宜按阀后静水压的 80% ~90% 确定。

3)热水供应系统的回水管管径计算。热水供应系统的回水管管径应通过计算确定,初步设计时,可参照表 4 -9 确定。

表 4 -9 热水回水管管径

热水供水管管径/mm	20 ~25	32	40	50	65	80	100	125	150	200
热水回水管管径/mm	20	20	25	32	40	40	50	65	80	100

为了保证各立管的循环效果,尽量减少干管的水头损失,热水供水干管和回水干管均不宜变径,可按其相应的最大管径确定。

4.10 管路、水箱热损失计算

1. 太阳能集热系统管路、水箱热损失率计算方法

管路、水箱热损失率 η_L 可按经验取值估算,η_L 的推荐取值范围如下:

短期蓄热太阳能供热采暖系统:10% ~20%。

季节蓄热太阳能供热采暖系统:10% ~15%。

需要准确计算时,可按下面给出的公式迭代计算。

太阳能集热系统管路单位表面积的热损失可按下式计算:

$$q_l = \frac{(t - t_a)}{\frac{D_0}{2\lambda}\ln\frac{D_0}{D_i} + \frac{1}{a_0}}$$

式中,q_l——管道单位表面积的热损失,W/m^2;

D_i——管道保温层内径,m;

D_0——管道保温层外径,m;

t_a——保温结构周围环境的空气温度,℃;

t——设备及管道外壁温度，金属管道及设备通常可取介质温度，℃；

a_0——表面放热系数，W/(m^2·℃)；

λ——保温材料的导热系数，W/(m^2·℃)。

储水箱单位表面积的热损失可按下式计算：

$$q = \frac{(t - t_a)}{\frac{\delta}{\lambda} + \frac{1}{a}}$$

式中，q——储水箱单位表面积的热损失，W/m^2；

δ——保温层厚度，m；

λ——保温材料导热系数，W/(m^2·℃)；

a——表面放热系数，W/(m^2·℃)。

对于圆形水箱保温：

$$\delta = \frac{D_0 - D_i}{2}$$

管道及储水箱热损失率 η_L 可按下式计算：

$$\eta_L = (q_1 A_1 + qA_2)/(GA_c \eta_{cd})$$

式中，A_1——管路表面积，m^2；

A_2——贮水箱表面积，m^2；

A_c——系统集热器总面积；

G——集热器采光面上的总太阳辐照度，W/m^2；

η_{cd}——基于总面积的集热器平均集热效率，%。

2. 水箱及管路保温的设计根据

按照 GB4272—2008《设备及管道保温技术通则》，对于方形水箱保温层按平面计算，对于圆形水箱按管道计算。

保温层厚度的计算：

$$\delta = 3.14 \frac{d_w^{1.2} \lambda^{1.35} \tau^{1.75}}{q^{1.5}}$$

式中，δ——为保温层厚度，mm；

d_w——管道或圆柱设备的外径，mm；

λ——保温层的热导率，kJ/(h·m·°C)；

τ——未保温的管道或圆柱设备外表面温度，°C；

q——保温后的允许热损失，kJ/(h·m)。

表 4－10 所示为管道直径与流体温度的关系。

表 4－10 管道直径与流体温度

管道直径 *DN*/mm	流体温度(℃)					备 注
	60	100	150	200	250	
15	46.1					1. 允许热损失单位 kJ/h · m; 2. 流体温度 60℃值适用于热水管道。
20	63.8					
25	83.7					
32	100.5					
40	104.7					
50	121.4	251.2	335.0	367.8		
70	150.7					
80	175.5					
100	226.1	355.9	460.55	544.3		
125	263.8					
150	322.4	439.6	565.2	690.8	816.4	
200	385.2	502.4	669.9	816.4	983.9	
设备面	—	418.7	544.3	628.1	753.6	允许热损失单位 kJ/h · m

3. 绝热层的设计

(1)材料导热系数。导热系数 λ，单位 W/(m · °C)，是证明物质导热能力的热物理参数，在数值上等于单位导热面积、单位温度梯度，在单位时间内的导热量。数值越大，导热能力越强，数值越小，绝热性能越好。该参数的大小，主要取决于传热介质的成分和结构，同时还与温度、湿度、压力、密度、以及热流的方向有关。成分相同的材料，导热系数不一定相同，即便是已经成型的同一种保温材料制品，其导热系数也会因为使用的具体系统、具体环境而有所差异。

(2)硬质聚氨酯泡沫塑料。硬质聚氨酯泡沫塑料是用聚醚与多异氰酸酯为主要原料，再加入阻燃剂、稳泡剂和发泡剂等，经混合搅拌、化学反应而成的一种微孔发泡体，其导热系数一般在0.016～0.055 W/(m · °C)，使用温度为－100～100°C。

按照石油部的部颁标准(SYJ18—1986)，对于设备及管道用的硬质聚氨酯塑料泡沫的基本要求如表 4－11 所示。

表 4－11 设备及管道用的硬质聚氨脂塑料泡沫的基本要求

项目		单位	性能指标
表观密度		kg/m³	40～60
抗压强度		MPa	≥0.2
吸水率		g/100cm³	≤3
导热系数		W/(m · °C)	<0.035
耐热性	尺寸变化	%	<1.5
	重量变化	%	<1
	导热系数变化	%	<10

计算中取 $\lambda = 0.035 W/(m \cdot °C) = 0.126 (kJ/h \cdot m°C)$

(3)聚苯乙烯泡沫塑料。聚苯乙烯泡沫塑料简称EPS，是以苯乙烯为主要原料，经发泡剂发泡而成的一种内部有无数密封微孔的材料。可发性聚苯乙烯泡沫塑料的导热系数在0.033～0.044 W/(m·°C)，安全使用温度－150～70°C；硬质聚苯乙烯泡沫塑料的导热系数在0.035～0.052 W/(m·°C)。

根据GB10801—1989的规定，对绝热用聚苯乙烯泡沫塑料的技术性能要求如表4－12所示。

表4－12　绝热用聚苯乙烯泡沫塑料的技术性能要求

项目	单位	性能指标		
		Ⅰ	Ⅱ	Ⅲ
表观密度≥	kg/m^3	15.0	20.0	30.0
压缩强度(10%变形下的压缩应力)≥	kPa	60	100	150
导热系数≤	W/(m·°C)	0.041	0.041	0.041
70°C、48h后尺寸变化率≤	%	5	5	5
吸水率≤	%(V/V)	6	4	2

计算中取 $\lambda = 0.041 W/(m \cdot °C) = 0.1476 (kJ/h \cdot m \cdot °C)$

(4)聚乙烯泡沫塑料。聚乙烯泡沫塑料的导热系数一般在0.035～0.056W/(m·℃)，根据GB50176－93《民用建筑热工设计规范》中的规定，聚乙烯塑料泡沫料的导热系数＜0.047 W/(m·℃)。

计算中取 $\lambda = 0.047 W/(m \cdot ℃) = 0.1692 (kJ/h \cdot m \cdot ℃)$

(5)岩棉。岩棉是一种无机人造棉，生产岩棉的原料主要是一些成分均匀的天然的硅酸盐矿石。岩棉的化学成分为 SiO_2(40%～50%)，Al_2O_3(9%～18%)，Fe_2O_3(1%～9%)，CaO(18%～28%)，MgO(5%～18%)，其他(1%～5%)。不同岩棉制品的导热系数一般在0.035～0.052W/(m·℃)，最高使用温度为650℃。

根据GB11835—1989《绝热用岩棉、矿渣棉及其制品》的规定，散棉的导热系数不大于0.044 W/(m·℃)。岩棉毡、垫及管壳、筒等在常温下的导热系数一般在0.047～0.052W/(m·℃)。

计算中取 $\lambda = 0.052 W/(m \cdot ℃) = 0.1872 (kJ/h \cdot m℃)$

(6)参数确定。管道的外径 d_w：20、40、50的管道(钢)的外径分别为33.5 mm，48 mm，60 mm。

保温层的导热系数 λ：之前已经确定。

未保温的管道的外表面的温度 t：由于钢的导热系数很大，管道壁又薄，所以可以认为管道的外表面的温度和流体的温度相等(误差不超过0.2°C)，保温层厚度如表4－13所示。

表 4－13 保温层厚度

保温材料厚度/mm 公称直径/mm	聚氨酯	聚苯乙烯	聚乙烯	岩棉
25—DN25	24	29	36	43
40—DN40	25	30	36	43
50—DN50	25	30	36	43

4.11 辅助能源计算

(1)容积式水加热器或储热容积与其相当的水加热器、热水机组,按式计算:

$$Q_g = Q_h - 1.163 \frac{\eta V_r}{T}(t_r - t_1)\rho_r$$

式中,Q_g——容积式水加热器的设计小时供热量,W;

Q_h——热水系统设计小时耗热量,W;

η——有效储热容积系数,容积式水加热器 $\eta = 0.75$,导流型容积式水加热器$\eta = 0.85$;

V_r——总储热容积,L,单水箱系统时取水箱容积的40%,双水箱系统取供热水箱容积;

T——辅助加热量持续时间,h,$T = 2 \sim 4$h;

t_r——热水温度,℃,按设计水加热器出水温度或贮水温度计算;

t_1——冷水温度,℃;

ρ_r——热水密度,kg/L。

(2)半容积式水加热器或储热容积与其相当的水加热器,热水机组的供热量按设计小时耗热量计算。

(3)半即热式、快速式水加热器及其他无储热容积的水加热设备的供热量按设计秒流量计算。

容积式和半容积式水加热器使用的热媒主要为蒸汽或热水。

(4)以蒸汽为热媒的水加热器,设备蒸汽耗量按下式计算:

$$G = 3.6k \frac{Q_g}{i'' - i'}$$

式中,G——蒸汽耗量,kg/h;

Q_g——水加热器设计供热量,W;

k——热媒管道热损失附加系数,k 为1.05～1.10;

i''——饱和蒸汽的热焓,kJ/kg,如表4－14所示;

i'——凝结水的焓，kJ/kg。

表 4－14　饱和蒸汽的热焓

蒸汽压力/MPa	0.1	0.2	0.3	0.4	0.5	0.6
温度/℃	120.2	133.5	143.6	151.9	158.8	165.0
焓/(kJ/kg)	2 706.9	2 725.5	2 738.5	2 748.5	2 756.4	2 762.9

(5)以热水为热媒的水加热器设备，热媒耗量按下式计算：

$$G = \frac{kQ_g\rho}{1.163(t_{mc} - t_{mz})}$$

式中，Q_g——水加热器设计供热量，W；

G——蒸汽耗量，kg/h；

k——热媒管道热损失附加系数，k 为 1.05～1.10；

t_{mc}，t_{mz}——热媒的初温与终温，℃，由经过热力性能测定的产品样本提供；

1.163——单位换算系数；

ρ——热水密度，kg/L。

(6)油、燃气耗量按下式计算：

$$G = 3.6k\frac{Q_h}{Q_\eta}$$

式中，G——热媒耗量，kg/h 或 nm^3/h；

k——热媒管道损失附加系数，k 为 1.05～1.10；

Q_h——设计小时耗热量，W；

Q——热源发热量，kJ/kg或 kJ/nm^3；

η——水加热设备的热效率；

表 4－15 所示为热源发热量及加热装置效率。

表 4－15　热源发热量及加热装置效率

热源种类	消耗量单位	热源发热量	加热设备热效率 η/(%)	备　注
轻柴油	kg/h	41 800～44 000 kJ/kg	约 85	η 为热水机组的设备热效率，括号内为热水机组 η 值，括号外为局部加热的 η
重油	kg/h	38 520～46 050 kJ/kg		
天然气	m^3 标准/h	34 400～35 600 kJ/m^3 标准	65～75(85)	
城市煤气	m^3 标准/h	34 400～35 600 kJ/m^3 标准	65～75(85)	
液化石油气	m^3 标准/h	34 400～35 600 kJ/m^3 标准	65～75(85)	

第五章 太阳能热水器设备及附件

5.1 集热器支架设计

1m×2m 的平板集热器支架采用：一般地区∠30×3；强台风地区∠40×4 角铁焊制，表面经热镀锌处理，其支架的夹角应与当地的集热器安装倾角一致，整个支架为车间加工好的半成品，在现场用螺丝连接。

图 5－1 所示为常用平板集热器支架连接的设计方式，支架数量与集热器数量相等，集热器上、下两端各用 2 块"7"字形压板固定在支架上，下压板焊在下横担上，上压板用 M8×10 热镀锌螺丝锁在上横担上固定集热器。

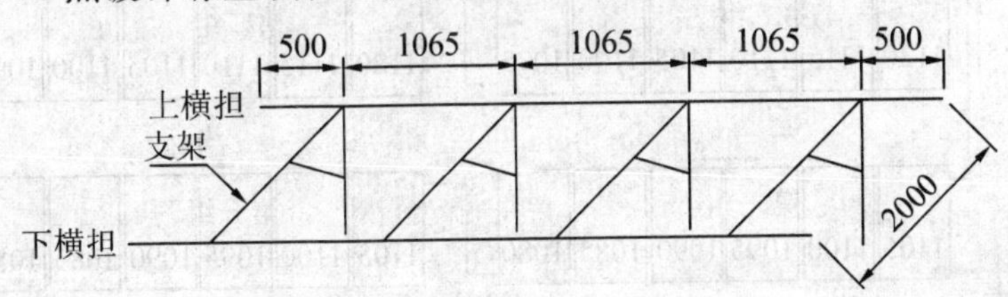

图 5－1 平板集热器支架连接尺寸图

图 5－2 所示为强台风地区支架设计方式：每组集热器的支架数量比集热器数量多一个，集热器上、下两端各用 2 块"7"字形压板固定在支架上，下压板焊在下横担上，上压板用 M8×10 热镀锌螺丝锁在上横担上固定集热器。中间用 1 块"一"字形压板锁住集热器，用 M8×10 热镀锌螺丝锁在支架上固定集热器。

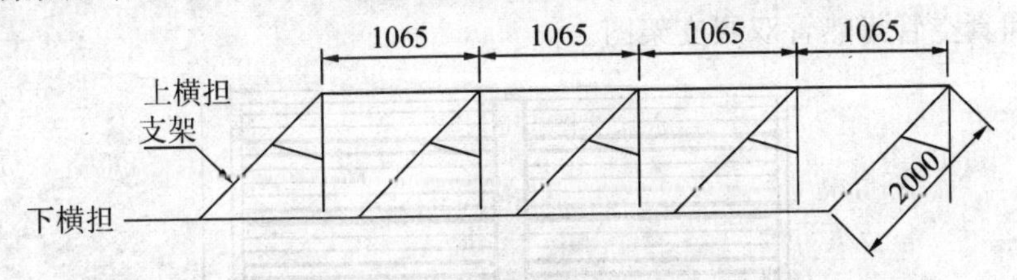

图 5－2 强台风地区平板集热器支架尺寸图

对于自然循环系统的太阳能热水器支架在安装设计时，应沿上循环管的水流方向有一定的坡度。从系统中最低的集热器支架开始，以后每个支架比前一个支架高 1 cm；第二组集热器支架比第一组集热器相对增高 3 cm，如此类推。图 5－3 所示为天面无隔热层的支架高度,如有隔热层应在此基础上再加上隔热层的高度。

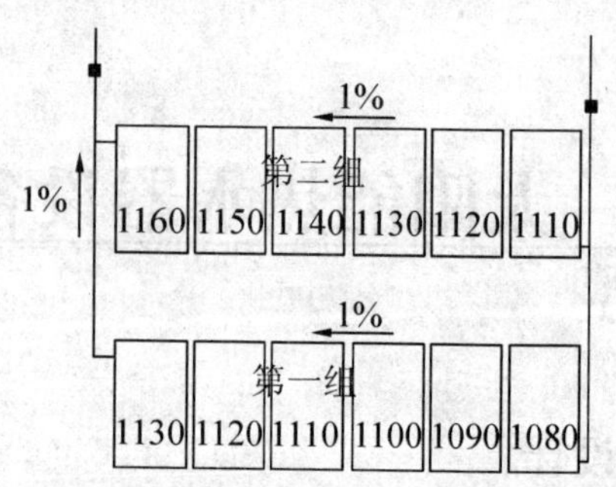

图 5-3　在天面无隔热层的自然循环支架高度尺寸图

对于强制循环系统的太阳能热水器支架在安装设计时,应沿上循环管的水流方向有一定的坡度。从系统中最低的集热器支架开始,以后每个支架比前一个支架高 0.5 cm;第二组集热器支架比第一组集热器相对增高 1.5 cm,如此类推。图 5-4 所示为天面无隔热层的支架高度,如有隔热层应在此基础上再加上隔热层的高度。

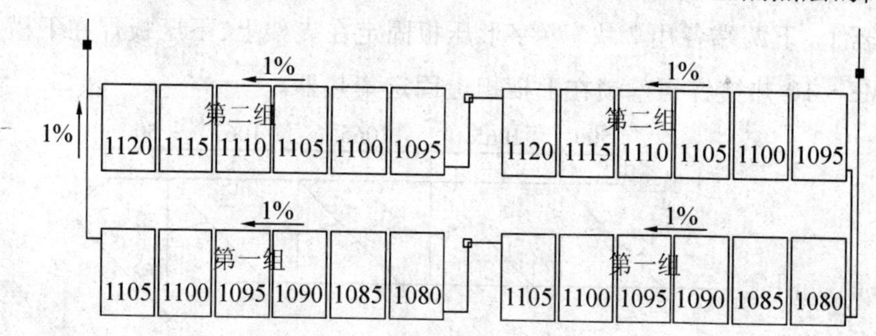

图 5-4　在天面无隔热层的强制循环支架高度尺寸图

全玻璃真空管和全玻璃真空热管式集热器支架:$\phi47\times1\ 500$ 真空管及玻璃热管集热器支架一般为 50 支管为一组,用 40×4 角铁焊制,表面经热镀锌处理,为车间加工好的半成品,在现场用螺丝连接。

图 5-5、图 5-6 和图 5-7 分别为真空管支架平面尺寸图,真空管集热管单层支架图和真空管集热管双层支架图。

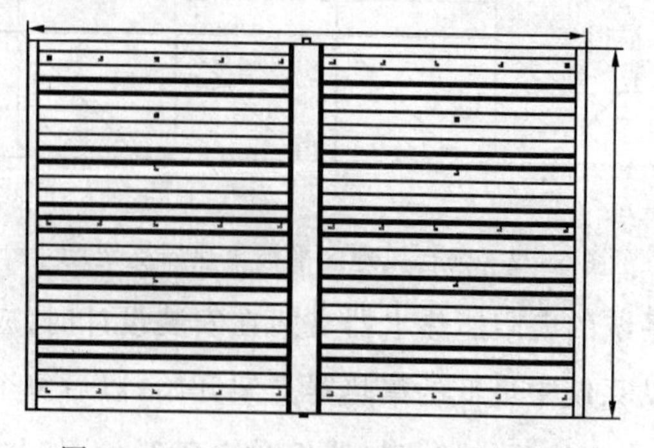

图 5-5　50 支真空管支架平面尺寸图

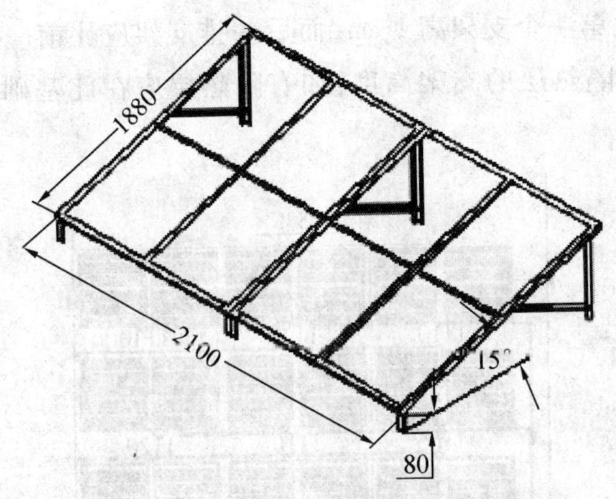

图 5－6　50 支真空管集热管单层支架图

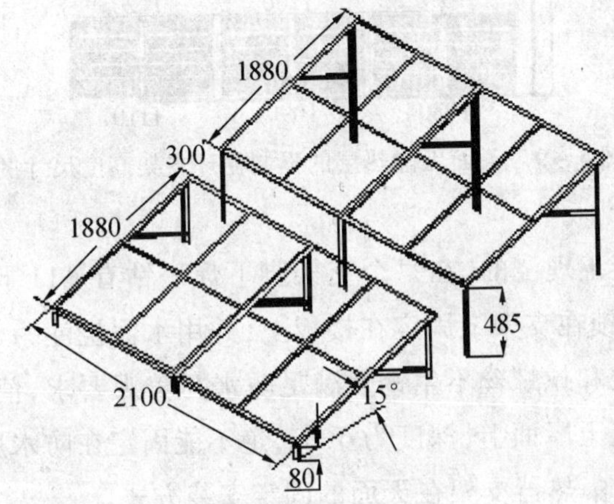

图 5－7　50 支真空管集热管双层支架图

5.2　隔热层、支架与集热器钢构安装平台

1. 自然循环系统

每组集热器应沿水流方向有 1% 的坡度，从系统中最低点的集热器支架开始，第二个支架应比第一个支架高 3 cm，而后一排支架应比前一排支架高 3 cm。图 5－8所示为大面无隔热层的支架高度，如有隔热层应在此基础上再加上隔热层的高度。

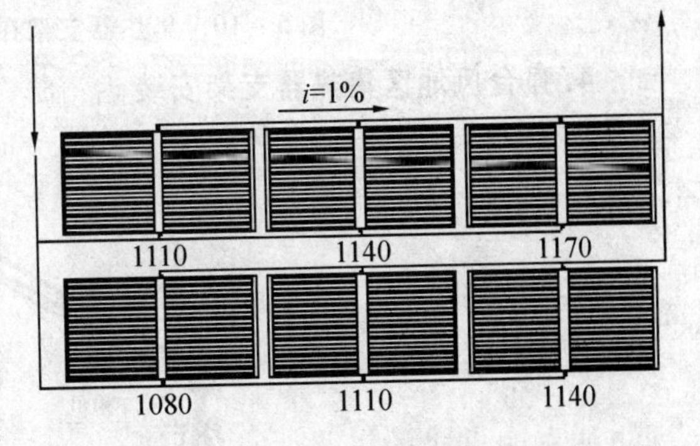

图 5－8　天面无隔热层的自然循环支架高度尺寸图

2. 强制循环系统

每组集热器应沿水流方向有 3‰的坡度，从系统中最低点的集热器支架开

始，第二个支架应比第一个支架高 1 cm，而后一排支架应比前一排支架高 1 cm。图 5－9 所示为天面无隔热层的支架高度，如有隔热层应在此基础上再加上隔热层的高度。

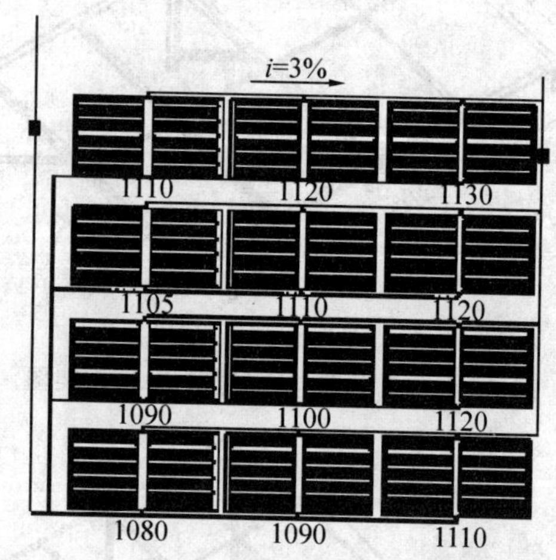

图 5－9　天面无隔热层的强制循环支架高度尺寸图

3. 支架安装设计

对于天面属混凝土现浇的，在每个支架脚下焊一钻有 $\phi 11$ 孔“7”字形固定块用 M8 × 10 热镀锌螺丝锁在支架上固定在楼板上，并用水泥浇注一个梯形墩，以保护支架脚的固定块焊接处和拉螺丝不生锈及满足防水与美观要求，值得注意的是膨胀螺丝一定要固定在混凝土屋面上，深度为 6 cm，绝不能固定在防水层和隔热层上。

图 5－10 所示为集热器支架在天面的固定安装方式。

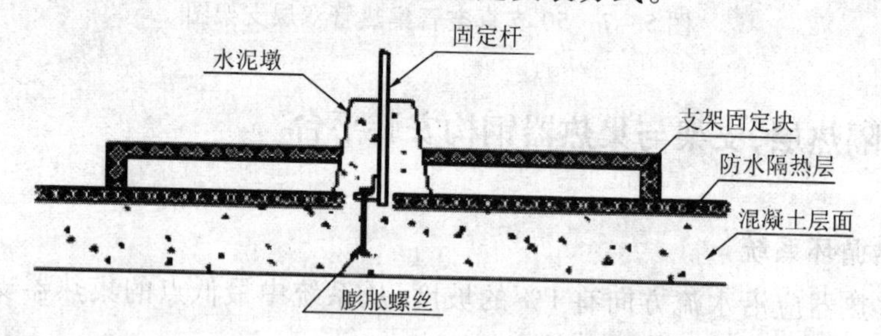

图 5－10　集热器支架在天面的固定安装方式

4. 强台风地区集热器支架安装。

图 5－11 所示为加强式支架安装。

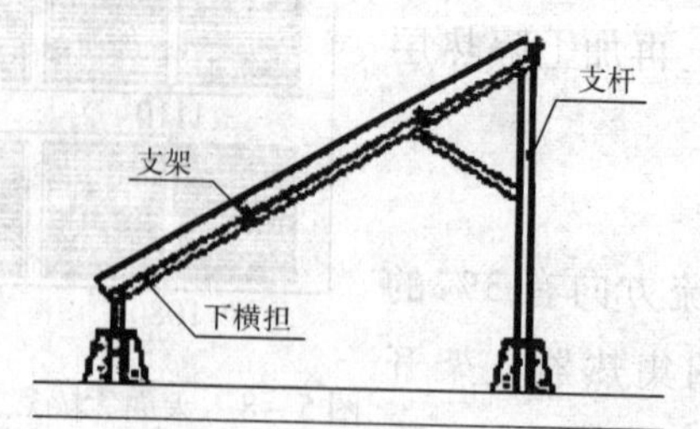

图 5－11　加强式支架安装

5. 空心预制板天面

对于天面为空心预制板的老建筑物，在空心预制板的钢筋上焊一地脚螺丝，并用混凝土浇一梯形墩将集热器支架固定在上面。

6. 集热器钢结构安装平台设计

对于受安装位置影响而需搭建钢结构支架平台的，用槽钢或工字钢做主承重梁，用镀锌钢管做立柱，用角铁做安装维修过道，具体做法有两种：

(1) 做成钢结构平台，将常规型集热器支架焊在钢构体上，必须有利于安装和维修的通道，对于四周悬空高度大于 4 m 的可考虑安装防护栏。

图 5－12 所示为钢构平台支架。

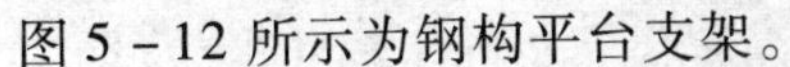

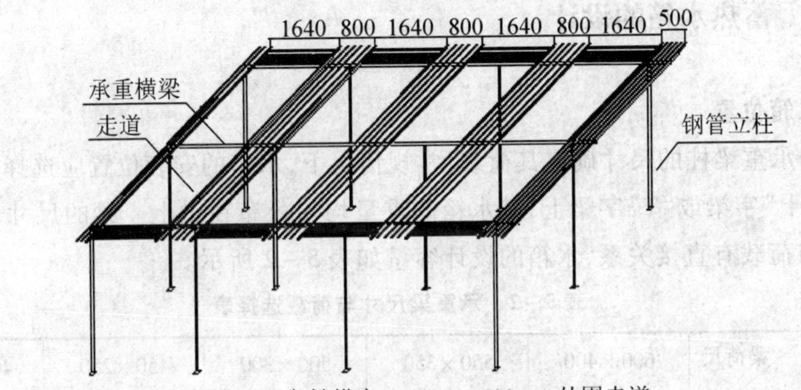

说明：1.平台用40×40×40角铁搭宽300 mm～500 mm外围走道。
2.集热器间用30×30×30角铁搭宽800 mm走道。
3.立柱用50 Dn镀锌管，斜拉支撑用25 Dn镀锌管。
4.立柱两端和槽钢及地面用100×100×6铁板找平。

图 5－12　钢构平台

(2) 做成与集热器安装倾角相同的斜面钢结构支架，将集热器直接安装在钢结构支架上，必须有便于安装和维修的通道，对于四周悬空高度大于 5 m 的可考虑安装防护栏。这种方式节省空间和制造费用，应优先选用，跨距与主梁、辅梁选型如表 5－1 所示。

表 5－1　跨距与主梁、辅梁选型表

立柱跨距	3m	4m	5m	6m
承重主槽钢型号	8#	10#	12.6#	14#
承重辅槽钢型号	5#	5#	5#	5#
钢管立柱型号	DN65	DN80	DN100	DN100

图 5－13 所示为平板集热器斜平台钢架结构示意图。

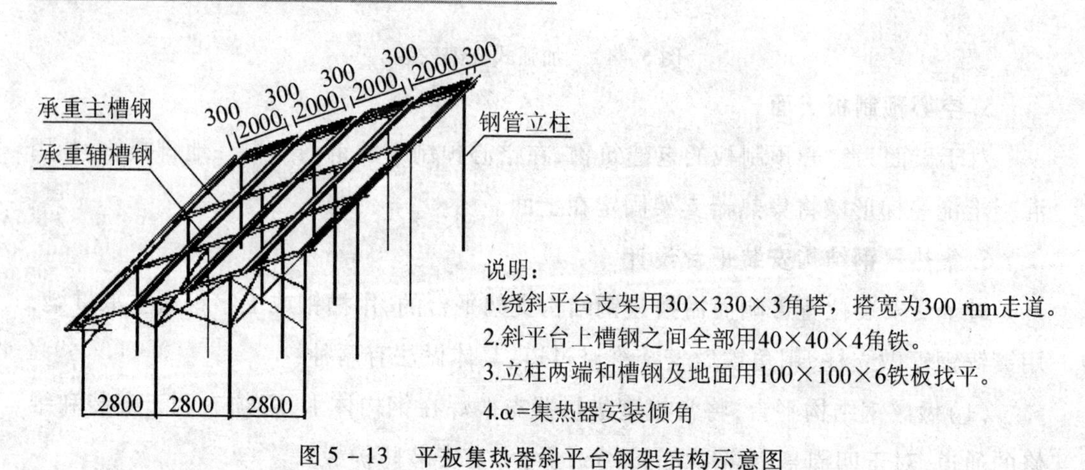

图 5－13　平板集热器斜平台钢架结构示意图

5.3　蓄热水箱的设计

1. 水箱位置

根据承重梁柱的尺寸确定其荷载，常规情况下，水箱的安装位置应选择在有承重立柱的“十”字梁或“T”字梁上，其水箱的重量均匀分布在梁上。梁的尺寸和钢筋配置情况与荷载有直接关系，水箱的设计容量如表 5－2 所示。

表 5－2　承重梁尺寸与荷载选择表　　单位：cm

载寸 \ 梁荷尺 / 形状	600×400（高×宽）	550×350（高×宽）	500×300（高×宽）	450×250（高×宽）	400×200（高×宽）
十字型	8 m^3	7 m^3	6 m^3	4 m^3	3 m^3
T 字型	6 m^3	5 m^3	4.5 m^3	3 m^3	2 m^3

对于较大容量的水箱，在一个承重梁柱不能满足要求的前提下，可选择多个承重梁均匀承重，并用工字钢或预制钢筋混凝土反梁做水箱加强基础，参照表 5－3 来选择工字钢与反梁的规格。

表 5－3　水箱加强底座工字钢选型

B \ A / C	4 m^3	5 m^3	6 m^3	7 m^3	8 m^3	9 m^3	10 m^3	15 m^3	20 m^3	25 m^3	30 m^3
3 m	10#	10#	12.1#	12.6#	12.6#	12.6#	10#				
4 m	12.6#	14#	14#	16#	16#	16#	16#	18#	16#	18#	20a#
6 m	16#	18#	18#	20a#	20b#	22a#	20b#	25a#	25b#	28b#	32a#
7.5 m	18#	20a#	20b#	22a#	22b#	25a#	25a#	28b#	32a#	36a#	36c#

A：水箱容量；B：水箱加强底座工字钢型号；C：承重梁柱跨距

注：以上工字钢选型是按水箱底座安装示意图计算的。

2. 水箱支架及加强底座的设计

(1)立式水箱支架。

1)太阳能自然循环。自然循环的水箱架高度为 1.3～1.5 m,在正常情况下,尽可能满足水箱支架高度比系统中最高集热器支架高 30 cm,对于 20 m^2 以上系统,因水箱支架太高对整体美观和造价都会有影响,因此一般不高于 1.5 m,水箱架立柱式水箱的承重情况一般采用三至四条,必要时也可在水箱架的中心点设一条立柱。

2)太阳能强制循环。对水箱架的高度没有严格要求,20 cm 高度即可满足水箱的排污接管要求和防止水箱外壳容易受损,在没有热水加压泵时,也可将水箱支架加高 1～1.5 m,以满足最高用水点的水压要求。

3)热水锅炉加热。在广东地区要根据热水锅炉顶部的表压少于 0.03 MPa 的原则来设计,水箱架高度应低于 1.5 m。在其它地区要根据热水锅炉顶部的表压为 0 MPa的原则来设计,水箱架高度应低于 1.5 m。

(2)卧式水箱支架。

采用弧形底座支承水箱,水箱底座数量与水箱长度有关,因水箱壁厚强度问题,水箱底座间距为 1～1.5 m,水箱容量小者取小值。

图 5－14 所示为水箱加强底座安装示意图。

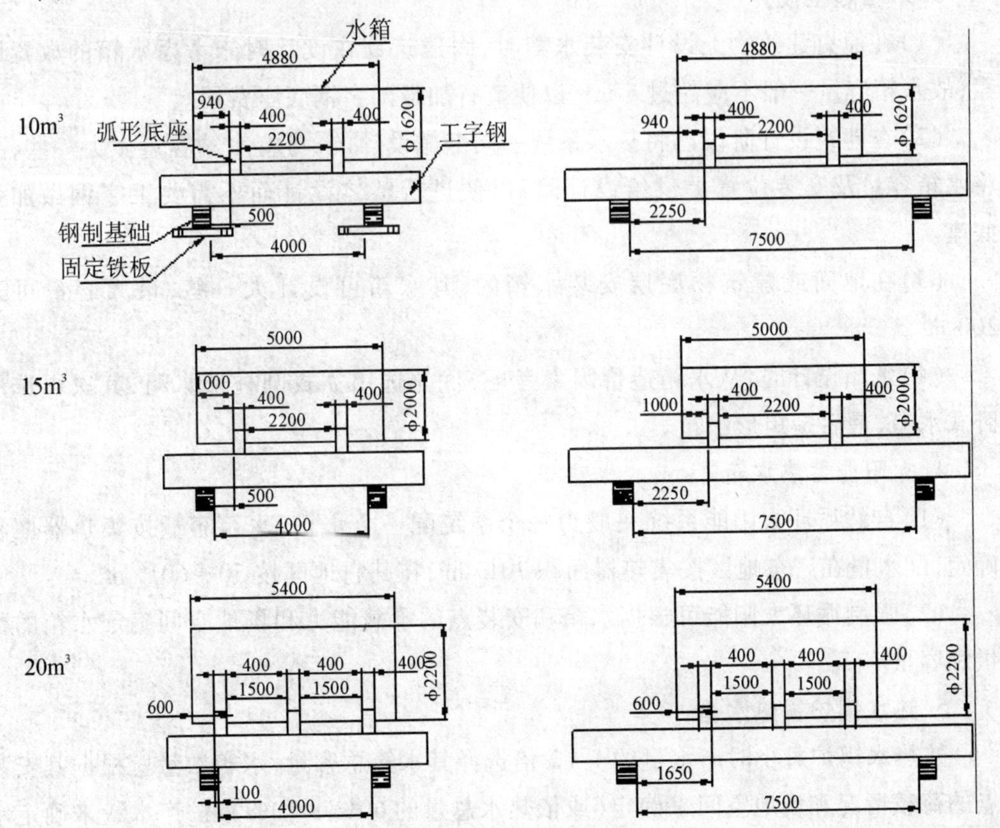

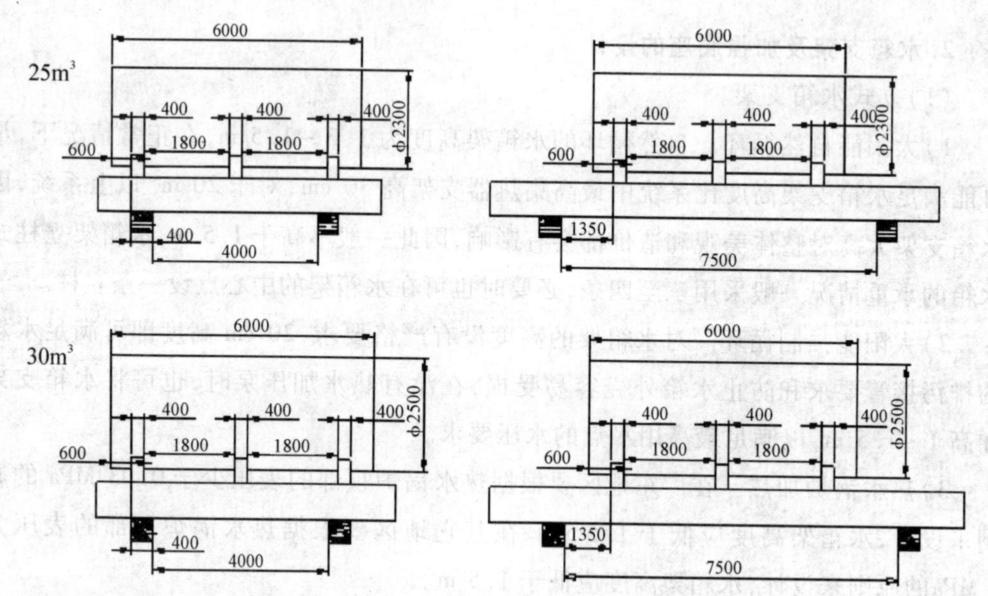

图 5－14　水箱加强底座安装示意图

说明：1. 弧形底座弧度为 100 度设计，宽度为 300～400 度设计，水箱直径大者取大值。

2. 工字钢基座采用 10～12# 槽钢连接成“目”字型。钢制基础采用 14～20# 槽钢焊成“口”字型。固定铁板采用 10～14 mm 厚的 Q235 钢板，上面钻 4 个固定螺丝孔。

3. 水箱选型设计

（1）在原有建筑物上设计安装水箱时，因建筑物在设计时未考虑水箱的放置因素，故水箱容量一般不应超过 5 m^3，以便节省加强工字钢底座费用。

（2）在建筑设计阶段已将热水系统一同考虑设计的，可将水箱容量做大一些，并将水箱容量及安装位置提供给设计院，以便进行整体设计而不需要工字钢做加强底座。

（3）在地面或建筑物底层安装水箱的，其水箱可设计大一些，最大容量可达 200 m^3。

（4）水箱设计时，从水箱造价因素考虑，优先选用立式圆柱形水箱，其次再选用卧式水箱，最后是矩形水箱。

4. 太阳能蓄热水箱

（1）自然循环太阳能系统一般为每个系统配一个水箱，水箱容量按集热器面积确定，配水量在广东地区按集热器面积 70L/㎡，在其它地区按 50～60L/㎡。

（2）强制循环太阳能可根据水箱和安装点的承载能力和场地空间确定水箱的数量和容量。

5. 热水锅炉蓄热水箱

按热水锅炉每小时产水量的 1～2 倍选择其水箱总容量，水箱数量应根据其安装点的荷载情况和场地空间来确定（或依热水总量的 60%～70% 减炉产水量来确定水箱总容积)。

6. 恒温水箱

恒温水箱为全天候使用热水的太阳能系统之配置,其容量按最大小时用水量的50%~70%确定水箱容量。

7. 开式和闭式水箱的选型原则

当水箱内的水采用常压热水锅炉加热时,且水箱高度低于热水锅炉高度时,应设计成闭式水箱,反之,做成开式水箱;开式水箱的水箱口是可以随时打开,并可以透气的,闭式水箱可以不设计水箱口,但为了保证清洗水箱的需要而将水箱口做成法兰,上盖用不锈钢板加石棉镶板,然后用螺丝固定。

8. 太阳能蓄热水箱的开孔位置

太阳能自然循环和强制循环的蓄热水箱应设计5个以上管接头:上循环管口、下循环管口、排污管口、供热水管口和补冷水管口。图5-15和图5-16分别为自然循环定时与非定时补水和强制循环定时补水装置。

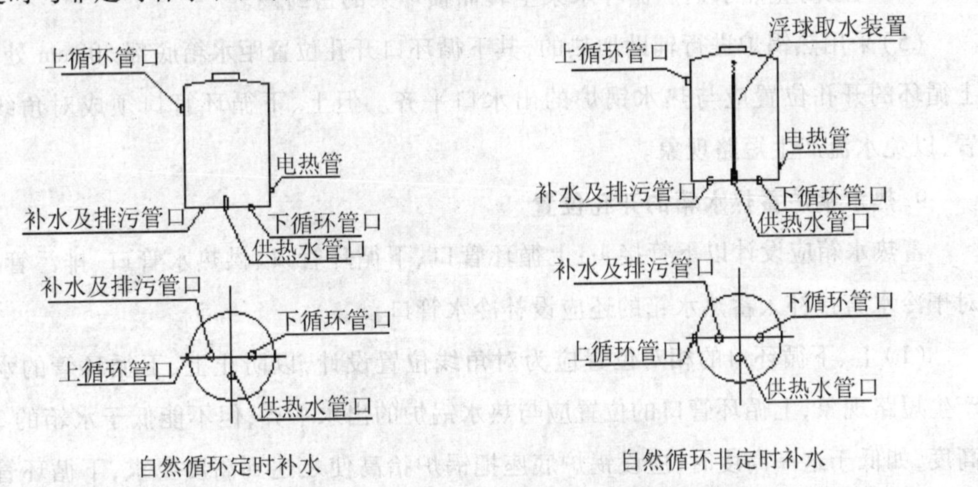

图5-15 自然循环定时与非定时补水电辅助加热开孔位置

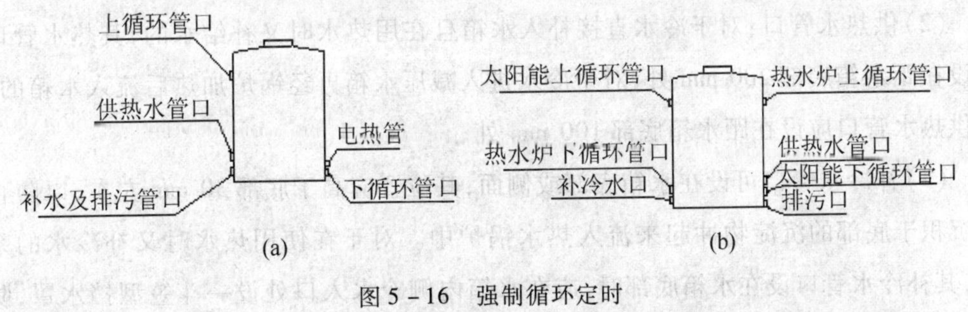

图5-16 强制循环定时

与强制循环热水锅炉辅助加热的水箱开孔

(1)上、下循环管口设计位置应为对角线位置,以防止上下循环管的水流产生短路现象,上循环管口一般设在大于水箱的2/3高处,下循环管口应设在距水箱底部50 mm处,以防止水中的沉淀物流入集热器产生水垢而影响热效率。

(2)补冷水管口可设在水箱底部或侧面,其位置应高于底部30 mm左右,以防止将沉积于底部的沉淀物冲起来流入集热器中。对于在使用热水时又补冷水的系统,其补冷水管口设在水箱底部时,应在水箱内侧冷水入口处设一斗笠型挡水罩,防止水的冲击力将冷热水的分层破坏。

(3)排污管口应设在水箱的最底部或侧面的最低位置,便于清洗排污。

(4)供热水管口:其开孔位置可设在水箱底部或侧面,开孔位置设在底部的可在水箱内底板上焊一条不锈钢水位保护管。对于在用热水的同时又补充冷水的系统,其热水管口应高于水箱底部250 mm;对于用水时不补冷水的系统,只要高于水箱底部50 mm即可;对于水箱内装有电热管的,应高于电热管100 mm,以保护电热管不至于干烧而损坏;对于有热水锅炉辅助加热的,其开孔位置应高于热水锅炉下循环口50 mm,以防止热水锅炉循环水泵空转而损坏泵的密封圈。

(5)采用热锅炉进行辅助加热的,其下循环口开孔位置距水箱底部50 mm处,其上循环的开孔位置应与热水锅炉的出水口平齐。但上、下循环管口须成对角线位置,以免水流产生短路现象。

9. 热水锅炉蓄热水箱的开孔位置

蓄热水箱应设计以下管接头:上循环管口、下循环管口、供热水管口、排污管口,对于冷水直接补入蓄热水箱的还应设补冷水管口。

(1)上、下循环口的相对位置应为对角线位置设计,以防止上、下循环管的水流产生短路现象,上循环管口的位置应与热水锅炉的出水平齐,但不能低于水箱的2/3高度,如低于这一高度时,应设锅炉底座把锅炉抬高使之达到高度要求,下循环管口应设在距水箱底部50 mm处,以防止水中的沉淀物进入炉内而产生水垢。

(2)供热水管口:对于冷水直接补入水箱且在用热水时又补给水的,其热水管口应设在距水箱底部200 mm处,对于冷水进入减压水箱再经锅炉加热后流入水箱的,其供热水管口应设在距水箱底部100 mm处。

(3)补冷水管口可设在水箱底部或侧面,其位置应高于底部30 mm左右,以防止将沉积于底部的沉淀物冲起来流入热水锅炉中。对于在使用热水时又补冷水的系统,其补冷水管口设在水箱底部时,应在水箱内侧冷水入口处设一斗笠型挡水罩,防止水的冲击力将冷热水的分层破坏。

(4)排污管口应设在水箱的最底部或侧面的最低位置,便于清洗排污。

10. 不锈钢水箱参数表(见表5-4)

表5-4 不锈钢水箱参数表

立式	水箱容量/m^3	0.5~1	1.1~2	2.1~4.5	4.6~6	6.1~10	10.1~15	15.1~20
	高度/mm	1219	1520	1830	2438	2438	2438	3657
	板厚/mm	0.8	1.0	1.2	1.2	1.5	2.0	2.5
卧式	水箱容量/m^3	9~12	12.1~15	15.1~20	20.1~30	30.1~40		
	长度/mm	3 657	4 500	6 000	7 500	9 000		
	板厚/mm	2.0	2.5	2.5	3.0	3.0		

注:此表高度与长度尺寸仅供参考。水箱高度或长度应根据不锈钢板宽度来选择,板厚在2.0 mm及以下者,常规宽度为1 219 mm,板厚在2.5 mm及以上者常规宽度为1 500 mm。

5.4 管道的设计选择

1. 管道名称

太阳能及热水锅炉循环管

选用的管道有不锈钢管、紫铜管、热镀锌管。

2. 供热水管

选用的管道有不锈钢管、紫铜管、热镀锌管、PP-R管。

3. 冷水管

选用的管道有不锈钢管、紫铜管、热镀锌管、PP-R管、UPVC管、铝塑复合管。

4. 管道的安装方式

不锈钢管分两种:一种是厚壁套丝连接,另一种是薄壁型的,壁厚为1mm左右,采用卡接头连接。

(1)紫铜管:Φ25以下采用卡接头连接,Φ28以上采用钎焊焊接方式连接。

(2)热镀锌管:采用套丝连接。

(3)PP-R管:采用专用电加热器进行热熔连接。

(4)UPVC管:采用专用胶粘接。

(5)铝塑复合管:采用卡接头连接。

5. 性能

(1)不锈钢管:使用寿命长,对水质无污染,安装维修方便。

(2)铜管:使用寿命长,对水质无污染,水管采用卡接头连接安装、维修方便,大管采用钎焊焊接,安装较麻烦,但不容易出现漏水现象。

(3)镀锌钢管:属淘汰型产品,用于热水时容易生锈、结水垢,使用寿命在5年左右,安装维修方便。

(4)PP－R 管:使用寿命长,对水质无污染,安装方便,不容易漏水,使用温度不超过 90℃,露天使用易老化。

(5)UPVC 管:使用寿命长,安装方便,只能用冷水管道,管道连接用胶老化后容易出现漏水现象,露天使用易老化。

6. 造价

以厚壁不锈钢管价格系数为 1 作基准,则薄壁不锈钢管为 1;紫铜管为 0.8;UPVC管为 0.6;铝塑复合管和 PP－R 管为 0.45;热镀锌管为 0.25。

7. 管道保温

表 5－5　保温层设计厚度

单位:mm

管径	热水		开水	保温性能说明
	EPS 泡沫保温管套	岩棉	岩棉	
DN15	22	25	25	冷水管道在 12 h 内降温小于 9℃。 热水管道在 12 h 内降温小于 17.5℃。 开水管道在 12 h 内降小于 20℃。 此性能为环境温度为大于－10℃以上地区。
DN20	22	25	25	
DN25	22	25	25	
DN32	25	30	30	
DN40	25	30	30	
DN50	30	35	35	
DN65	30	35	35	
DN80	35	40	40	
DN100	40	45	45	
DN125	40	45	45	

非结冰地区,热水按上表选用 EPS 泡沫保温管套保温,开水选用岩棉保温管套保温,外用 0.20 铝皮外包装,用 M3×8 不锈钢自攻螺丝固定。

在结冰地区,热、开水均按上表选用岩棉保温管套保温,外面用玻璃纤维布包裹,并涂沥青漆 2 道做防潮处理,外面是否用 0.2 铝皮包装,用 M3×8 不锈钢自攻螺丝固定,也可视客户要求确定。

在结冰地区,冷水管采用 EPS 泡沫保温管套保温,外面用玻璃纤维布包裹,并涂沥青漆 2 道做防潮处理,外面是否用 0.2 铝皮包装,用 M3×8 不锈钢自攻螺丝固定,也可视客户要求确定。

8. 定时供热水装置

为了防止非用水时间内使用热水,可采用电磁阀或电动阀实行自动定时控制。电动阀性能较电磁阀稳定,但造价较高。DN40 及以上供水管采用电动阀;DN40 及以下供水管采用热水电磁阀,电磁阀应选用 0 压力开启型的,且因电磁阀阀体通径比标称通径小,其规格选用时应比供水管管径加大一个规格。

9. 加压供水装置

采用加压泵供热水时，应根据系统花洒和水龙头总的数量以及它们的同时使用率来确定最大供水量，根据该用水量来选择水泵流量，DN15 水龙头流量按 12L/min，每个花洒流量按 6L/min 计算。水泵扬程根据最不利的用水点来确定水压，一般集中使用的水龙头或花洒应有 4 m 水柱压差。

(1) 自动加压泵。它由水泵、气压罐、压力开关组成。工作原理：气压罐内注满空气，当用水点在用水时，供水管网压力下降，压力开关闭合，水泵启动加压给水。如用水量小于水泵流量，则水泵向气压罐内注水，将空气压缩，当达到压力开关设定的压力值时，水泵停止运行。当用水点在用水时，由于空气的膨胀作用，将气压罐内的水顶出供使用。在供水管网压力下降至压力开关的下限压力值时，压力开关闭合，水泵运行。这种装置能自动运行，且比较经济，但气压罐内的空气会慢慢地随水跑掉，如不及时补充空气，会造成水泵启动频繁，产生噪声，同时损坏压力开关。因此，只能适于家庭及最大用水量小于 2 m^2/h 的全天候使用冷、热水的用户。图5－17所示为自动加压泵的原理。

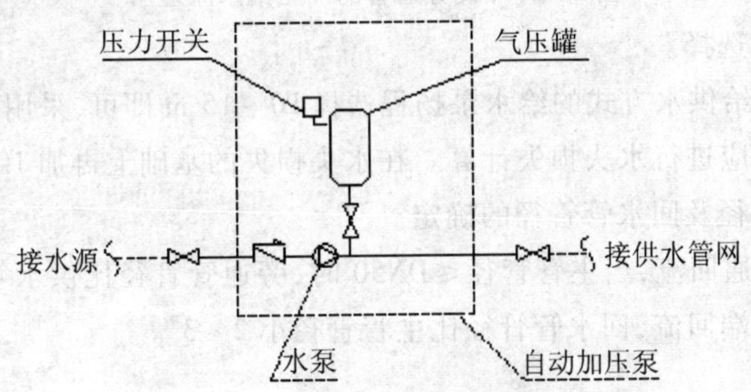

图 5－17　自动加压泵原理示意图

(2) 变频加压系统。该系统由变频器、控制器、水泵、隔膜气压罐、机架等组成，它由变频器根据供水压力调整水泵马达的电源频率来改变马达的转速，从而达到改变水泵流量的目的，同时可根据供水压力调整水泵的运行台数，从而达到经济和恒压运行的目的，如图 5－18 所示。

水泵的总流量应大于最大小时用水量的 20%。

水泵的台数一般为 3 台，其中 2 台型号相同，总流量应约等于最大小时用水量，另 1 台可稍少，约为最大小时用水量的 20%，以便用水量很少时开启。

(3) 加压给水装置由定时器、水泵及水泵控制装置组成。工作原理：在规定的用水时间内，水泵启动向供水管网加压供水，它有两种方式，在水泵旁接旁通管，在用水过程中，由于用水量的变化，多余的水通过旁通管产生回流，有效防止用水点不用水时或用水量很少时使水泵损坏。调节旁通阀可调节水的回流量（见图 5－19）。

图 5－20 所示为在供水管的末端设回水管的加压给水。

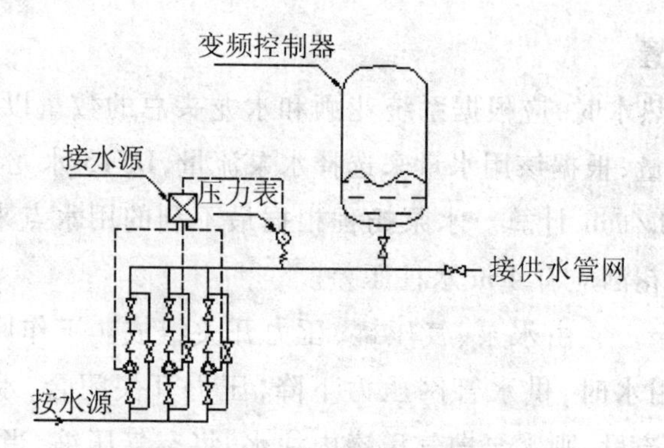

图5-18　变频恒压供水原理图

1)在供水管的末端设回水管。

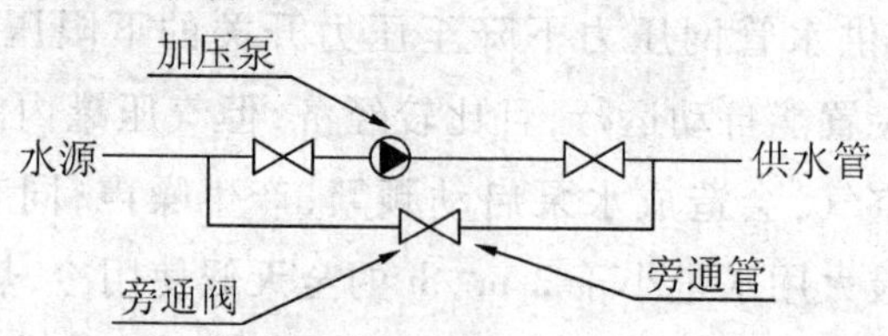

图5-19　设旁通管的加压给水原理图

2)水泵扬程选择。

采用上行下给供水方式的给水泵扬程选择10~15 m即可,采用下行上给供水方式的给水泵扬程应进行水头损失计算。在水头损失的基础上再加10 m扬程。

3)旁通管管径及回水管管径的确定。

如果采取旁通回流,当主管管径≤DN50时,旁通管管径比供水管管径小2[#]。如采用供水管网末端回流,回水管管径比主管管径小2~3[#]。

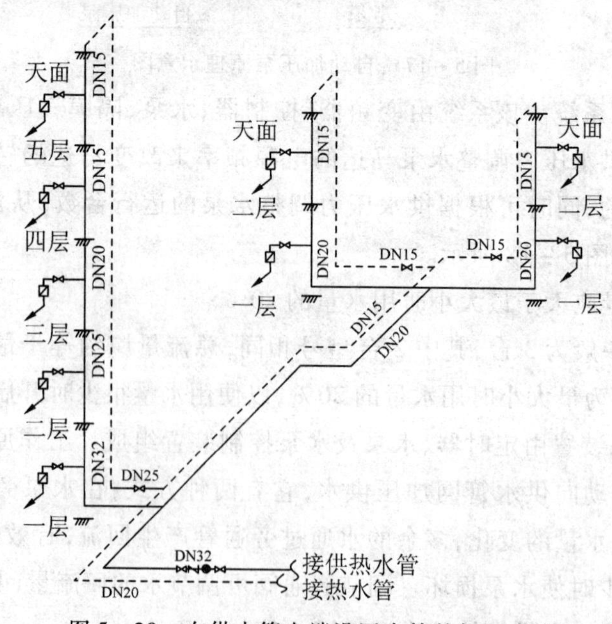

图5-20　在供水管末端设回水管的加压系统

10. 回水装置

(1)不需加压的安装位置。系统供水压力在满足压力要求的情况下,需安装回水系统的,回水泵应安装在管网末端的主回水管上,回水泵的流量不宜过大,以能在5~10 min内将管网中存水及时抽回水箱为宜,扬程在15 m左右即可。全天候使用热水的,回水泵受装在系统管网水温最低处的温控器控制。定时使用热水的,可受定时器和装在系统管网水温最低处的温控器控制。

(2)兼做加压的安装位置。系统供水压力在不能满足压力要求的情况下,水泵兼做加压和回水使用时,其安装位置应在主供水管上,即系统水箱出口的供水主管上。

5.5 供热水管网设计

供热水管网的设计中,尤其是天面主管径大小应能满足系统最不利点的水压要求(最远处最高用水点)。管径选择时,应按"设计秒流量"查阅排水设计手册管网水力计算的有关公式和表格来选择,同时注意合理调整管径大小,如楼层较高时,应注意减少(缩小)底层配水立管管径,并适当放大顶层供管管径,以提高供水可靠性,并确定经济管径,降低成本。

根据龙头数量选择供水管径参考表5-6。

表5-6 供水管径与水龙头数关系表 单位:个

管径	全天候供热水龙头数(宾馆、医院类)	集中定时供热水龙头数(学校、工厂类)	住宅龙头数
DN15	1	1	1
DN20	2	2	2~3
DN25	3	2~3	3~5
DN32	4~8	4~6	6~12
DN40	8~15	6~10	12~16
DN50	20~40	12~18	20~50
DN65	50~80	30~50	60~100
DN80	100~150	6~100	150~200
DN100	150~200	120~150	/

热水管网的布置形式很多,一般可根据热水立管在建筑内的位置不同,分为两种:上行下给式和下行上给式。由于太阳能系统主体工程绝大多数布置在天面上,所以在实际工程大部分采用上行下给式供水管网。

1. 各种供水管网的设计(见图 5－21～图 5－29)

此种供水方式适用于水箱压力可满足系统供水水压要求。且层数不多,但主水平干管较长的场合,同水泵可选择较主干管小 2#,扬程以能将主管内水回到水箱为宜,一般不超过 10 m。

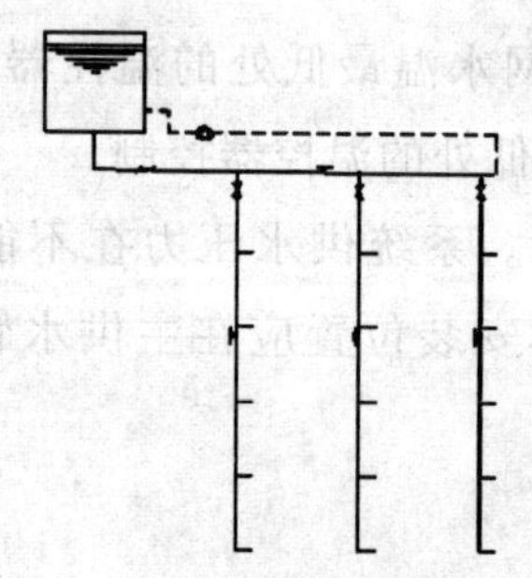

图 5－21　上行下给供水系统天面主干管回水示意图

此种供水系统适用于水箱压力可满足系统供水水压要求,且层数不多。定时集中使用热水的场所。

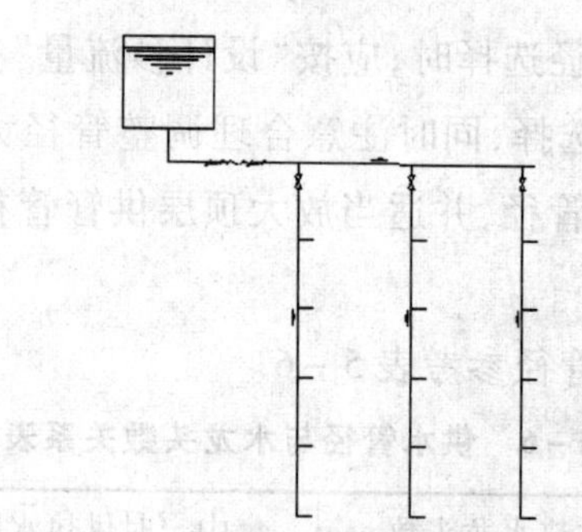

图 5－22　上行下给式供热水管网示意图

此种系统用于水箱水压不能满足系统水压要求时,且要求供水压力恒定的场合,热水系统一般可不设气压罐,同水管的配置应注意对系统供水压力的影响,对供水压力要求较高时,在回水管路上可加设减压阀,以避免在回水时引起供水压力波动太大;或通过调节回水管路阀门开启度来控制回水、供水,回水管路须加设压力表、安全阀。

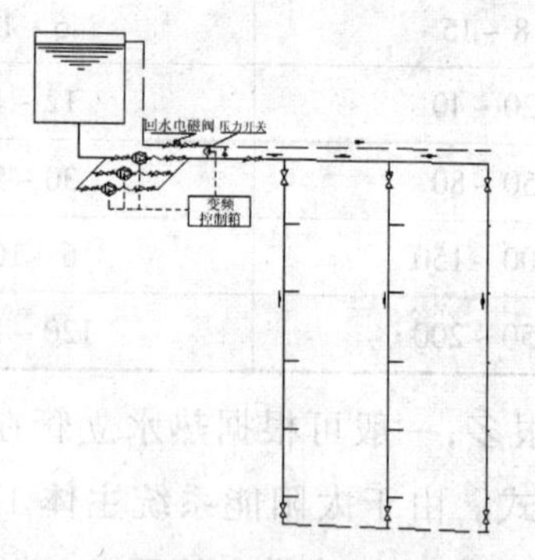

图 5－23　上行下给变频供水立管回水示意图(1)

对于集中供水式、多时段供水要求、恒压供水时，也可通过在加压泵旁路加设减压回水方式来使供水压力相对恒定，对于有回水的场合，宜加设电磁控制回水，并通过回水管阀门控制回水量。

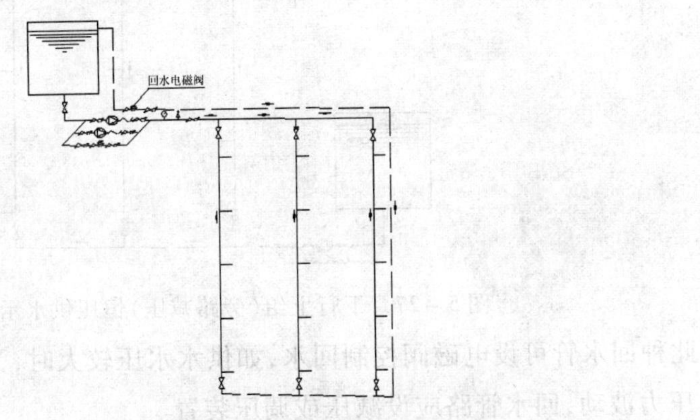

图 5－24　上行下给恒压供水并同程式立管回水示意图(2)

系统水箱水压力可满足供水压力要求，但水温要求较高，常见于 24 小时供水或多时段供水情况。回水泵口径可较主管小 2#左右，压力以能满足回水要求即可。

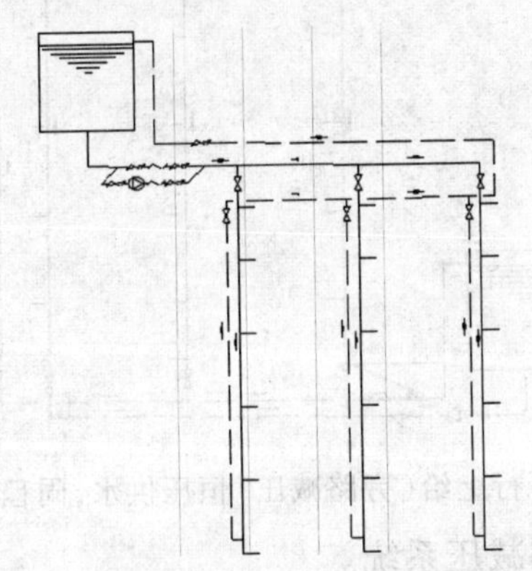

图 5－25　上行下给同程式立管水回路示意图(1)

此种控制方式与方式(一)相同。

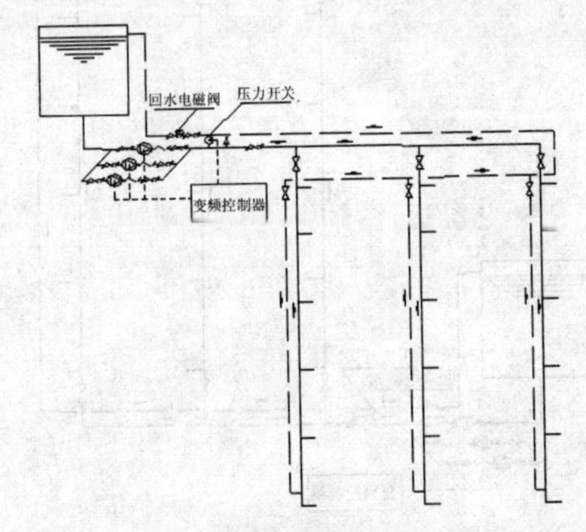

图 5－26　上行下给变频供水同程回水示意图(2)

此控制方式适用于地面水箱定时供水系统，旁路减压作用是为了避免供水泵憋压。

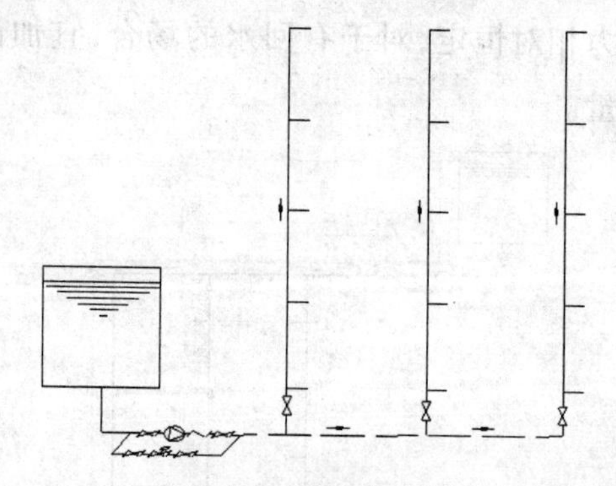

图 5－27　下行上给（旁路减压）恒压供水示意图

此种回水管可设电磁阀控制回水，如供水水压较大时，为避免回水压力太大引起供水压力波动，回水管路应设减压或调压装置。

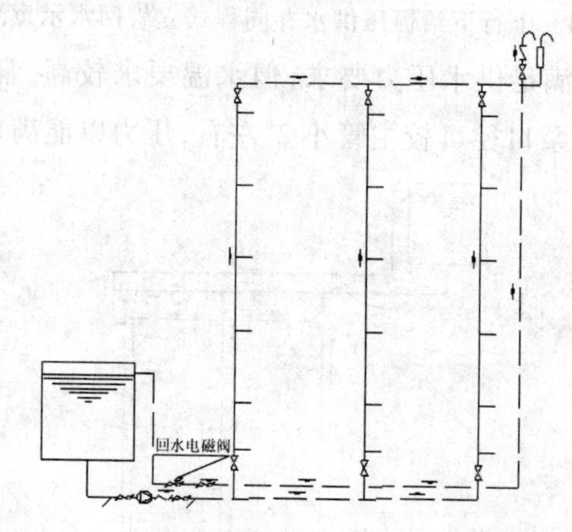

图 5－28　下行上给（旁路减压）恒压供水，同程回水示意图

回水情况及控制同旁路减压系统。

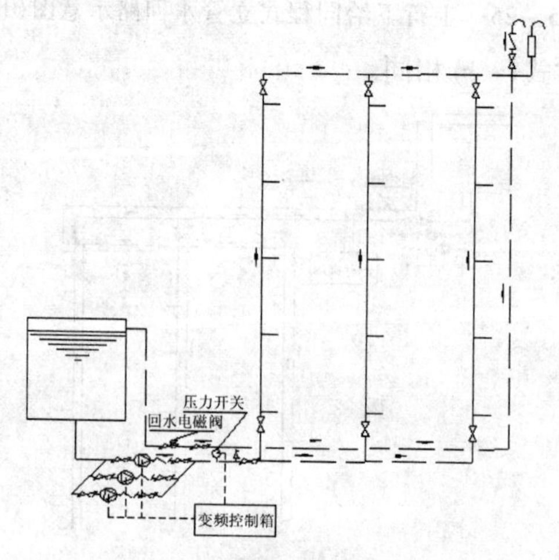

图 5－29　下行上给变频供水，同程回水示意图

2. 带回水的供水管网

此种方式适用对水温要求较严格的建筑物，此方式又可分为全循环管网和半循环管网，可以保证配水管网上任意点水温的热水管网，如分支管很短，也可不设回水管道，半循环管网仅对热水干管设回水管道，只能保证干管中的水温达到要求。

为使各回路水头损失相均衡，避免回水短路，回水干管应尽量使用同程式。

为满足运行调节和检修要求，热水管道在下列地点应设阀门：

(1)配水分干管和配水立管；

(2)从立管接出的支管上；

(3)其他需要检修的设备的进出口管道上。

3. 管径的选择

管径的选择应严格计算各管段的设计秒流量，给水管网提供的水压和最不利点管网水压是否满足使用要求以及管道的流速等因素来确定。

在配管时，可考虑适当放大供水横干管的管径，以减少管网水头损失，保证最不利点的供水水压要求。

4. 管道的变径

在工程实例中，一般是不可能采用单一管径的，变径连接在所难免，但也应尽量顾及美观等因素。

(1)立管。在立管上的变径一般宜在接近楼板处，中间不宜变径，以免保温后的管道影响美观。

(2)水平管。在水平管上的管道变径宜在墙角或比较隐蔽处，这样才不影响美观。

5. 活接的使用位置

活接头是用于管道需要活连接和管件需要维护、检修的地方，即在不转动管道的情况下，对管道进行连接或拆开。活接主要用在有水泵、电磁阀、电动阀等设备的管道上，一般应装在闸阀的后面，以便于在检修时先关掉闸阀，后拆活接再检修。

6. 水胶布的使用数量

在工程实践中，1 卷长 20 m 的水胶布(又名生料带)只能缠 6 个 DN50 的接头或 8 个 DN40 的接口或 10 个 DN32 的接口或 12 个 DN25 的接口或 14 个 DN15 的接口或 4 个 DN65 的接口，对于 DN80 以上的大管，基本上就是 2 ~ 3 个接口 1 卷水胶带，在工程上大概每 10 m 镀锌管要 1 卷水胶带。

7. 阀门的选择

管径小于等于 50 mm 时，宜采用铜闸阀或铜球阀；管径大于 50 mm 时，宜采用铜闸阀或蝶阀，在双向流动和经常启闭管段上，宜采用铜闸阀或蝶阀。

5.6 电气控制及电气线路设计

(1)电气控制箱应设漏电开关、空气开关、交流接触器。电机等感性负载应配热继电器。控制线路应设熔断器,应有工作状态指示灯,采用接线端子接线,线路要用号码管编号。

(2)所有带电设备应设接地线,当水箱比较高时且为雷击地区应安设避雷针和避雷网。

(3)设备额定电流的估算。

1)电动机。单相设备额定电流按其功率的6倍估算,三相设备额定电流按其功率的2倍估算。

2)电热管。单相设备额定电流按其功率的4.5倍估算,三相设备额定电流按其功率的1.5倍估算。

(4)设备电源线的选型原则:导线的安全载流量≥1.2×设备的额定电流。

(5)电线穿管敷设于空气中时,导线在管内不许有接头,且穿管导线总面积不能超过管内截面积的40%;

(6)安装电路控制线路时,导线必须进行分色,红、黄、蓝为火线,零线为黑色,地线为黄绿双色线。

穿金属管的交流回路,因将同一回路的所有相线、中性线、保护线穿同一根管内。

当不同回路且无干扰的电线同穿于同一条管内时,除应满足以上条件外,电线安全载流量还应乘以表5-8的校正系数。

表5-7~表5-10所示为常用电缆参数。

表5-7 常用多股塑料铜芯线安全载流量

载流量 \ 敷设方式 截面积/mm^2	导线外径/mm	明线敷设	钢管敷设	塑料管敷设	护套线	
					二芯	三、四芯
1.00	4.4	18	10	10	11	10
1.5	4.6	23	15	12	14	10
2.5	5.0	30	20	17	18	16
4	5.5	39	26	32	28	
6	6.2	50	34	30		
10	7.8	74	46	40		
16	8.8	95	60	52		
25	10.6	126	78	69		
35	11.8	156	95	85		

续表

载流量 / 敷设方式 / 截面积/mm²	导线外径/mm	明线敷设	钢管敷设	塑料管敷设	护套线	
					二芯	三、四芯
50	13.8	200	119	107		
70	17.3	247	150	135		
95	20.5	300	182	169		
120		346	212	197		
150		407	243	230		
185		468				

表 5-8 电线穿管敷设于空气中载流量校正系数

穿管根数	校正系数	备注
2~4	0.80	电线穿管根数系指有负荷且发热的导线根数,中性线、保护线不计
5~8	0.60	
9~12	0.50	
12 以上	0.45	

表 5-9 线管配线参考表

管根径数 / 配线 / 线径/mm²	DN15	DN20	DN25	DN32	DN40	DN50
1^2	4	7	12	30	46	80
1.5^2	3	7	11	22	36	68
2.5^2	3	7	12	19	30	56
4^2	3	6	4	14	26	42
6^2	2	4	4	12	18	32
10^2		3	4	7	11	21

表 5-10 线管与线槽

线槽根数 / 配线规格 / 线径/mm²	25×40	40×60	40×80	50×100	60×125	70×150
6^2	15	36	48	80	120	150
10^2	6	16	22	42	54	88
16^2	5	15	20	30	45	54
25^2	4	12	16	20	26	45
36^2	3	5	7	18	22	26
50^2	3	8	12	14	18	22
70^2		2	3	4	6	10
90^2			3	4	5	7

5.7 其他辅助装置

1.排气阀的安装位置

(1)平板系统:一个集热器单体并联的出口接到另一个集热器单体并联的进口之"Z"形管上方应垂直安装一个DN15排气阀或铜球水咀。

(2)真空管或热管系统:在上循环管上容易产生积气的位置应安装排气或铜球水咀。

2.试水阀和排污阀的安装位置

(1)平板集热器系统。

在每一个阵列中的集热器的上端设一个DN15试水用铜球水咀。

在每一个集热器单体并联的下端,应设一个DN15排污用的铜球水咀。

(2)真空管及热管集热器系统。

在每一个集热器阵列中的上循环管上设一个DN15的试水用的铜球水咀。

在每一个集热器阵列中的下循环管上的最低位置,设一个DN15的排污用铜球水咀。

3.浮球取水装置

对于在用热水时又补充冷水的太阳能系统,其系统集热面积小于100 m^2 的,应设浮球取水装置。该装置由不锈钢浮球、不锈钢管、加工不锈钢补心、水位保护管、不锈钢丝组成(见图5-30)。选择浮球取水装置的取水管之管径应与供热水管管径相匹配(见表5-11)。

表5-11 浮球取水装置的取水管之管径应与供热水管管径

取水管管径	Φ19.1×0.8	Φ25.4×0.8	Φ31.8×0.8	Φ38.1×0.8	Φ50.8×0.8
浮球	Φ160	Φ160	Φ200	Φ240	Φ260
加工补心	6′×4′	1″×6′	1.2″×1″	1.5″×1.2″	2″×1.5″
水位保护管	Φ31.8×0.8	Φ31.8×0.8	Φ44.5×0.8	Φ63.5×0.8	Φ63.5×0.8

浮球取水装置的总长度=水箱高度+100=不锈钢管的长度+浮球直径+不锈钢丝长度,其中不锈钢管的长度=水箱架的高度+200;水位保护管长度为250 mm。

4.强制循环温差控制器高温传感探头的安装位置及安装方式

温差控制器的高温传感探头的安装位置以能够准确检测水的实际温度为准,否则会产生测量误差,减少强制循环泵的启动次数而影响热效率,因此,高温传感探头应装在系统中最高温度点的上循环管上,具体安装方式如图5-31和图5-32所示。

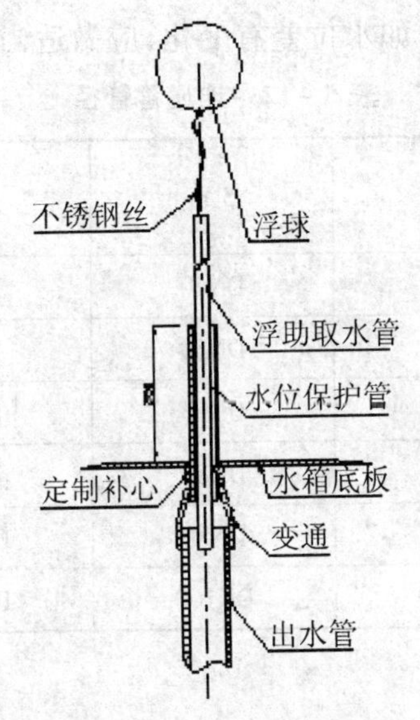

图 5-30 浮球取水装置

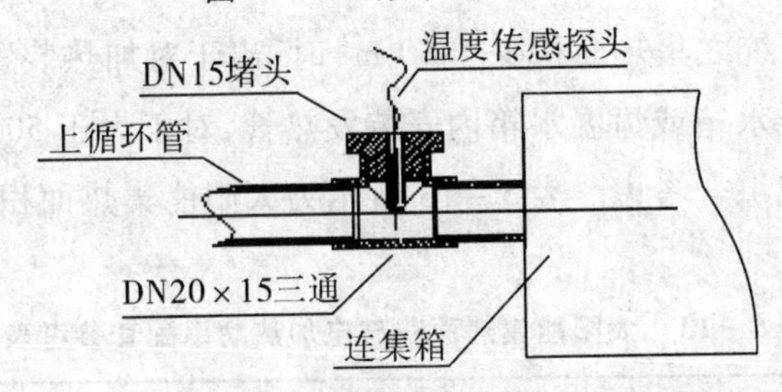

图 5-31 真空管或热管系统温度差传感探头安装方式

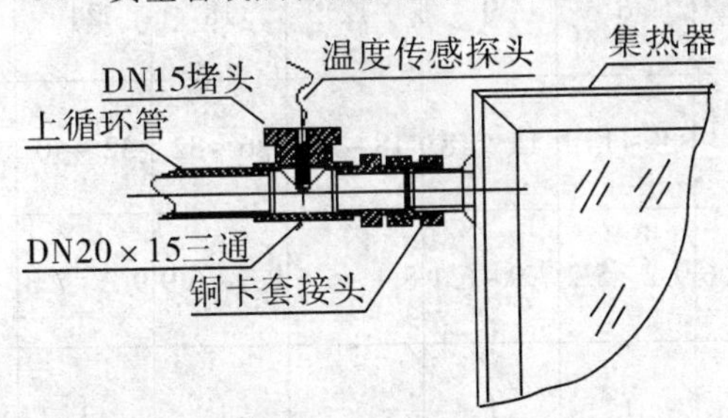

图 5-32 平板系统温度传感探头安装方式图

5. 平板集热器的连接件与连通管管径的选择

集热器与集热器之间连接时,采用 Φ25 双卡套铜接头。

集热器与循环管连接时采用 Φ25×DN20 单卡套铜接头。

集热器上安装水咀时,采用 Φ25×DN15 单卡套铜接头。

集热器之集管管口需堵塞时,采用 Φ25 单卡套铜堵头。

在一个或多个系统中有几个水箱需连在一起使用的,应设连通管连接,其连通管在水箱上的设计高度位置为距水箱底部 150 mm;连通管的流量与连通管管径、连通管长度以及两水箱之间的水位差有直接关系,表 5-12 所列的连通管管径是按两水箱 300 mm 水位差来计算的。如水位差有变化，应做适当调整。

表 5－12　连通管管径

连通管 管径 长度 / 流量	3 m	5 m	8 m	10 m
2 m^3/h	DN40	DN40	DN40	DN40
3～4 m^3/h	DN50	DN50	DN50	DN50
5～8 m^3/h	DN65	DN65	DN65	DN65
9～12 m^3/h	DN80	DN80	DN80	DN80
14 m^3/h	DN80	DN80	DN100	DN100
16～20 m^3/h	DN100	DN100	DN100	DN100

6. 辅助加热装置的选择

(1) 加热辅助装置。

当太阳能热水系统之集热面积少于 50 m^2 时，出于对加热装置的造价因素考虑，应优先采用在太阳能水箱或恒温水箱内安装发热管，对于大于 50 m^2 的系统，可根据用户的供电容量情况综合考虑。表 5－13 所示为太阳能集热面积与电加热功率配套参考。

表 5－13　太阳能集热面积与电加热功率配套参考表

发热管功率/kW	2	3	6	9	12	18	24	36	48	72
集热器面积/m^2	2～4	4～8	8～14	14～18	18～26	26～32	32～40	40～60	60～80	80～100
每小时温升度数/℃	12～6.1	9.2～4.6	9.2～5.2	7.9～6.1	8.1～5.6	8.5～6.9	9.2～7.3	11～7.3	9.8～7.3	11～8.8
发热管条数	1	1	1	1	1	1	2	3	4	6
电源电压	220 V	220 V	380 V	380 V	380 V	380 V	380 V	380 V	380 V	380 V

表 5－13 为太阳能产水量等于用水量时的配套参考表（太阳能产水量70L/m^2），若太阳能产水量小于用水量时，发热管功率应适当加大。

(2) 常压热水锅炉。

对于大型太阳能热水系统，可用常压热水锅炉对太阳能蓄热水箱进行加热，对于全天候供热水的，根据最大小时用水量，可对其中一个或几个蓄热水箱进行加热；对于定时供热水的，应对全部水箱进行循环加热，如图 5－33 所示。

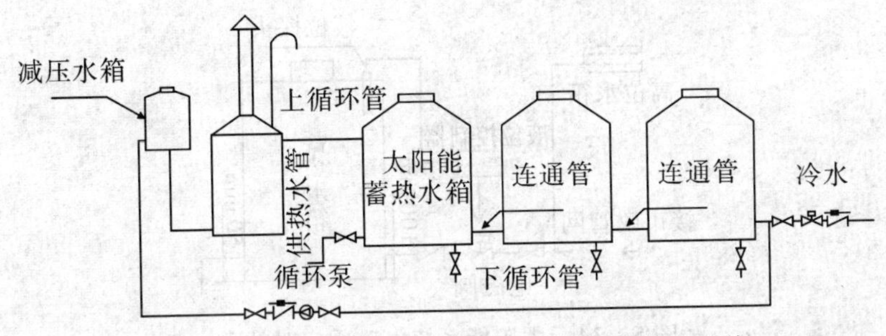

图 5－33 多个水箱的太阳能＋热水锅炉热水系统

常压热水锅炉分为燃油、燃气和电能三种。

常压热水锅炉选用台数应根据蓄热水箱的分布情况和安装场地以满足常压热水锅炉的技术条件为前题进行选择。

表 5－14 为太阳能产水量等于用水量的参考表，若太阳能产水量小于用水量时，热水锅炉功率应适当加大。

表 5－14 太阳能系统辅助加热装置配套表

集热器面积/m^2	燃油、气热水锅炉		电热水锅炉	
	功率/kW	每小时温升/℃	功率/kW	每小时温升/℃
40～60	0.03	9.2～6.1	0.05	15.3～10.2
60～80	0.05	10.2～7.6	0.05	10.2～7.6
80～100	0.07	10.7～8.6	0.1	15.3～12.2
100～140	0.1	12.3～8.8	0.1	12.3～8.8
140～200	0.15	13.2～9.2	0.15	13.2～9.2
200～260	0.2	12.3～9.4	0.25	15.3～11.3
260～330	0.25	11.8～9.3	0.25	11.8～9.3
330～400	0.35	13.0～10.75	0.35	13.0～10.75
400～500	0.5	15.3～12.3	0.45	13.8～11.0
500～600	0.7	17.2～14.3	0.6	14.7～12.2

5.8 补水方式设计

1. 太阳能热水系统补水

当太阳能热水系统的产水量等于用水量时，可以采用定时补水，其补水速度能在 6～8 h 补满为宜，当补水是从市政管网或高位冷水箱接入时，可用电磁阀控制，如图 5－34 所示；当补水是从低位冷水箱接入时，可采用水泵补水，如图 5－35 所示。

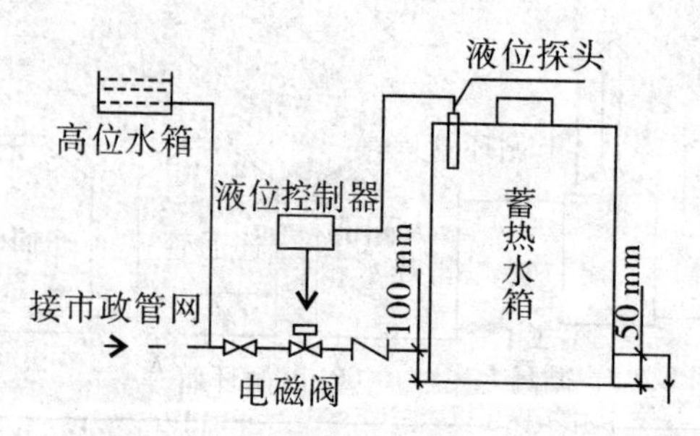

图 5－34　太阳能系统电磁阀定时补水

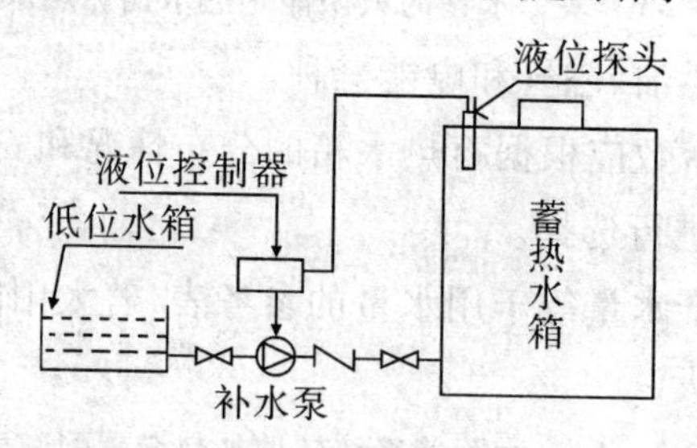

图 5－35　太阳能系统水泵定时补水

当太阳能热水系统的产水量远远小于供热水量的系统及全天候供热水的系统，可采用补水箱补水，但补水的速度应不大于辅助加热装置的加热速度；蓄热水箱上的补水口开口位置为水箱底部或距水箱底部 100 mm 处的侧面（见图 5－36）。

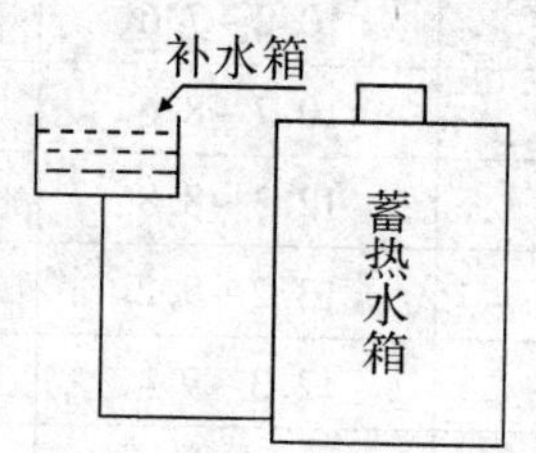

图 5－36　太阳能系统补水水箱补水

表 5－15 所示为太阳能系统补水箱、补水泵、电磁阀配套选择。

表 5－15　太阳能系统补水箱、补水泵、电磁阀配套选择表

集热器面积/m²	补水箱	补水泵	电磁阀	
4～8	DN20	LG 泵 PH－041E	DN15	说明：此表中的补水箱和补水电磁阀是按水压大于 0.02 MPa 为选择依据。
10～20	DN25	LG 泵 PH－041E	DN15	
22～40	DN25	LG 泵 PH－041E	DN15	
42～80	DN40	LG 泵 PH－041E	DN20	
82～120	DN40	LG 泵 PH－042E	DN25	
122～170	DN50	LG 泵 PH－101E	DN40	
172～220	DN50	LG 泵 PH－101E	DN40	
222～280	DN65	LG 泵 PH－101E	DN50	

2. 热水炉系统补水

当高位水箱平时的最低水位高于蓄热水箱 500 mm 以上或市政管网压力足够时，可采用补水箱补水，如图 5－37 所示。

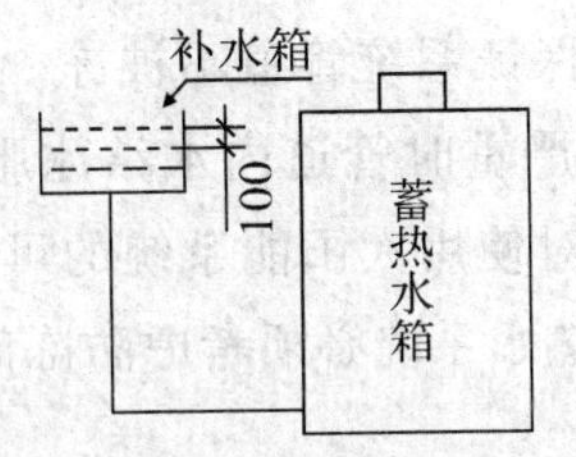

图 5－37 热水炉系统补水

当高位水箱的满水水位超过蓄热水箱的高度少于 1 m 时，可采用直接补水，将蓄热水箱做成封闭式，并设膨胀水箱，膨胀水箱底部与高位水箱的满水水位平齐，其容积按蓄热水箱容积的 4% 设计，如图 5－38 所示。

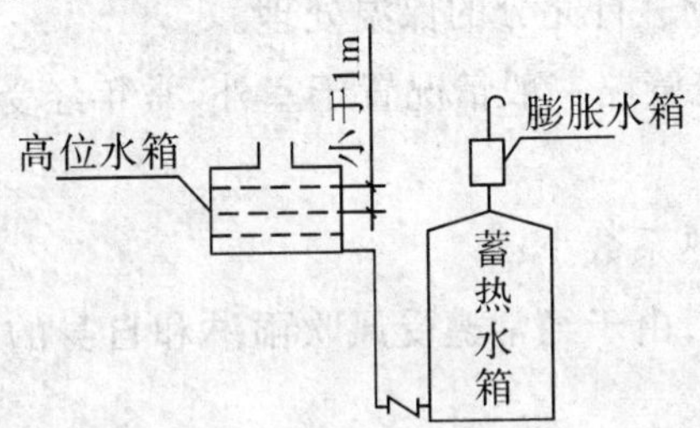

图 5－38 热水锅炉系统从高位水箱直接补水

蓄水箱水压波动较大不能满足水位要求时，可采用加压水泵补水，并在加压泵旁边设旁通管，在水压够时，可通过旁通补水；在水压不够时，用水泵补水，如图 5－39 所示。

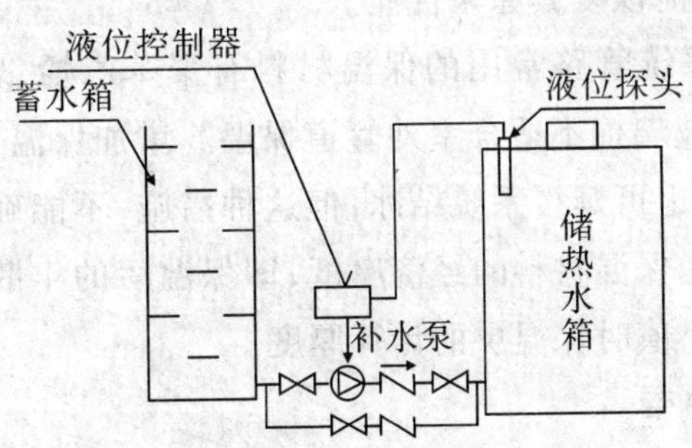

图 5－39 太阳能系统水泵定时补水

上述三种补水方式一般不推荐采用。

对于实行用水总量控制的系统，可采用电磁阀实行定时补水。

5.9 太阳能热水系统的防冻措施

北方地区冬季结冰期间，如何保证太阳能热水系统正常运行，安全度过严寒之冬,这是太阳能设备厂家及安装企业应该认真考虑的问题。对于太阳能热水系统,为了减少热量散失,太阳能集热器和系统管路都应有保温措施。这些保温措施可以显著地减少热量散失,同时也可延缓系统管路结冰。但这些保温措施,不能确保系统在严寒的冬季不结冰,不能保证系统管道不被冻。被冻时,可能导致系统管路中的管件、阀门冻裂,系统漏水,严重时管道内水结冰胀裂管道,导致整个系统瘫痪。这将给用户造成极坏的影响,对使用太阳能系统的可靠性失去信心,同时维修也很麻烦。因此,北方地区太阳能热水系统必须考虑防冻问题,这样,太阳能热水系统才能安全、可靠地经受严寒的考验。

1. 加强保温

为减少系统管路向周围环境散热,在其外表面采取增设保温层的措施。在防冻重点部位采取严密防冻措施,系统管路三通、弯头处,阀门处,管道接口处等所有裸露在室外的管道部位均应进行充分的保温处理。

由于太阳能热水系统管路一般情况置于室外,常年经受风吹雨淋,因此选择保温材料应该具备下列几点:

(1)保温性能好,导热系数小;

(2)要有一定的强度,由于经常遭受风吹雨淋和自身的热胀冷缩,所以必须有一定的坚固性;

(3)能耐一定的温度,保温材料应能承受管道内热媒的温度,而且当温度反复变化时,不至于引起材料性质的变化;

(4)抗湿性强,室外敷设的管道经常遭受风吹雨淋,因此要求保温材料不因受潮而变质损坏,干燥后仍能恢复其原来性能。

目前太阳能热水系统管路常用的保温材料有聚苯乙烯、岩棉、玻璃棉、聚氨酯、橡塑海绵等,但岩棉、玻璃棉不适合室外管道保温。增加保温材料的厚度,可以显著地减少热能散失,同时也可延缓系统结冰,但这种措施,不能确保系统在严寒的冬季不结冰。同时还应考虑保温材料的经济厚度,即保温后的年散热损失费用和投资的年分摊费用之和为最小值时保温层的计算厚度。

2. 管路敷设电伴热带

电伴热带防冻就是通过在太阳能热水系统的管路上加装电加热带的方式,从而达到防止管路结冰的目的。电伴热带也有两种控制方式。

(1)手动控制电伴热带:冬季来临时,人工合上控制电伴热带开关,电伴热带通电来加热管道避免被冻。但手动控制不可靠,许多安装太阳能热水系统的用户没有专人管理太阳能热水系统,冬季时无人合闸或忘记合闸,导致系统管道被冻。冬季过后,没人或忘记给电伴热带断电,导致电伴热带一直加热管道,不仅浪费电能,还减少电伴热带的使用寿命。

(2)自动控制电伴热带防冻:通过温度控制器来自动控制电伴热带通电与断电的方式,来达到防止管路结冰的目的。当温度低于某一温度值时,温度控制器使电伴热带自动通电;当温度高于某一温度值时,温度控制器自动使电伴热带断电。监测的温度可以是环境温度,也可以是管路的水温。环境温度低,并不说明系统管道的温度低(保温效果好的情况下),若此时启动电伴热带比较费电。这种控制方式一方面节省电能,一方面又能延长电伴热带的使用寿命,同时达到了智能控制的目的。

3. 系统管道循环防冻

循环防冻就是通过循环水泵把储热水箱的热水泵入系统管道,同时系统管道的冷水进入储热水箱,保证系统管道内水温不结冰。循环防冻也有几种方式:

(1)连续循环:在冬季结冰的季节,使循环水泵连续不停地循环,以防止结冰。这种方法的缺点是既浪费电能,又增加水泵的磨损。

(2)间歇循环:在冬季结冰的季节,通过定时器使循环水泵间歇循环,即循环一定时间,停止一定时间,以防止结冰。这种方法解决了连续循环防冻的缺点,但如果停止循环的时间过长,有可能造成结冰。

(3)温控循环:在冬季结冰的季节,当温度低于某一温度值时(一般为2~5℃),温度控制器自动使循环水泵启动。

温度高于某一温度值时(一般为6~8℃),温度控制器自动使循环水泵停止。显然这种循环防冻的方法比较科学,监测的温度可以是环境温度,也可以是管道的水温。

4. 排空防冻

排空防冻就是通过排空太阳能热水系统管路和太阳能集热器中的水,来达到防止管路结冰的目的。排空防冻有两种方式。

(1)防冻排空阀防冻:在系统管路的最低处安装一防冻排空阀,在室外或管道内埋设温度敏感元件,接至控制器。当温度降至3~5℃时,控制器将根据温度敏感元件传送的信号,自动开启防冻排空阀,使太阳能热水系统管路中的水从防冻排空阀排出,达到防止系统结冰的目的。这种排空防冻方式浪费了系统管道和太阳能集热器内存在的水,但能有效防止系统管路结冰。

(2)回流排空防冻:设计安装太阳能热水系统的储热水箱应低于系统管路和太阳能集热器,当系统循环水泵停止循环后,太阳能集热器和系统管路中的水自动回流到储热水箱中,使太阳能集热器和系统管路排空,从而达到防止冬季结冰的目的。这种排空防冻方式要求储热水箱必须低于太阳能集热器和系统管道。排空防冻是一种主动防冻的方式,防冻比较可靠,尤其是回流排空防冻。选用排空防冻时,系统设计安装时需考虑系统管路的坡度,以利于水回流或排空通畅。

5. **系统管道充注防冻液**

对于双回路太阳能热水系统，一次回路的系统循环管道采用防冻液作为循环介质，从而达到防冻的目的。但采用防冻液防冻的系统需采用双回路循环系统，系统效率较低，但防冻液具有不结垢的优点，能避免系统管道产生大量水垢。

选择防冻液应考虑以下几点：

(1)良好的防冻性能；

(2)防腐及防锈性能；

(3)防止结垢的性能；

(4)化学性质稳定。

目前太阳能热水系统常使用的防冻液为乙二醇、水和缓蚀剂组成的混合溶液。表5－16为防冻液使用温度和配比质量浓度表。

表5－16　用防冻液使用温度和配比质量浓度表

使用温度 ℃	防冻液	质量浓度 %	起始凝固温度 ℃	密度 kg/m^3	比热 kJ/kg·K	动力粘度 kPa·s
0	乙二醇水溶液	16	－7	1 020	3.89	2.84
－5	乙二醇水溶液	23.6	－13	1 030	3.77	5.10
－10	乙二醇水溶液	31.2	－17	1 040	3.64	6.67
－15	乙二醇水溶液	40	－22	1 070	3.35	11.7
－20	乙二醇水溶液	45	－27.5	1 080	3.23	19.0
－25	乙二醇水溶液	50	－33.8	1 088	3.11	30.5
－30	乙二醇水溶液	53	－37.9	1 100	3.05	50.5
－35	乙二醇水溶液	57	－44	1 103	2.95	83.5

第六章　被动式太阳房

被动式太阳房是一种经济、有效地利用太阳能采暖的建筑，是太阳能热利用的一个重要领域，具有重要的经济效益和社会效益。它的推广有利于节约常规能源、保护自然环境、减少污染，使人与自然环境得到和谐的发展。被动式太阳房主要根据当地气候条件，把房屋建造得尽量利用太阳的直接辐射能，它不需要安装复杂的太阳能集热器，更不用循环动力设备，完全依靠建筑结构造成的吸热、隔热、保温、通风等特性，来达到冬暖夏凉的目的。因此，相对而言，被动靠天，即人为的主动调节性差。在冬季遇上连续坏天气时，可能要采用一些辅助能源补助。正常情况下，早、中、晚室内气温差别也很大。但是，对于要求不高的用户，特别是原无采暖条件的农村地区，由于它简易可行，造价不高，人们仍然欢迎。在一些经济发达的国家，如美国、日本和法国，建造被动式太阳房的也不少。我国从20世纪70年代末开始这种太阳房的研究示范，已有较大规模的推广，北京、天津、河北、内蒙古、辽宁、甘肃、青海和西藏等地，均先后建起了一批被动式太阳房，各种标准设计日益完善，并开展了国际交流与合作，受到联合国太阳能专家的好评。

6.1　被动式太阳房概述

1. 被动式太阳房集热构件

太阳能在建筑中的应用，主要包括采暖、降温、干燥以及提供生活和生产用热水。通常，把利用太阳能采暖或降温的建筑物称为太阳房。

按照目前国际上的惯用名称，太阳房分为主动式和被动式两大类。

被动式太阳房是通过建筑朝向和周围环境的合理布置，建筑内部空间和外部形体的巧妙处理，以及建筑材料和结构、构造的恰当选择，使房屋在冬季能集取、保持、储存、分布太阳热能，从而解决建筑物的采暖问题，同时在夏季也能遮蔽太阳辐射，散逸室内热量，从而使建筑物降温。

被动式太阳能系统最简单的原理，就是阳光穿过建筑物的南向玻璃进入室内，经密实材料如砖、土坯、混凝土和水等吸收太阳能而转化为热量。把建筑物的主要房间布置得紧靠南向集热面和储热体，从而使这些房间被直接加热，而不需要管道和强制分布热空气的机械设备。在被动式采暖系统中，有时也采用小的风扇加强空气循环,但仅仅是次要的辅助设施,不能因此而与主动式混为一谈。

被动式太阳房是一种让阳光射进房屋,并自然加以应用的途径,它并不需要另外附加一套采暖设备,整个建筑物本身就是一个太阳能系统。因此,它的许多构件都具有双重功能。

被动式采暖太阳房建筑设计要想获得成功,必须满足下列四项基本原则:

(1)建筑物具有一个非常有效的绝热外壳;

(2)南向设有足够数量的集热表面;

(3)室内布置尽可能多的储热体;

(4)主要采暖房间紧靠集热表面和储热体布置,而将次要的、非采暖房间围在它们的北面和东西两侧。

2. 被动式太阳能供暖建筑特点

被动式太阳能采暖的基本设计原则是一个多,一个少。也就是说,冬季要吸收尽可能多的阳光热量进入建筑物,而从建筑内部向外部环境散失的热量要尽可能少。所以,太阳能供暖建筑有两个特点①南向立面有大面积的玻璃透光集热面;②房屋围护结构有极好的保温性能。

3. 被动太阳房的保温设计

从节能的角度考虑,太阳房的形体以接近正方体的矩形为宜,根据条件和功能要求,平面短边和长边之比取1:1.5至1:4之间。三开间的做成一层为宜,四开间以上的做成二层为宜。房屋净高不低于2.8 m,净深在满足使用的条件下不宜太大,取不超过层高2.5倍时可获得比较满意的节能率。

门窗是建筑热损失较大的部位,所以,太阳房的出入口应设防冷风措施,比如设置门斗。但应注意门斗不要直通室温要求较高的主要房间,而应通向室温要求不高的辅助房间或过道。设在南向时,不要采用凸出建筑的外门斗,以免遮挡墙面上的阳光。太阳房非集热面朝向(东、西、北)的开窗,在满足采光要求的前提下,应限制窗面积,并加设保温窗帘。

4. 被动太阳房的采光设计

太阳房的最好朝向是正南,条件不许可时,应将朝向限制在南偏东偏西150°以内,偏角太大会影响集热。太阳房之间应该留有足够的间距,以保证在冬季阳光不被遮挡,当然也不应该有其他阻挡阳光的障碍物。以北京的单层建筑为例:保证最不利冬至日(此时的太阳高度角最低)正午前后两小时内南墙面不被遮挡的间距是7m。

为防止夏季过热,可利用挑檐作为遮阳措施。挑檐伸出宽度应考虑满足冬季的采光需求和夏季的防晒需求,保证冬季南向集热面不被遮挡,而夏季较热的地区应重视遮阳。以北京为例,如果集热面上缘至挑檐根部距离为30 cm,要使最冷1月份集热面无遮挡的挑檐伸出宽度是50 cm。而农村地区,在庭院里搭设季节性藤类植物或种植落叶树木是最好的遮阳方式，夏季可遮阳，冬季落叶后又不会遮挡阳光；但高大树木宜种植在建筑前方偏东或偏西600°的范围以外，这样才能保证冬季不遮挡阳光。

(1)直接受益式。

房屋的南向立面有较大面积的玻璃窗，阳光透过玻璃窗进入房间后，直接照射到房间的地面、墙壁和家具等表面上，使其吸收大部分热量而温度升高。被这些围护结构内表面吸收的太阳能，一部分以辐射和对流的方式在室内空间传递，加热室内空气，一部分传导入围护结构内部，然后逐渐放出热量，使房间在晚上和阴天也能保持一定的温度。窗扇的密封性要好，并且配有保温窗帘或窗扇(板)，以防止夜间从窗户向外的热损失。此外，要求外围护结构有良好的保温性能和蓄热性能。目前应用最普遍的蓄热建筑材料包括砖石、混凝土和土坯等。在炎热的夏季，有良好保温性能的热惰性的围护结构也能在白天阻滞热量传到室内，并通过合理的组织通风，使夜间的室外冷空气流进室内，冷却围护结构内表面，延缓室内温度的上升。

(2)集热墙和集热蓄热墙式。

在南向墙体外覆盖玻璃罩盖，玻璃罩盖和外墙面之间形成空气夹层，墙体上可以贴保温材料(如聚苯板或岩棉)，玻璃罩盖后加吸热材料(如铁皮)，也可以不贴、不加；为区别两者，称贴有保温材料的为集热墙，未贴的为集热蓄热墙。

墙的外表面或吸热材料表面涂成黑色或其他深色，以更多地吸收阳光，墙的上、下侧可开通风孔，风口处设可开关的风门。太阳辐射透过玻璃照射到外墙表面，使其温度升高后加热夹层空气，热空气通过风口进入房间使室温升高；墙体未贴保温材料时，被墙体吸收的太阳热量除加热夹层空气外，还有一部分热量通过墙体热传导进入室内；墙体贴有保温材料时，没有通过墙体的热传导热量，但夹层空气的温度会升得更高。

(3)附加阳光间式。

这种形式是在房间南侧附建一个阳光间(或称日光温室)，阳光间的围护结构全部或部分由玻璃等透光材料做成，可以将屋顶南墙和两面侧墙都用透光材料，也可以屋顶不透光或屋顶侧墙都不透光，阳光间的透光面宜加设保温窗帘；阳光间与房间之间的公共墙上开有门窗等空洞。阳光间得到阳光照射被加热后，热空气可通过门窗进入室内，夜间阳光间温度高于外部环境温度，可以减少房间向外的热损失。

针对不同地区和需要，可采用不同型式。在实际应用中，以上几种类型往往是结合起来使用，称之组合式或复合式。通过各地实践和测试资料表明：与同类普通房屋相比，被动式太阳能采暖建筑可以达到的节能率在60%以上。

5. 被动式太阳房发展中存在的问题

(1)整体上缺乏太阳能行业与建筑行业的相互配合。当前，太阳能与建筑相结合已成为太阳能界和建筑界互动的新潮，但如何在建筑这个载体上更加合理充分的利用太阳能资源，使太阳能产品能够规范地与建筑相结合，已成为业内人士探讨的话题和需要研究的课题。由于整体上缺乏太阳能行业与建筑行业的相互配合，太阳能热水器和太阳能光伏发电置于建筑物之上，增加了建筑的负荷和造价，使太阳能技术孤立于建筑功能、结构、美学等因素之外，影响了太阳能建筑一体化的进程。

(2)集热构件的工厂化、标准化、规模化。被动式太阳能集热墙的推广利用已经历了近30年的发展历程，积累了一定的经验，但也存在很多问题，集热构件的工厂化、标准化、规模化生产一直没有被突破，是影响太阳能建筑推广的主要原因。

(3)太阳房新型建筑材料尚待进一步开发。新型建筑材料的研究与发展制约了太阳房的推广。目前我国建材市场上较少看到非常适合太阳能建筑的新型保温、储热等水平高又价格低廉的建筑材料。

(4)太阳能建筑施工及施工质量问题。太阳能建筑施工相对比较复杂，施工质量的好坏严重影响它的集热效果，也因此影响了它的推广利用。

(5)政策扶持力度不够。政策扶持力度不够，没有一个奖惩分明的有效政策，虽然媒体等积极推广宣传，但太阳能建筑的一次性投入成本相对较高，国家财政应采取相应的奖励措施，通过经济手段的介入，提高建设单位推广使用太阳能建筑的热情和积极性。

6. 被动式太阳能采暖房的发展总结

(1)被动式太阳能采暖形式，适合我国现有的具体国情，与主动式相比较，就地取材，节约投资。除太阳能之外，不需要外界其他动力能源，因此，现在在我国的太阳能建筑中，绝大部分仍采用被动式采暖形式。

(2)实施可持续性发展战略，是我国的基本国策。中国农村现在仍以生物质能源为主，2/3靠柴、秸杆，煤炭供应不足。而中国的西部地区是典型的脆弱生态环境区，且占国土面积的80%。我国是以煤为主要能源的国家，煤占能源总消费的75.6%，我国75%的工业燃料由煤提供，65%的化工原料由煤提供，85%的城市市民使用煤做燃料而我国煤的储量有限。

(3)太阳能建筑是节能建筑的最高形式，是一种新型的节能型绿色环保建筑。

根据以上几点，我国采用太阳能采暖和夏季降温，以及今后在工业生产、生活中逐步以太阳能代替部分能源，对节约能源有着极其重要的意义。大力推广太阳能代替常规能源，对减轻自然环境承载力，保障人类生存空间有着重要意义。

7. 被动式太阳房在中国西部的发展方向及前景

(1)被动式太阳房在中国西部的发展方向。

被动式太阳房是十分适合我国西部广大农村乡镇和城市的一种建筑形式，也是一种重要的节能、环保手段，受到广大群众的认可和欢迎，得到广泛的推广。

近几年，我国经济发展迅速，广大农村也发生了巨大的变化，小康型住宅的示范推广，也对太阳房的舒适度和美观度等提出了更高的要求。

(2)被动式太阳房在中国西部的发展前景。

太阳房将朝着高、中、低三个层次发展,以适应各种不同层次的需求。

1)高档太阳房:以被动式和主动式太阳能采暖降温为主。综合利用太阳能的其他节能技术(如光伏发电、太阳能空调、地热及热泵等技术)相结合的采暖降温形式,可应用于多层和高层建筑。

2)中档太阳房:以被动式太阳能采暖为主。

①太阳能热水器和低温地板辐射采暖,做为辅助热源解决冬季采暖。

②利用地下水源、热泵作供热热源,解决冬季的采暖,可供经济较发达地区使用。

3)低档太阳房:以被动式太阳能采暖为主,加强采光即得热并提高外围护结构的保温性能,减少热损失。适用于广大经济欠发达地区。

8. 开发利用太阳能对实现经济社会可持续发展具有重大意义

(1)胡锦涛同志曾经在参观建设节约型社会展览会时强调"节约资源是我国的一项基本国策,节约土地、能源、淡水、矿产资源,对实现经济社会可持续发展具有重大意义。我们要从贯彻落实科学发展观的高度,充分认识到节约能源资源的极端重要性和紧迫性,加强推进建设节约型社会各项工作"。

(2)《中华人民共和国可再生能源法》的制定和实施,进一步显示开发能源、节约能源是关系到国计民生的大问题,是一项基本国策。能源问题直接关系到国家经济命脉,威胁到国家的稳定和安全。

(3)建筑能耗在我国能源消耗中占有高达27.5%的比例,随着人民生活水平的不断提高,建筑的采暖、制冷、热水以及电力等建筑能耗不断增加,因此开发太阳能建筑是一个功在当代,利在千秋的伟大事业。

(4)一个有责任感的政府和企业均应支持和尽可能地开发利用太阳能资源,使其成为取之不尽、用之不竭的无污染清洁能源,更快更多地造福于人类。

6.2 被动式太阳房的主要形式

被动式太阳能采暖技术是通过对建筑朝向和周围环境的合理布置、内部空间与外部形体的巧妙处理以及建筑材料和结构的恰当选择,无须使用机械动力,利用太阳能使建筑物具有一定的采暖功能的技术。

被动式太阳能采暖技术的三大要素为集热、蓄热和保温。重质墙(混凝土、石块等)良好的蓄热性能,可以抑制夜间或阴雨天室温的波动。按太阳能利用的方式进行分类,其形式主要有以下几种:①直接受益式;②集热蓄热墙式;③附加阳光间式;④组合式等。

1. 直接受益式

直接受益式太阳房是被动式采暖技术中最简单的一种形式,也是最接近普通房屋的形式,其示意图如图6-1所示。具有大面积玻璃窗的南向房间都可以看成是直接受益式太阳房。在冬季,太阳光通过大玻璃窗直接照射到室内的地面、墙壁和家具上,大部分太阳辐射能被其吸收并转换成热量,从而使它们的温度升高;少部分太阳辐射能被反射到室内的其他表面,再次进行太阳辐射能的吸收、反射过程。温度升高后的地面、墙壁和家具,一部分热量以对流和辐射的方式加热室内的空气,以达到采暖的目的;另一部分热量则储存在地板和墙体内,到夜间再逐渐释放出来,使室内继续保持一定的温度。为了减小房间全天的室温波动,墙体应采用具有较好蓄热性能的重质材料,例如:石块、混凝土、土坯等。另外,窗户应具有较好的密封性能,并配备保温窗帘。

直接受益式太阳房窗墙比的合理选择至关重要。加大窗墙比一方面会使房间的太阳辐射得热增加,另一方面也增加了室内外的热量交换。《民用建筑节能设计标准》(采暖居住建筑部分)中规定,窗户面积不宜过大,南向不宜超过0.35。但这是指室内通过采暖装置维持较高的室温状态时的要求。当主要依靠太阳能采暖,室温相对较低时(约14℃),加大南向窗墙比到0.5左右可获得更好的室内热状态。

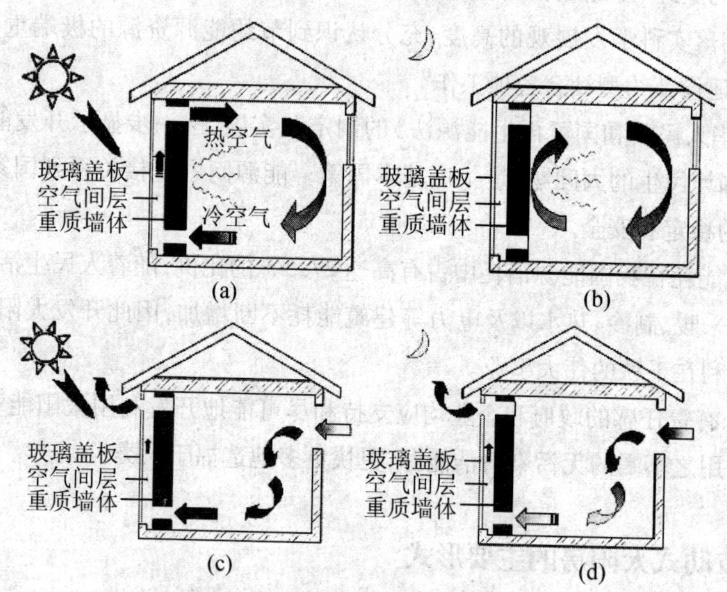

图6-1　直接受益式太阳房示意图

(a)冬季白天;(b)冬季夜间;(c)夏季白天;(d)夏季夜间

2. **集热蓄热墙式**

集热蓄热墙是由法国科学家特朗勃(Trombe)最先设计出来的,因此也称为特朗勃墙。特朗勃墙由朝南的重质墙体与相隔一定距离的玻璃盖板组成。在冬季,太阳光透过玻璃盖板被表面涂成黑色的重质墙体吸收并储存起来,墙体带有上下两个风口使室内空气通过特朗勃墙被加热,形成热循环流动。玻璃盖板和空气层抑制了墙体所吸收的辐射热向外的散失。重质墙体将吸收的辐射热以导热的方式向室内传递,冬季采暖过程的工作原理如图6-2所示。另外,冬季的集热蓄热效果越好,夏季越容易出现过热问题。目前采取的办法是利用集热蓄热墙体进行被动式通风,即在玻璃盖板上侧设置风口,通过如图6－1所示的空气流动带走室内热量。另外利用夜间天空冷辐射使集热蓄热墙体蓄冷或在空气间层内设置遮阳卷帘，在一定程度上也能起到降温的作用。通过对位于辽宁省大连农村地区采用集热蓄热墙的被动式太阳房进行实测，表明太阳房室内温度在夏季比对比房低5℃。

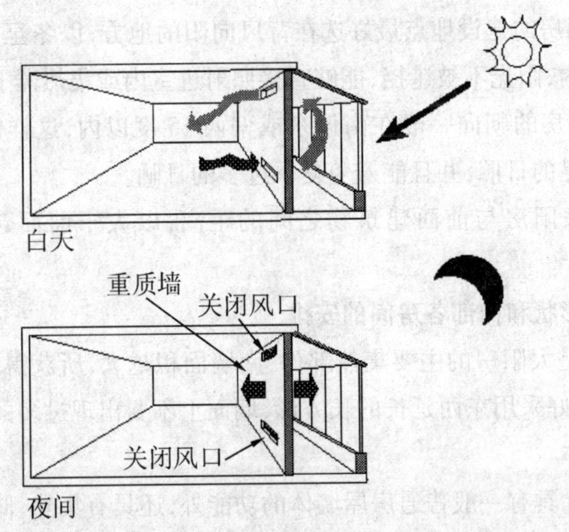

图6－2　集热蓄热墙式太阳房采暖降温过程示意图

3. 附加阳光间式及组合式

附加阳光间实际上就是在房屋主体南面附加的一个玻璃温室。从某种意义上说，附加阳光间被动式太阳房是直接受益式（南向的温室）和集热蓄热墙式（后面带集热蓄热墙的房间）的组合形式。该集热蓄热墙将附加阳光间与房屋主体隔开，墙上一般开设有门、窗或通风口，太阳光通过附加阳光间的玻璃后，投射在房屋主体的集热蓄热墙上。由于温室效应的作用，附加阳光间内的温度总是比室外温度高。因此，附加阳光间不仅可以给房屋主体提供更多的热量，而且可以作为一个缓冲区，减少房屋主体的热损失。冬季的白天，当附加阳光间内的温度高于相邻房屋主体的温度时，通过开门、开窗或打开通风口，将附加阳光间内的热量通过对流的方式传入相邻的房间，其余时间则关闭门、窗或通风口。

组合式是多种被动式采暖技术组合而成的，不同形式互为补充，以获得更好的采暖效果。

在我国，目前被动式太阳能采暖技术（被动式太阳房）主要应用在农村地区，作为北方农村地区节能的三个重要途径（沼气、太阳房、节能灶炕）之一，得到了较为广泛的应用。但是，由于缺乏专业的施工队伍、相关的科学数据及良好的维护管理，这项技术的应用缺乏科学的指导。

6.3 太阳房的设计

1. 太阳房的建设地点、朝向和房间距的确定

(1)地点。太阳房的建设地点最好选在背风向阳的地方,以冬至日从上午9时至下午3时的6个小时内,阳光不被遮挡,能够直接照射进室内或集热器上为宜。

(2)朝向。太阳房的朝向一般在南偏东或偏西15度以内,这样能保证整个采暖期内南向房间里有充足的日照,并且能避免夏季过多的日晒。

(3)房间距。太阳房与前面建筑物之间的距离,以大于前面建筑物高度的两倍为宜。

2. 太阳房外部形状和内部各房间的安排

太阳房的南墙是太阳房的主要集热部件,南墙面积越大,所获得的太阳能越多。因此,太阳房的形状最好采用东西延长的长方形,墙面上不要出现过多的凸凹变化。

3. 太阳房的墙体

太阳房的墙体除具有一般普通房屋墙体的功能外,还具有集热、储热和保温功能,是太阳房的重要组成部分。其做法是将普通370 mm的外墙拆分成两部分,一部分为240 mm(一砖厚),放在内侧,作为承重墙,中间放保温材料(如聚苯板、袋装散状珍珠岩等),其厚度根据设计室温而定,一般聚苯板为8~10 mm,珍珠岩为130 mm以上。外侧为120 mm的保护墙(半砖)。

4. 门窗

太阳房的门窗是太阳房获取太阳能的主要集热部件,也是重要的失热部件。由于门经常开启,保温困难,最好设门斗或双层门。窗的功能在太阳房设计中,除了具有采光、通风和观察作用外,还具有集取太阳能的功能,对于直接受益式太阳房来说,窗户起着决定性作用。因此,在设计太阳房集热窗时,在满足抗震要求的情况下,应尽量加大南窗面积,减小北窗面积,取消东西窗,采用双层窗,有条件的用户最好采用塑钢窗。

5. 空气集热器

空气集热器是设在太阳房南窗下或南窗间墙上获取太阳能的装置。它是由透明盖板(玻璃或其他透光材料)、空气通道、上下通风口、夏季排气口、吸热板、保温板等几部分构成。空气集热器的做法:在南墙窗下或窗间,砌出深为120 mm的凹槽,上、下各留一个风口,尺寸为200 mm×200 mm。然后将凹槽及风口内用砂浆抹平,安装40 mm厚的保温聚苯板,聚苯板外覆盖一层涂成深色的金属吸热板,保温板和吸热板上留出与上下风口相应的孔洞,使它们彼此相通。在最外层安装透明玻璃盖板,玻璃盖板可用木框、铝合金框或塑钢框,分格要少,尽可能减少框扇所产生的遮光现象。框四周要用砂浆抹严,防止灰尘进入。玻璃盖板上边要有活动排风口,以便夏季排风降温。室内风口要有开启活门。

6. 屋面

屋面是房子热损失最大的地方，占整个房屋热损失的30% ~40%，因此，屋面保温尤为重要。

农房屋面基本上有两种类型，一种是坡屋面，另一种是平屋面，虽然大多都有不同程度的保温层，但保温效果远远不够。被动式太阳房平屋顶一般采用在预制板上铺100 mm厚聚苯板或180 mm厚的袋装珍珠岩；坡屋顶是在室内吊顶上放80 mm厚聚苯板或100 mm的岩棉板。

7. 地面

被动式太阳房地面除了具有普通房屋地面的功能以外，还具有储热和保温功能，由于地面散失热量较少，仅占房屋总散热量的5%左右，因此，太阳房的地面与普通房屋的地面稍有不同。其做法有两种：

(1)保温地面法。

1)素土夯实，铺一层油毡或塑料薄膜用来防潮。

2)铺150 ~200 mm 干炉渣用来保温。

3)铺300 ~400 mm 毛石、碎砖或砂石用来储热。

4)按正常方法做地面。

(2)防寒沟法。

在房屋基础四周挖600 mm 深，400 ~500 mm 宽的沟，内填干炉渣保温。

图6 -3 所示为一太阳房外观效果图。

图6 -3　太阳房外观

第七章　太阳能干燥与太阳能温室

7.1　太阳能干燥

太阳能干燥，是利用太阳能干燥器对物料进行干燥，可称为主动式太阳能干燥。如今，太阳能干燥技术的应用范围已从食品、农副产品，扩大到木材、中药材、工业产品等的干燥。因此，如果说本书前面所述的太阳热水器、太阳灶和太阳房主要是应用于人们的生活方面，那么太阳能干燥器主要是应用于工农业生产方面。

1. 太阳能干燥的意义

(1)节约常规能源。太阳能干燥是将太阳能转换成热能，可以节省干燥过程所消耗的大量燃料，从而降低生产成本，提高经济效益。

(2)保护自然环境。太阳能干燥是使用清洁能源，对保护自然环境十分有利，而且可以防止因常规能源干燥消耗燃料而给环境造成的严重污染。

常压下蒸发 1 kg 水，约需要 2.5×10^3 kJ/kg 的热量。考虑到物料升温所需热量、炉子燃烧效率等各种因素，有资料估算干燥 1t 农副产品，大约要消耗 1t 以上的原煤，若是烟叶则需耗煤 2.5t。

2. 太阳能干燥机理

干燥过程是利用热能使固体物料中的水分汽化并扩散到空气中的过程。物料表面获得热量后，将热量传入物料内部，使物料中所含的水分从物料内部以液态或汽态方式进行扩散，逐渐到达物料表面，然后通过物料表面的气膜而扩散到空气中去，使物料中所含的水分逐步减少，最终成为干燥状态。因此，干燥过程实际上是一个传热、传质的过程。

太阳能干燥就是使被干燥的物料经历以下 2 种过程：

(1)直接吸收太阳能并将它转换为热能；

(2)通过太阳集热器所加热的空气进行对流换热而获得热能，继而再经过以上描述的物料表面与物料内部之间的传热、传质过程，使物料中的水分逐步汽化并扩散到空气中去，最终达到干燥的目的。

影响太阳能干燥推广应用的原因有以下几方面：

(1)太阳能是间歇性能源，能源密度低、不连续、不稳定；

(2)简易太阳能干燥虽投资少,但容量小,热效率低;而大中型的投资大、占地面积大;

(3)太阳能干燥常需要与其他能源联合,如太阳能-热泵,太阳能-蒸汽,及太阳能-炉气等形式,使干燥设备的总投资增加;

(4)我国对太阳能干燥缺乏政府的政策支持和宣传力度;

(5)目前生产企业习惯用传统的干燥设备,节能和环保的意识较差。

3. 物料水分

干燥的对象称为物料,譬如食品、农副产品、木材、药材、工业产品等。

只有充分掌握干燥过程中物料的内部特性及干燥介质的物理特性,才能确定合理的干燥工艺,并设计出有效的太阳能干燥器。特性包括被干燥物料的成分、结构、尺寸、形状、导热系数、比热容、含水量、水分与物料的结合形式等。

(1)物料中所含的水分。

1)游离水分(存在于物料空隙或表面的水分,容易去掉);

2)物化结合水(以一定的物理化学结合力与物料结合起来的水分,例如水果内的水分);

3)化学结合水分(生成带结晶水的化合物中的水分)。

(2)物料的平衡含水率。

物料的平衡含水率,是指一定的物料在与一定参数的湿空气接触时,物料中最终含水量占此物料全部质量的百分比。

(3)物料干燥过程的汽化热。

从湿润物料中将单位质量的水分蒸发所需要的热量,称为物料干燥过程的汽化热,单位为 kJ/kg。

物料的汽化热与物料的含水率及干燥温度有关。

4. 物料含水率变化

不同温度下材料含水率变化情况如图 7-1 所示。

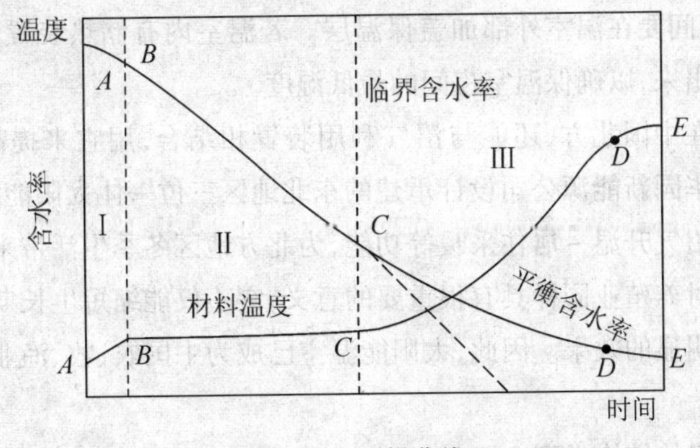

图 7-1 干燥曲线

(1)预热干燥阶段。干燥过程从 A 点开始,热风将热量转移给物料表面,使表面温度上升，物料水分蒸发，蒸发速度随表面温度升高而增加。在热量转移与水分蒸发达到平衡时，物料表面温度保持一定值。

(2)恒速干燥阶段。干燥过程到达 B 点后，水分由物料内部向表面扩散的速度与表面蒸发的速度基本相同，移入物料的热量完全消耗在水分的蒸发，即达到新的平衡。

在这一阶段中，物料表面温度保持不变，含水率随干燥时间成直线下降，干燥速度保持一定值，即保持恒速干燥。

(3)减速干燥阶段。干燥过程继续进行，表面蒸发即告结束，物料内部水分以蒸汽的形式扩散到表面上来。这时干燥速度最低，在达到与干燥条件平衡的含水率时，干燥过程即告结束。这一阶段称为减速干燥的第二阶段。

(4)临界含水率。从恒速干燥阶段转为减速干燥阶段时的含水率，称为临界含水率(C 点)。

一般来说，物料的组织越致密，水分由内部向外部扩散的阻力就越大，这样临界含水率值也就越高。

7.2 太阳能温室

太阳能温室是根据温室效应的原理加以建造的。

温室内温度升高后所发射的长波辐射能阻挡热量或很少有热量透过玻璃或塑料薄膜散失到外界，温室的热量损失主要是通过对流和导热的热损失。如果人们采取密封、保温等措施，则可减少这部分热损失。

在白天，进入温室的太阳辐射热量往往超过温室通过各种形式向外界散失的热量，这时温室处于升温状态，有时因温度太高，还要人为地放走一部分热量，以适应植物生长的需要。如果室内安装储热装置，这部分多余的热量就可以储存起来了。

在夜间，没有太阳辐射时，温室仍然会向外界散发热量，这时温室处于降温状态，为了减少散热，故夜间要在温室外部加盖保温层。若温室内有储热装置，晚间可以将白天储存的热量释放出来，以确保温室夜间的最低湿度。

太阳能温室在中国北方，还能与沼气利用装置相结合，用它来提高池温，增加产气率。比如由德州华园新能源公司设计承建的东北地区三位一体太阳能温室，就包括了太阳能温室种植－沼气升温－居住采暖等功能，为北方地区冬季生活带来了舒适和温暖。

太阳能温室对养殖业同样具有很重要的意义，它不仅能缩短生长期，对提高繁殖率、降低死亡率都有明显的效果。因此，太阳能温室已成为中国农、牧、渔业现代化发展不可缺少的技术装备。

1. 太阳能温室的结构类型

(1)展览温室。展览温室，其以展览、展示为主要目的，具有主体造型美观、结构独特等特点。展览温室实现了温室工程技术与钢结构、园林景观和文化创意的有机结合。可根据展示风格不同，进行独特的造型设计，以满足美观适用和标志性功能。

(2)栽培与生产温室。用于种植业，种植果树、花卉、药材、林苗、蔬菜，可以提前或延滞上市时间，调剂品种，克服蔬菜露天生产淡旺季节限制，大幅度提高单产，改善品质。

(3)繁殖温室。用于养殖业可以加快育肥，节省大量饲料费用和管理费用，获得较高的经济收益和社会效益。

此外，还有一些其他的太阳能温室，如高温温室（一般冬季要求 18～36℃）、中温温室（冬季要求 12～25℃）、低温温室（冬季要求 5～20℃）和冷室（冬季要求 0～15℃）等。

2. 薄膜光伏太阳能大棚

薄膜光伏太阳能大棚是近两年来刚刚兴起的将现代设施农业大棚、薄膜光伏太阳能发电和 LED 光照结合起来，既能运用农地直接低成本发电，也不影响大棚内农作物正常生长的一种新型设施农业大棚，它开启了低碳农业发展的新模式，具有良好的经济效益和生态效益，发展前景十分广阔。

随着我国太阳能薄膜电池板制造技术的快速发展，用透明的太阳能光伏薄膜替代传统的大棚薄膜，应用在设施农业大棚上已成为可能。薄膜光伏太阳能大棚是通过薄膜分光技术将太阳辐射分为植物需要的光能和用于太阳能发电的光能，或用太阳能发的电能转化为植物生长所需要的光合有效辐射能（如棚内采用 LED 灯作为补光），既满足了植物正常生长的光照需要，又能实现光电转换，实现了低成本光能发电，如图 7－2 所示为植物进行光合作用的有效光谱。

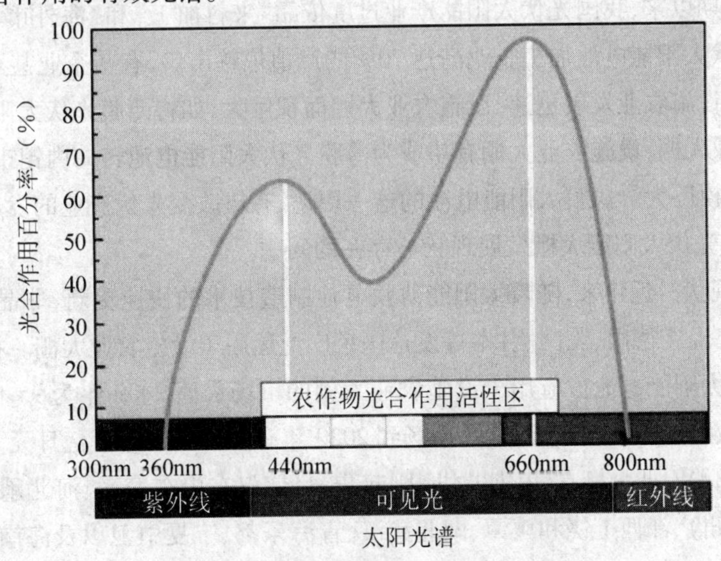

图 7－2 植物进行光合作用的有效光谱

(1)薄膜光伏太阳能大棚的特点和优势。

1)特点：薄膜光伏太阳能大棚顶上装设有非晶硅薄膜式太阳能电池，用来发电的非晶硅厚度不到 0.5 μm，不及传统晶硅太阳能电池厚度的百分之一，使原来无法穿透晶硅太阳能电池的太阳光可以透过非晶硅薄膜太阳能电池照射到棚内的植物，太阳光中植物生长所需要的波段在穿透大棚屋顶的太阳能电池板后被植物吸收，植物生长所不需要的波段则部分被太阳能电池吸收发电，部分转换成热能加温农业大棚。植物进行光合作用主要是利用波长为610～720 nm(波峰为660 nm)的红橙光，而绿色光是植物生长所不需要的波段，绿色光被大棚顶上的太阳能电池吸收发电并不会影响植物生长。紫外线也是植物生长所不需要的波段甚至会破坏植物，一般农业大棚会用遮阳网来减低紫外线。太阳能大棚顶上的薄膜式太阳能电池能吸收波长小于600 nm 的光子发电，因此不必在大棚顶上加装遮阳网。此外，薄膜光伏太阳能大棚可以根据植物生长的需要控制棚内温度、湿度、光照度，科学调整植物生长的最佳环境，是集农业生产、太阳能发电为一体的智能化新型设施农业大棚。同时，晶硅组件受硅片原材料尺寸的限制，组件尺寸比较单一。相较而言，非晶硅薄膜式太阳能电池是沉积在玻璃衬底上的，可以根据不同农业大棚的要求实现任意尺寸的随意切割，能够更好的满足多种农业大棚的定制化需求。

2)优势：传统太阳能发电需占用大量的土地，这对于土地资源有限的中国来讲是一个不容忽视的问题。而薄膜光伏太阳能发电农业大棚可以充分有效的利用土地资源，使农业用土地资源利用最大化。因为薄膜式光伏太阳能大棚是在不影响设施农业生产的条件下，充分利用大棚顶部空间开展太阳能发电，可以为当地电网提供电力，很好地实现节约土地资源，节能减排，真正实现低碳农业，多重经济效益显现，而且与传统太阳能电站相比，可以建在人口密集区，减少了输电过程中的电量损耗。

此外，长期以来，我国光伏太阳能产业过度依靠“来料加工”和“海外市场”，据了解，我国薄膜光伏太阳能电池加工企业高达70%的产值依赖出口，有些企业甚至高达90%。近年来，我国设施农业发展迅速，设施农业大棚面积巨大，如将薄膜光伏太阳能电池板应用于设施农业大棚，设施农业大棚有望成为薄膜光伏太阳能电池转向内销市场的一个突破口，市场规模巨大。薄膜太阳能电池的这一用途，有望改变光伏产业的发展态势。

(2)薄膜光伏太阳能大棚发展现状与存在的问题。

1)发展现状。近年来，随着太阳能薄膜电池制造技术的快速更新，非晶体硅薄膜式太阳能电池已经在德国、美国、日本等发达国家广泛运用于设施农业大棚。据了解，在日本，薄膜光伏太阳能电池板应用于设施农业大棚的市场价值2009年为95亿日元，在日本政府补助政策的相关刺激下，这一市场到2020年有望增长到420亿日元。近两年来，薄膜光伏太阳能农业大棚在我国也才刚刚起步，目前仅在山东寿光、河北承德、江苏(南京、常州和泰州)、江西上饶和鹰潭、湖北武汉、青海乐都、宁夏中卫以及海南三亚等地建有小规模的示范大棚或已立项正在建设中，其中部分建成的薄膜光伏太阳能大棚已实现了与当地电网的并网发电。

此外，从表7－1可以看出，薄膜光伏太阳能大棚仅在我国少数几个省市零星地建有示范点，太阳能发电站装机容量一般几十千瓦，建成最大的也不超过100 kW，整体规模不大。不过,较大规模的薄膜光伏太阳能大棚已经在一些省份立项,处于正在建设中或正在审批中,如河北承德、广西贺州和湖北武汉太阳能装机容量可达兆瓦级,最大有120 MW,年发电量可达1亿度。这说明薄膜光伏太阳能电池应用在设施农业大棚上已得到了一些省市政府领导和专家的共识和重视,同时一些科研院所也在此方面开展相关研究,如中国科学院“霞光工程”与广西贺州合作的“光伏新能源立体农业产业化”项目已经立项并在建设中。

表7-1 我国薄膜光伏太阳能大棚应用情况

建设地点	建设规模	建设企业	投资规模(人民币)	投资构成	运行状态
山东寿光	1亩 17 kW	河北保定天威保变电气股份有限公司	40万元	政府投资	建成,能发电,
山东寿光	100亩 700 kW	山东维坊华天新能源集团公司	不详	政府投资	在建
河北承德	10万亩 120 MW	河北卡能光伏科技有限公司	30亿	政府和企业投资	项目签约,在建
江西上饶	20亩 100 kW	台湾光宝绿色能源股份有限公司	500万元	政府投资	建成,能发电,
江西鹰潭	10亩 60 kW	台湾光宝绿色能源股份有限公司	350万元	政府投资	建成,已并网发电
江苏常州和泰州	30亩 100 kW	宁波金太阳光伏科技有限公司	不详	政府投资	在建
海南三亚	50亩 200 kW		不详	政府投资	部分建成发电,部分在建
江苏南京	200亩 60 kW	鸿达温室	不详	政府和企业投资	前期10亩已建成发电
辽宁大连	0.5亩 2 kW	北京中锦阳科技有限公司	不详	政府投资	建成
湖北武汉	3000亩 2.1 MW	武汉广源光伏太阳能科技有限公司	5.3亿元	政府和企业投资	审批完成,在建
青海乐都	20亩 200 kW	福建均石能源集团	不详	政府投资	已建成发电,应用设施农牧业
宁夏中卫	5亩 4 kW	中国恩菲工程技术公司	不详	政府投资	已建成发电
广西贺州	1000亩 4 MW	中国科学院“霞光工程”	2亿元	政府和企业投资	在建

2)存在的问题。由于薄膜光伏太阳能农业大棚模式在我国才刚刚启动,而且多为示范区,太阳能装机容量普遍较小,目前并没有大规模推广,还存在诸如前期投入成本较高、太阳能发电与农作物生产相结合关键技术不成熟、运营保障技术不到位

以及国家扶持资金比例不高等问题。

①前期投入成本很高,农业企业或农民独自承担不起。目前,我国的非晶体硅薄膜光伏太阳能电池生产线大部分引自国外,国内企业并不掌握太阳能电池制造的核心技术,加之近年来原材料价格步步攀升,导致我国的太阳能电池生产成较高。据调查,一块非晶体硅薄膜太阳能电池板(长 1.4 m,宽1.1 m)的内销价格为 1 000 元人民币或每瓦(W)6 元人民币,如果一亩设施农业大棚顶的 2/3 面积安装太阳能电池板(太阳能装机容量 50 kW),仅太阳能电池板至少需 30 万元人民币,如果再加上安装费、控制器、变电器、配电箱以及蓄电池等,可能要高达 50 万元,整个薄膜光伏太阳能农业大棚(玻璃温室类型,内有加温、降温和通风设施)的总投入大概需要近 100 万元。从表 7-1 可知,目前我国在建的或已建成的薄膜光伏太阳能示范大棚均全部由当地政府直接投资,规模较大的才有企业资金参与。因此,如果没有政府资金的投入,完全由企业或个人承担,负担较大,不利于在大面积设施农业大棚上的应用。

②薄膜光伏太阳能电池与农作物生产相结合关键技术不成熟。传统的太阳能电池是晶硅电池且不透光,近年来快速发展的是薄膜非晶硅太阳能电池,这种太阳能电池的最大优点是可以透光,而且温度系数低,在阴天、雨天和雾天也能发电,常年累计发电量比晶硅电池发电效率可提高 20% 左右。据调查,这种薄膜太阳能电池的最大吸收波峰在 400 ~ 600 nm,而植物进行光合作用的有效光谱为 440 nm 的蓝光和 660 nm 的红光区,在理论上薄膜太阳能电池的最大吸收波峰与植物光合作用的吸收波峰并不冲突,可以通过薄膜分光技术将植物吸收的光透过太阳能电池板供植物进行光合作用,其他的光用来发电。但目前将这种技术应用在设施农业大棚上,是否能完全不影响植物的正常生长还缺乏相应的前期实验研究,而且如何将分光技术与太阳能电池更科学地结合起来,也是一个新的课题,现在研究的很少,都在探索之中。

③已建成的薄膜光伏太阳能农业大棚多为示范工程,与农业生产结合不紧密。薄膜光伏太阳能农业大棚虽然在我国多个省份大大小小的已建成了 20 多个,但多数均是概念性的示范性工程。通过到山东、江西等地的示范点调研,发现建成的薄膜光伏太阳能农业大棚大多数均没有充分利用,棚内种植农作物很少,甚至只是一个能利用太阳能发电的大棚,棚内并没有任何农作物。当前,薄膜光伏太阳能农业大棚作为一种新生事物,仅是概念性的展示,并没有和实际农业生产紧密结合,没有起到既能利用太阳能发电,又能进行农作物生产一举两得的双赢效果。

④配套设施不完善及运营保障技术不到位,导致实际应用效果不理想。由于目前大部分的薄膜光伏太阳能农业大棚仅是示范,所以棚内并没有相应的农业生产设施如降温和加温设施。我国大部分地区四季分明,夏天温度普遍很高,冬季温度又

很低,如果建成的薄膜光伏太阳能农业大棚内没有相应的降温和加温设施,在炎热和寒冷的季节也很难保证能进行农作物的正常生产。而且大部分农业企业和农民种植者并不掌握太阳能电池的日常维护和保养技术,很多太阳能电池加工企业在建成大棚后也没有后续的运营保障技术服务,一旦太阳能电池出现问题就很难保证正常运行,因此已建成的大部分薄膜光伏太阳能大棚存在应用效果不理想的状况。

⑤太阳能发电量与农业生产用电量不相匹配,与当地电网并网存在较大困难。薄膜光伏太阳能大棚能利用太阳能发电,发的电也能应用到棚内农作物相应生产设施上,如降温和升温设施,但发电量与用电量并不匹配。比如在炎热的夏天和寒冷的冬天,太阳能发的电量远达不到农业生产用的电量,相反,如果是在一般的天气,太阳能发的电量就会超过农业生产用电,存在多余的发电量。解决的办法就是与当地电网并网,但目前与当地电网并网存在成本高,并网要求条件苛刻等问题。

⑥国家补贴比例不高,影响大规模的推广应用。从表 7 - 1 看出,建设一个较小规模的薄膜光伏太阳能大棚也要几十万元,规模较大者可能需要几百万元,甚至上亿元。目前我国为了促进太阳能光伏产业的发展而开展的"金太阳示范工程"补贴比例最高为 50%,这一比例应用在设施农业大棚上,依然存在投入成本太高,企业和个人承担的风险大的问题,因此影响了薄膜光伏太阳能大棚大规模的推广应用。

⑦薄膜光伏太阳能大棚结构承重要求严格,现有农业大棚改造成本高。因薄膜太阳能电池普遍采用双玻封装的方式,组件厚度为 6 ~ 7 mm,而常规光伏大棚所用保温玻璃厚度为 4 mm 左右,两者厚度相差 2 ~ 3 mm,原有的农业大棚结构承重不能满足光伏组件的承重要求,需要对原有农业大棚结构进行改造和升级,这也导致薄膜光伏太阳能大棚的总体投入增加,限制了薄膜光伏太阳能大棚的大范围使用。

(3)薄膜光伏太阳能大棚发展前景。

21 世纪以来,我国设施农业快速发展,设施农业面积已从上世纪末的不足百万公顷发展到目前的 300 多万公顷,我国的各类农业大棚面积已稳居世界第一,其中高档玻璃温室、塑料大棚的建筑面积已高达 200 多万公顷以上。对于太阳能光伏产业来说,如果能将这些设施农业大棚的顶部空间充分利用,不仅可以节约大量的土地资源,还可以在不影响棚内农作物正常生产的情况下充分利用设施农业大棚本身作为太阳能光伏发电的建筑基础。产生的电力资源可以直接提供给大棚内的照明、卷帘机、灌溉设备、升温和降温设备等使用,还可以供给周围居民和农户生产和生活使用。

在当前石油价格不断上涨、能源危机频现,全球气候变暖、节能减排已成为时代主旋律的大背景下,大力发展绿色替代能源,发展低碳经济,促进和实现可持续发展已成为世界各国面临的共同选择。而大力发展太阳能光伏产业,充分利用太阳能发电是解决目前能源危机的最佳选择。薄膜光伏太阳能大棚既是工业项目,又是高效农业项目,具有高效利用太阳能发电,实现低碳农业发展和设施农业智能标准化生产等特点,为各地积极落实国家节能减排政策,发展绿色能源,缓解我国能源短缺问题开辟了一个崭新途径,并且对于促进农业转型升级,提高农业企业和农民收入也具有十分重要的意义。随着我国薄膜光伏太阳能电池技术的不断改进,太阳能光伏发电系统成本的逐渐降低,以及薄膜光伏太阳能电池在设施农业应用领域的关键技术攻关,以及国家扶持力度的不断加大,其在设施农业大棚上的应用前景会非常广阔。

第八章 太阳能制冷与空调

8.1 太阳能空调的意义和特点

1. 环境形势

(1)建筑耗能量超过全国总耗能量的1/4以上,且有继续上升的趋势。其中,住宅和公共建筑的空调在全部建筑耗能中占有很大的比重。

(2)温室气体排放量正在快速增长,我国目前已成为世界上温室气体排放第二的大国。

(3)太阳能是一种取之不尽、用之不竭的洁净能源,其热利用领域包括太阳能热水、太阳能采暖、太阳能制冷空调等。

利用太阳能进行空调,对节约常规能源、保护自然环境具有十分重要的意义。

2. 太阳能空调的优点

相较于常规压缩式空调系统,太阳能吸收式空调系统具有以下优点:

(1)季节适应性好。太阳能空调系统的制冷能力是随着太阳辐射能量的增加而增大的,这正好与夏季人们对空调的迫切要求相匹配。

(2)环境污染小。传统压缩式制冷机以氟里昂为介质;而吸收式制冷机以溴化锂为介质,无臭、无毒、无害,十分有利于环境保护。

(3)噪声污染小。压缩式制冷机的主要部件是压缩机,有一定噪声;而吸收式制冷机除功率很小的屏蔽泵外,无其他运动部件,噪声低。

(4)一机多用,四季常用。太阳能吸收式空调系统可将夏季制冷、冬季采暖和其他季节提供热水三种功能结合起来,做到一机多用、四季常用。

3. 太阳能空调在现阶段的局限性

在强调太阳能空调具有诸多优点的同时,也应当看到它在现阶段存在的一些局限性,以进一步加强研究开发。

(1)由于现有太阳能集热器价格较高,造成太阳能空调系统的初始投资偏高。

(2)由于太阳能集热器采光面积及空调建筑面积的配比受到限制,目前只适用于层数不多的建筑。

(3)大型的溴化锂吸收式制冷机,目前尚只适用于单位的中央空调。

8.2 太阳能吸收式制冷技术发展简述

太阳能吸收式制冷技术起源于20世纪30年代，当时由于技术不够成熟，效率低，价格高昂，商业利用价值较低，没有得到进一步的发展。到了20世纪70年代，化石燃料由于工业化的迅速发展，被快速消耗，石油危机使人们的目光再一次投向了太阳能吸收式制冷技术。太阳能吸收式制冷具有使用可再生能源，耗电量低，不污染坏境的优点。但是就市场应用而言，与以电能或燃气为能源的空调相比，其初期投资较大，经济效益并不高。所以要使得太阳能吸附式制冷技术得到推广，就要降低其成本，例如减少太阳能集热器的面积，提高集热效率，提高制冷的效率等。由此取得了一些瞩目的成果，包括复合抛物面镜聚光集热器、真空管集热器等具有代表性的发明。太阳能吸收式制冷技术在我国的发展可以大致分成四个阶段。

1. 起步阶段

这个阶段的时间为20世纪70年代末到80年代初。1974年，中东发生了石油危机，紧接着次年，我国太阳能领域的相关专家在陕西咸阳召开了全国太阳能会议。之后，许多科研机构和相关高等院校都开始重视起太阳能的制冷的研究，投入了大量的人力和物力。在这个阶段，研究主要以小型氨-水吸收式制冷机为主，也取得了较为丰硕的成果。例如：天津大学1975年研制的连续式氨-水吸收式太阳能制冰机，日产冰量可达5.4 kg；北京师范学院1977年研制成功1.5 m^2干板型间歇式太阳能制冰机，每天可制冰6.8～8 kg；华中工学院研制了采光面积为1.5 m^2，冰箱容积为70 L，以氨-水为工质对的小型太阳能制冷装置。这个阶段的研究为太阳能制冷技术的发展积累了宝贵的经验和大量实验数据，为我国的太阳能利用打下了坚实基础。

2. 坚持阶段

这个阶段为20世纪80年代中后期到90年代初。在这个阶段，我国的太阳能制冷研究陷入了瓶颈。随着研究的深入，许多问题短时间内无法得到解决，研究停滞。许多科研机构和单位由于短时间无法得到结果，纷纷放弃，只有少数单位依然坚持研究。我国的太阳能制冷研究一时进入了冬天。直到1987年，中国科学院广州能源研究所与香港理工学院合作，在深圳建成了一套科研与实用相结合的示范性太阳能空调与热水综合系统。集热面积120 m^2，制冷能力14 kW，空调面积为80 m^2。该系统采用了3种中温集热器和2台日本生产的单级溴化锂吸收式制冷机。中国的太阳能制冷研究在寒冬中依然前行，等待着春天的来临。

3. 实用阶段

这是在“九五”计划期间，当时的国家科委（即现在国家科技部）把“太阳能空调"列为了重点科技攻关项目。为太阳能制冷在中国的发展注入了新的活力，中国的太阳能制冷研究开始了融冰之旅，其中最著名的就是1998年在广东省江门市建成的一套大型太阳能热水示范系统。它由中科院广州能源研究所和北京太阳能研究所承担建造，位于一栋24层的综合大楼上，最终于1998年5月建成。该系统采用平板型集热器，为北京太阳能研究所自行研发，性能优良，经久耐用。建成后，太阳能集热器总采光面积500 m^2，制冷容量100 kW，空调、采暖建筑面积600 m^2。

4.现阶段发展

现阶段的太阳能制冷研究大量运用计算机数值模拟，研究更加方便快捷，也取得了许多成果。大连理工大学的徐士鸣教授等对以空气为携热介质的开放式太阳能吸收式制冷系统特性进行了研究并取得了相关成果。广州能源研究所在太阳能空调系统一体化设计上做出了开创性的工作。在太阳能吸收式制冷系统蓄能技术方面，华中理工大学的舒明水教授有较多的研究。上海交通大学对一种太阳能燃气联合驱动的双效溴化锂吸收式空调进行了研究，它由王如竹、刘艳玲教授提出，为太阳能制冷的发展提供了新思路。

8.3 太阳能吸收式制冷

1.太阳能制冷的分类

(1)制冷、制冷过程、人工制冷过程。

所谓制冷，就是使某一系统的温度低于周围环境介质的温度并维持这个低温。此处所说的系统可以是空间或者物体，环境介质可以是自然界的空气或者水。

制冷过程是指从被冷却系统取出热量并转移热量的过程。

人工制冷过程是指在外界的补偿下将低温物体的热量向高温物体传送的过程。

(2)制冷的分类。制冷根据使用的补偿过程的不同可分为两大类。

1)消耗热能。用热量由高温传向低温的自发过程作为补偿，来实现将低温物体的热量传送到高温物体的过程。

2)消耗机械能。用机械做功来提高制冷剂的压力和温度，使制冷剂将从低温物体吸取的热量连同机械能转换成的热量一同排到环境介质中，完成热量从低温物体传向高温物体的过程。

太阳能制冷可以通过太阳能光电转换制冷和光热转换制冷两种途径来实现。

(1)太阳能光电转换制冷。首先通过太阳能电池将太阳能转换成热能，再用电能驱动常规的制冷压缩机。

(2)太阳能光热转换制冷。首先将太阳能转换成热能(或机械能)，再利用热能(或机械能)作为外界的补偿，使系统达到并维持所需低温。

太阳能光热转化制冷系统主要有以下几种类型:太阳能吸收式制冷系统(消耗热能)、太阳能吸附式制冷系统(消耗热能)、太阳能除湿式制冷系统(消耗热能)、太阳能蒸汽喷射式制冷系统(消耗热能)、太阳能蒸汽压缩式制冷系统(消耗机械能)。

2. 吸收式制冷

吸收式制冷是利用两种物质所组成的二元溶液作为工质来运行的,利用工质对的质量分数变化完成制冷剂的循环。这两种工质在同一压强下有不同的沸点,其中高沸点的组分称为吸收剂,低沸点的组分称为制冷剂。

常用的吸收剂-制冷剂组合有两种:一种是溴化锂-水,通常适用于大中型中央空调;另一种是水-氨,通常适用于小型家用空调。

(1)吸收式制冷机的组成。吸收式制冷机主要由发生器、冷凝器、蒸发器和吸收器等组成。制冷剂回路主要由冷凝器、节流装置、蒸发器等组成。吸收剂回路主要由吸收器、发生器、溶液泵等组成(见图 8-1)。

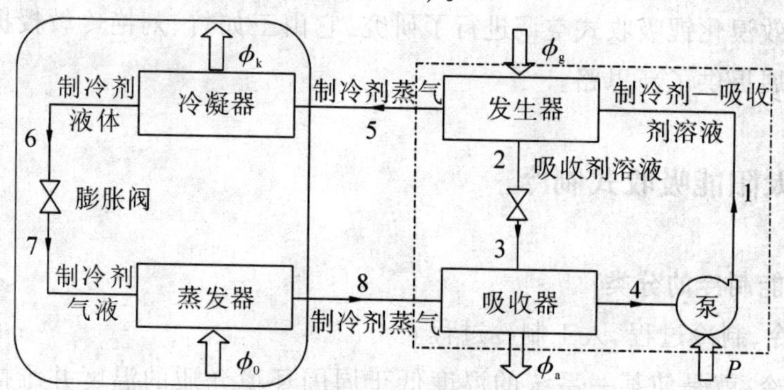

图 8-1 吸收式制冷循环

吸收式制冷系统的的工质为两种物质组成的二元溶液。由于这两种物质在同一压强条件下拥有不同的气化温度。所以在同一容器中由于蒸发的作用,溶液的浓度随温度发生变化。温度升高,低沸点物质蒸发,浓度上升,同时对气化物质吸收能力加强。气化物质经过循环后可被浓溶液吸收,溶液浓度下降,开始进行下一次循环。我们将高沸点的物质成分称为吸收剂,低沸点的物质成分称为制冷剂,在系统中循环制冷的就是制冷剂。由于是利用吸收剂质量分数的变化来完成制冷剂循环的,所以将之称为吸收式制冷。

(2)吸收式制冷的工作原理。

1)制冷剂循环。高压气态制冷剂在冷凝器中向冷却介质放热被凝结为液态后,经节流装置减压降温进入蒸发器;在蒸发器内,该液体被气化为低压气态,同时吸取被冷却介质热量产生制冷效应。

2)吸收剂循环。在吸收器中,用液态吸收剂不断吸收蒸发器产生的低压气态制冷剂,以达到维持蒸发器内低压的目的;液态吸收剂吸收制冷剂蒸汽形成制冷剂-吸收剂溶液,经溶液泵升压后进入发生器;在发生器中该溶液被加热、沸腾,其中沸点低的制冷剂气化形成高压气态制冷剂,进入冷凝器液化,而剩下的吸收剂浓溶液则返回吸收器再次吸收低压气态制冷剂。

(3)吸收式制冷系统的运行过程。作为工质的二元溶液在发生器中受到热媒水的加热(热媒水由太阳能集热器加热,不同的二元溶液需要不同的热媒水温度,太阳能集热器的加热温度也就有不同要求),溶液中作为制冷剂的部分不断气化,二元溶液的浓度不断提高,将浓液送入吸收器。制冷剂蒸汽进入冷凝器,由冷凝器中的冷却水降温冷凝,由于冷凝器中的温度较低压力较高,当将冷凝器内高压低温、冷凝液化的制冷剂经节流阀送入压力较低的蒸发器时,制冷剂急剧膨胀而气化,吸收大量蒸发器内冷媒水的热量,实现降温制冷的目的,之后低温的制冷剂蒸汽进入吸收器,被其中的浓溶液吸收,溶液浓度逐渐降低,经由循环泵重新进入发生器,进入下一循环。来回往复,连续制冷。因离开发生器的浓溶液的温度较高,而离开吸收器的稀溶液的温度却相当低。浓溶液在未被冷却到与吸收器压力相对应的温度前不可能吸收水蒸气,同时稀溶液又必须加热到和发生器压力相对应的饱和温度才开始沸腾,因此通过一台溶液热交换器,使浓溶液和稀溶液在各自进入吸收器和发生器之前彼此进行热量交换,使稀溶液温度升高,浓溶液温度下降。

现在各种吸收式制冷系统的运行原理都大同小异,他们之间的主要区别体现在所用吸收剂-制冷剂组合的不同。现在用于吸收式制冷机中的制冷剂大致可分为水系、氨系、乙醇系和氟里昂系四个大类,其中水系和氨系应用较为广泛。

3. 溴化锂吸收式制冷的工作原理

溴化锂-水溶液是目前空调用吸收式制冷机采用的工质对。

(1)溴化锂的性质。无水溴化锂是无色粒状结晶物,性质和食盐相似,化学稳定性好,沸点很高,极难挥发,极易溶解于水。此外,溴化锂无毒、无臭、有咸苦味,对皮肤无刺激。

(2)溴化锂水溶液的性质。溴化锂水溶液的沸点与压力、溶液浓度有关,在相同温度条件下,溴化锂溶液浓度越大,其吸收水分的能力就越强。

1)制冷剂循环。发生器中产生的高压蒸气在冷凝器中冷凝成高压低温液态水,经节流阀进入蒸发器,在低压下蒸发,产生制冷效应。这些过程与蒸气压缩式制冷循环在冷凝器、节流阀和蒸发器中所产生的过程完全相同。

2)吸收剂循环。发生器中流出的浓溶液降压后进入吸收器,吸收由蒸发器产生的冷剂蒸气,形成稀溶液,用泵将稀溶液输送至发生器,重新加热,形成浓溶液。这些过程的作用相当于蒸气压缩式制冷循环中压缩机所起的作用。

(3)溴化锂的主要优点。

1)利用热能为动力,特别是可利用低势热能;

2）整个机组除功率较小的屏蔽泵外，无其他运动部件，运转安静；

3）以溴化锂水溶液为工质，有利于满足环保的要求；

4）制冷机在真空状态下运行，无高压爆炸危险，安全可靠；

5）制冷量调节范围广，可在较宽的负荷内进行制冷量的无级调节；

6）对外界条件变化的适应性强，可在一定的热媒水进口温度、冷媒水出口温度和冷却水温度范围内稳定运转。

（4）溴化锂的主要缺点。

1）溴化锂水溶液对一般金属有较强的腐蚀性，会影响机组的正常运行和使用寿命；

2）溴化锂吸收式制冷机的气密性要求高，即使漏入微量的空气也会影响机组的性能，这就对机组制造提出严格的要求；

3）浓度过高或温度过低时，溴化锂水溶液均易形成结晶，防止结晶是溴化锂吸收式制冷机设计和运行中必须注意的重要问题。

（5）溴化锂吸收式制冷机的主要附加措施。

1）防腐蚀措施。在溴化锂水溶液中加入缓蚀剂是一种有效的防腐措施。

2）抽气措施。由于机组内的工作压力远低于大气压力，难免有少量空气渗入，制冷机必须设有抽气设备。

3）防结晶措施。一般在发生器中设有浓溶液溢流管，它不经过换热器而与吸收器的稀溶液相通。

8.4 太阳能吸附式制冷系统

所谓太阳能吸附式制冷，就是利用太阳集热器将水加热，为吸附式制冷机的发生器提供其所需要的热媒水，从而使吸附式制冷机正常运行，达到制冷的目的。

太阳能吸附式空调系统主要由太阳集热器、吸附式制冷机、空调箱（或风机盘管）、锅炉、储水箱和自动控制系统等组成。

太阳能集热器可采用真空管太阳集热器和平板型太阳集热器。前者可提供较高热媒水温度，而后者只能提供较低热媒水温度。热媒水的温度越高，制冷机的性能系数（COP）就越高，空调系统制冷效率就越高。

吸附式制冷机产生的冷媒水通过储冷水箱送往空调箱（或风机盘管）内蒸发、吸热，以达到制冷空调的目的，之后冷媒水经储冷水箱返回吸附式制冷机。其工作原理如图 8－2 所示。

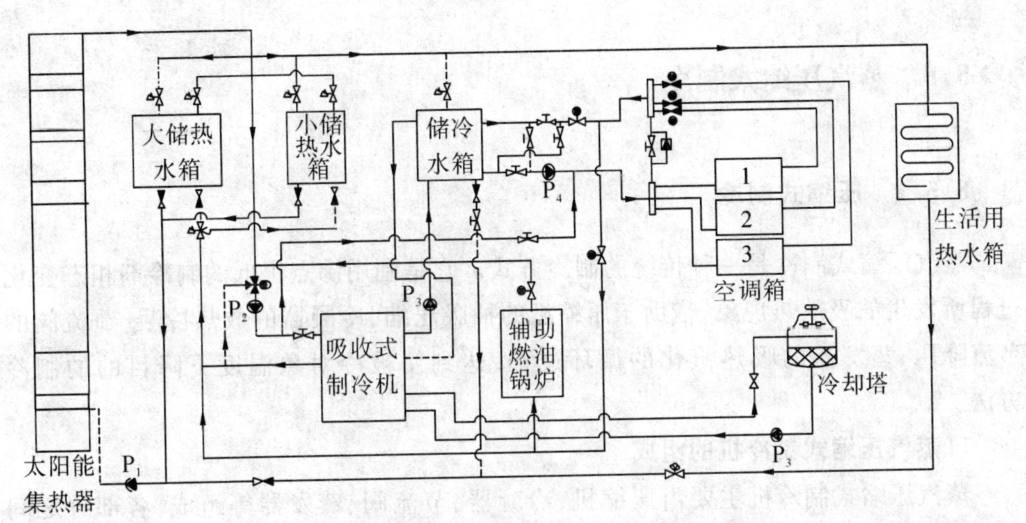

图 8－2　吸收式制冷工作原理

吸附式制冷的优点吻合了当前能源和环境协调发展的总趋势。固体吸附式制冷可采用太阳能或余热等低品位热源作为驱动热源，不仅缓解电力的紧张供应和能源危机，而且能有效的利用大量的低品位热源。另外，吸附式制冷不采用氯氟烃类制冷剂，无氯氟烃问题，也无温室效应作用，是一种环境友好型制冷方式。从 20 世纪 70 年代中期以来，吸附式制冷受到重视，对其研究不断深化。

与蒸气压缩式制冷系统相比，吸附式制冷具有结构简单，一次性投资少，运行费用低，使用寿命长，无噪音，无环境污染，能有效利用低品位热源等一系列优点；与吸收式制冷系统相比，吸附式制冷系统不存在结晶和分馏问题，且能用于震动、倾颠或旋转等场合。

两床连续型吸附式制冷系统主要由两部分组成。第一部分包括两个吸附床（解吸床和吸附床），两床的功能相当于传统制冷中的压缩机。解吸床向冷凝器排放高温高压的制冷剂蒸气，吸附床则吸附蒸发器中低温低压的蒸气，使制冷剂蒸气在解吸床中不断蒸发制冷。因此吸附式制冷系统设计的核心是吸附床，它的性能好坏直接影响了整个系统的功能。第二部分包括冷凝器、蒸发器及流量调节阀、冷却水系统和冷冻水系统，与普通的制冷系统相类似。从解吸床解吸出来的高温高压的制冷剂蒸气在冷凝器中被冷凝后，经过流量调节阀，变成低温低压的液体，进入蒸发器蒸发制冷，被蒸发的制冷剂蒸气重新被吸附床吸收。

系统工作的循环动力由热源提供，冷却器的吸附热与冷凝器的冷凝排热向环境释放或回收利用，冷量从蒸发器中输出。

固体吸附制冷系统和其他制冷系统有所区别，根据吸附式制冷的特点，一些部件在设计时应作特别考虑，如吸附床的传热传质强化，蒸发器低蒸发压力下静压对蒸发温度的影响等。

8.5 蒸汽压缩式制冷

8.5.1 压缩式制冷

蒸汽压缩式制冷是一种传统的制冷方式。它是利用沸点很低的制冷剂相态变化过程所发生的吸放热现象，借助于压缩机的抽吸压缩、冷凝器的放热冷凝、节流阀的节流降压、蒸发器的吸热汽化的循环过程，达到使被冷对象温度下降目的的制冷方法。

1. 蒸汽压缩式制冷机的组成

蒸汽压缩式制冷机主要由压缩机、冷凝器、节流阀、蒸发器等组成，各部分之间用管道连接成一个封闭系统如图 8-3 所示。

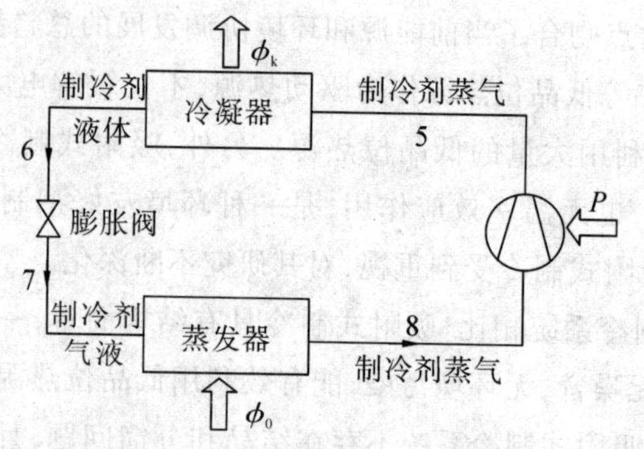

图 8-3 蒸汽压缩式制冷循环

2. 蒸汽压缩制冷的四要素

(1)压缩机——蒸汽压缩，抬高蒸汽温度以实现向高温环境散热。

(2)冷凝器——实现散热，达到热量转移的目的。

(3)节流元件——阻隔系统高低压腔，以实现高压冷凝、低压蒸发的效果，同时控制流量。

(4)蒸发器——实现吸热，达到对低温环境制冷的目的。

3. 压缩机的作用

(1)获得高压，使制冷剂蒸汽能在高压状态下冷凝为液体；

(2)获得高温，使制冷剂蒸汽温度高于环境，能将热量自由传递给环境，实现热量转移。

气体被压缩，体积减小，分子碰撞几率增加，即内能增加，因此温度升高。如高压打气筒使用过程中温度会升高。

4. 冷凝器的作用

转移热量，使高压、高温制冷剂蒸汽能向高温环境自由放热，同时为提高放热量,必须使制冷剂蒸汽液化冷凝为液体,从而释放出大量的潜热。冷凝器向高温环境散热量越大,所获得的制冷量也会越大。

5. 节流元件的作用

阻隔高低压,使制冷系统分为高压和低压两个腔体,从而实现高压冷凝放热、低压蒸发吸热。

6. 蒸发器的作用

蒸发吸热获得制冷效果,使低压制冷剂液体在较低环境温度下吸收热量蒸发为气体,从而获得制冷效果,并使制冷剂变为气体后吸入压缩机重复制冷循环。

8.5.2 太阳能蒸汽压缩式制冷

1. 太阳能蒸汽压缩式制冷与常规蒸汽压缩式制冷的区别

(1)太阳能蒸汽压缩式制冷系统中的压缩机由热机驱动;

(2)常规蒸汽压缩式制冷系统中的压缩机由电机驱动。

2. 太阳能蒸汽压缩式制冷系统的组成

太阳能蒸汽压缩式制冷系统主要由太阳集热器、蒸汽轮机和蒸汽压缩式制冷机等组成,它们分别依照太阳能集热器循环、热机循环和蒸汽压缩式制冷机循环的规律运行。

太阳集热器循环由太阳集热器、汽液分离器、锅炉、预热器等组成。

热机循环由蒸汽轮机、热交换器、冷凝器、泵等组成。

蒸汽压缩式制冷循环由制冷压缩机、蒸发器、冷凝器、膨胀阀等组成。

3. 太阳能蒸汽压缩式制冷的工作原理

在太阳集热器循环中,水或其他工质被太阳能集热器加热至高温状态,先后通过气液分离器、锅炉、预热器,分别几次放热,温度逐步降低,最后又进入太阳集热器再进行加热。如此周而复始,使太阳能集热器成为热机循环的热源。

在热机循环中,低沸点工质由气液分离器出来时,压力和温度升高,成为高压蒸汽,推动蒸汽轮机旋转而对外做功,然后进入热交换器被冷却,再通过冷凝器而被冷凝成液体。该液态的低沸点工质又先后通过预热器、锅炉、气液分离器,再次被加热成高压蒸汽。

在蒸汽压缩式制冷循环中,蒸汽轮机的旋转带动了制冷压缩机的运行,然后再经过上述蒸汽压缩式制冷机中的压缩、冷凝、节流和汽化等过程,完成制冷机循环。其工作原理如图 8-4 所示。

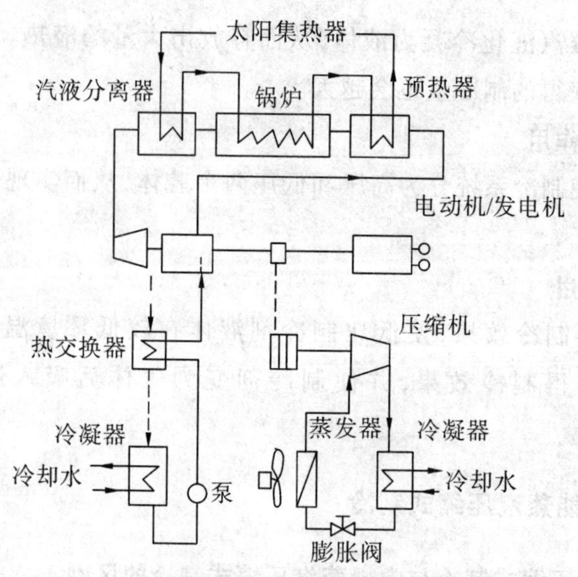

图 8－4　太阳能蒸汽压缩式制冷系统工作原理图

8.6　太阳能除湿式制冷系统

除湿是空气调节的主要任务之一，常用的除湿方法有三种：第一种是利用冷却方法使水蒸气在露点温度下凝结分离；第二种是利用压缩的方法，提高水蒸气的分压，使之超过饱和点，成为水分分离出去；第三种是使用干燥剂（液体或固体）吸湿的方法。

干燥剂除湿具有传质效率高，可充分利用低品位热能等优点，近年来发展很快。干燥剂除湿装置加上喷水冷却部件后，即可组成除湿空调系统。除湿空调系统首先利用干燥剂吸附空气中的水分，经热交换器进行降温，再经蒸发冷却器，以进一步迅速、简便有效地冷却空气而达到调节室内温度与湿度的目的。

从形式上看，除湿式制冷的原理跟吸附式制冷的原理似乎相近，都是利用吸附原理来实现降温制冷的。但是，两者毕竟是不同的。除湿式制冷是利用干燥剂（亦称为除湿剂）来吸附空气中的水蒸气以降低空气的湿度进而实现降温制冷的；而吸附式制冷则是利用吸附剂来吸附制冷剂以实现降温制冷的。

除湿式制冷系统与传统的压缩式制冷系统相比，具有以下显著的优点：

（1）以空气和水为工质，对环境无害；

（2）系统中能量以直接传递方式进行，进入室内的空气温度与空气的干燥程度有关；

（3）由于在干燥冷却过程中首先进行除湿，所以在处理潜热负荷方面尤其奏效；

（4）由于整个系统可由低品质热源（65～85℃）驱动，所以能够有效地利用太阳能、余热和天然气等作为再生加热器的热源，节能效果显著；

(5)干燥剂可以有效吸附空气中的污染物质，提高细菌的捕捉率达到39%～64%，从而提高室内空气品质和人的舒适性；

(6)整个装置在常压开放环境中运行，旋转部件少，噪声低，运行维护方便；

(7)除湿空调系统在冬季可用作供暖设施，取代炉子等冬季取暖设施。

除湿式制冷系统有多种形式：

(1)按工作介质可分为固体干燥剂除湿系统和液体干燥剂除湿系统。

(2)按制冷循环方式可分为开式循环系统和闭式循环系统。

(3)按结构形式可分为简单系统和复合系统。

8.7 太阳能空调技术经济分析

1.太阳能综合系统与常规能源系统设备比较

常规能源吸收式空调供热综合系统通常主要由锅炉、交换罐、制冷机、空调箱、通风道、生活用热水箱等组成。

太阳能吸收式空调供热综合系统通常主要由太阳集热器、锅炉、储热水箱(交换罐)、制冷机、储冷水箱、空调箱、通风道、生活用热水箱等组成。

太阳能空调供热综合系统与常规能源空调供热综合系统相比，在设备方面主要增加了太阳集热器、储冷水箱和控制系统(控制系统的功能包括控制太阳集热器系统的循环以及控制太阳能不足时锅炉的自动启动与切换等)。

2.太阳能综合系统需增加费用的估算

以北京市太阳能研究所建立的太阳能吸收式空调及供热综合系统为例，对该系统经济性做分析。该系统的制冷、供热功率为100 kW，空调、采暖建筑面积为1 000 m^2，热水供应量(非空调采暖季节)为32 m^3/天，使用的热管式真空管太阳能集热器为540 m^2。太阳能吸收式空调及供热综合系统费用见表8－1。

表8－1 太阳能吸收式空调及供热综合系统费用

	费用/万元
太阳集热器	61.0
集热器支架及基础	3.2
管道(包括水泵和管件等)及保温	2.2
储冷水箱	4.0
安装、运输等	5.0
控制系统	9.0
其他	3.0
合计	86.4

3. 太阳能替代常规能源消耗费用的估算

(1)采暖期消耗常规能源费用的估算。

设定冬季平均环境温度为 -2℃(指目前太阳能系统的安装地),若达到室内平均温度18℃,则所需蒸汽量为197.25 t/月,蒸汽价格85元/t,按采暖期3.5个月计算。

采暖期耗能费用为85×197.25×3.5=58 682(元)

(2)空调期消耗常规能源费用的估算。

根据经验数据,一般空调负荷是采暖负荷的1.5倍。按空调期3个月计算。

空调期耗能费用为85×197.25×1.5×3=75 448(元)

4. 投资回收期估算

投资回收期为864 000/151 222=5.7(年)

从经济性上分析,太阳能空调供热综合系统每年可节省常规能源消耗费用15.1万元。在太阳能系统上的投资,约5~6年的时间就可收回。

一般太阳能空调系统的回收期为5~6年,开发和推广太阳能空调及供热系统,从经济上是可行的,从节约常规能源和加强环境保护方面来看,更是收益无穷。

第九章　太阳能光伏发电系统

9.1　太阳能光伏发电概述

2010年9月8日，国务院常务会议审议并原则通过《国务院关于加快培育和发展战略性新兴产业的决定》，以下七个产业被纳入战略性新兴产业规划。

(1)节能环保产业：为节约资源、保护环境提供技术、装备和服务保障的产业；

(2)高端装备制造产业：包括我国高速铁路等技术等；

(3)生物产业：包括生物医药和生物农业等；

(4)新材料产业：包括以纳米材料为代表的新材料的应用等

(5)新能源汽车：包括燃料电池汽车、混合动力汽车、氢能源动力汽车和太阳能汽车等；

(6)新能源产业：太阳能、地热能、风能、海洋能、生物质能和核聚变能等的发现和应用；

(7)新一代信息技术产业：互联网、云计算为技术基础的一些新兴平台。

太阳能电池就是一块大面积的P－N结，基于光生伏特效应，将光能转化为电能。转换效率为15%左右。图9－1所示为太阳能电池的发电原理和结构。

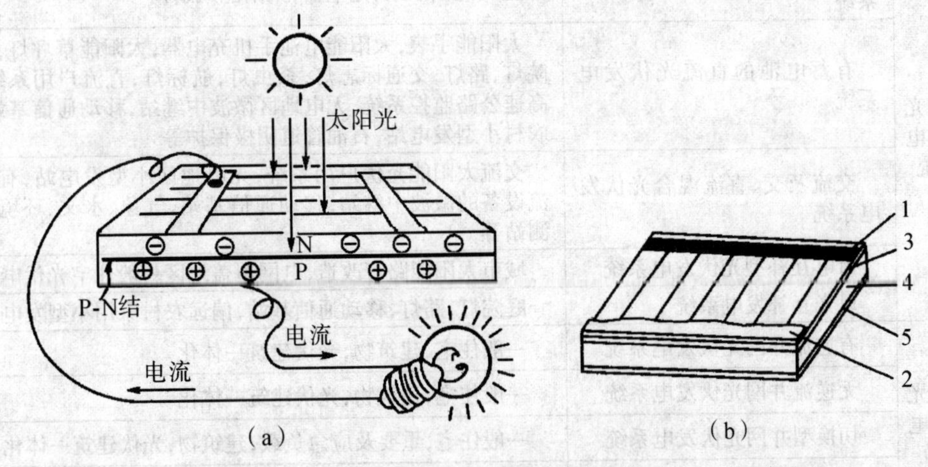

1－栅线电极；2－减反射膜；3－扩散区；4－基区；5－底电极

图9－1　太阳能电池的发电原理和结构

1. 光伏发电的优点

(1)太阳能资源取之不尽,用之不竭;

(2)太阳能资源随处可得,可就近供电,不必长距离输送,避免了长距离输电线路所造成的电能损失;

(3)光伏发电的能量转换过程简单,是直接从光能到电能的转换,没有中间过程和机械运动,不存在机械磨损;

(4)光伏发电本身不使用燃料,绿色、环保;

(5)光伏发电过程不需要冷却水,可以安装在没有水的荒漠戈壁上;光伏-建筑一体化发电系统,不需要单独占地,节省土地资源。

2. 光伏发电的缺点

(1)能量密度低(小于 $1kW/m^2$);

(2)占地面积大;

(3)转换效率低,晶体硅光伏电池为13%~17%,非晶硅光伏电池只有6%~8%;

(4)间歇性工作;

(5)受气候环境因素影响大;

(6)地域依赖性强;

(7)系统成本高,太阳能电池组件2美元/W;

(8)晶体硅电池的制造过程高污染、高能耗。

常见光伏发电系统分类如表9-1所示。

表9-1　光伏发电系统分类

类型	分类	具体应用实倒
独立光伏发电系统	无蓄电池的直流光伏发电系统	直流光伏水泵,充电器,太阳能风扇帽
	有蓄电池的直流光伏发电系统	太阳能手表,太阳能电池手机充电器,太阳能草坪灯,庭院灯,路灯,交通标志灯,杀虫灯,航标灯,直流户用系统,高速公路监控系统,无电地区微波中继站,移动通信基站,农村小型发电站,石油管道阴极保护等
	交流及交、直流混合光伏发电系统	交流太阳能光伏户用系统,无电地区小型发电站,有交流设备的微波中继站,移动通信基站,气象、水文、环境检测站等
	市电互补型光伏发电系统	城市太阳能路灯改造,电网覆盖地区一般住宅光伏电站
	风光互补发电系统	庭院灯,路灯,移动通信基站,偏远农村家用小型发电站
并网光伏发电系统	有逆流并网光伏发电系统	一般住宅,建筑物,光伏建筑一体化
	无逆流并网光伏发电系统	一般住宅,建筑物,光伏建筑一体化
	切换型并网光伏发电系统	一般住宅,重要及应急负载,建筑物,光伏建筑一体化
	有储能装置的并网光伏发电系统	一般住宅,重要及应急负载,光伏建筑一体化,自然灾害避难所,高层建筑应急照明

9.2 半导体基础知识

9.2.1 导体、绝缘体和半导体

1. 自由电子与自由电子浓度

物质由原子组成,原子由原子核和核外电子组成,电子受原子核的作用,按一定的轨道绕核高速运动。能在晶体中自由运动的电子,称为“自由电子”,它是导体导电的电荷粒子。

自由电子浓度:单位体积中自由电子的数量,称为自由电子浓度,用 n 表示,它是决定物体导电能力的主要因素之一。

2. 晶体中自由电子的运动

由于晶体内原子的振动,自由电子在晶体中做杂乱无章的运动。

电流:导体中的自由电子在电场力作用下的定向运动形成电流。

迁移率:在单位电场强度(1V/cm)下,定向运动的自由电子的“直线速度”,称为自由电子的迁移率,用 μ 表示,这也是决定物体导电能力的主要因素。

电导率:表征物体导电能力的物理量,用 σ 表示,$\sigma = I/\rho$

电阻:电流在导体中受到的阻碍作用,表示电流在导体中运动的难易程度。导体的电阻特性用电阻率 ρ 表示($\rho = 1/\sigma$)。

导体电阻:
$$R = \rho \frac{1}{S}$$

3. 导体、绝缘体和半导体

导体:导电能力强的物体,电阻率为 $10^{-9} \sim 10^{-6}\,\Omega \cdot \mathrm{cm}$。

绝缘体:不能导电或者导电能力微弱到可以忽略不计的物体,电阻率为 $10^{8} \sim 10^{20}\,\Omega \cdot \mathrm{cm}$。

半导体:导电能力介于导体和绝缘体之间的物体,电阻率为 $10^{-5} \sim 10^{7}\,\Omega \cdot \mathrm{cm}$。

金属导体导电是自由电子(n 恒定)在电场力作用下的定向运动,电导率基本恒定;半导体导电是电子和空穴在电场力作用下的定向运动。电子和空穴的浓度随温度、杂质含量、光照等变化较大,影响其导电能力。

9.2.2 硅的晶体结构

1. 硅的原子结构

硅(Si)原子,原子序数 14,原子核外 14 个电子,绕核运动,分层排列:内层 2 个电子(满),第二层 8 个电子(满),第三层 4 个电子(不满),如图 9-2 所示。

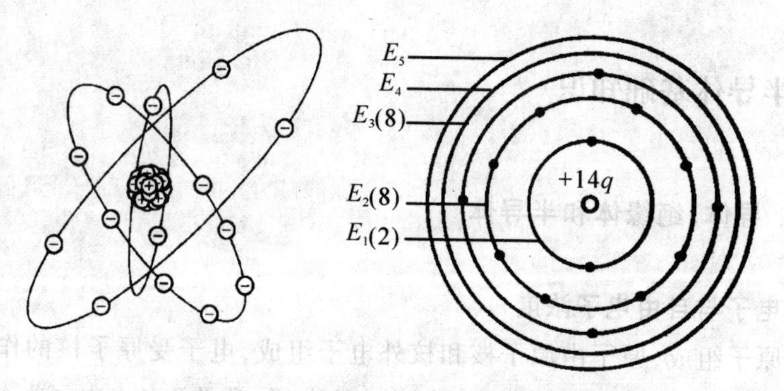

图 9 – 2　硅的原子结构及其原子能级

2. 硅的晶体结构

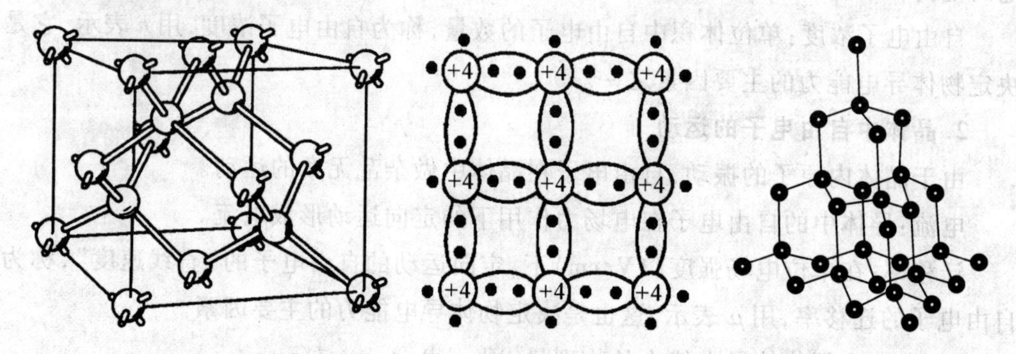

图 9 – 3　硅的晶胞结构

图 9 – 3 所示为硅的晶胞结构，硅晶体和所有的晶体都是由原子（或离子、分子）在空间按一定规则排列而成的。这种对称的、有规则的排列叫作晶体的晶格。一块晶体如果从头到尾都按一种方向重复排列，即长程有序，就称其为单晶体。在硅晶体中，每个硅原子近邻有四个硅原子，每两个相邻原子之间有一对电子，它们与两个相邻原子核都有相互作用，称为共价键。正是靠共价键的作用，使硅原子紧紧结合在一起，构成了晶体。

由许多小颗粒单晶杂乱无章地排列在一起的固体称为多晶体。

非晶体没有上述特征，但仍保留了相互间的结合形式，如一个硅原子仍有四个共价键，短程看是有序的，但长程无序，这样的材料称为非晶体，也叫作无定形材料。

3. 硅材料的优异性能

（1）硅材料丰富，易于提纯，纯度可达 12 个 9（12 N）（电子级硅 9 N，太阳能电池硅 6 N 即可）；

（2）硅原子占晶格空间小（34%），有利于电子运动和掺杂；

（3）硅原子核外 4 个，掺杂后，容易形成电子 – 空穴对；

（4）容易生长大尺寸的单晶硅（ $\Phi 400 \times 1\ 100$ mm，重 438 kg）；

（5）易于通过沉积工艺制作单晶硅、多晶硅和非晶硅薄层材料；

(6)易于腐蚀加工；

(7)带隙适中(在室温下硅的禁带宽度 $E_g = 1.12$ eV)，受本征激发影响小；

(8)硅材料力学性能好，便于机加工；

(9)硅材料理化性能稳定；

(10)硅材料便于金属掺杂，制作低阻值欧姆接触；

(11)切片损伤小，便于可控钝化；

(12)硅材料表面 SiO_2 薄层制作简单，SiO_2 薄层有利于减小反射率，提高太阳能电池发电效率；SiO_2 薄层绝缘好，便于电气绝缘的表面钝化；SiO_2 薄层是良好的掩膜层和阻挡层。

9.2.3 能级和能带图

电子在原子中的轨道运动状态具有不同的能量——能级(E)，单一的电子能级，分裂成能量非常接近但又大小不同的许多电子能级，形成一个"能带"，如图 9-4 所示。

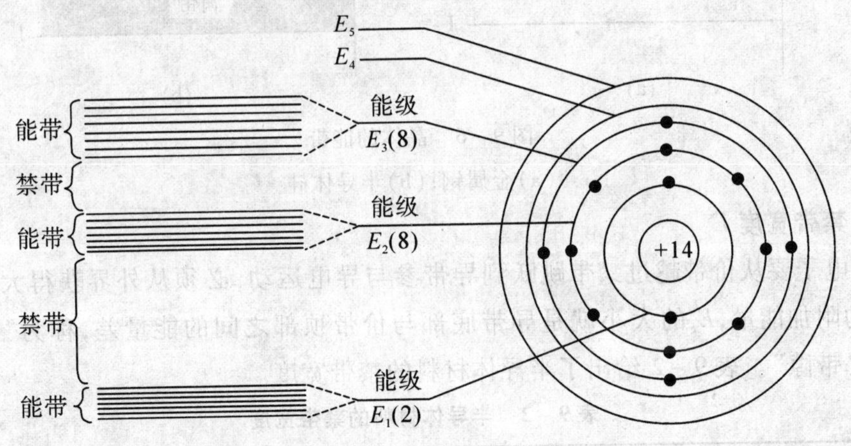

图 9-4 单原子的电子能级对应的固体能带

9.2.4 禁带、价带和导带

电子只能在各能带内运动，能带之间的区域没有电子态，这个区域叫作"禁带"，用 E_g 表示。完全被电子填满的能带称为"满带"，最高的满带容纳价电子，称为"价带"，价带上面完全没有电子的称为"空带"。

有的能带只有部分能级上有电子，一部分能级是空的。这种部分填充的能带，在外电场的作用下，可以产生电流。而没有被电子填满、处于最高满带上的一个能带称为"导带"。

图 9-5 所示为金属、半导体、绝缘体的能带，图 9-6 所示为晶体的能带。

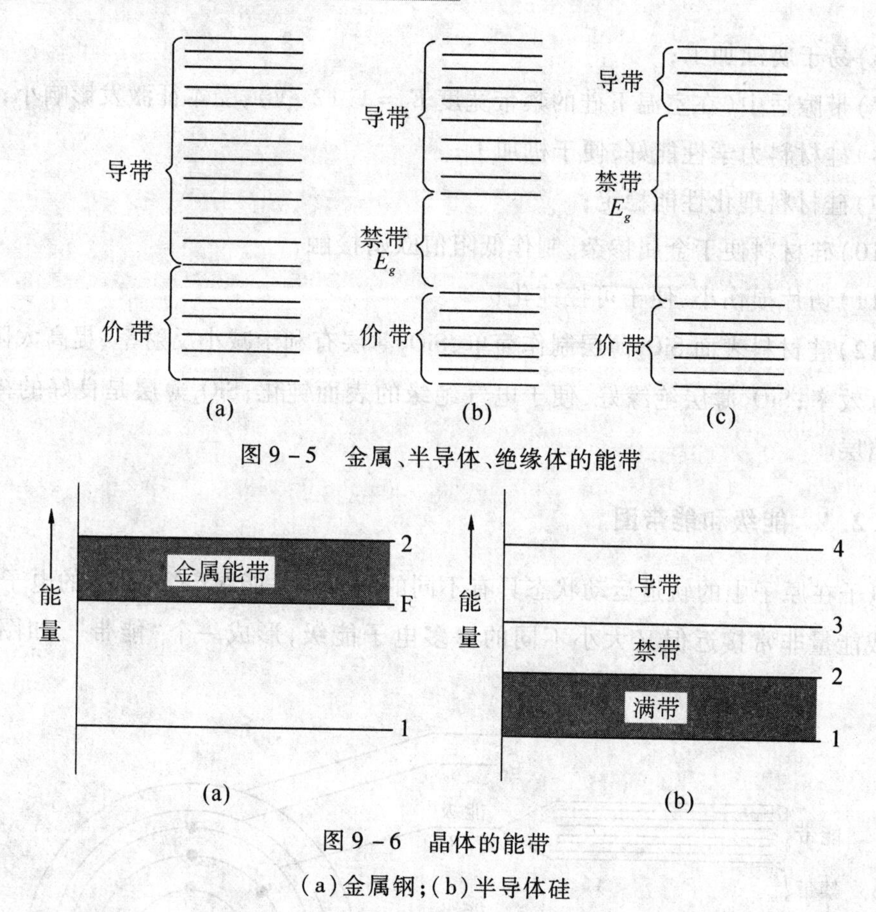

图 9-5　金属、半导体、绝缘体的能带

图 9-6　晶体的能带

(a)金属钢；(b)半导体硅

1. 禁带宽度 E_g

价电子要从价带越过禁带跳跃到导带参与导电运动，必须从外界获得大于或等于 E_g 的附加能量，E_g 的大小就是导带底部与价带顶部之间的能量差，称为“禁带宽度”或“带隙”。表 9-2 给出了半导体材料的禁带宽度。

表 9-2　半导体材料的禁带宽度

材　料	Si	Ge	GaAs	Cu(InGa)Se	InP	CdTe	CdS
E_g/eV	1.12	0.7	1.4	1.04	1.2	1.4	2.6

2. 金属与半导体的区别

金属的导带和价带重叠在一起，不存在禁带，在一切条件下具有良好的导电性。

半导体有一定的禁带宽度，价电子必须获得一定的能量（$>Eg$）“激发”到导带才具有导电能力。激发的能量可以是热或光的作用。

常温下，每立方厘米的硅晶体，导带上约有 10^{10} 个电子，每立方厘米的导体晶体的导带中约有 10^{22} 个电子。

绝缘体禁带宽度远大于半导体，常温下激发到导带上的电子非常少，故其电导率很低。

9.2.5 电子和空穴

电子从价带跃迁到导带(自由电子)后,在价带中留下一个空位,称为空穴,空穴移动也可形成电流。电子的这种跃迁形成电子-空穴对。电子和空穴都称为载流子。

电子-空穴对不断产生,又不断复合。图 9-7 所示为硅晶体中电子和空穴的产生过程。

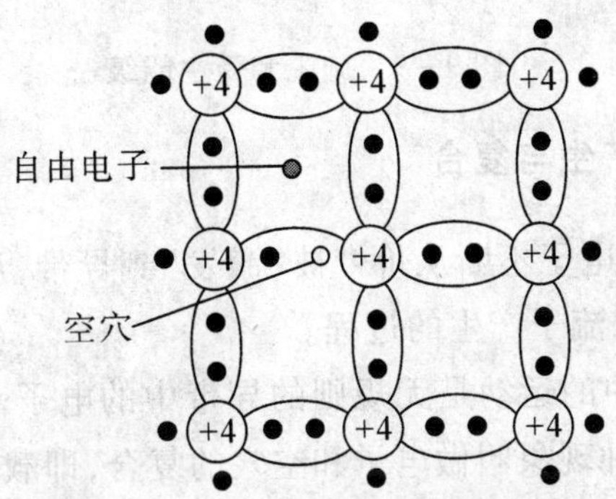

图 9-7 具有一个断键的硅晶体

9.2.6 掺杂半导体

晶格完整且不含杂质的半导体称为本征半导体。

硅半导体掺杂少量的五价元素磷(P)-N 型硅:自由电子数量多-多数载流子(多子);空穴数量很少-少数载流子(少子)。电子型半导体或 N 型半导体。

掺杂少量的三价元素硼(B)-P 型硅:空穴数量多-多数载流子(多子);自由电子数量很少-少数载流子(少子)。空穴型半导体或 P 型半导体。

如图 9-8 所示为 N 型和 P 型硅半导体晶体结构。

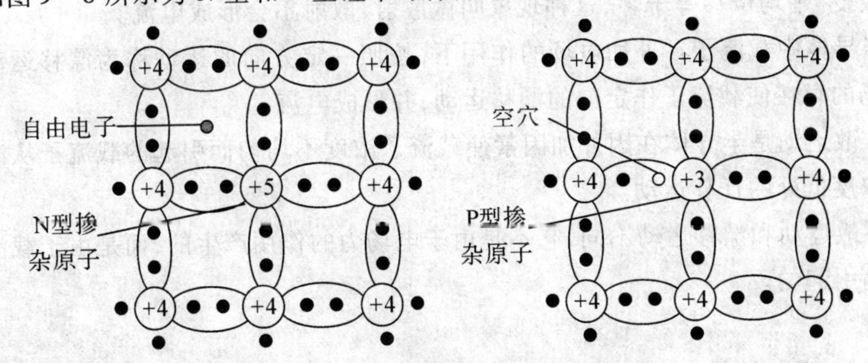

图 9-8 N 型和 P 型硅半导体晶体结构

在掺杂半导体中,杂质原子的能级处于禁带之中,形成杂质能级。五价杂质原子形成施主能级,位于导带的下面;三价杂质原子形成受主能级,位于价带的上面。

施主(或受主)能级上的电子(或空穴)跳跃到导带(或价带)中去的过程称为电离。电离过程所需的能量就是电离能(约 0.04 eV),掺杂杂质几乎全部电离(见图 9-9)。

图 9-9 施主和受主能级

9.2.7 载流子的产生与复合

由于晶格的热振动,电子不断从价带被“激发”到导带,形成一对电子和空穴(即电子-空穴对),这就是载流子产生的过程。

电子和空穴在晶格中的运动是无规则的导带中的电子落进价带的空能级,使一对电子和空穴消失。这种现象叫做电子和空穴的复合,即载流子复合。

一定的温度下晶体内产生和复合的电子-空穴对数目达到相对平衡,晶体的总载流子浓度保持不变,热平衡状态。

由于光照作用,产生光生电子-空穴对,电子和空穴的产生率就大于复合率,形成非平衡载流子,称为光生载流子。

9.2.8 载流子的输运

半导体中存在能够导电的自由电子和空穴,这些载流子有两种输运方式:漂移运动和扩散运动。

载流子在热平衡时作不规则的热运动,与晶格、杂质、缺陷发生碰撞,运动方向不断改变,平均位移等于零,这种现象叫做散射,散射不会形成电流。

半导体中载流子在外加电场的作用下,按照一定方向的运动称为漂移运动。外界电场的存在使载流子作定向的漂移运动,并形成电流。

扩散运动是半导体在因外加因素使载流子浓度不均匀而引起的载流子从浓度高处向浓度低处的迁移运动。

扩散运动和漂移运动不同,它不是由于电场力的作用产生的,而是由于载流子浓度差而引起的。

9.3 P-N结

采用掺杂制造工艺,在一块半导体中获得不同掺杂的两个区域 P 型区和 N 型区，这种P型和N型区之间的冶金学界面称为P－N结（见图9－10）。

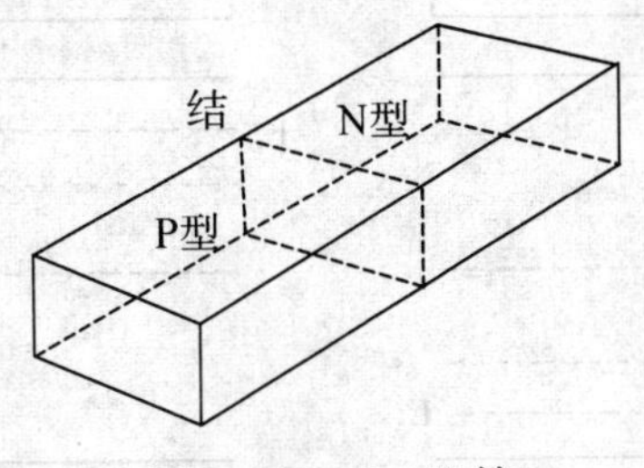

图9－10 P－N结

1. **平衡P－N结空间电荷区**

当半导体形成P－N结时，由于结两边存在着载流子浓度梯度，导致了空穴从P区到N区，电子从N区到P区的扩散运动。对于P区空穴离开后，留下了不可移动的带负电荷的电离受主，这些电离受主没有正电荷与之保持电中性，因此，在P－N结附近P区一侧出现了一个负电荷区；同理，在P－N结附近N区一侧出现了由电离施主构成的一个正电荷区。

通常把在P－N结附近的这些电离施主和电离受主所带电荷称为空间电荷，它们所存在的区域称为空间电荷区，也称之为势垒区或耗尽层（见图9－11）。

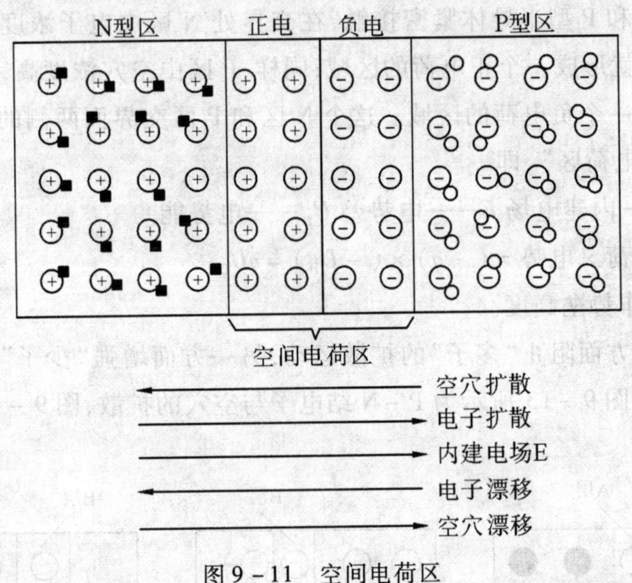

图9－11 空间电荷区

2. **平衡P－N结的形成**

电子的扩散电流和漂移电流的大小相等，方向相反，从而相互抵销。对于空穴，情况完全一致，因此没有净电流流过P－N结，即净电流为零。这时空间电荷的数量一定，空间电荷区不再继续扩展，保持一定的宽度，同时存在一定的内建电场。一般在这种情况下的P－N结称为热平衡状态下的P－N结，简称平衡P－N结。

平衡P－N结的能带图如图9－12所示。

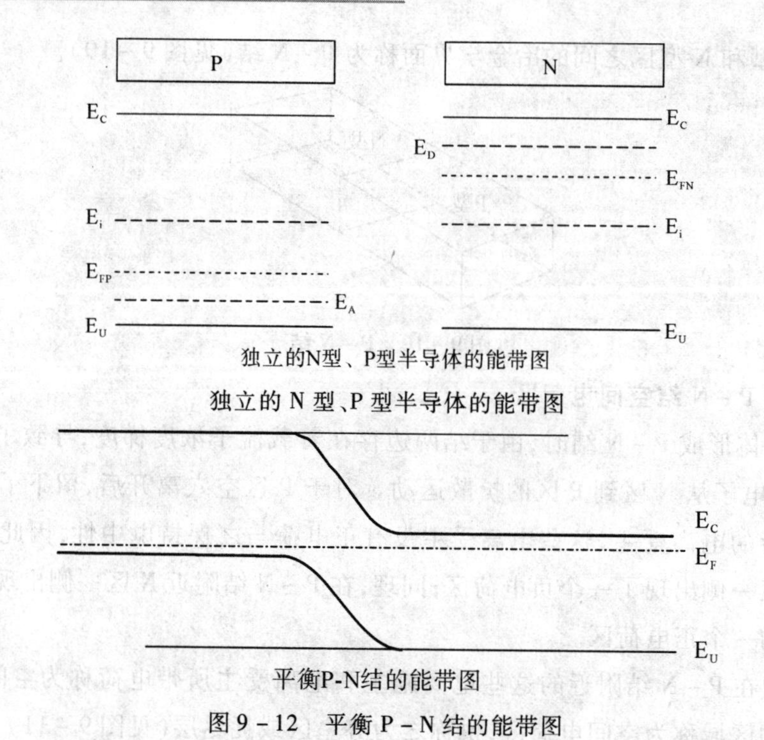

独立的 N 型、P 型半导体的能带图

图 9 - 12　平衡 P - N 结的能带图

N 型半导体和 P 型半导体紧密接触，在交界处 N 区中电子浓度高，要向 P 区扩散，在 N 区一侧就形成一个正电荷的区域；同样，P 区中空穴浓度高，要向 N 区扩散，P 区一侧就形成一个负电荷的区域。这个 N 区和 P 区交界面两侧的正、负电荷薄层区域称为“空间电荷区”，即

P - N 结——内建电场 E——电势差 U_D——电势能

电势能 = 电荷 × 电势 = $(-q)\times(-U_D)=qU_D$

qU_D通常称作势垒高度。

内建电场一方面阻止“多子”的扩散运动，另一方面增强“少子”漂移运动，最终达到平衡状态。图 9 - 13 所示为 P - N 结电子与空穴的扩散，图 9 - 14 所示为 P - N 结的形成过程。

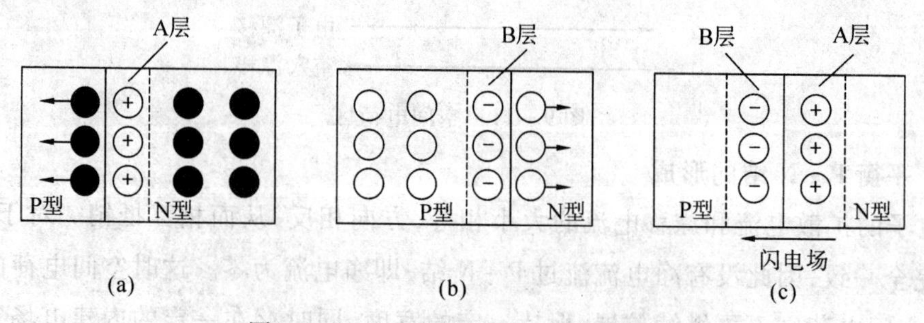

图 9 - 13　P - N 结电子与空穴的扩散

(a)N 区电子往 P 区扩散在 N 区形成带正电的薄层 A；

(b)P 区空穴往 N 区扩散在 P 区形成带；(c)P - N 结电场负电的薄层 B

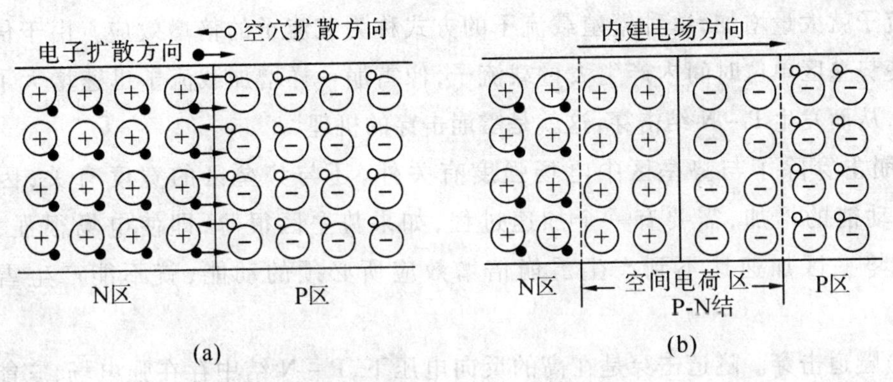

图 9-14 P-N 结

(a)形成 P-N 结前载流子的扩散过程;(b)空间电荷区和内建电场

3. P-N 结的单向导电性

当 P-N 结加上正向偏压,外加电场的方向与内建电场的方向相反,打破了扩散运动和漂移运动的相对平衡,形成通过 P-N 结的电流(称为正向电流)较大。

P-N 结加有正向偏压时,即 P 区接电源正极,N 区接负极,外加电压的方向与自建场的方向相反,使空间电荷区中的电场减弱,这样就打破了扩散运动相漂移运动的相对平衡,使载流子的扩散运动超过漂移运动,扩散运动成为矛盾的主要方面。

当 P-N 结加上反向偏压,构成 P-N 结的反向电流很小。

P-N 结外加反向偏压时,外电场的方向与自建场的方向相同,增强了空间电荷区中的电场,载流于的漂移运动超过了扩散运动,漂移运动成为了矛盾的主要方面。P-N 结单向导电特性如图 9-15 所示。

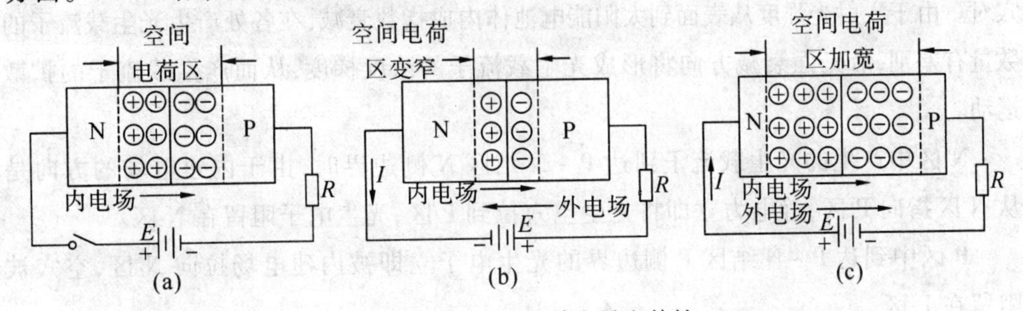

图 9-15 P-N 结单向导电特性

4. P-N 结击穿

(1)雪崩击穿。当反向偏压很大时,势垒区中的电场很强,在势垒区内的电子和空穴由于受到强电场的漂移作用,具有很大的能量,它们与势垒区内的晶格原子发生碰撞时,能把价键上的电子碰撞出来,成为导电电子,同时产生一个空穴,即第一代载流子。势垒区中电子碰撞出来一个电子和一个空穴,即第二代载流子,于是一个载流子变成了 3 个载流子。这 3 个载流子在强电场作用下,还会继续发生碰撞,产生第三代的电子-空穴对。空穴也如此产生第二代、第三代的载流子。如此继续下去，载流子就大量增加，这种繁殖载流子的方式称为载流子的倍增效应。由于倍增效应，使势垒区单位时间内产生大量载流子，像雪崩一样增加载流子迅速增大了反向电流，从而发生 P－N 结击穿，这就是雪崩击穿的机理。

雪崩击穿除了与势垒区中电场强度有关外，还与势垒区的宽度有关，因为载流子动能的增加，需要有一个加速过程，如果势垒区很薄，即使电场很强，载流子在势垒区加速达不到产生雪崩倍增效应所必须的动能，就不能产生雪崩击穿。

(2)隧道击穿。隧道击穿是在高的反向电压下，P－N 结中存在强电场，它能够直接破坏共价键将束缚电子分离来形成电子-空穴对，由隧道效应，使大量电子从价带穿过禁带而进入到导带，形成大的反向电流，所引起的一种击穿机理，也称为齐纳击穿。

对于一定的半导体材料，势垒区中的电场越大，或隧道长度越短，则电子穿过隧道的几率越大，越容易发生隧道击穿。另外隧道击穿需要的电场强度很大，只有在杂质浓度特别大的 P－N 结才做得到，因此一般的 P－N 结掺杂浓度没这么高，雪崩击穿机理是主要的，在重掺杂的情况下，隧道击穿机理变为主要的。

9.4 光伏效应

当太阳能电池受到光照时，光在 N 区、空间电荷区和 P 区被吸收，分别产生电子-空穴对。由于入射光强度从表面到太阳能电池体内成指数衰减，在各处产生光生载流子的数量有差别，沿光强衰减方向将形成光生载流子的浓度梯度，从而产生载流子的扩散运动。

N 区中产生的光生载流子到达 P－N 结区 N 侧边界时，由于内建电场的方向是从 N 区指向 P 区，静电力立即将光生空穴拉到 P 区，光生电子阻留在 N 区。

P 区中到达 P－N 结区 P 侧边界的光生电子立即被内建电场拉向 N 区，空穴被阻留在 P 区。

空间电荷区中产生的光生电子-空穴对则自然被内建电场分别拉向 N 区和 P 区。

P－N 结及两边产生的光生载流子就被内建电场所分离，在 P 区聚集光生空穴，在 N 区聚集光生电子，使 P 区带正电，N 区带负电，在 P－N 结两边产生光生电动势。上述过程通常称作光生伏特效应或光伏效应。光生电动势的电场方向和平衡 P－N 结内建电场的方向相反。当太阳能电池的两端接上负载，这些分离的电荷就形成电流。图 9－16 所示为光伏效应示意图。

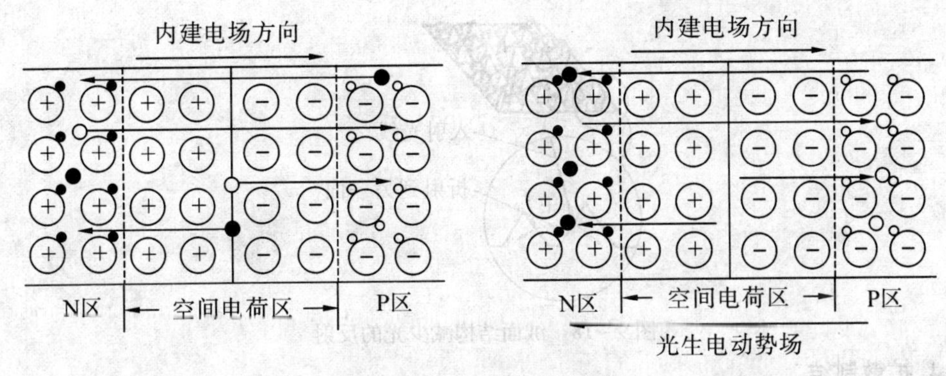

图 9-16　光伏效应示意图

9.5　硅太阳能电池的制造

制造晶体硅太阳能电池包括绒面制备、扩散制结、制作电极和制备蒸镀减反射膜等主要工序。常规晶体硅太阳能电池的一般生产制造工艺流程如图 9-17 所示。

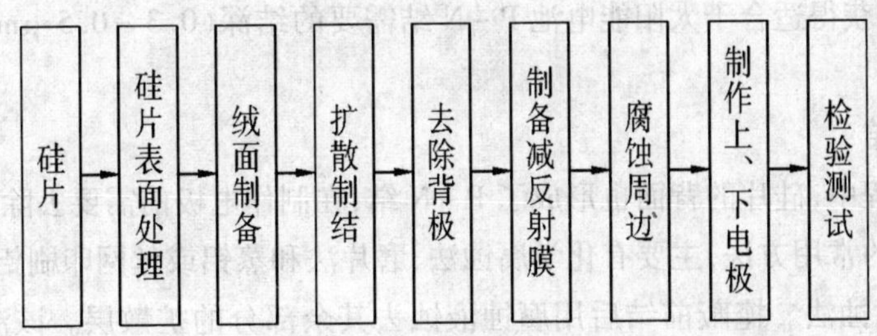

图 9-17　晶体硅太阳能电池生产制造工艺流程

1. 硅片的选择

硅片通常加工成方形、长方形、圆形或半圆形，厚度为 0.18～0.4 mm。

2. 硅片的表面处理

(1) 化学清洗去污，高纯水，有机溶剂，浓酸，强碱。

(2) 硅片的表面腐蚀去除 30～50 μm 表面厚的损伤层。

1) 酸性腐蚀。浓硝酸与氢氟酸的配比为(10:1)～(2:1)；硝酸、氢氟酸与醋酸的一般配比为 5:3:3 或 5:1:1 或 6:1:1。

2) 碱性腐蚀。氢氧化钠、氢氧化钾等碱溶液。

3. 绒面制备

单晶硅绒面结构的制备，就是就是利用硅的各向异性腐蚀(NaOH，KOH)，在硅表面形成金字塔结构。

绒面结构，使入射光在硅片表面多次反射和折射，有助于减少光的反射，增加光的吸收，提高电池效率(见图 9-18)。

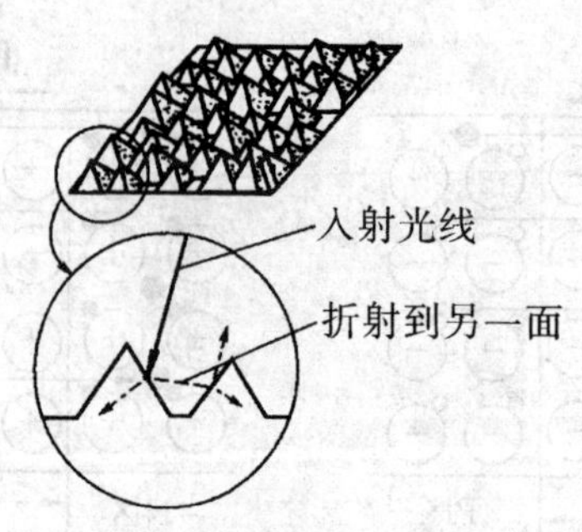

图 9-18　绒面结构减少光的反射

4. 扩散制结

制结过程：在一块基体材料上生成导电类型不同的扩散层。

制结方法：热扩散法、离子注入法、薄膜生长法、合金法、激光法和高频电注入法等。

热扩散法制结：采用片状氮化硼作源，在氮气保护下进行扩散。扩散前，氮化硼片先在扩散温度下通氧 30 min，使其表面的三氧化二硼与硅发生反应，形成硼硅玻璃沉积在硅表面，硼向硅内部扩散。扩散温度为 950 ~ 1 000℃，扩散时间为 15 ~ 30 min，氮气流量为 2 L/min。

扩散要求：获得适合于太阳能电池 P－N 结需要的结深（0.3 ~ 0.5 μm）和扩散层方块电阻。

5. 去除背结

在扩散过程中，硅片的背面也形成了 P－N 结，在制作电极前需要去除背结。

去除背结的常用方法，主要有化学腐蚀法、磨片法和蒸铝或丝网印刷铝浆烧结法等。

（1）化学腐蚀法。掩蔽前结后用腐蚀液蚀去其余部分的扩散层。该法可同时除去背结和周边的扩散层，因此可省去腐蚀周边的工序。腐蚀后，背面平整光亮，适合于制作真空蒸镀的电极。前结的掩蔽一般用涂黑胶的方法。硅片腐蚀去背结后用溶剂去真空封蜡，再经浓硫酸或清洗液煮沸清洗，最后用去离子水洗净后烤干备用。

（2）磨片法。用金刚砂磨去背结，也可将携带砂粒的压缩空气喷射到硅片背面以除去背结。背结除去后，磨片后背面形成一个粗糙的硅表面，适用于化学镀镍背电极的制造。

（3）蒸铝或丝网印刷铝浆烧结法。前两种方法对 N^+/P 型和 P^+/N 型电池制造工艺均适用，本法则仅适用于 N^+/P 型电池制造工艺。此法是在扩散硅片背面真空蒸镀或丝网印刷一层铝，加热或烧结到铝-硅共熔点（577℃）以上使它们成为合金。经过合金化以后，随着降温，液相中的硅将重新凝固出来，形成含有少量铝的再结晶层。实际上是一个对硅掺杂过程。在足够的铝量和合金温度下，背面甚至能形成与前结方向相同的电场，称为背面场。

6. 制备减反射膜

硅表面对光的反射损失率高达 35%。

减反射膜作用：减反射膜不但具有减少光反射的作用，而且对电池表面还可起到钝化和保护的作用。

制备方法：采用真空镀膜法、气相生长法或其他化学方法等，在已制好的电池正面蒸镀一层或多层二氧化硅或二氧化钛或五氧化二钽或五氧化二铌减反射膜。

技术要求：膜对入射光波长范围的吸收率要小，膜的理化能稳定，膜层与硅粘接牢固，膜耐腐蚀，制作工艺简单、价格低廉。

二氧化硅膜，镀一层减反射膜可将入射光的反射率减少到10%左右，镀两层则可将反射率减少到4%以下。

7. 腐蚀周边

在扩散过程中，硅片的周边表面也有扩散层形成。硅片周边表面的扩散层会使电池上下电极形成短路环，必须将其去除。周边上存在任何微小的局部短路，都会使电池并联电阻下降，以致成为废品。

去边的方法主要有腐蚀法和挤压法。腐蚀法是将硅片两面掩好，在硝酸、氢氟酸组成的腐蚀液中腐蚀30 s左右；挤压法则是用大小与硅片相同而略带弹性的耐酸橡胶或塑料与硅片相间整齐地隔开，施加一定压力阻止腐蚀液渗入缝隙，以取得掩蔽的方法。

8. 制作上、下电极

所谓电极，就是与电池P－N结形成紧密欧姆接触的导电材料。通常对电极的要求有接触电阻小；收集效率高；遮蔽面积小；能与硅形成牢固的接触；稳定性好；宜于加工；成本低；易于引线，可焊性强；体电阻小；污染小。

制作方法有真空蒸镀法、化学镀镍法、银/铝浆印刷烧结法等。所用金属材料有铝、钛、银、镍等。

电池光照面的电极称为上电极（窄细的栅线状，有利于收集光生电流，并保持较大受光面积），制作在电池背面的电极称为下电极或背电极（全部或部分布满背面，减小电池的串联电阻）。

N^+/P型电池上电极是负极，下电极是正极；P^+/N型电池上电极是正极，下电极是负极。

9. 检验测试

太阳能电池制作经过上述工艺完成后，在作为成品电池入库前，必须通过测试仪器测量其性能参数，以检验其质量是否合格。一般需要测量的参数有最佳工作电压、最佳工作电流、最大功率（也称峰值功率）、转换效率、开路电压、短路电流、填充因子等，通常还要画出太阳能电池的伏安（$I-U$）特性曲线。图9－19所示为太阳能电池测试设备系统框图。

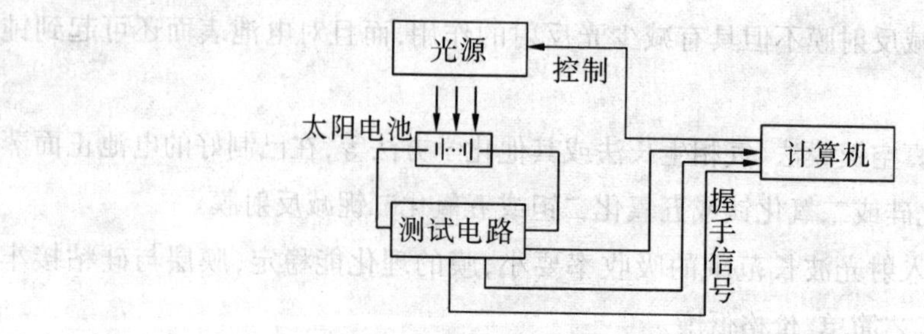

图 9－19　太阳能电池测试设备系统框图

9.6　其他种类的太阳能电池

1. 新型高效单晶硅太阳能电池

(1)发射极钝化及背表面局部扩散太阳能电池(PERL,见图 9－20)。

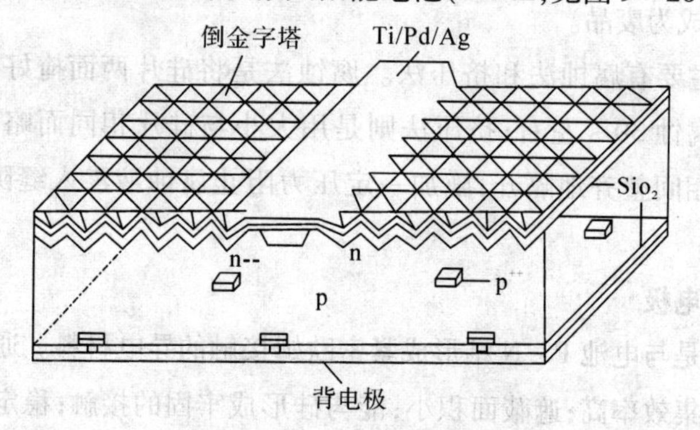

图 9－20　PERL 太阳能电池

(2)埋栅太阳能电池(BCSC)。采用激光刻槽或机械刻槽。激光在硅片表面刻槽,然后化学镀铜,制作电极。如图 9－21 所示。批量生产这种电池的光电效率已达 17%,我国实验室光电效率为 19.55%。

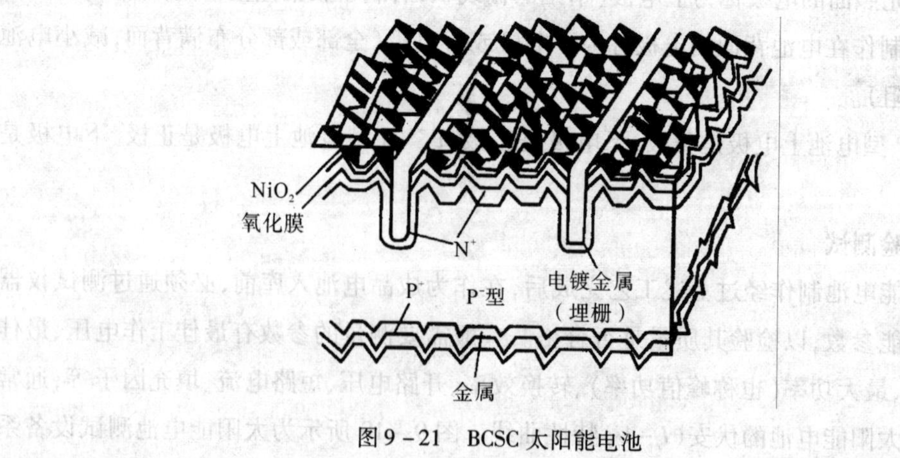

图 9－21　BCSC 太阳能电池

(3)高效背表面反射器太阳能电池(BSR)。这种电池的背面和背面接触之间用真空蒸镀的方法沉积一层高反射率的金属表面(一般为铝)。背反射器就是将电池背面做成反射面,它能发射透过电池基体到达背表面的光,从而增加光的利用率,使太阳能电池的短路电流增加。

(4)高效背表面场和背表面反射器太阳能电池(BSFR)。BSFR 电池也称为漂移场太阳能电池,它是在 BSR 电池结构的基础上再做一层 P^+ 层。这种场有助于光生电子-空穴对的分离和少数载流子的收集。目前 BSFR 电池的效率为 14.8%。

2. 多晶硅薄膜太阳能电池

多晶硅薄膜是由许多大小不等和具有不同晶面取向的小晶粒构成,其特点是在长波段具有高光敏性,对可见光能有效吸收,又具有与晶体硅一样的光照稳定性,因此被认为是高效、低耗的理想光伏器件材料。

目前多晶硅薄膜太阳能电池光电效率达 16.9%,但仍处于实验室阶段,如果能找到一种好的方法在廉价的衬底上制备性能良好的多晶硅薄膜太阳能电池,该电池就可以进入商业化生产,这也是目前研究的重点。多晶硅薄膜太阳能电池由于其良好的稳定性和丰富的材料来源,是一种很有前途的地面用廉价太阳能电池。

3. 非晶硅太阳能电池

(1)非晶硅的优点。

1)有较高的光学吸收系数,在 0.315~0.75 μm 的可见光波长范围内,其吸收系数比单晶硅高一个数量级,因此,很薄(1 μm 左右)的非晶硅就能吸收大部分的可见光,制备材料成本也低;

2)禁带宽度为 1.5~2.0 eV,比晶体硅的 1.12 eV 大,与太阳光谱有更好的匹配;

3)制备工艺和所需设备简单,沉积温度低(300~400℃),耗能少;

4)可沉积在廉价的衬底上,如玻璃、不锈钢甚至耐温塑料等,可做成能弯曲的柔性电池。

(2)非晶硅太阳能电池结构及性能。

1)非晶硅太阳能电池结构。性能较好的非晶硅太阳能电池结构有 P-I-N 结构,如图 9-22 所示。

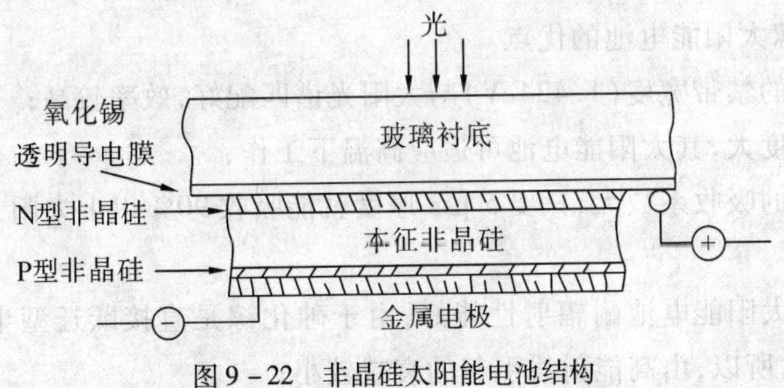

图 9-22 非晶硅太阳能电池结构

2)非晶硅太阳能电池的性能。

①非晶硅太阳能电池的电性能。非晶硅太阳能电池的实验室光电转换效率达 15%,稳定效率为 13%。商品化非晶硅太阳能电池的光电效率一般为 6%~7.5%。

温度升高，对其效率的影响比晶体硅太阳能电池要小。

②光致衰减效应。非晶硅太阳能电池经光照后，会产生10% ~30%的电性能衰减——光致衰减效应，此效应限制了非晶硅太阳能电池作为功率发电器件的大规模应用。为减小这种光致衰减效应又开发了双结和三结的非晶硅叠层太阳能电池，目前实验室光致衰减效应已减小至10%。

4. 化合物薄膜太阳能电池

薄膜太阳能电池由沉积在玻璃、不锈钢、塑料、陶瓷衬底或薄膜上的几微米或几十微米厚的半导体膜构成。由于其半导体层很薄，可以大大节省太阳能电池材料，降低生产成本，是最有前景的新型太阳能电池。

(1)化合物多晶薄膜太阳能电池。除上面介绍过的 a - Si 太阳能电池和多晶 Si 薄膜太阳能电池外，目前已开发出化合物多晶薄膜太阳能电池，主要有硫化镉/碲化镉($CdS/CdTe$)、硫化镉/铜镓铟硒($CdS/CuGalnSe_2$)、硫化镉/硫化亚铜(CdS/Cu_2S)等，其中相对较好的有 $CdS/CdTe$ 电池和 $CdS/CuGalnSe_2$ 电池。

(2)化合物薄膜太阳能电池的制备。

1) $CdS/CdTe$ 薄膜太阳能电池。

$CdS/CdTe$ 薄膜太阳能电池制造工艺完全不同于硅太阳能电池，不需要形成单晶，可以连续大面积生产，与晶体硅太阳能电池相比，虽然效率低，但价格比较便宜。这类电池目前存在性能不稳定问题，长期使用电性能严重衰退，技术上还有待于改进。

2) $CdS/CulnSe_2$ 薄膜太阳能电池。

$CdS/CulnSe_2$ 薄膜太阳能电池，是以铜铟硒三元化合物半导体为基本材料制成的多晶薄膜太阳能电池，性能稳定，光电转换效率较高，成本低，是一种发展前景良好的太阳能电池。

5. 砷化镓太阳能电池

(1)砷化镓太阳能电池的优点。

1)砷化镓的禁带宽度(1.424eV)与太阳光谱匹配好，效率较高；

2)禁带宽度大，其太阳能电池可适应高温下工作；

3)砷化镓的吸收系数大，只要 5 μm 厚度就能吸收 90% 以上太阳光，太阳能电池可做得很薄；

4)砷化镓太阳能电池耐辐射性能好，由于砷化镓是直接跃迁型半导体，少数载流子的寿命短，所以，由高能射线引起的衰减较小；

5)在砷化镓多晶薄膜太阳能电池中，晶粒直径只需几个微米；

6)在获得同样转换效率的情况下，砷化镓开路电压大，短路电流小，不容易受串联电阻影响，这种特征在大倍数聚光、流过大电流的情况下尤为优越。

(2)砷化镓太阳能电池的缺点。

1)砷化镓单晶晶片价格比较昂贵;

2)砷化镓密度为5.318 g/cm^3(298K),而硅的密度为2.329 g/cm^3(298 K),这在空间应用中不利;

3)砷化镓比较脆,易损坏。

采用液相外延技术,在砷化镓表面生长一层光学透明的宽禁带镓铝砷($Ga_{1-x}Al_xAs$)异质面窗口层,阻碍少数载流子流向表面发生复合,使效率明显提高。

(3)砷化镓太阳能电池的结构。砷化镓异质面太阳能电池的结构如图9-23所示,目前单结砷化镓太阳能电池的转换效率已达27%,GaP/GaAs叠层太阳能电池的转换效率高达30%(AM 1.5,1 000 W/m^2,25℃)。由于GaAs太阳能电池具有较高的效率和良好的耐辐照特性,国际上已开始在部分卫星上试用,转换效率为17%~18%(AM0)。

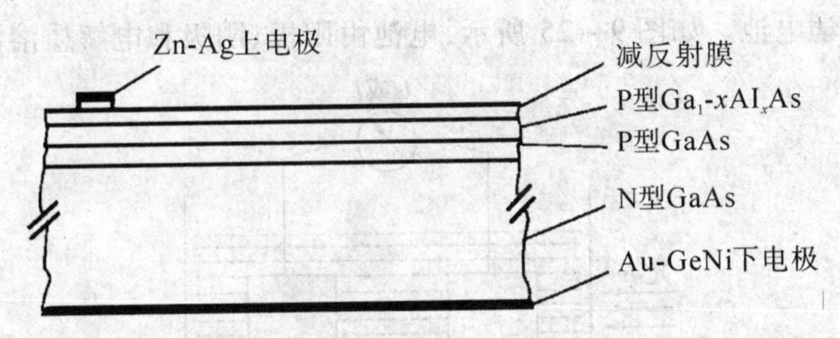

图9-23 砷化镓异质面太阳能电池的结构

6.聚光太阳能电池

聚光太阳能电池是在高倍太阳光下工作的太阳能电池。通过聚光器,大面积聚光器上接受的太阳光可以汇聚在一个较小的范围内,形成"焦斑"或"焦带"。位于焦斑或焦带处的太阳能电池得到较高的光能,使单体电池输出更多的电能,其潜力得到发挥。

输出功率、短路电流等基本上与光强成比例增加,要求特殊的密栅线设计和制造工艺,如图9-24所示。

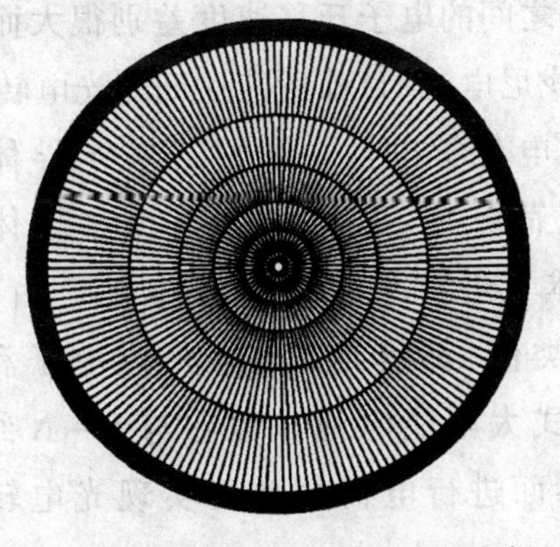

图9-24 聚光太阳能电池的电极

7. 光电化学太阳能电池

（1）光电化学太阳能电池的特点。1839 年发现电化学体系的光效，应利用半导体-液体结制成的电池称为光电化学电池。其优点有以下几点：

1）形成半导体-电解质界面很方便，制造方法简单，没有固体器件形成 P－N 结和栅线时的复杂工艺，从理论上讲，其转换效率可与 P－N 结或金属栅线接触相比较；

2）可以直接由光能转换成化学能，这就解决了能源储存问题；

3）几种不同能级的半导体电极可结合在一个电池内使光可以透过溶液直达势垒区；

4）可以不用单晶材料而用半导体多晶薄膜，或用粉末烧结法制成电极材料。

（2）光电化学太阳能电池的结构与分类。

1）光生化学电池。如图 9－25 所示，电池由阳极、阴极和电解质溶液组成。

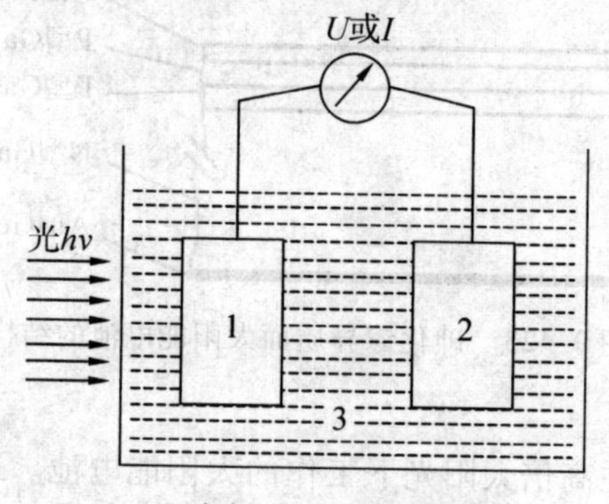

1，2－电极；3－电解质溶液

图 9－25　光电化学太阳能电池的结构

原理：两个电极（电子导体）浸在电解质溶液（离子导体）中，当受到外部光照时，光被溶液中的溶质分子所吸收，引起电荷分离，在光照电极附近发生氧化还原反应，由于金属电极和溶液分子之间的电子迁移速度差别很大而产生电流，这类电池称为光生化学电池，也称光伽伐尼电池，目前所能达到的光电转换效率还很低。

2）半导体-电解质光电化学电池。照射光被半导体电极所吸收，在半导体电极-电解质界面进行电荷分离，若电极为 N 型半导体，则在界面发生氧化反应，这类电池称为半导体－电解质光电化学电池。由于在光电转换形式上它与一般太阳能电池有些类似，都是光子激发产生电子和空穴，也称为半导体－电解质太阳能电池或湿式太阳能电池。但它与 P－N 结太阳能电池不同，是利用半导体-电解质液体界面进行电荷分离而实现光电转换的，所以也称它为半导体-液体结太阳能电池。

9.7 太阳能电池组件设计

1. 太阳能电池单体

太阳能电池单体是光电转换的最小单元，一般不直接作为电源使用。

(1)单体电池是由单晶硅或多晶硅材料制成，薄而脆，不能经受较大的撞击。

(2)太阳能电池的电极，不能长期裸露使用，必须将太阳能电池与大气隔绝。

(3)单体硅太阳能电池工作电压低(典型值0.48V，硅材料性质决定)，输出功率小(约1W，硅材料尺寸限制)或工作电流小(20～25 mA/cm^2)，不满足作为电源应用的要求。常见的太阳能电池尺寸为2 cm×2 cm到15 cm×15 cm不等，厚度约为0.2 mm。

2. 太阳能电池组件设计

将太阳能电池单体进行串、并联封装后，就称为太阳能电池组件，其功率一般为数瓦、数十瓦甚至可为100～300W，是可以单独作为电源使用的太阳能电池最小单元。

太阳能电池组件再经过串、并联装在支架上，就构成了太阳能电池方阵，可以满足负载所需求的输出功率。太阳能电池的单体、组件和方阵如图9－26所示。

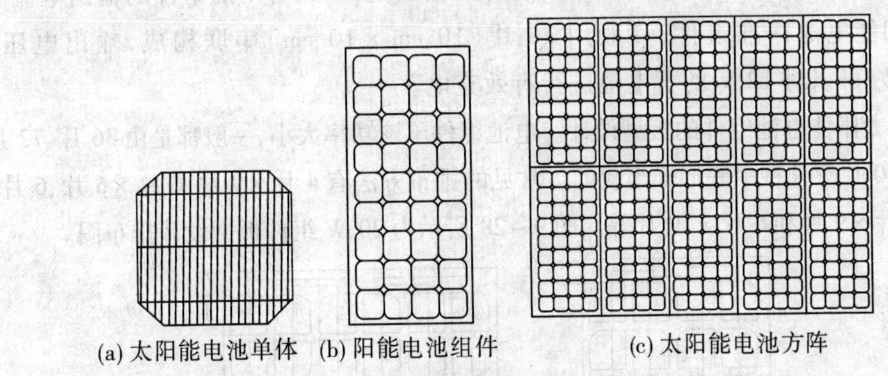

(a)太阳能电池单体　(b)阳能电池组件　(c)太阳能电池方阵

图9－26　太阳能电池的单体、组件和方阵

(1)太阳能电池组件的技术要求。

1)有一定的标称工作电压和输出功率；

2)工作寿命长，要求组件所使用的材料、零部件及结构，在使用寿命上互相一致，避免因一处损坏而使整个组件失效，对晶体硅太阳能电池要求有20年以上的工作寿命；

3)有良好的电绝缘性；

4)有足够的机械强度，能经受运输、安装和使用过程中发生的振动、冲击和其他应力；

5)组合引起的效率损失小;

6)成本较低。

(2)电池组件的连接方式。

串联连接,并联连接,串、并联混合连接方式,如图 9-27 所示。

制作太阳能电池组件时,根据电池组件的标称工作电压确定单片太阳能电池的串联数,根据标称的输出功率(或工作电流)来确定太阳能电池片的并联数。

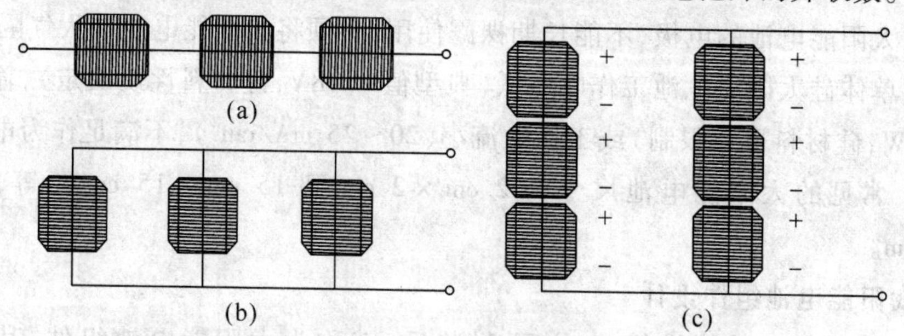

图 9-27 太阳能电池的连接方式
(a)串联方式;(b)并联方式;(c)串、并联混合方式

多个单体电池的串联连接,可在不改变输出电流的情况下,使输出电压成比例地增加;并联连接方式,则可在不改变输出电压的情况下,使输出电流成比例地增加;而串、并联混合连接方式,则既可增加组件的输出电压,又可增加组件的输出电流。

太阳能电池标准组件,一般用 36 片(10 cm × 10 cm)串联构成,输出电压约 17 V,正好可以对 12 V 的蓄电池进行有效充电。

(3)太阳能电池组件的板型设计。电池组件不论功率大小,一般都是由 36 片、72 片、54 片和 60 片等几种串联形式组成的。常见的排布方法有 4 片 ×9 片、6 片 ×6 片、6 片 ×12 片、6 片 ×9 片和 6 片 ×10 片等。图 9-28 所示为 20 W 组件板型设计排布图。

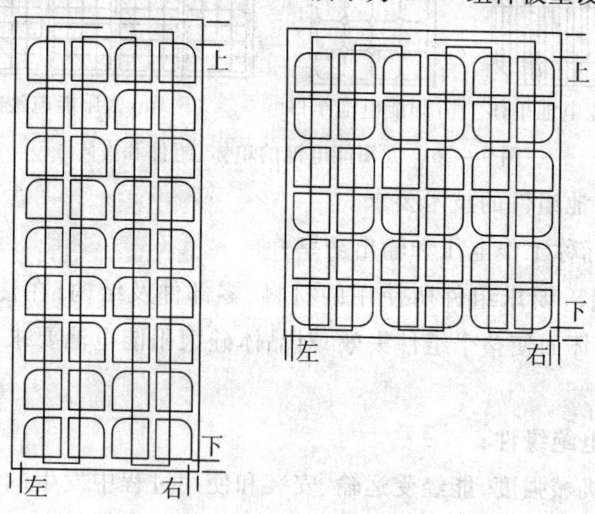

图 9-28 20 W 组件板型设计排布图

9.8 太阳能电池组件的封装结构

图 9－29～图 9－33 所示为太阳能电池封装结构。

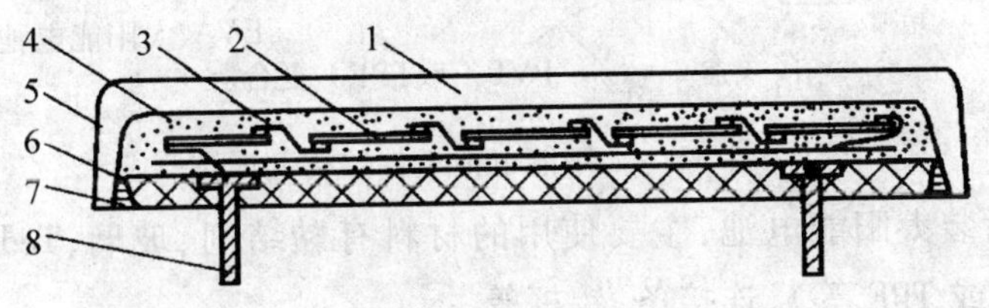

1－玻璃壳体；2－硅太阳能电池；9－互连条；4－黏结剂

5－衬底；6－下底板；7－边框胶；8－电极接线柱

图 9－29 玻璃壳体式太阳能电池组件示意图

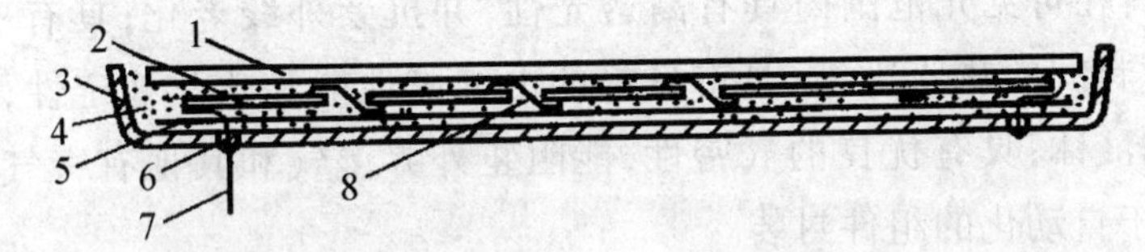

1－玻璃盖板；2－硅太阳能电池；3－盒式下底板；4－黏结剂

5－衬底；6－固定绝缘胶；7－电极引线；8－互连条

图 9－30 底盒式太阳能电池组件示意图

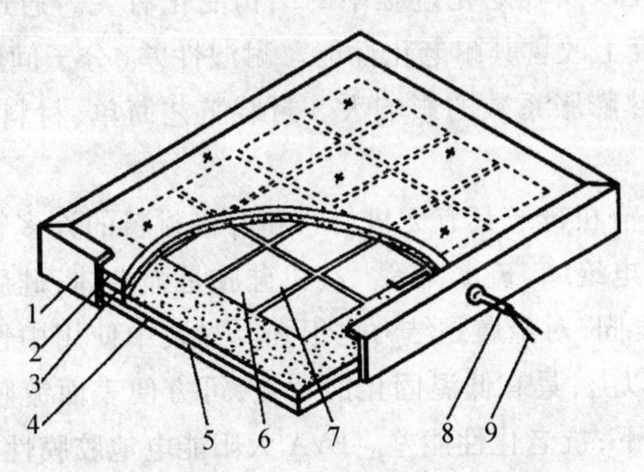

1－边框；2－边框封装胶；3－上玻璃盖板；4－黏结剂；5－下底板

6－硅太阳能电池；7－互连条；8－引线护套；9－电极引线

图 9－31 平板式太阳能电池组件示意图

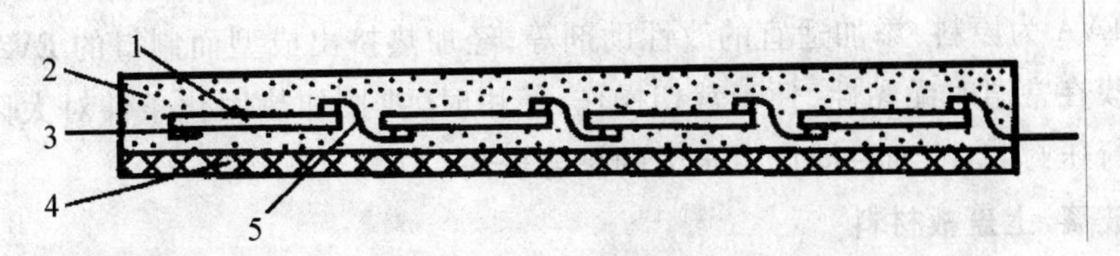

1－硅太阳能电池；2－黏结剂；3－电极引线；4－下底板；5－互连条

图 9－32 全胶密封式太阳能电池组件示意图

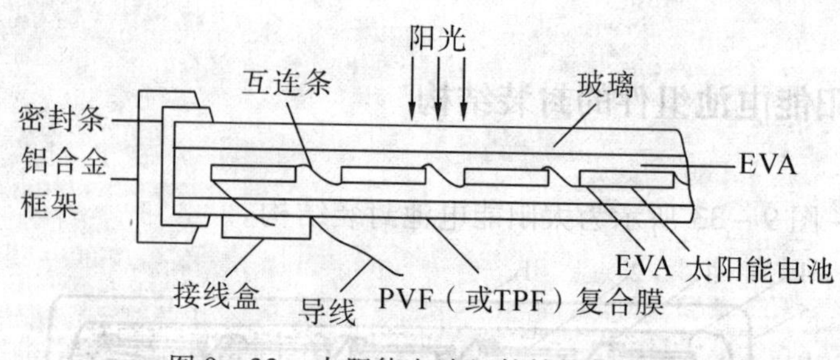

图 9-33　太阳能电池组件结构剖面图

真空层压封装太阳能电池，主要使用的材料有黏结剂、玻璃、Tedlar 或 Tedlar 复合薄膜（如 TPT 或 TPE 等）、连接条、铝框等。

1. 黏结剂

黏结剂是固定电池和保证与上、下盖板密合的关键材料。

技术要求：在可见光范围内具有高透光性，并抗紫外线老化；具有一定的弹性，可缓冲不同材料间的热胀冷缩；具有良好的电绝缘性能和化学稳定性，不产生有害电池的气体和液体；具有优良的气密性，能阻止外界湿气和其他有害气体对电池的侵蚀；适合用于自动化的组件封装。

（1）环氧树脂。黏结力比较强，耐老化性能相对差，容易老化而变黄，因而会严重影响太阳能电池的使用效果。此外，使用过程中还会由于老化导致材料脆化，这与环氧树脂的低韧性以及在老化过程中的结构变化有关。通过对环氧树脂进行各种改性可在一定程度上改善其耐老化性能。耐湿性差（分子间距离为 50～200 nm，大于水分子体积），热膨胀系数的影响大。封装工艺简单、材料成本低廉，在小型组件封装上使用较多。

（2）有机硅胶。有机硅胶具有无机材料和有机材料的许多特性，如耐高温、耐低温、耐老化、抗氧化、电绝缘、疏水性等。有机硅胶是弹性体；硅胶对玻璃陶瓷等无机非金属材料的黏结牢固，对金属黏结力也很强。封装中使用中性硅胶，透明材料，透光率可以达到 90% 以上，具有低温固化的特点，可方便表面镀膜；有机硅膜在热、空气、潮气等老化条件下，抗老化性能差。EVA 太阳能电池胶膜性能最好，使用最广。

（3）EVA 胶膜。EVA 是乙烯和醋酸乙烯酯的共聚物，标准太阳能电池组件中一般要加入两层 EVA 胶膜，EVA 胶膜在电池片与玻璃、电池片与底板（TPT，PVF，TPE 等）之间起粘接作用。

以 EVA 为原料，添加适宜的改性助剂等，经加热挤出成型而制得的 EVA 太阳能电池胶膜在常温时无黏性，便于裁切操作；使用时，要按加热固化条件对太阳能电池组件进行压封装，冷却后即产生永久的黏合密封。

2. 玻璃-上盖板材料

玻璃是覆盖在电池正面的上盖板材料，构成组件的最外层，它既要透光率高，又要坚固、耐风霜雨雪、能经受砂砾冰雹的冲击，起到长期保护电池的作用。

低铁钢化玻璃，透光率高、抗冲击能力强和使用寿命长。

浸蚀法减反射层“减反射玻璃”的制备工艺流程：

玻璃原片→洗涤→干燥→浸入硅酸钠溶液→提取玻璃→低温烘干（或自然风干）→二次化学处理→提取并烘干→检测（透光率、反射率及膜厚）→包装→出厂

减反射玻璃透光率比原先提高4% ~5%。如3 mm厚玻璃光透过率由原来80%提高到85%；折射率较高的超白玻璃（含铁量较低），光透过率可从原来86%提高到91%。如图9－34所示为太阳能电池组件用超白玻璃光谱透过率。

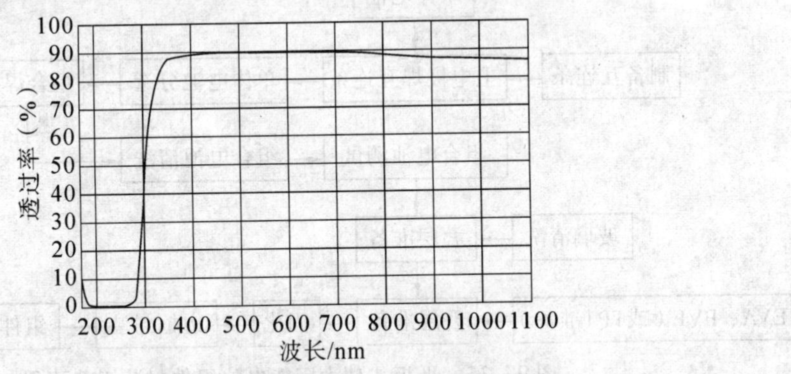

图9－34　太阳能电池组件用超白玻璃光谱透过率

3. 背面材料——TPT（Tedlar/Polyester/Tedlar）复合膜

组件底板对电池既有保护作用又有支撑作用。对底板的一般要求为具有良好的耐气候性能，能隔绝从背面进来的潮气和其他有害气体；在层压温度下不起任何变化；与黏结材料结合牢固。常用的底板材料为玻璃、铝合金、有机玻璃以及PVF（或TPT）复合膜等。目前生产上较多应用的是PVF（或TPT）复合膜。

TPT复合薄膜：Tedlar厚度为38 μm，聚酯为75 μm。防潮、抗湿和耐候性能优良，红外反射率较高，具有高强、阻燃、耐久、自洁等特性，价高（10美元/m^2）。

TPE（ThermoplasticElastomer）替代TPT，热塑性弹性体，具有硫化橡胶的物理机械性能和热塑性塑料的工艺加工性能。价格约为TPT的1/2。

4. 边框

平板式组件应有边框，以保护组件和便于组件与方阵支架的连接固定。边框与黏结剂构成对组件边缘的密封。边框材料主要有不锈钢、铝合金、橡胶以及塑料等。

5. 其他材料

连接条（浸锡铜条）、电极接线盒、焊锡等。

9.9　太阳能电池组件封装工艺

1. 工艺流程

电池片测试分选→激光划片（整片使用时无此步骤）→电池片单焊（正面焊接）

并自检验→电池片串焊(背面串接)并自检验→中检测试→叠层敷设(玻璃清洗、材料下料切割、敷设)→层压(层压前灯检、层压后削边、清洗)→终检测试→装边框(涂胶、装镶嵌角铝、装边框、撞角或螺丝固定、边框打孔或冲孔、擦洗余胶)→装接线盒、焊接引线→高压测试→清洗、贴标签→组件抽检测试→组件外观检验→包装入库。

不同结构的组件有不同的封装工艺。平板式硅太阳能电池组件的封装工艺流程如图 9-35 所示。

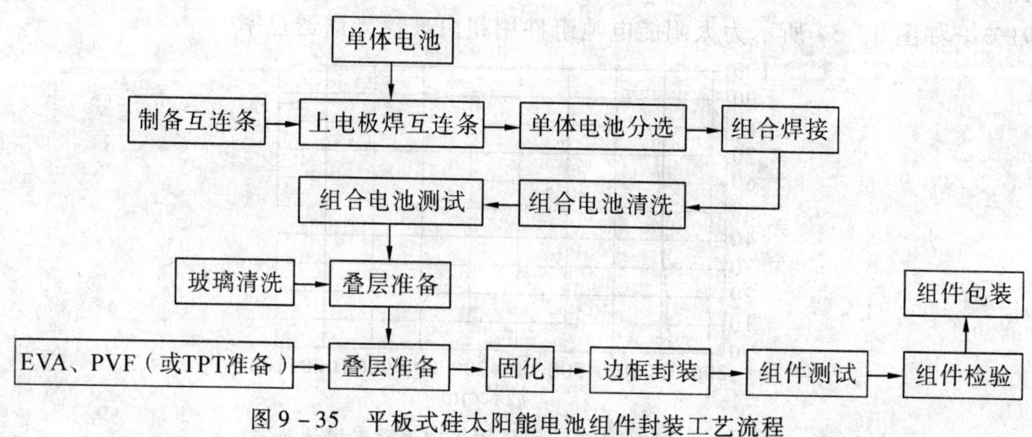

图 9-35　平板式硅太阳能电池组件封装工艺流程

2. 工序简介

(1)电池片测试分选:通过测试电池片的输出电流、电压和功率等的大小对其进行分类,以提高电池的利用率。此外,对电池片的外观进行分选,重点是色差和栅线尺寸等。

(2)激光划片:就是用激光划片机将整片的电池片根据需要切割成组件所需要规格尺寸的电池片。

(3)电池片单焊(正面焊接):将互连条焊接到电池片的正面(负极)的主栅线上。

(4)电池片串焊(背面焊接):背面焊接是将规定片数的电池片串接在一起形成一个电池串,然后用汇流条再将若干个电池串进行串联或并联焊接,最后汇合成电池组件并引出正负极引线。

(5)中检测试:将串焊好的电池片放在组件测试仪上,在标准测试条件下测试开路电压、短路电流、工作电压、工作电流、最大功率等性能。

(6)叠层敷设:按"玻璃 - EVA - 电池片 - EVA - TPT"层叠(见图 9-36)。

(7)组件层压:将敷设好的电池组件放入层压机内,通过抽真空将组件内的空气抽出,然后加热使 EVA 熔化并加压使熔化的 EVA 流动充满玻璃、电池片和 TPT 背板膜之间的间隙,同时排出中间的气泡,将电池片、玻璃和背板紧密黏合在一起,最后降温固化取出组件。

(8)终检测试:将层压出的电池组件放在组件测试仪,检测组件经过层压之后性能参数有无变化,同时还要进行外观检测。

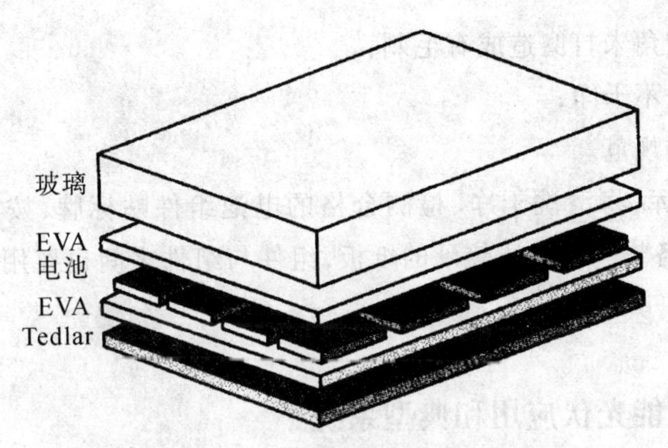

图 9－36　一个典型的叠层组件结构

(9)装边框:就是给玻璃组件装铝合金边框,增加组件的强度,进一步的密封电池组件,延长电池的使用寿命。边框和玻璃组件的缝隙用硅胶填充。

(10)安装接线盒:接线盒安装在组件的背面,并将电池组件引出的汇流条正负极引线用焊锡与接线盒中相应的引线柱焊接。旁路二极管也直接安装在接线盒中。

(11)高压测试:高压测试是指在组件边框和电极引线间施加一定的电压,测试组件的耐压性和绝缘强度,以保证组件在恶劣的自然条件(雷击等)下不被损坏。测试设备是高压测试仪。

(12)清洗、贴标签:用95%的乙醇将组件的玻璃表面、铝边框和TPT背板表面的EVA胶痕、污物、残留的硅胶等清洗干净,然后在背板接线盒下方贴上组件出厂标签。

(13)组件抽检测试及外观检验:按照质量管理的要求进行对产品抽查检验,以保证组件100%合格。

此外,入库前还须对组件外观检测,主要内容如下:

1)检查标签的内容与实际板形相符;

2)电池片外观色差明显;

3)电池片片与片之间、行与行之间间距是否一致,横、竖间距是否为90°交叉;

4)焊带表面没有做到平整、光亮、无堆积、无毛刺;

5)电池板内部有细碎杂物;

6)电池片有缺角或裂纹;

7)电池片行或列与外框边缘不平行,电池片与边框间距不相等;

8)接线盒位置不统一或因密封胶未干造成移位或脱落;

9)接线盒内引线焊接不牢固、不圆滑或有毛刺;

10)电池板输出正负极与接线盒标示不相符;

11)铝材外框角度及尺寸不正确造成边框接缝过大;

12)铝边框四角未打磨造成有毛刺;

13)外观清洗不干净;

14)包装箱不规范。

(14)包装入库:将清洗干净、检测合格的电池组件贴标牌、按规定数量装入纸箱。纸箱两侧要各垫一层材质较硬的纸板,组件与组件之间也要用塑料泡沫或薄纸板隔开。

9.10 太阳能光伏应用和典型系统

光伏发电系统主要由太阳能电池方阵、蓄电池组、充放电控制器、逆变器、光伏发电系统附属设施(直流配电系统、交流配电系统、运行监控和检测系统、防雷和接地系统等交流配电柜等)组成(见图9-37)。

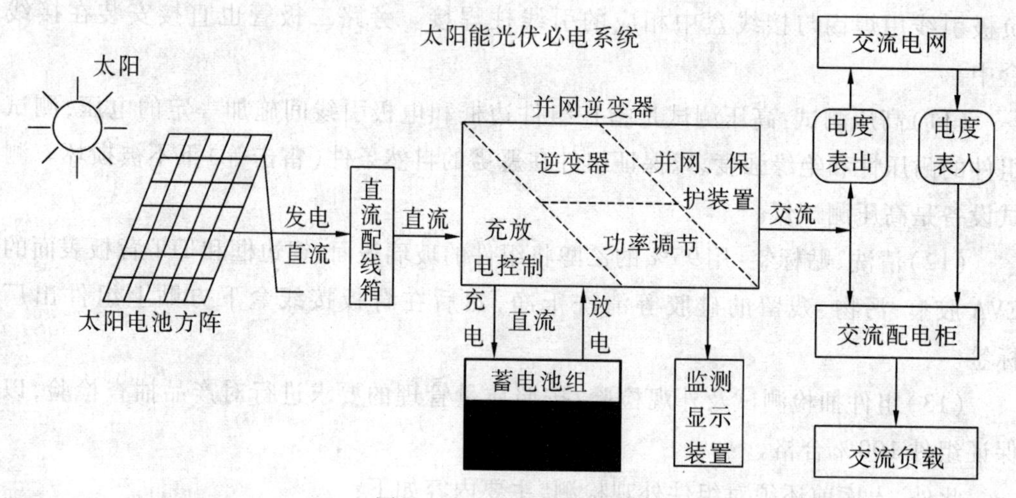

图9-37 光伏发电系统

图9-38所示为BIPV太阳能光伏发电系统组成示意图,图9-39所示为光伏电站。

图9-38 BIPV太阳能光伏发电系统组成示意图

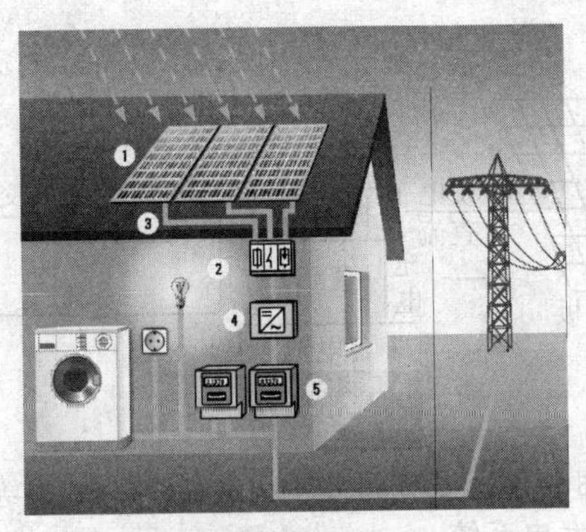

图 9－39　光伏电站

9.10.1　独立光伏发电系统

1. 无蓄电池的直流光伏发电系统

无蓄电池的直流光伏发电系统(见图 9－40)主要应用在太阳能光伏水泵以及一些小型的太阳能电池计算器、玩具、日用品等。

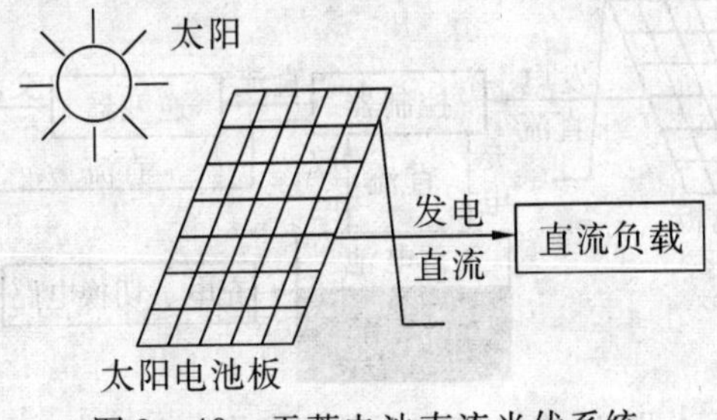

图 9－40　无蓄电池直流光伏系统

2. 有蓄电池的直流光伏发电系统

有蓄电池的直流光伏发电系统(见图 9－41)应用较广泛,小到太阳能草坪灯、庭院灯,大到远离电网的移动通信基站、微波中转站,边远地区农村供电等。

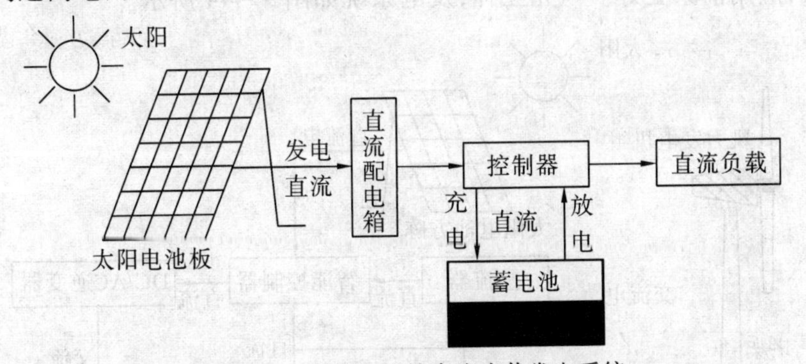

图 9－41　有蓄电池的直流光伏发电系统

3. 交流及交、直流混合光伏发电系统

交流及交、直流混合光伏发电系统(见图 9－42)主要应用在太阳能光伏户用系统,无电地区小型光伏发电站,移动通信基站,气象、水文、环境检测站等。

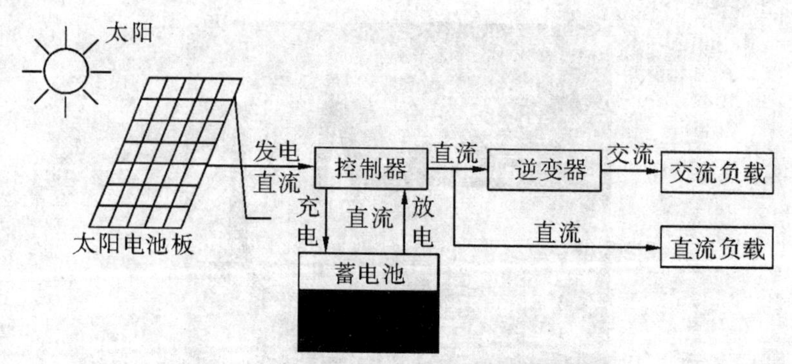

图 9－42　交流和交、直流混合光伏发电系统

4. 市电互补型光伏发电系统

在独立光伏发电系统中以太阳能光伏发电为主，以普通 220V 交流电补充电能为辅的供电系统。

市电互补型光伏发电系统（见图 9－43）主要应用在太阳能路灯改造工程。

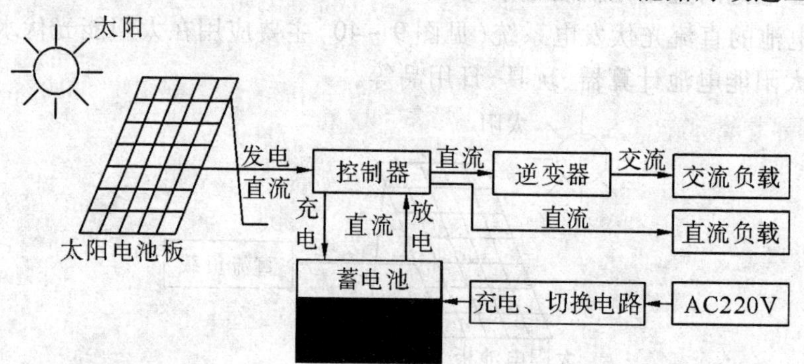

图 9－43　市电互补型光伏发电系统

5. 风光互补发电系统

太阳能与风能在时间和地域上都有相当好的资源互补性，建设投资更合理，发电成本更低，应用前景更好。风光互补，发电系统如图 9－44 所示。

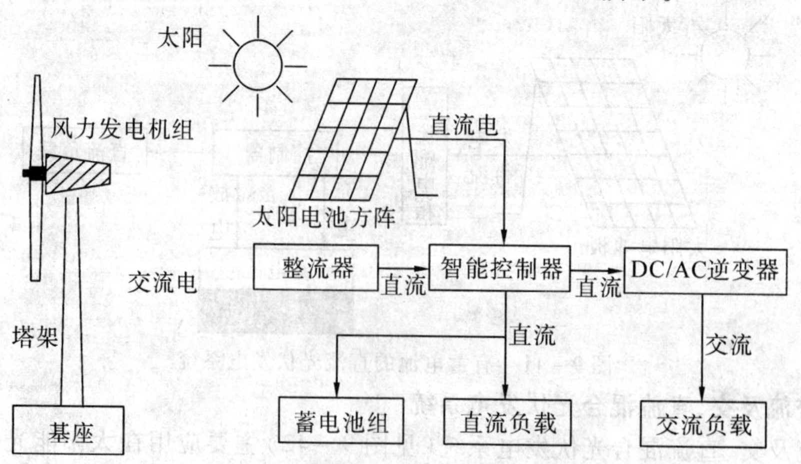

图 9－44　风光互补发电系统的组成

9.10.2 并网光伏发电系统

并网光伏发电系统就是太阳能光伏组件产生的直流电经过并网逆变器转换成符合市电电网要求的交流电之后直接接入公共电网。在配电网接入不超过15%～20%的光伏发电系统时,不需要对电网进行任何改造,也不存在电力送出(逆流)和电网能力的问题,对于电网公司仅仅是负荷管理而已。

并网光伏发电系统分为集中式大型并网光伏系统和分散式小型并网光伏系统。

1. 有逆流并网光伏发电系统(见图9－45)

太阳能光伏系统发出的电能充裕时,“卖电”;太阳能光伏系统发出的电能不足时,“买电”。

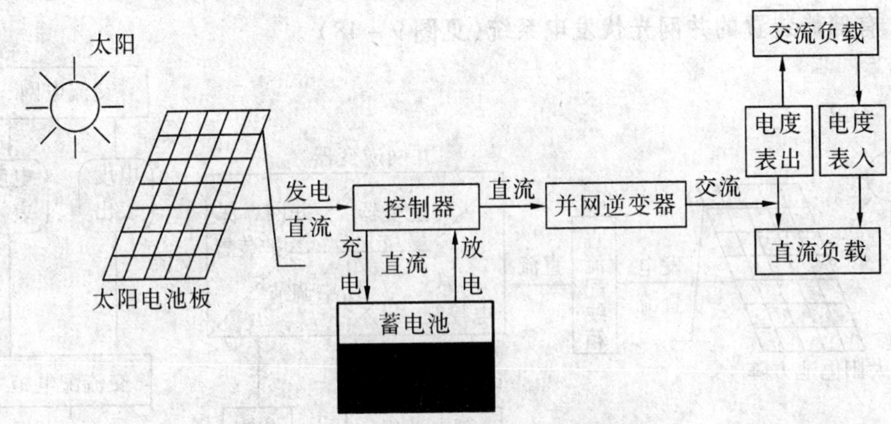

图9－45 有逆流并网光伏发电系统

2. 无逆流并网光伏发电系统(见图9－46)

太阳能光伏发电系统发电充裕时不向公共电网供电,但当太阳能光伏系统供电不足时,由公共电网向负载供电。

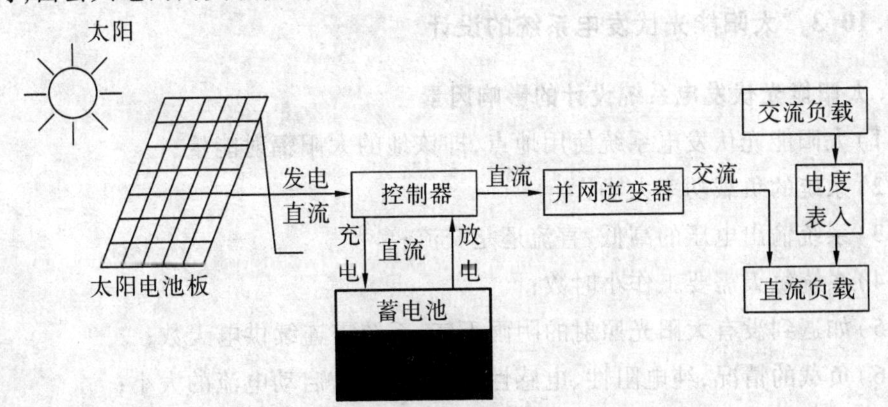

图9－46 无逆流并网光伏发电系统

3. 切换型并网光伏发电系统

切换型并网光伏发电系统(见图9－47)是具有自动运行双向切换的功能的并网

光伏发电系统。

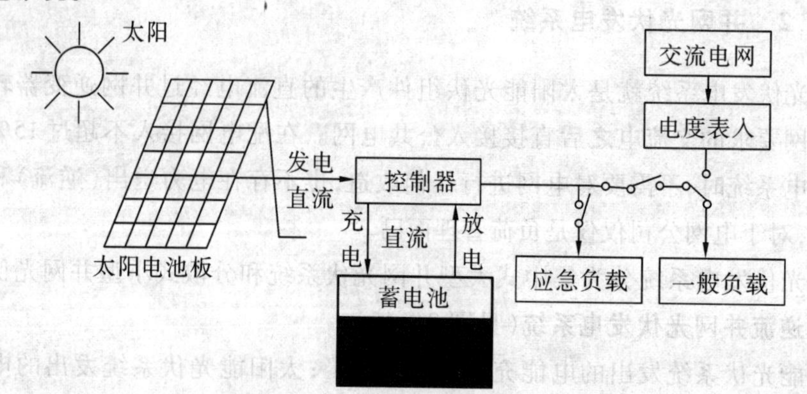

图9-47　切换型并网光伏发电系统

4. 有储能装置的并网光伏发电系统(见图9-48)

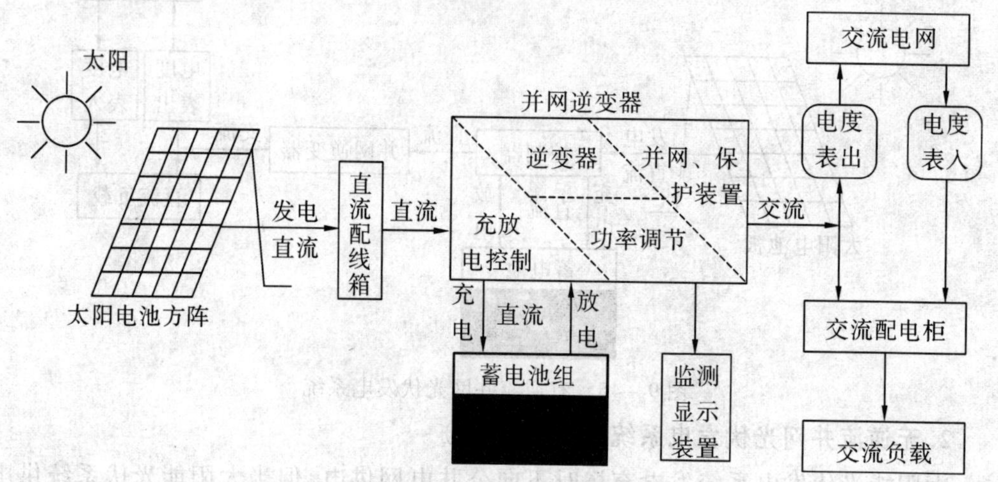

图9-48　有储能装置的双向并网光伏发电系统

9.10.3　太阳能光伏发电系统的设计

1. 太阳能光伏发电系统设计的影响因素

(1)太阳能光伏发电系统使用地点,即该地的太阳辐射能量;

(2)系统的负载功率大小;

(3)系统输出电压的高低,直流还是交流;

(4)系统每天需要工作小时数;

(5)如遇到没有太阳光照射的阴雨天气,系统需连续供电天数;

(6)负载的情况,纯电阻性、电感性还是电容性,启动电流的大小;

(7)系统需求的数量。

2. 独立光伏发电系统设计的技术条件

(1)负载性能,白天使用的负载:可由光伏系统直接供电,晚上再由光伏系统中蓄电池储存的电量供给负载，其系统容量可以减小；晚上使用的负载：系统容量增加；昼夜同时使用的负载：所需的容量取它们之间的值。如果月平均耗电量变化小于10%，可看作是平均耗电量都相同的均衡性负载。

(2)太阳能辐射强度。太阳能辐射强度具有随机性，受季节、气候的变化，只得以当地气象台记录的历史资料作为参考，取8～10年的平均值。太阳的年均总辐射能还应换算成峰值日照时数。

(3)太阳辐射能量。

1)日照时间：太阳光在一天当中从日出到日落实际的照射时间。

2)日照时数：指某一地点，一天当中太阳光达到一定的辐照度(一般以气象台测定的120 W/m^{2}为标准)时一直到小于此辐照度所经过的时间。

3)平均日照时数：指某一地点一年或若干年的日照时数总和的平均值。

4)峰值日照时数：指将当地的太阳辐射量，折算成标准测试条件(辐照度1 000 W/m^2)下的时数。这是太阳能光伏发电系统设计用的参考值。

(4)太阳能电池方阵的安装倾角。纬度不同，太阳光对地面的辐照方向角也不同，为了获得较大的太阳辐照度，光伏阵列的倾斜度也不同。根据当地的纬度可以粗略地给出光伏阵列的安装倾斜角：

1)纬度$\varphi=0°\sim25°$，光伏阵列的安装倾斜角$\beta=\varphi$；

2)纬度$\varphi=26°\sim40°$，光伏阵列的安装倾斜角$\beta=\varphi+(5°\sim10°)$；

3)纬度$\varphi=41°\sim55°$，光伏阵列的安装倾斜角$\beta=\varphi+(10°\sim15°)$；

4)纬度$\varphi>55°$，光伏阵列的安装倾斜角$\beta=\varphi+(15°\sim20°)$。

图9－49所示为太阳能电池组件安装倾角示意图。

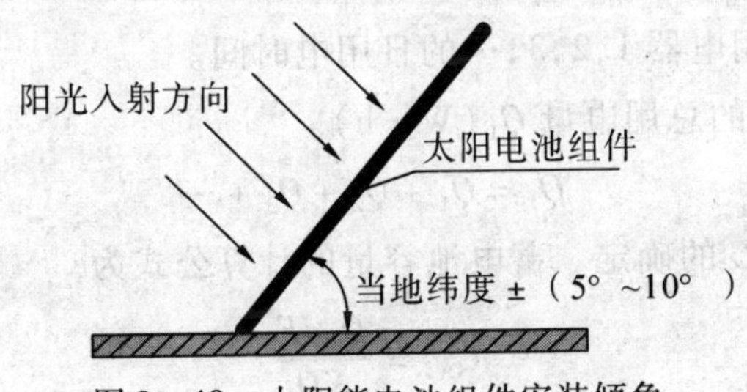

图9－49 太阳能电池组件安装倾角

(5)太阳能电池方阵的安装方位角。最佳方位是跟踪太阳，使太阳能电池始终与太阳光线垂直。

对于固定安装，北半球按正南(0°)设置；只要在正南±20°之内，对发电量都不会有太大的影响。考虑冬季使用，可以偏西20°设置，使太阳能电池发电量的峰值出现在中午稍后某时刻，这样有利于冬季多发电。

安装太阳能电池方阵时应适当考虑地形、地物，充分、合理地利用资源。

(6)蓄电池容量。蓄电池容量是根据铅酸电池在没有光伏方阵电力供应条件下，完全由自身蓄存的电量供给负载用电的天数来确定的。

(7)温度因素。尽管夏季太阳辐射强度大，方阵发电量有余部分，完全可以弥补由于温度所减少的电能。太阳能电池标准组件(如36片太阳能电池串联成12V蓄电池充电的标准组成)已经考虑了夏季温升的影响。但温度较低时(如小于等于0℃)，应考虑铅酸蓄电池放电容量的降低。

3. 太阳能光伏发电系统的简易设计方法

(1)设计步骤。

1)地理及气候信息。包括地理纬度、年平均总辐射量、平均气温及极端气温等。

2)负载类型和功耗。包括直流负载、交流负载(阻性负载、感性负载)功率，运行时间。

3)太阳能电池方阵容量计算。

4)蓄电池容量计算。

5)逆变器容量计算。

(2)负载用电量 Q_L 测算。负载用电量的测算是光伏发电系统设计和造价的关键因素之一。负载用电量的测算步骤：

1)用电设备的总功率 P_L(W)为

$$P_L = P_1 + P_2 + P_3 + \cdots \tag{9-1}$$

2)各用电设备的用电量 Q_i(W·h)为

$$Q_1 = P_1 \cdot t_1, Q_2 = P_2 \cdot t_2, Q_3 = P_3 \cdot t_3, \cdots \tag{9-2}$$

式中，$Q_1, Q_2, Q_3, \cdots$——用电器1,2,3,…的用电量；

$P_1, P_2, P_3, \cdots$——用电器1,2,3,…的功率；

$t_1, t_2, t_3, \cdots$——用电器1,2,3,…的日用电时间。

3)所有用电设备的总用电量 Q_L(W·h)。

$$Q_L = Q_1 + Q_2 + Q_3 + \cdots \tag{9-3}$$

(3)蓄电池容量 C 的确定。蓄电池容量的计算公式为

$$C_W = \frac{Q_L dF}{KD} \tag{9-4}$$

式中，C_W 为蓄电池的容量，W·h；d 为最长无日照用电天数；F 为蓄电池放电容量的修订系数，通常 F 取1.2；Q_L 所有用电设备总用电量，W·h；D 为蓄电池放电深度，通常 D 取0.5；K 为包括逆变器在内的交流回路的损耗率，通常 K 取0.8。

若按通常情况取系数，则式(9-4)可简化为

$$C_W = 3 \cdot dQ_L \tag{9-5}$$

选择系统的直流电压 U。根据负载功率确定系统的直流电压(即蓄电池电压)。确定的原则如下：

1)在条件允许的情况下,尽量提高系统电压,以减少线路损失;

2)直流电压的选择要符合我国直流电压的标准等级,即12 V,24 V,48 V等;直流电压的上限最好不要超过300 V,以便选择元器件和充电电源。

用式(9-5)计算的电池容量Cw除以系统电压U,即可得到用A·h表示的蓄电池容量C。

$$C = C_W/U = 3 \cdot dQ_L/U \tag{9-6}$$

(4)太阳能方阵功率P_m的确定。

1)选择方阵倾角。按前面所述的原则确定。

2)计算平均峰值日照时数T_m。峰值日照时数是将一般强度的太阳辐射日照时数折合成辐射强度为1 000 W/m^{2}的日照时数。

$$T_m = \frac{K_{op} \times \text{年均太阳总辐射量}}{3.6 \times 365} \tag{9-7}$$

式中,年均太阳总辐射量为当地8~10年气象数据,MJ/m^2;K_{op}为斜面辐射最佳辐射系数;3.6为单位换算系数。

1 kW·h=1 000(J/s)×3 600 s=3.6×106 J=3.6 MJ

1 MJ=1 kW·h/3.6。

3)计算太阳能电池方阵的峰值功率P_m(W),则

$$P_m = \frac{Q_L F}{K T_m} \tag{9-8}$$

如前所述,$F=1.2$,$K=0.8$,则式(9-8)可简化为

$$P_m = \frac{1.5 \times Q_L}{T_m} \tag{9-9}$$

4)计算太阳能电池组件的串联数N_s,则

$$N_s = \frac{\text{系统直流电压(蓄电池组电压)}}{12\ \text{V}} \tag{9-10}$$

5)计算太阳能电池组件的并联数N_p。

由太阳能电池方阵的输出总功率$P_L = N_s U_m N_p I_m = N_s N_p P_m$,可得组件的并联数

$$N_p = \frac{P_L}{N_s P_m} \tag{9-11}$$

式中,I_m为太阳能电池组件工作电流;P_m为太阳能电池组件的峰值功率,$P_m - U_m I_m$。

(5)逆变器的确定。

逆变器的功率=阻性负载功率+感性负载功率

方波逆变器和准正弦波逆变器大多用于1 kW以下的小功率光伏发电系统;1 kW以上的大功率光伏发电系统,多数采用正弦波逆变器。

(6)控制器的确定。

1）控制器所能控制的太阳方阵最大电流，有

$$方阵短路电流\ I_{Fsc}=N_p\times I_{sc}\times 1.25 \tag{9-12}$$

式中，I_{sc}为组件的短路电流；1.25 为安全系数。

2）控制器的最大负载电流 I，有

$$I=\frac{1.25\times P_L}{KU} \tag{9-13}$$

式中，P_L为用电设备的总功率；U 为控制器负载工作电压（即蓄电池电压）；K 为损耗系数，K 取 0.8。则式(9－13)可简化为

$$I=\frac{1.56\times P_L}{U} \tag{9-14}$$

（7）设计实例。某农户家庭所用负载情况如表 9－3 所示。当地的年平均太阳总辐射量为6 210 MJ/m^2·a，连续无日照用电天数为 3 天，试设计太阳能光伏供电系统。表 9－3 所示为 400 W 家庭电源系统。

表 9－3　400W 家庭电源系统

设　备	规　格	负　载	数　量	日工作时间/h	日耗电量/W·h
照明	节能灯	220V/15W	3	4	
卫星接收器		220V/25W	1	4	
电视	25in	220V/110W	1	4	
洗衣机（感性负载）	2L	220V/250W	1	0.8	
		合计			
系统配置 3 个阴雨天					

设计过程：

1）用电设备总功率 P_L为

$$P_L=15\ \mathrm{W}\times 3+25\ \mathrm{W}+110\ \mathrm{W}+250\ \mathrm{W}=430\ \mathrm{W}$$

2）用电设备的用电量 Q_i（W·h）。

节能灯用电量：$Q_1=15\ \mathrm{W}\times 3\times 4\mathrm{h}=180\ \mathrm{W\cdot h}$；

卫星接收器用电量：$Q_1=25\mathrm{W}\times 4\mathrm{h}=100\ \mathrm{W\cdot h}$；

电视机用电量：$Q_3=110\ \mathrm{W}\times 4\mathrm{h}=440\ \mathrm{W\cdot h}$；

洗衣机用电量：$Q_4=250\ \mathrm{W}\times 0.8\ \mathrm{h}=200\ \mathrm{W\cdot h}$；

总用电量：$Q_L=180+100+440+200=920\ \mathrm{W\cdot h}$。

3）光伏系统直流电压 U 的确定。本系统功率较小，选择 $U=12$ V。

4）蓄电池容量 C。

$$C=3\cdot dQ_L=3\times 3\times 920=8280\ \mathrm{W\cdot h}$$

蓄电池电压 $U=12$ V，则其安时（A·h）容量为

$$C = C_W / U = 8280\ \text{W}\cdot\text{h}/12\ \text{V} = 690\ \text{A}\cdot\text{h}$$

5）太阳能电池方阵功率 P_m 的确定。

①平均峰值日照时数为

$$T_m = 6210/(3.6\times 365) = 4.72(\text{h})$$

②太阳能电池方阵功率为

$$P_m = 1.5\times Q_L/T_m = 1.5\times 920\ \text{W}\cdot\text{h}/4.72\ \text{h} \approx 392.4\ \text{W}$$

根据计算结果，蓄电池选用 12 V/120 A·h 的 VRLA 蓄电池 6 只并联；太阳能电池方阵选用 80 W（36 片串联，电压约 17 V，电流约 4.8 A）组件 5 块并联。

6）控制器的确定。

①方阵最大电流（短路电流）为

$$I_{Fsc} = N_p \times I_{sc} \times 1.25 = 5\times 4.8\ \text{A}\times 1.25 = 30\ \text{A}$$

②最大负载电流为

$$I = 1.56\times P_L/U = 1.56\times 430\ \text{W}/12\ \text{V} = 55.9\ \text{A}$$

7）逆变器的确定。

逆变器的功率 = 阻性负载功率（1.2～1.5）+ 感性负载功率（5～7）= 230 W × 1.5 + 200 W × 6 = 1 545 W

故控制器和逆变器可选用 2 000 V·A 的控制-逆变一体机，最好是正弦波。

4. 系统优化的设计

系统优化的目标：主要通过检验安装的实际日照强度、光反射度、外部环境温度、风力和光伏发电系统各个部件的运行性能以及之间的相互作用等方面，从而使光伏发电系统所发电量最大。

（1）优化光伏电池入射光照强度。

1）追踪太阳法；

2）减少光反射法；

3）腐蚀光伏电池表面；

4）选择安装结构。

（2）替换建筑材料。

（3）提高光伏电池输出电量。

（4）光伏发电系统模块化。

（5）优化方案。

9.11 太阳能光伏发电系统的安装施工

光伏发电系统安装施工项目示意图如图 9－50 所示。

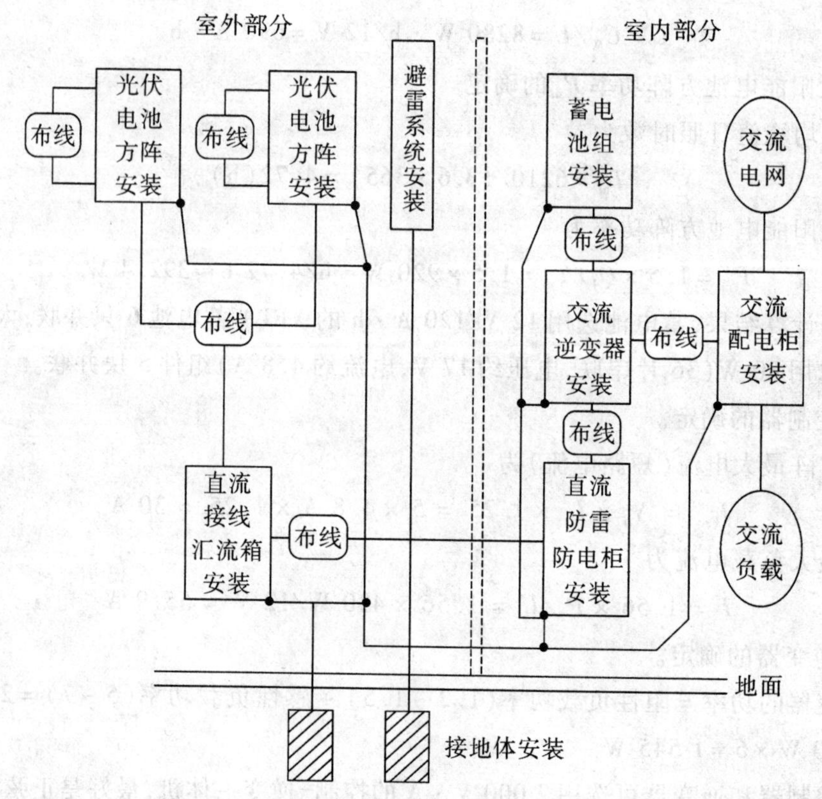

图 9－50　光伏发电系统安装施工项目示意图

1. 太阳能电池组件及方阵的安装施工

（1）安装位置的确定。光伏发电系统设计时，就要在计划施工的现场进行勘测，确定安装方式和位置，测量安装场地的尺寸，确定电池组件方阵的方位角和倾斜角。太阳能电池方阵的安装地点不能有建筑物或树木等遮挡物，如实在无法避免，也要保证太阳能方阵在上午 9：00 到下午 16：00 能接收到阳光。太阳能电池方阵与方阵的间距等都应严格按照设计要求确定。

（2）光伏电池方阵支架的设计施工。

1）杆柱安装类支架的设计示意图如图 9－51 所示。

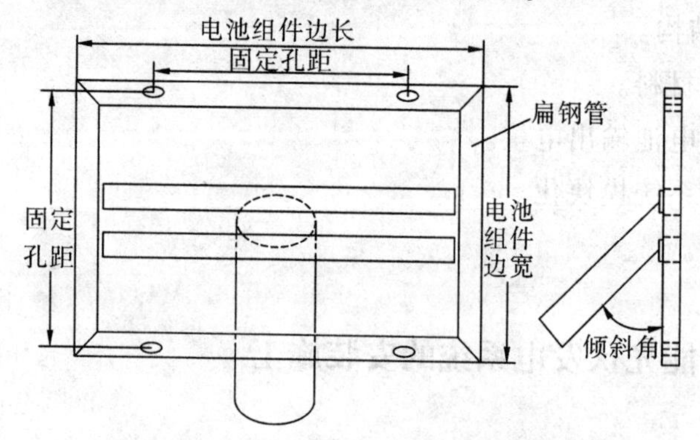

图 9－51　杆柱安装类支架设计示意图

2）屋顶类支架的设计施工（见图9－52）。

①斜面屋顶：设计与屋顶斜面平行的支架，支架的高度离屋顶面10 cm左右，以利于通风散热；或根据最佳倾斜角角度设计支架，以满足电池组件的太阳能最大接收量。

②平面屋顶：一般要设计成三角形支架，支架倾斜面角度为太阳能电池的最佳接收倾斜角。

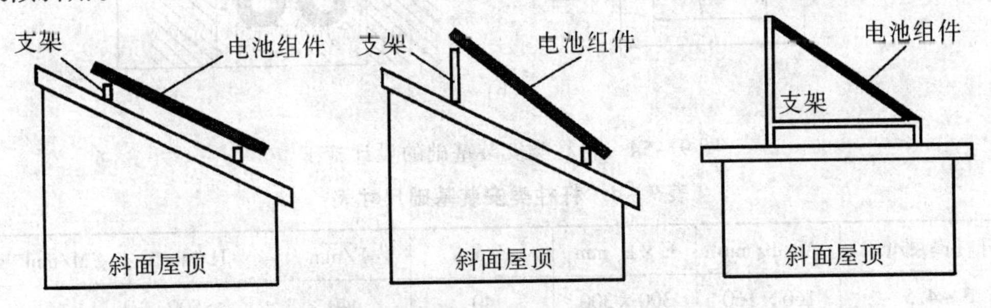

图9－52 屋顶支架设计示意图

3）地面方阵支架的设计施工。地面用光伏方阵支架一般都是用角钢制作的三角形支架，其底座是水泥混凝土基础，方阵组件排列有横向排列和纵向排列两种方式。图9－53所示为电池组件方阵排列示意图。

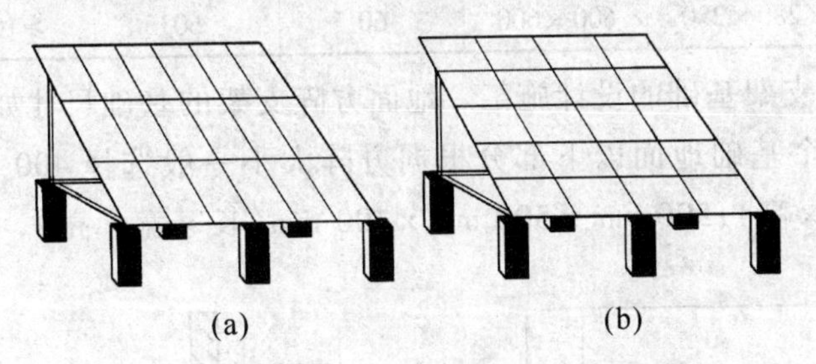

图9－53 电池组件方阵排列示意图

（3）光伏电池方阵基础的设计施工。安装场地平整挖坑，按设计要求的位置制作浇注光伏电池方阵的支架水泥混凝土基础。基础预埋件要平整牢固。

1）杆柱类安装基础的设计施工（见图9－54和表9－4所示）。

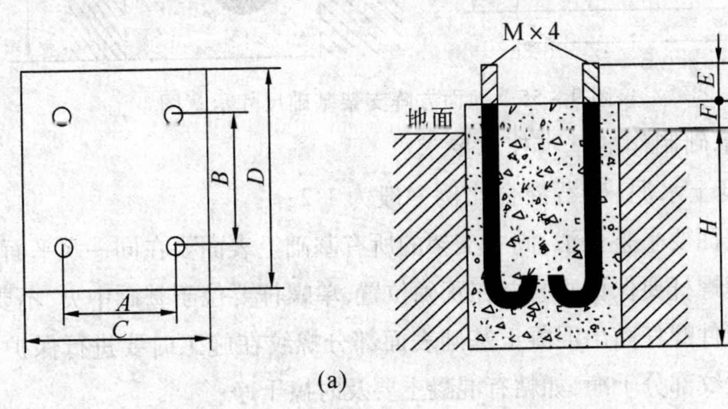

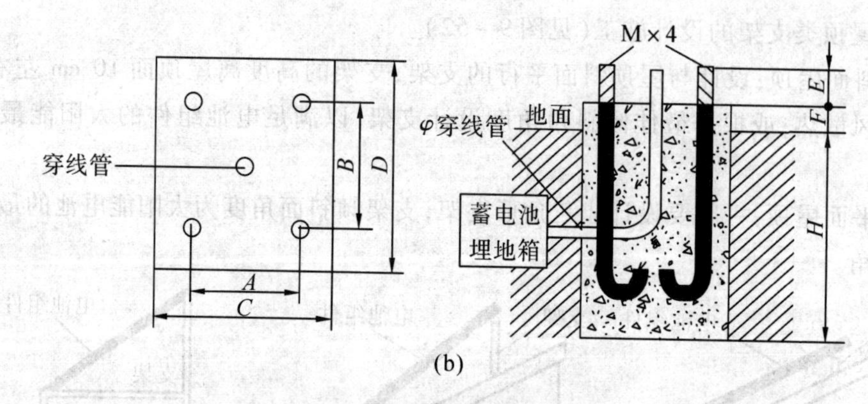

图 9－54　杆柱类安装基础的设计施工

表 9－4　杆柱类安装基础尺寸表

杆柱高度/m	A×B/mm	C×D/mm	E/mm	F/mm	H/mm	M/mm
3～4.5	160×160	300×300	40	40	≥500	14
5～6	200×200	400×400	40	40	≥600	16
6～8	220×220	400×400	50	50	≥700	18
8～10	250×250	500×500	60	60	≥800	20
10～12	280×280	600×600	60	60	≥1000	24

2）地面方阵支架基础的设计施工。地面方阵支架的基础尺寸如图 9－55 所示，对于一般土质每个基础地面以下部分根据方阵大小一般选择 400 mm×400 mm×400 mm（长×宽×高）；500 mm×500 mm×400 mm（长×宽×高）。

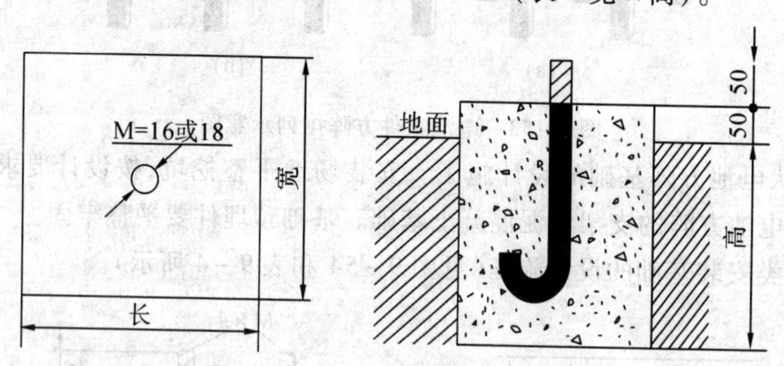

图 9－55　地面方阵支架基础尺寸示意图

3）混凝土基础制作的基本技术要求。

①基础混凝土水泥、砂石混合比例一般为 1:2；

②基础上表面要平整光滑，同一支架的所有基础上表面要在同一水平面上；

③基础预埋螺杆要保证垂直并在正确位置，单螺杆要位于基础中央，不要倾斜；

④基础预埋件螺杆高出混凝土基础表面部分螺纹在施工时要进行保护，防止受损，施工后要保持螺纹部分干净，如粘有混凝土要及时擦干净；

⑤松散的沙土、软土等位置做基础，要适当加大基础尺寸；太松软的土质，要先进行土质处理或重新选择位置；

⑥太阳能电池支架与基础之间应焊接或安装牢固，电池组件边框及支架要与接地保护系统可靠连接。

(4)太阳能电池组件的安装。

1)太阳能光伏电池组件在存放、搬运、安装等过程中，不得碰撞或受损，特别要注意防止组件玻璃表面及背面的背板材料受到硬物的直接冲击。

2)组件安装前应根据组件生产厂家提供的出厂实测技术参数和曲线，对电池组件进行分组，将峰值工作电流相近的组件串联在一起，将峰值工作电压相近的组件并联在一起，以充分发挥电池方阵的整体效能。

3)将分组后的组件依次摆放到支架上，并用螺钉穿过支架和组件边框的固定孔，将组件与支架固定。

4)按照方阵组件串、并联的设计要求，用电缆将组件的正负极进行连接。

5)安装中要注意方阵的正负极两输出端，不能短路，否则可能造成人身事故或引起火灾。阳光下安装时，最好用黑塑料薄膜、包装纸片等不透光材料将太阳能电池组件遮盖。

6)安装斜坡屋顶的建材一体化太阳能电池组件时，互相间的上下左右防雨连接结构必须严格施工，严禁漏雨、漏水，外表必须整齐美观，避免光伏组件扭曲受力。

7)太阳能电池组件安装完毕之后要先测量总的电流和电压，如果不合乎设计要求，就应该对各个支路分别测量。为了避免各个支路互相影响，在测量各个支路的电流与电压时，各个支路要相互断开。

(5)太阳能电池方阵前、后安装距离设计。为了防止前、后排太阳能电池方阵间的遮挡，太阳能电池方阵前、后排间应保持适当距离。太阳能电池方阵前、后排间距的计算参考图如图9－56所示。

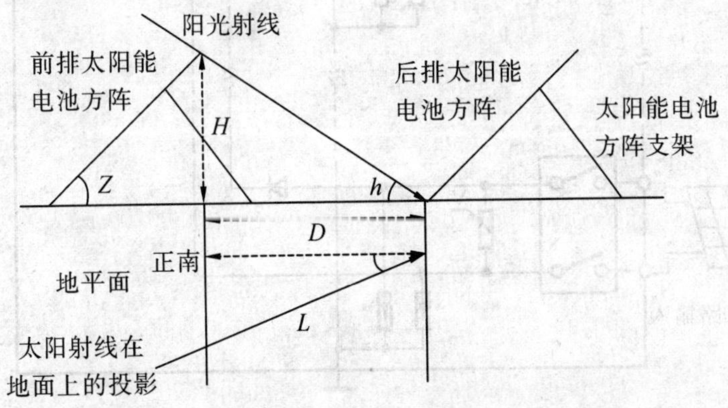

图9－56 太阳能电池方阵前、后排间距的计算参考图

太阳能电池方阵间距 D 计算公式：

$$D = L\cos\beta \tag{9-15}$$

$$L = H/\tan h \tag{9-16}$$

$$h = \arcsin(\sin\phi\sin\delta + \cos\phi\cos\beta\cos\omega) \tag{9-17}$$

$$\beta = \arcsin(\cos\delta\cos\omega/\cos h) \tag{9-18}$$

式中，D——相邻两电池方阵间距；

L——太阳光在方阵后面的阴影长度；

H——电池板垂直高度；

h——太阳高度角；

φ——当地纬度；

δ——当地赤纬角；

ω——时角；

β——方位角。

2. 直流接线箱的设计

直流接线箱由箱体、分路开关、总开关、防雷器件、防逆流二极管和端子板等构成。其内部电路示意图如图 9－57 所示。

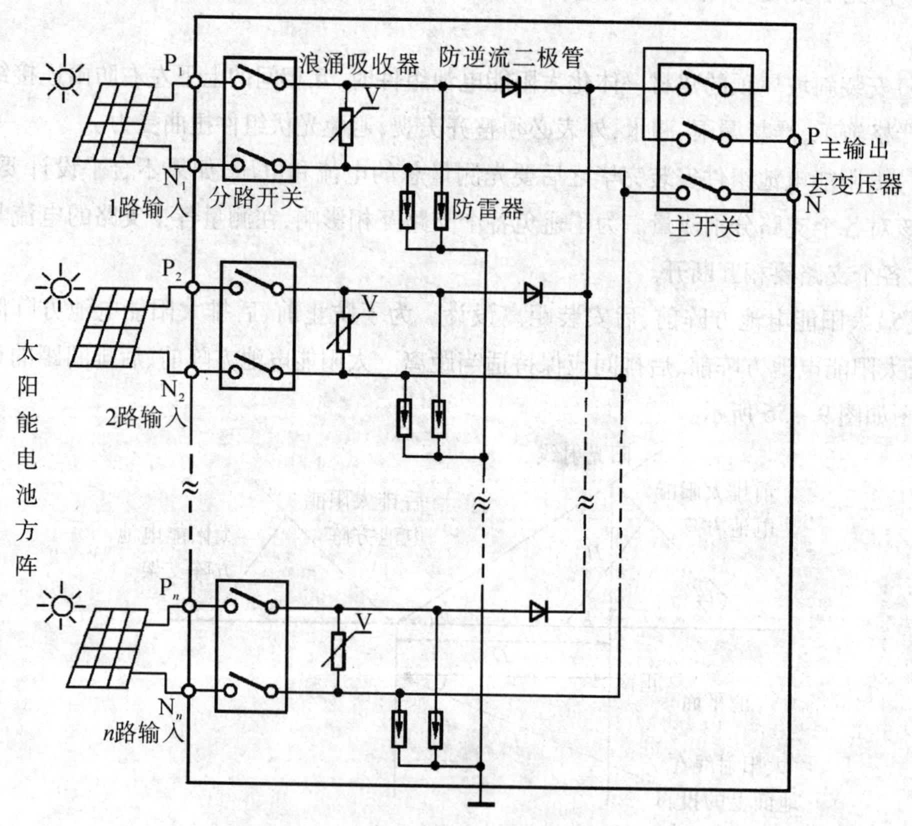

图 9－57　直流接线箱内部电路示意图

（1）机箱箱体。机箱箱体的大小内部器件确定，箱体分为室内型和室外型，材料分为金属制(铁、不锈钢,板材厚度一般为 1.0~1.6 mm)和工程塑料制作。

(2)分路开关和主开关,直流开关串联接法示意图如图 9-58 所示。

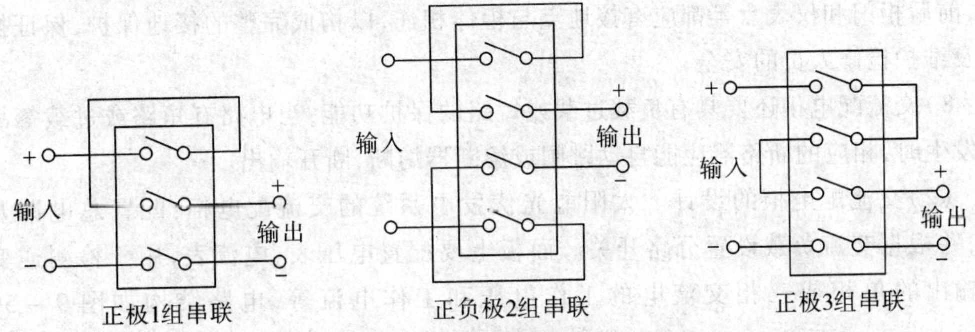

图 9-58 直流开关串联接法示意图

(3)防雷器件。防雷器件是用于防止雷电浪涌侵入太阳能电池方阵、交流逆变器、交流负载或电网的保护装置。

(4)端子板和防反充二极管元件。端子板根据输入路数多少选用。防反充二极管一般都装在电池组件的接线盒中,当组件接线盒中没有安装时,可以考虑在直流接线箱中加装。为方便二极管与电路的可靠连接,建议安装前在二极管两端的引线上焊接两个铜焊片或小线鼻子。

3. 交流配电柜的设计

(1)交流配电柜的结构和功能。交流配电柜是逆变器与交流负载之间接受和分配电能的电力设备。它由开关类电器(如空气开关、切换开关、交流接触器等)、保护类电器(如熔断器、防雷器等)、测量类电器(如电压表、电流表、电能表、交流互感器等)及指示灯、母线排等组成;可以分为大型和小型配电柜,户内型和户外型配电柜,低压和高压配电柜。

中小型太阳能光伏发电系统一般采用低压供电和输送方式,选用低压配电柜。大型光伏发电系统大都采用高压配供电装置和设施输送电力,并入电网,因此要选用符合大型发电系统需要的高低压配电柜和升、降压变压器等配电设施。

光伏发电系统用交流配电柜的技术要求:

1)选型和制造都要符合国标要求,配电和控制回路都要采用成熟可靠的电子线路和电力电子器件;

2)操作方便,运行可靠,双路输入时切换动作准确;

3)发生故障时能够准确、迅速切断事故电流,防止故障扩大;

4)在满足需要、保证安全性能的前提下,尽量做到体积小、质量轻、工艺好、制造成本低;

5)当在高海拔地区或较恶劣的环境条件下使用时,要注意加强机箱的散热,并在设计时对低压电器元件的选用留有一定余量,以确保系统的可靠性;

6)交流配电柜的结构应为单面或双面门开启结构,以方便维护、检修及更换电器元件；

7）配电柜要有良好的保护接地系统，主接地点一般焊接在机柜下方的箱体骨架上，前后柜门和仪表盘等都应有接地点与柜体相连，以构成完整的接地保护，保证操作及维护检修人员的安全；

8）交流配电柜还要具有负载过载或短路的保护功能，当电路有短路或过载等故障发生时，相应的断路器应能自动跳闸或熔断器熔断，断开输出。

（2）交流配电柜的设计。太阳能光伏发电系统的交流配电柜：配置总电源开关，并根据交流负载设置分路开关。面板上要配置电压表、电流表，用于检测逆变器输出的单相或三相交流电的工作电压和工作电流等，电路结构如图 9－59 所示。

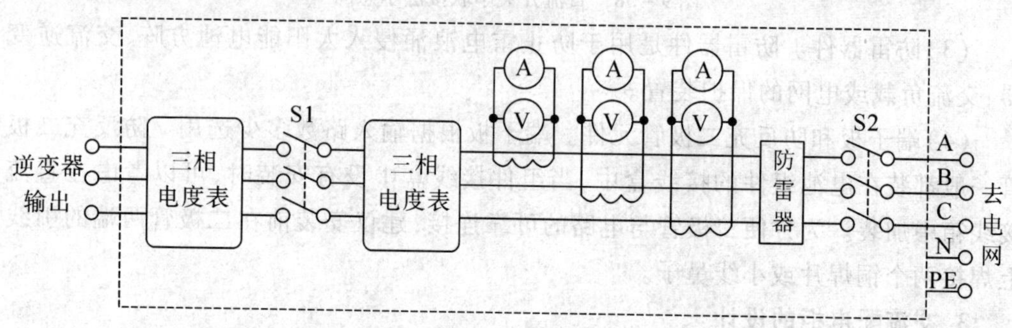

图 9－59　交流配电柜电路结构示意图

4. 光伏控制器和逆变器的安装

（1）控制器的安装。小功率控制器安装时要先连接蓄电池，再连接太阳能电池组件的输入，最后连接负载或逆变器，安装时注意正负极不要接反。控制器接线时要将工作开关放在关的位置，先连接蓄电池组输出引线，再连接太阳能电池方阵的输出引线，有阳光照射时闭合开关，观察是否有正常的直流电压和充电电流，一切正常后，可进行与逆变器的连接。

（2）逆变器的安装。检查无误后先将逆变器的输入开关断开，再与控制器的输出接线连接。接线时要注意分清正负极极性，并保证连接牢固。

5. 防雷与接地系统的设计与安装施工

作用：避免雷击和设备开关感应对系统的危害。

光伏发电系统的主要部分都安装在露天状态下，易受直接和间接雷击（浪涌电压和电流）的危害，也会危害到与光伏发电系统有着直接连接的相关电器设备及建筑物。

大功率电路的闭合与断开的瞬间，感性负载和容性负载的接通或断开的瞬间和大型用电系统或变压器等断开时也都会产生较大的开关浪涌电压和电流，同样会对相关设备、线路等造成危害。

（1）太阳能光伏发电系统的防雷措施和设计要求。

1)太阳能光伏发电系统或发电站建设地址选择时,要尽量避免放置在容易遭受雷击的位置和场合。

2)尽量避免避雷针的太阳阴影落在太阳能电池方阵组件上。

3)根据现场状况,可采用避雷针、避雷带和避雷网等不同防护措施对直击雷进行防护,减少雷击概率,并应尽量采用多根均匀布置的引下线将雷击电流引入地下。多根引下线的分流作用可降低引下线的引线压降,减少侧击的危险,并使引下线泄流产生的磁场强度减小。

4)为防止雷电感应,要将整个光伏发电系统的所有金属物,包括电池组件外框、设备、机箱机柜外壳、金属线管等与联合接地体等电位连接,并且做到各自独立接地,图9-60是光伏发电系统等电位连接示意图。

等电位连接的目的,在于减小保护区间内,各种金属部位和各系统之间的电位差。对非常电金属体(如金属穿线管、机箱等)需要采用导线进行等位连接;对于带电金属体(如导线等)需要采用防雷器做等位连接。

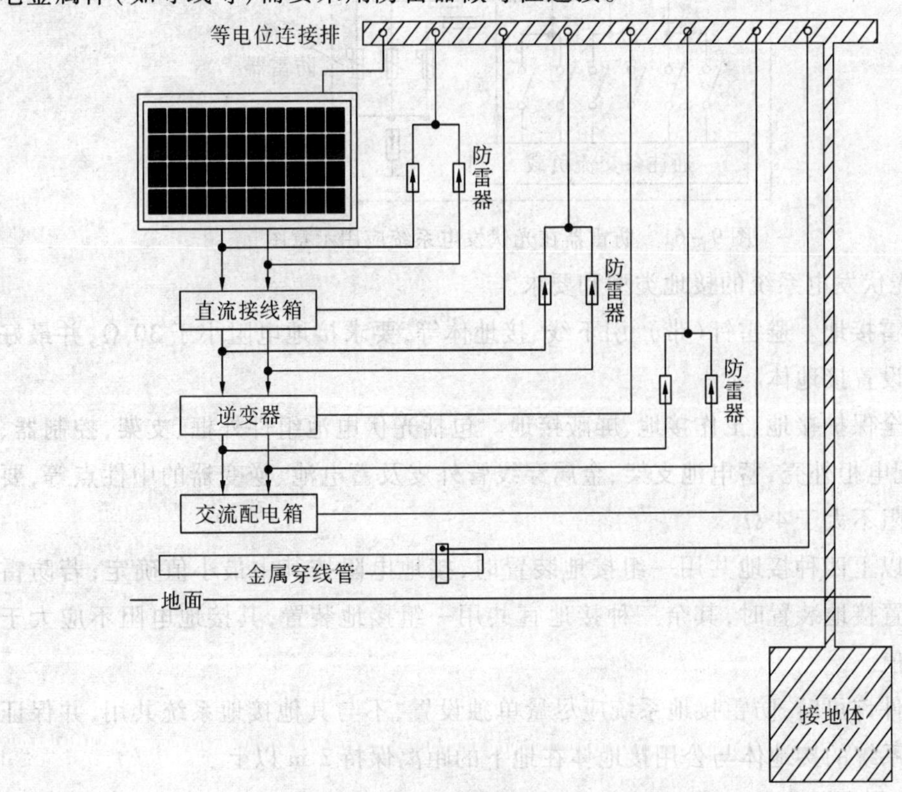

图9-60　光伏发电系统等电位连接示意图

5)在系统回路上逐级加装。防雷器件,实行多级保护,使雷击或开关浪涌电流经过多级防雷器件泄流。一般在光伏发电系统直流线路部分采用直流电源防雷器,在逆变后的交流线路部分,使用交流电源防雷器。防雷器在太阳能光伏发电系统中的应用如图9-61所示。

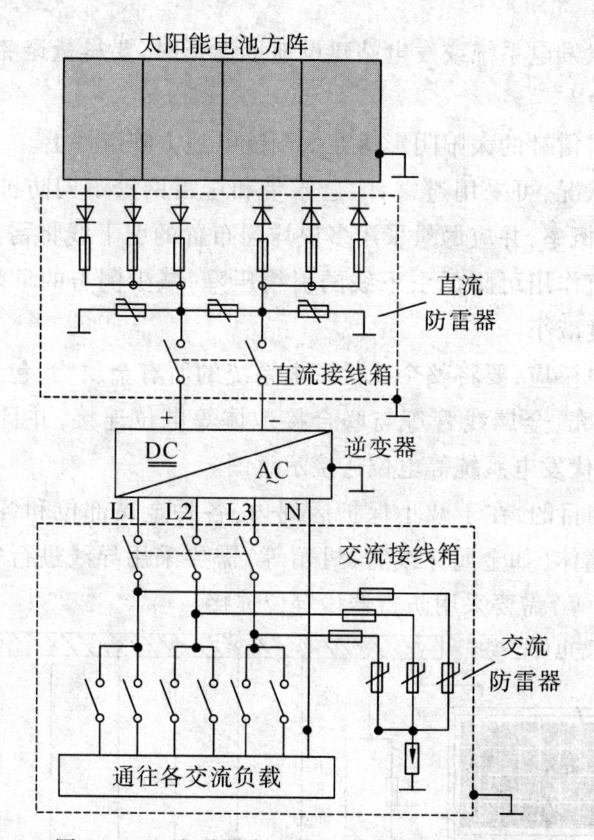

图 9－61　防雷器在光伏发电系统应用示意图

(2)光伏发电系统的接地类型和要求。

1)防雷接地。避雷针(带)、引下线、接地体等,要求接地电阻小于 30 Ω,并最好考虑单独设置接地体。

2)安全保护接地、工作接地、屏蔽接地。包括光伏电池组件外框、支架,控制器、逆变器、配电柜外壳,蓄电池支架、金属穿线管外皮及蓄电池、逆变器的中性点等,要求接地电阻不大于 4 Ω。

3)当以上四种接地共用一组接地装置时,接地电阻按其中最小值确定;若防雷已单独设置接地装置时,其余三种接地宜共用一组接地装置,其接地电阻不应大于其中最小值。

4)条件许可时,防雷接地系统应尽量单独设置,不与其他接地系统共用,并保证防雷接地系统的接地体与公用接地体在地下的距离保持 3 m 以上。

(3)防雷器的安装。

1)安装方法。防雷器模块、火花放电间隙模块及报警模块等组合,直接安装到配电箱中标准的 35 mm 导轨上。

2)安装位置的确定。防雷器要安装在分区交界处。B 级(Ⅲ级)防雷器一般安装在电缆进入建筑物的入口处,例如安装在电源的主配电柜中。C 级(Ⅱ级)防雷器一般安装在分配电柜中,作为基本保护的补充。D级(Ⅰ级)防雷器属于精细保护级防雷,要尽可能地靠近被保护设备端进行安装。

3)电气连接。防雷器的连接导线必须保持尽可能短,以避免导线的阻抗和感抗产生附加的残压降。如果现场安装时连接线长度无法小于0.5 m,则防雷器的连接方式必须使用V字形方式连接,如图9-62所示。

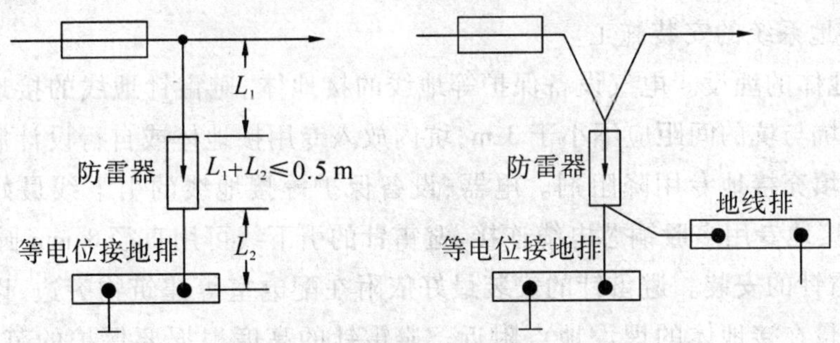

图9-62 防雷器连接方式示意图

布线时要注意使已经保护的线路和未保护的线路(包括接地线)不近距离平行排布,它们的排布必须有一定空间距离或通过屏蔽装置进行隔离,以防止从未保护的线路向已经保护的线路感应雷电浪涌电流。

防雷器连接线的截面积应和配电系统的相线及零线(L_1、L_2、L_3、N)的截面积相同或按照表9-5方式选取。

表9-5 防雷器连接线截面积选取对照表

导线类型	导线截面积(材质:铜)/mm^2		
主电路导线	≤35	50	≥70
防雷器接地线	≥16	25	≥35
防雷器连接线	10	16	25

4)零线和地线的连接。零线的连接可以分流相当可观的雷电流,在主配电柜中,零线的连接线截面积应不小于16 mm^2,用电量较小的系统中,零线的截面积可以选择较小些。防雷器接地线的截面积一般取主电路截面积的一半,或按照表9-5方式选取。

5)接地和等电位连接。防雷器的接地线必须和设备的接地线或系统保护接地可靠连接。如果系统存在雷击保护等电位连接系统,防雷器的接地线最终也必须和等电位连接系统可靠连接。系统中每一个局部的等电位排也都必须和主等电位连接排可靠连接,连接线的截面积必须满足接地线的最小截面积要求。

6)防雷器的失效保护方法。基于电气安全,任何并联安装在市电电源相对零点或相对地之间的电气元件,为防止故障短路,必须在该电气元件前安装短路保护器件,例如空气开关或保险丝。防雷器的入线处,也必须加装空气开关或保险丝,目的是当防雷器因雷击保护击穿或因电源故障损坏时,能够及时切断损坏的防雷器与电源之间的联系,待故障防雷器修复或更换后,再将保护空气开关复位或将熔断的保险丝更换,防雷器恢复保护待命状态。

为保证短路保护器件的可靠起效,一般C级防雷器前选取安装额定电流值为32 A(C类脱扣曲线)的空气开关,B级防雷器前可选择额定电流值约为63 A的空气开关。

(4)接地系统的安装施工。

1)接地体的埋设。电气设备保护等地线的接地体、避雷针地线的接地体应单独挖坑埋设;坑与坑的间距应不小于3 m;坑内放入专用接地体或自行设计制作的接地体;坑周围填充接地专用降阻剂。电器、设备保护等接地线的引下线最好采用截面积35 mm^2接地专用多股铜芯电缆连接,避雷针的引下线可用直径8 mm圆钢连接。

2)避雷针的安装。避雷针的安装最好依附在配电室等建筑物旁边,以利于安装固定,并尽量在接地体的埋设地点附近。避雷针的高度根据要保护的范围而定,条件允许时尽量单独接地。

6. 蓄电池组的安装

小型光伏发电系统蓄电池的安装位置应尽可能靠近太阳能电池和控制器;中、大型光伏发电系统,蓄电池最好与控制器、逆变器及交流配电柜等分室而放。安装位置要保证通风良好,排水方便,防止高温,环境温度应尽量保持在10~25℃之间。

蓄电池与地面之间应采取绝缘措施,垫木板或其他绝缘物,以免蓄电池与地面短路而放电。如果蓄电池数量较多时,可以安装在蓄电池专用支架上,且支架要可靠接地。

蓄电池安装结束,要测量蓄电池的总电压和单只电压,单只电压大小要相等。接线时辨清正负极,保证接线质量。

蓄电池极柱与接线间必须紧密接触,并在极柱与连接点涂一层凡士林油膜,以防腐蚀生锈造成接触不良。

7. 线缆的铺设与连接

(1)太阳能光伏发电系统连接线缆铺设注意事项。

1)不得在墙和支架的锐角边缘铺设电缆,以免切割、磨损伤害电缆绝缘层引起短路,或切断导线引起断路。

2)应为电缆提供足够的支撑和固定,防止风吹等对电缆造成机械损伤。

3)布线松紧要适当,过于张紧会因热胀冷缩造成断裂。

4)考虑环境因素影响,线缆绝缘层应能耐受风吹、日晒、雨淋、腐蚀等。

5)电缆接头要特殊处理,要防止氧化和接触不良,必要时要镀锡或锡焊处理。

6)同一电路馈线和回线应尽可能绞合在一起。

7)线缆外皮颜色选择要规范,如火线、零线和地线等颜色要加以区分。

8)线缆的截面积要与其线路工作电流相匹配,截面积过小,可能使导线发热,造成线路损耗过大,甚至使绝缘外皮熔化,产生短路甚至火灾。特别是在低电压直流电路中,线路损耗尤其明显。截面积过大,又会造成不必要的浪费。因此系统各部分线缆要根据各自通过电流的大小进行选择确定。

9)当线缆铺设需要穿过楼面、屋面或墙面时,其防水套管与建筑主体之间的缝隙必须做好防水密封处理,建筑表面要处理光洁。

(2)线缆的铺设与连接。线缆铺设与连接主要以直流布线为主,注意正负极性。

1)在进行光伏电池方阵与直流接线箱之间的线路连接时,所使用导线的截面积要满足最大短路电流的需要。各组件方阵串的输出引线要做编号和正负极性的标记,然后引入直流接线箱。线缆在进入接线箱或房屋穿线孔时,要做如图 9-63 所示的防水弯,以防积水顺电缆进入屋内或机箱内。

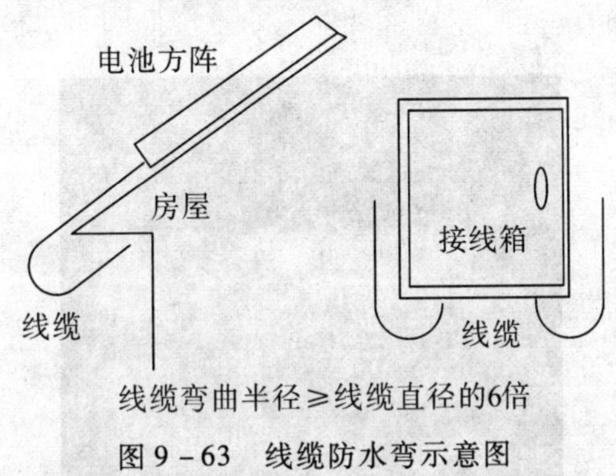

图 9-63 线缆防水弯示意图

2)当太阳能电池方阵在地面安装时要采用地下布线方式,地下布线时要对导线套线管进行保护,掩埋深度距离地面在 0.5 m 以上。

3)交流逆变器输出的电气方式有单相二线制、单相三线制、三相三线制和三相四线制等,连接时注意相线和零线的正确连接。

9.12 家用太阳能光伏系统

家用太阳能发电系统是指主要供给无电或缺电的家庭、小单位以及野外流动工作场所使用的小型离网独立光伏发电系统,在行业内和市场中根据其发电功率和应用对象的不同也被称为“太阳能移动电源”“太阳能照明系统”“便携式光伏电源”“太阳能家用电源”“太阳能户用系统”“家用光伏供电系统”等。发电功率在 30 W 以下的家用光伏电源系统一般都是输出直流电压,主要用于野外流动作业、家庭移动照明、办公应急照明,以及为收音机、收录机、手机、笔记本式计算机、MP3、MP4 等小电器供电和充电等;发电功率在 50 ~ 200 W 的家用光伏电源系统一般都是既有直流电源输出,又有交流电源输出,主要可供野外流动作业、流动性农牧民、渔民家庭照明和最基本的生活用电需要;发电功率在 300 W 以上的光伏电源系统,基本上都是在远离电网的村落、牧区、边防哨所、野外气象站、野外卫星接收站、森林防火检查站、野生动物保护检查站等相对固定的家庭或场所应用。

9.12.1 10 W 家用太阳能照明系统

10 W 家用太阳能照明系统的外形如图 9－64 所示。它采用太阳能电池板直接吸收光能,然后通过光电转换原理将其转化成电能并储存在蓄电池中。该系统适用于电网无法覆盖地区、经常停电地区、西部偏远地区、野外夜间作业、荒山、果林、养蜂夜间值守等使用市电不方便用户的夜间照明,还可为在公园锻炼身体、休闲娱乐的人们提供音乐伴奏的供电电源。该系统可以为其配套的 LED 节能灯(3 W ×2 只)连续供电 6～10 h。系统还设计了 USB 输出插座,可直接为手机,MP3,MP4 等小电器充电使用。

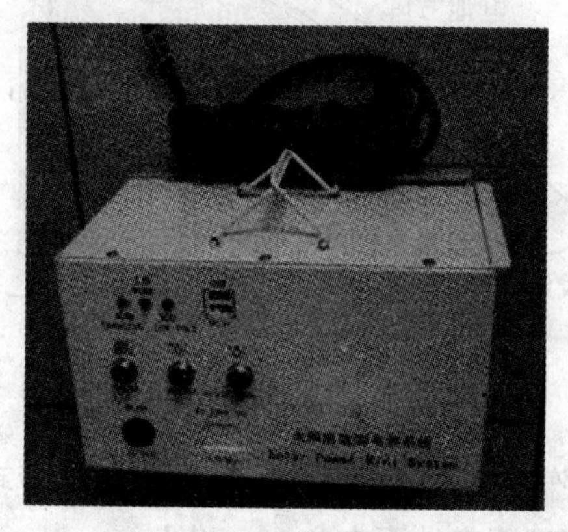

图 9－64 10 W 家用太阳能照明系统的外形

1. 电路原理

本系统由太阳能电池板、控制器、蓄电池及照明灯等构成,其工作原理示意图如图 9－65 所示。

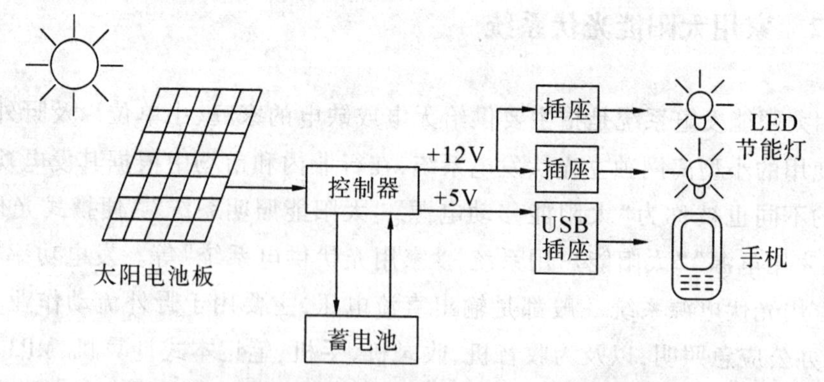

图 9－65 10 W 家用太阳能照明系统电路原理示意图

太阳能电池板经一定能量阳光照射后,将光能转换成电能,并通过控制器把太阳能电池产生的电能存储于蓄电池中。当负载用电时,蓄电池中的电能通过控制器合理地分配到各个负载上。控制器的作用有蓄电池过充电保护、蓄电池过放电保护、系统短路电子熔断器保护、系统极性反接保护、蓄电池防反充保护等。系统内部构成如图9－66所示。

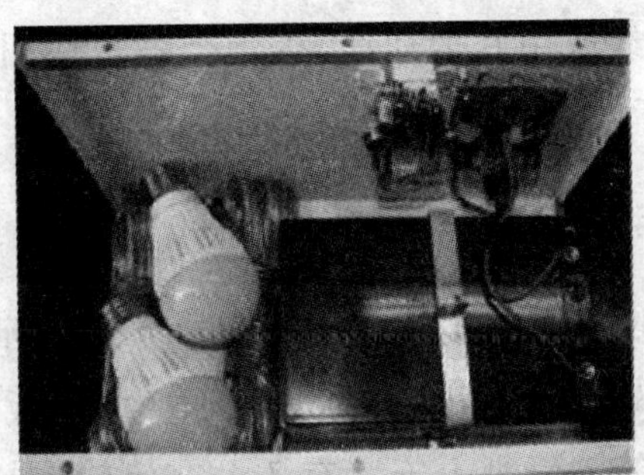

图9－66　10 W家用太阳能照明系统的内部构成

2. **技术参数**

额定工作电压:DC12 V;额定充电电流:1 A;额定负载电流:1 A;过放电压:断开10.5 V ±0.2 V,恢复12.6 V ±0.2 V;过载、短路保护:电子熔断器;空载电流:4 mA;电池板峰值功率:10 W;蓄电池容量:12 A · h/12 V;使用环境温度:－10 ~ +50℃;使用环境湿度:不大于90%。

3. **使用方法**

充电或使用时,先打开电源开关,将太阳能电池板置于户外正南方向(为提高效率也可根据阳光照射时段人工移动电池板方向,如上午置东南方向,中午置正南方向,下午置西南方向等)。电池板与地面呈大约45°放置,并将电池板输出插头接入系统的电池板输入插座上。当阳光照射正常时,充电指示灯(黄色)亮即表示充电正常。

打开电源开关后,蓄电池电压指示灯亮(绿色)表示蓄电池电压充足,可以正常使用。当蓄电池欠电压指示灯(红色)亮时,表示系统蓄电池处于欠电压(亏电)状态,系统将自动关断负载不能使用,待充电到一定程度该灯熄灭后,系统可自动恢复正常供电。

系统附带照明灯口线,可将所附带的直流LED球泡灯旋入灯口,另一端插头插入系统上直流12V灯泡插座,打开电源开关,即可正常使用。

系统附带的5 V USB输出插座,可通过数据线为手机等小电器进行充电。

4. **使用注意事项**

(1)太阳能电池板切勿重压或重击,并经常用软布擦拭电池板表面灰层,保持清洁。切勿在其上覆盖塑料膜、玻璃等物品。

(2)电源初次使用时,务必在较强的日光下连续充电3天后再使用,以延长蓄电池的使用寿命。

(3)如电源系统暂时不用,则每月需充电1 ~ 2次,否则会使蓄电池因自放电导致亏电而缩短使用寿命。

(4)本系统必须用配备的专用高效直流节能灯具,不可用其他灯具。灯具损坏或更换时,必须断开电源,以免造成短路。

(5)不可擅自加长灯线或用其他连线,否则会缩短使用时间,降低输出功率,操作不当造成短路时将损坏蓄电池并可能引起火灾。

9.12.2 100 W 家用太阳能光伏供电系统

100 W 家用太阳能光伏供电系统的外形如图 9 - 67 所示。系统上半部分为控制器、逆变器和输入/输出部分,下面机箱内放置蓄电池,搁板上放置随机配置的灯口线、节能灯和使用说明书等。面板上安装有 7 个交流输出插座,每个插座都带有一个控制开关,控制插座输出交流电与否。

图 9 - 67 100 W 家用太阳能光伏供电系统的外形

1. 电路原理

本系统由太阳能电池板、控制器、蓄电池、交流逆变器及照明灯等构成,其工作原理示意图如图 9 - 68 所示。

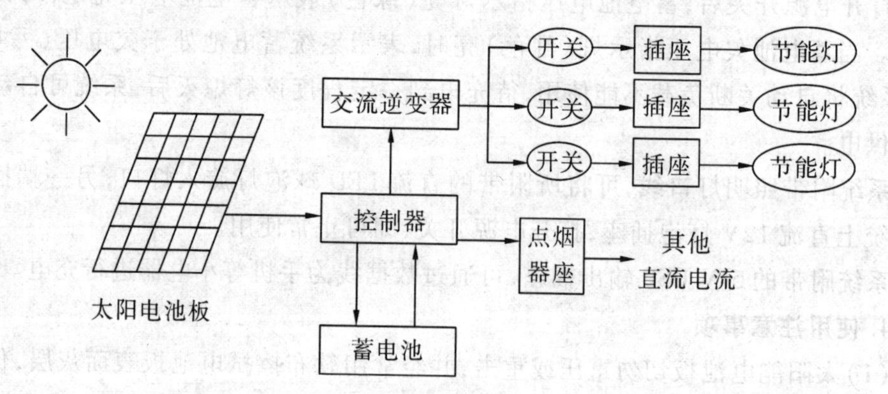

图 9 - 68 100 W 家用太阳能光伏供电系统电路原理图

太阳能电池板经一定能量阳光照射后,将光能转换成电能,并通过控制器把太阳能电池产生的电能存储于蓄电池中。当负载用电时,蓄电池中的电能通过控制器合理地分配到各个负载上。

逆变器的作用是将 12 V 直流电转换为 220 V 交流市电供交流负载使用。

2. 技术参数

(1)额定工作电压:AC220 V/50 Hz(DC12 V);

(2)额定负载功率:不大于200 W;

(3)额定充电电流:5.7 A;

(4)过放电压:断开10.5 V±0.2 V,恢复12.6 V±0.2 V;

(5)电池板峰值功率:100 W;

(6)蓄电池容量:120 A·h/12 V;

(7)使用环境温度:-10~+50℃;

(8)使用环境湿度:不大于90%。

3. 使用方法

本系统面板布局如图9-69所示。

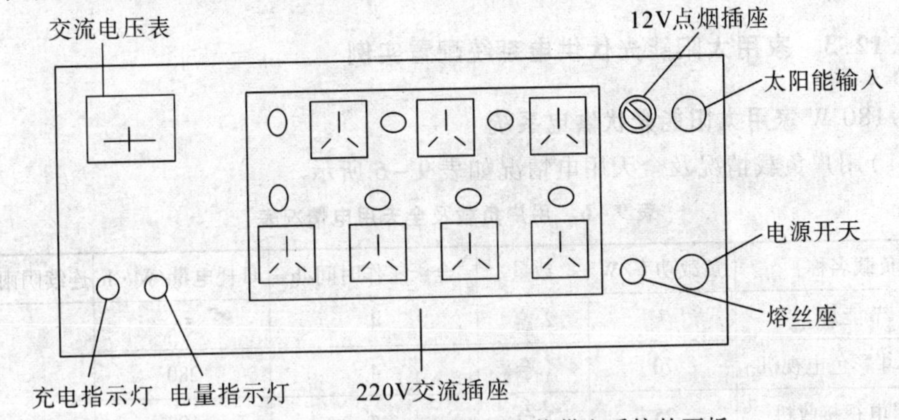

图9-69 100 W家用太阳能光伏供电系统的面板

(1)将太阳能电池板置于户外正南方向(为提高效率也可根据阳光照射时段人工移动电池板方向,如上午置东南方向,中午置正南方向,下午置西南方向等),打开支架,与地面呈大约45°角放置,并将电池板输出插头接入系统的电池板输入插座上。当阳光照射正常时,充电指示灯(黄色)亮即表示充电正常。

(2)打开电源开关,交流电压表应有195 V左右的电压指示。蓄电池电压指示灯亮(绿色)表示蓄电池电压充足,可以正常使用。当蓄电池电量指示灯变红时,表示系统蓄电池处于欠电压(亏电)状态,系统将自动关断负载不能使用,待充电到一定程度该灯变绿时,系统可自动恢复正常供电。

(3)系统附带5条照明灯口线,可将所附带的5 W交流节能灯旋入灯口,另一端插头插入系统上交流220 V输出插座,打开插座旁的电源开关,即可正常使用。每个插座旁附带开关,可供用户单独控制各自照明灯的亮灭,不必频繁拔插插头。

(4)系统上有一个点烟器插座,可输出12 V直流电压,通过转换为各种直流电器供电。

4. 系统内部构造

系统内部构造如图 9 – 70 所示。

图 9 – 70　100 W 家用太阳能光伏供电系统的内部构造

9.12.3　家用太阳能光伏供电系统配置实例

1. 180 W 家用太阳能光伏供电系统

(1)用户负载情况及全天用电情况如表 9 – 6 所示。

表 9 – 6　用户负载及全天用电情况表

负载名称	负载功率/W	数量	全天工作时间/h	日耗电量/W · h	连续阴雨天/d
节能灯	7	2 盏	4	56	4
21 英寸彩色电视机	70	1 台	4	280	
卫星电视接收机	25	1 台	4	100	
DVD 影碟机	30	1 台	4	120	
合计	139			556	

(2)具体配置构成如表 9 – 7 所示。

表 9 – 7　180 W 家用太阳能光伏供电系统配置构成表

名　称	规　格	数　量	备　注
太阳能电池组件	90W	2 块	设计寿命 20 ~ 25 年
太阳能电池支架		1 套	防腐
铅酸蓄电池	150A · h/12V	2 只	阀控、免维护,设计寿命 3 ~ 5 年
光伏控制器	24V/8A	1 台	设计寿命 5 ~ 8 年
交流逆变器	24V/220V,500W	1 台	设计寿命 5 ~ 8 年,正弦波输出
电池组件输出导线	15m	1 套	防腐、防紫外线

2. 500 W 家用/办公太阳能光伏供电系统

(1)用户负载情况及全天用电情况如表 9 – 8 所示。

表 9－8　用户负载及全天用电情况表

负载名称	负载功率/W	数　量	全天工作时间/h	日耗电量/(W·h)	连续阴雨天/d
节能灯	11	5 盏	4	220	3～4
21 英寸彩色电视机	70	1 台	6	420	
卫星电视接收机	25	1 台	6	150	
液晶显示计算机	120	1 台	5	600	
喷墨打印传真一体机	15	1 台	1	15	
光伏水泵	200	1 台	0.5	100	
合　计	441			1 505	

(2)具体配置构成如表 9－9 所示。

表 9－9　500 W 家用/办公太阳能光伏供电系统配置构成表

名　称	规　格	数　量	备　注
太阳能电池组件	125 W	4 块	设计寿命 20～25 年
太阳能电池支架		1 套	防腐
铅酸蓄电池	200 A·h/12 V	2 只	阀控、免维护,设计寿命 3～5 年
光伏控制器	24 V/20 A	1 台	设计寿命 5～8 年
交流逆变器	24 V/220 V,1 000 W	1 台	设计寿命 5～8 年,正弦波输出

3. 800 W 家用/办公太阳能光伏供电系统

(1)用户负载情况及全天用电情况如表 9－10 所示。

表 9－10　用户负载及全天用电情况表

负载名称	负载功率/W	数　量	全天工作时间/h	日耗电量/(W·h)	连续阴雨天/d
节能灯	11	6 盏	4	264	3～4
21 英寸彩色电视机	70	1 台	6	420	
卫星电视接收机	25	1 台	6	150	
液晶显示计算机	120	1 台	5	600	
喷墨打印传真一体机	15	1 台	1	15	
光伏水泵	200	1 台	0.5	100	
120L 电冰箱	95	1 台	24	950	
双桶洗衣机	110	1 台	1	110	
合　计	646			2 609	

(2)具体配置构成如表 9－11 所示。

表 9－11　800 W 家用/办公太阳能光伏供电系统配置构成表

名　称	规　格	数　量	备　注
太阳能电池组件	200 W	4 块	设计寿命 20～25 年
太阳能电池支架	1 套	防腐	
铅酸蓄电池	200 A·h/12 V	6 只	阀控、免维护，设计寿命 3～5 年
光伏控制器	24 V/30 A	1 台	设计寿命 5～8 年
交流逆变器	24 V/220 V，2 000 W	1 台	设计寿命 5～8 年，正弦波输出

4. 1 600 W 家用/办公太阳能光伏供电系统

（1）用户负载情况及全天用电情况如表 9－12 所示。

表 9－12　用户负载及全天用电情况表

负载名称	负载功率/W	数量	全天工作时间/h	日耗电量/（W·h）	连续阴雨天/d
节能灯	11	8 盏	6	528	3～4
21 英寸彩色电视机	70	1 台	6	420	
卫星电视接收机	25	1 台	6	150	
液晶显示计算机	120	2 台	5	1 200	
激光打印传真一体机	35	1 台	1	35	
光伏水泵	400	1 台	0.5	200	
120L 电冰箱	95	1 台	24	950	
双桶洗衣机	110	1 台	1	110	
微波炉	900	1 台	0.5	450	
合计	1 766			4 043	

（2）具体配置构成如表 9－13 所示。

表 9－13　1 600 W 家用/办公太阳能光伏供电系统配置构成表

名　称	规　格	数　量	备　注
太阳能电池组件	200 W	8 块	设计寿命 20～25 年
太阳能电池支架		1 套	防腐
铅酸蓄电池	500～600 A·h/2 V	24 只	阀控、免维护，设计寿命 3～5 年
光伏控制器	48 V/30 A	1 台	设计寿命 5～8 年
交流逆变器	48 V/220 V、3 000 W	1 台	设计寿命 5～8 年，正弦波输出

5. 2 600 W 家用/办公太阳能光伏供电系统

（1）用户负载情况及全天用电情况如表 9－14 所示。

表 9－14　用户负载及全天用电情况表

负载名称	负载功率/W	数 量	全天工作时间/h	日耗电量/(W·h)	连续阴雨天/d
节能灯	11	8 盏	6	528	3～4
21 英寸彩色电视机	70	1 台	6	420	
卫星电视接收机	25	1 台	6	150	
电饭锅	800	1 台	0.5	400	
液晶显示计算机	120	2 台	5	1 200	
激光打印传真一体机	35	1 台	1	35	
光伏水泵	400	1 台	0.5	200	
120L 电冰箱	95	1 台	24	950	
双桶洗衣机	110	1 台	1	110	
微波炉	900	1 台	0.5	450	
1.5 匹空调器	1 200	1 台	5	3 000	
合计	3 766			7 443	

(2)具体配置构成如表 9－15 所示。

表 9－15　2 600 W 家用/办公太阳能光伏供电系统配置构成表

名 称	规 格	数 量	备 注
太阳能电池组件	185W	14 块	设计寿命 20～25 年
太阳能电池支架		1 套	防腐
铅酸蓄电池	800～1 000A·h/2V	24 只	阀控、免维护，设计寿命 3～5 年
光伏控制器	48V/60A	1 台	设计寿命 5～8 年
交流逆变器	48V/220V，5 000W	1 台	设计寿命 5～8 年，正弦波输出

6. 家用风光互补供电系统配置实例

由于地域间的太阳能资源和风力资源不平衡，采用太阳能光伏发电还是风力发电，或者风力和光伏互补发电，要根据当地的具体太阳能和风力资源的情况来定。一般情况下，风力发电供电系统要比太阳能发电系统初期投资成本低。但风力发电系统由于风力发电机本身属于旋转运动部件，造成整个系统可靠性较低，维护成本较高。从系统的优化角度考虑，风光互补系统更符合节省和实用的原则。但对于偏远和交通不便地区、系统维护不方便地区，则更适合选择几乎不需要维护的太阳能光伏发电系统。

(1)用户负载情况：10 W 节能灯 3 盏，21in 彩色电视机 1 台，DVD 影碟机 1 台，普通电冰箱 1 台。

(2)全天用电情况：节能灯、彩色电视机、DVD 机每天用电 5 h，电冰箱全天供电，全天用电量约为 2 kWh，考虑连续 3 个阴雨、无风天能连续正常供电。

(3)具体配置如表9－16所示。

表9－16　家用风光互补发电系统配置构成表

名称	规格	数量	备注
风力发电机	600 W	1台	设计寿命15年
风机控制器	24 V/40 A	1台	设计寿命15年
风机塔架	高度9 m	1套	斜拉塔架、防腐
太阳能电池组件	90 W	2块	设计寿命20～25年
太阳能电池支架		1套	防腐
铅酸蓄电池	150 A·h/12 V	4只	阀控、免维护,设计寿命3～5年
光伏控制器	24 V/8 A	1台	设计寿命5～8年
交流逆变器	24 V/220 V,2 kW	1台	设计寿命5～8年,正弦波输出
电池组件输出导线	20 m	1套	防腐、防紫外线

9.12.4　家用太阳能光伏发电系统典型配置

表9－17给出了5～3 000 W各种家用太阳能光伏发电系统的典型配置参数。

表9－17　5～3 000 W家用太阳能光伏发电系统典型配置

系统功率/W	5	10	20	30	40	50
电池组件功率/W	5	10	20	30	40	50
系统工作电压/V	DC12	DC12	DC12	DC12	DC12	DC12
蓄电池容量	7 A·h/12 V	12 A·h/12 V 18 A·h/12 V	20 A·h/12 V 33 A·h/12 V	33 A·h/12 V 38 A·h/12 V	38 A·h/12 V 50 A·h/12 V	50 A·h/12 V 65 A·h/12 V
逆变器				100 W/12 V	150 W/12 V	150 W/12 V
输出电压/V	DC12	DC12	DC12	DC12AC220	DC12AC220	DC12AC220
控制器	1 A/12 V	1 A/12 V	3 A/12 V	3 A/12 V	5 A/12 V	5 A/12 V
状态显示	LED	LED	LED	LED、表头	LED、表头	LED、表头
可带负载	5 W节能灯具1只,收录机1台	5 W节能灯具2只,收录机1台	7 W节能灯2只,收录机、小型黑白电视机各1台	7～9 W节能灯3～4只,其余同前	9 W节能灯4只,DVD、卫星接收机、小型液晶彩色电视机各1台	9 W节能灯4只,DVD、卫星接收机、小型液晶彩色电视机各1台

续表

使用时间/h	4	4~5	5~8	5~8	4~8	5~10
系统功率/W	60	80	100	200	300	400
电池组件功率/W	60	80	100	100×2	150×2	200×2
系统工作电压/V	DC12	DC12	DC12DC24	DC24	DC24	DC24
蓄电池容量	65 A·h/12 V 80 A·h/12 V	80 A·h/12 V 100 A·h/12 V	120 A·h/12 V 65 A·h/12 V×2 块	100 A·h/12 V 120 A·h/12 V×2 块	120 A·h/12 V 150 A·h/12 V×2 块	150 A·h/12 V 200 A·h/12 V×2 块
逆变器	200 W/12 V	200 W/12 V	300 W/12 V 300 W/24 V	300 W/24 V	500 W/24 V	500 W/24 V
输出电压/V	DC12AC220	DC12AC220	AC220	AC220	AC220	AC220
控制器	5 A/12 V	8 A/12 V	8 A/12 V 或 5 A/24 V	8 A/24 V	10 A/24 V	20 A/24 V
状态显示	LED、表头	LED、表头	LED、表头	LED、表头	LED、表头	LED、表头
可带负载	9W 节能灯 4 只，DVD、卫星接收机、小型液晶彩色电视机各 1 台	9W 节能灯 4 只，DVD、卫星接收机、17 英寸液晶彩色电视机各 1 台	9W 节能灯 4 只，DVD、卫星接收机、17 英寸液晶彩色电视机各 1 台	9W 节能灯多只，DVD、卫星接收机、21 英寸彩色电视机各 1 台及其他用电器	9W 节能灯多只，DVD、卫星接收机、21 英寸彩色电视机各 1 台及其他用电器	9W 节能灯多只，DVD、卫星接收机、21 英寸彩色电视机各 1 台及其他用电器
使用时间/h	6~10	4~10	4~10	4~10	6~12	8~15
系统功率/W	500	800	1 000	1 500	2 000	3 000
电池组件功率/W	250×2 或 125×4	200×4 135×6	250×4 125×8	185×8 135×12	250×8 125×16	185×16 135×24
系统工作电压/V	DC24	DC24	DC24DC48	DC48	DC48	DC48
蓄电池容量	120 A·h/12 V 150 A·h/12 V×4 块	150 A·h/12 V×4 块或 120 A·h/12 V×6 块	150 A·h/12 V×6 块或 120 A·h/12 V×8 块	150 A·h/12 V×8 块或 120 A·h/12 V×12 块	200 A·h/12 V×8 块或 400 A·h/2 V×24 块	200 A·h/12 V×16 块或 800 A·h/2 V×24 块
逆变器	800 W/24 V	1 000 W/24 V	1 500 W/24 V 1 500 W/48 V	1 500 W/48 V 2 000 W/48 V	1 500 W/48 V 2 000 W/48 V	3 000 W/48 V 5 000 W/48 V
输出电压/V	AC220	AC220	AC220	AC220	AC220	AC220

续表

系统功率/W	5 W	10 W	20 W	30 W	40 W	50W
控制器	20 A/24 V	30 A/24 V	40 A/24 V 20 A/48 V	30 A/48 V	40 A/48 V	50 A/48 V 80 A/48 V
状态显示	LED、表头	LED、表头	LED、表头	LED、表头	LED、表头	LED、表头
可带负载	可满足家庭基本用电需要，部分用电器间歇使用	可满足家庭基本用电需要，部分用电器间歇使用	可满足家庭基本用电需要，大功率电器间歇使用	可满足家庭基本用电需要，大功率电器间歇使用	可满足家庭基本用电需要，大功率电器间歇使用	可满足家庭基本用电需要，大功率电器间歇使用
使用时间	全天 24 h	全天 24 h	全天 24 h	全天 24 h	全天 24 h	全天 24 h

9.13 太阳能系列灯具的设计与应用

太阳能灯具由太阳能电池组件、光伏控制器、蓄电池、照明光源及灯体、灯杆等组成。白天当有阳光照射时，通过太阳能电池板将光能转换为电能，并通过光伏控制器把太阳能电池产生的电能存储于蓄电池中。当临近傍晚时，蓄电池中的电能通过控制器给照明光源送电，使光源点亮。光源点亮后，可以按预先设定好的时间自动关闭，也可以等天亮后受光控自动关闭，由用户根据需要选择。对太阳能交通信号灯等白天也需要点亮的灯具，则不受时间和阳光的控制，将根据需要昼夜点亮。常见的太阳能灯具有太阳能草坪灯、太阳能庭院灯、太阳能景观灯、太阳能道路灯、太阳能交通信号灯以及太阳能楼宇照明系统等。

太阳能灯具具有下述特点。

(1)节能环保：以太阳能光电转换提供电能，取之不尽、用之不竭，无污染，无噪声，无辐射。

(2)高效率、长寿命：太阳能灯具科技含量高，充放电控制及太阳能电池最大发电量跟踪控制，均采用智能化设计，质量可靠。

(3)安全可靠：太阳能灯具属于低压直流运行装置，对人畜无伤害，无触电、火灾等意外事故发生。

(4)施工快捷：安装施工不需要挖沟敷设电缆，即安即用。

(5)无需管理：照明系统通过微机控制，无人值守，自动运行；一次性投资，长期受用；无停电、限电的顾虑。

(6)应用广泛：太阳能源源于自然，凡是有日照的地方都可应用，特别适合于绿地景观、别墅住宅、旅游景点、海岸景观、工业开发区、工矿企业、大专院校、机关医院、农村街道等夜间照明及点缀使用。

1. **太阳能草坪灯**

太阳能草坪灯主要用于公园、住宅小区、工业园区绿化带、旅游风景区、景观绿地、广场绿地、家庭院落等任何需要照明和亮化点缀的草坪、小河边及崎岖小路等，具有安全、节能、环保、造型美观、安装方便等特点。它白天利用太阳能电池的能源为草坪灯存储电能，天黑后，蓄电池中的电能通过控制电路为草坪灯的光源供电。第二天早晨天亮时，蓄电池停止为光源供电，草坪灯熄灭，太阳能电池继续为蓄电池充电，周而复始、循环工作。通过不同的控制电路可以实现草坪灯的光控开/光控关、光控开/时控关、全功率开/半功率关等各种控制方式。

太阳能草坪灯高度一般为0.6～1 m，灯体材料有不锈钢、压铸铝、塑料、铁件等。太阳能草坪灯虽然灯体式样各异，但其内部控制电路、光源及蓄电池容量等配置却大同小异。照明光源一般都选择2～15颗超高亮度LED构成0.1～0.9 W不等的光源，太阳能电池板的发电功率一般都在0.8～3 W之间，蓄电池一般都选择3.6 V，1～2 A·h的镍氢电池、锂电池，或者6 V、1.2～4 A/h的铅酸蓄电池等。太阳能草坪灯的照明时间一般都能达到每天8 h以上，且根据配置不同能保证3～5个阴雨天的连续工作。太阳能草坪灯的典型配置构成如表9－18所示。

表9－18 太阳能草坪灯典型配置

序号	照明光源	太阳能电池	蓄电池	控制器	光照度/lx	全天照明时间	连续阴雨天
1	LED/0.13 W	0.5 W	1 A·h/3.6 V	4 V/0.2 A	2	8～10 h	2d
2	LED/0.3 W	0.9 W	2 A·h/3.6 V	4 V/0.6 A	5	6～10 h 可控	2d
3	LED/0.7 W	2.2 W	4 A·h/6 V	6 V/0.8 A	10	6～10 h 可控	3d
4	LED/0.7 W	2.8 W	4 A·h/6 V	6 V/0.8 A	10	6～10 h 可控	5d
5	LED/0.85 W	3.5 W	7 A·h/6 V	6 V/0.8 A	14	6～10 h 可控	5d

2. **太阳能庭院灯**

太阳能庭院灯主要用于城市道路小街小巷、花园、住宅小区道路、公园及文化广场、步行街、健身休闲广场、紧急避难所等场所的亮化照明。太阳能庭院灯以太阳能作为电能供给，白天储能夜晚使用，可根据不同地区的光照情况，进行多种控制模式的设置，如光控开/光控关、光控开/时控关等，照明时间可在每天4～8 h范围调整，可连续工作3～5个阴雨天。

太阳能庭院灯安装简单，无需预埋管网布线，灯体高度一般为3～4 m，灯体材料有铸铝、不锈钢、钢件热镀锌喷塑等，造型美观，具有耐腐蚀、节能、环保等特点。

太阳能庭院灯适配光源为高效节能灯或超高亮LED灯，太阳能电池板功率一般在25～55 W之间，蓄电池容量一般在30～65 A/h之间。太阳能庭院灯典型配置如表9－19所示。

表 9－19　太阳能庭院灯典型配置

序号	照明光源功率	太阳能电池	蓄电池	控制器	光照度/lx	全天照明时间	连续阴雨天/d
1	LED/3 W,1 只	15～20 W	18～24 A·h/12 V	12 V/3 A	10	6～10h	3～5
2	LED/3 W,2 只	20～30 W	24～38 A·h/12 V	12 V/3 A	10	6～10h	3～5
3	5 W,1 只 20～30 W	24～38 A·h/12 V	12 V/3 A	12	6～10	3～5 天	
4	5 W,2 只	35～50 W	38～50 A·h/12 V	12 V/5 A 12	6～10	3～5 天	
5	7 W,2 只	40～60 W	38～80 A·h/12 V	12 V/5 A	15	6～10h	3～5

3. 太阳能道路灯

太阳能道路灯主要用于城市道路、住宅小区道路、公园及文化广场、旅游风景区、工业园区、学校校园、健身休闲广场、紧急避难所等道路和场所的照明。太阳能道路灯以太阳能(或太阳能＋风能)作为电能供给,白天储能夜晚使用,可根据不同地区的光照情况,进行多种控制模式的设置,如光控开/光控关、光控开/时控关以及光控开/时控半功率运行/光控关等,照明时间可在每天 6～10 h 范围调整,可连续工作 3～5 个阴雨天。

太阳能道路灯安装简单,无需预埋管网布线,灯体高度一般为 5 m,6 m、8 m、10 m和 12 m 等,灯体材料为钢管热镀锌喷塑,造型美观,具有耐腐蚀、节能、环保等特点。

太阳能道路灯适配光源为高光效低功耗光源,较常使用的有节能灯、无极灯、低压钠灯、超高亮 LED 灯等,其典型配置如表 9－20 所示。表 9－21 和表 9－22 分别是太阳能 LED 双头路灯和风光互补太阳能道路灯的典型配置。

表 9－20　太阳能道路灯典型配置

序号	照明光源功率	太阳能电池 W	蓄电池(12V)	控制器	灯杆高度 m	全天照明时间	连续阴雨天
1	LED 灯 10 W	35	65 A·h 12 V/5 A	4	6～8	2～3d	
2	LED 灯 18 W	60	100 A·h 12 V/5 A	5	6～8	2～3d	
3	LED 灯 20 W	75	120 A·h 12 V/10 A	6	6～8	2～3d	
4	无极灯 23 W	90～110	100～120 A·h	12 V/10 A	6	6～8h	3～5d
5	LED 灯 25 W	100	120A·h	12 V/10 A	6	6～8h	2～3d
6	低压钠灯 26 W	80～140	100～120 A·h	12 V/10 A	6	6～8 h	3～5d
7	LED 灯 30 W	120	130 A·h	12 V/10 A	6	6～8h	2～3d
8	LED 灯 35 W	150	200 A·h	12 V/10 A	8	6～8h	2～3d
9	LED 灯 35 W	140	150 A·h	12 V/10 A	6	8h	5d

续表

序号	照明光源功率	太阳能电池 W	蓄电池(12V)	控制器	灯杆高度 m	全天照明时间	连续阴雨天
10	金卤灯 35 W	120 ~ 170	180 ~ 200 A · h	12 V/15 A	8	6 ~ 10h	3 ~ 5d
11	LED 灯 40W	160	200 A · h	12 V/15 A	10	6 ~ 8h	2 ~ 3d
12	LED 灯 45 W	190	150 A · h × 2	12 V/15 A	6	8h	7d
13	LED 灯 50 W	100 × 2	120 A · h × 2	24 V/10 A	10	6 ~ 8h	2 ~ 3d
14	LED 灯 60 W	120 × 2	150 A · h × 2	24 V/10 A	10	6 ~ 8h	2 ~ 3d
15	LED 灯 80 W	150 × 2	150 A · h × 2	24 V/15 A	10	6 ~ 8h	2 ~ 3d
16	LED 灯 100 W	85 × 4	200 A · h × 2	24 V/15 A	12	6 ~ 8h	2 ~ 3d

表 9 - 21　太阳能 LED 双头道路灯典型配置

序号	LED 光源功率	太阳能电池功率	蓄电池	路灯控制器	灯杆高度/m
1	20 W + 11 W(12 V)	60 W × 2	150 A · h/12 V	12 V/10 A 双路控制	6
2	20 W + 11 W(12 V)	120 W	150 A · h/12 V	12 V/10 A 双路控制	6
3	15 W + 15 W(12 V)	55 W × 2	150 A · h/12 V	12 V/10 A 双路控制	6
4	20 W + 15 W(12 V)	120 W	150 A · h/12 V	12 V/10 A 双路控制	6
5	25 W + 11 W(12 V)	55 W × 2	150 A · h/12 V	12 V/10 A 双路控制	8
6	18 W + 18 W(24 V)	80 W × 2	100 A · h/12 V × 2	24 V/8 A 双路控制	8
7	25 W + 15 W(12 V)	60 W × 2	150 A · h/12 V	12 V/10 A 双路控制	6
8	30 W + 15 W(12 V)	80 W × 2	200 A · h/12 V	12 V/15 A 双路控制	8
9	30 W + 15 W(12 V)	160 W	200 A · h/12 V	12 V/15 A 双路控制	8
10	35 W + 10 W(12 V)	75 W × 2	200 A · h/12 V	12 V/15 A 双路控制	8
11	55 W + 10 W(24 V)	120 W × 2	120 A · h/12 V × 2	24 V/10 A 双路控制	8
12	35 W + 35 W(12 V)	120 W × 2	150 A · h/12 V × 2	12 V/20 A 双路控制	8 ~ 10

表 9 - 22　风光互补太阳能道路灯典型配置

序号	光源功率	太阳能电池功率/W	风力发电机功率/W	蓄电池容量	控制器	灯杆高度/m
1	LED	40	60 × 2	100 A · h/12 V × 2	24 V/5 A	7
2	LED	60	100 × 2	120 A · h/12 V × 2	24 V/10 A	9
3	LED	90	180 × 2	200 A · h/12 V × 2	24 V/15 A	11
4	低压钠灯	18	60 ~ 80	65 ~ 80 A · h/12 V	12 V/10 A	6
5	高压钠灯	50	90 ~ 110	180 ~ 200 A · h/12 V	12 V/10 A	8

4. 太阳能交通信号灯

太阳能交通信号灯主要用于公路沿线平交、岔道、沿河、沿山事故多发危险地段，城市内不适宜安装普通交通信号灯的地段或道口，高速公路匝道进出口处等。太阳能交通信号灯以太阳能电池作为电能供给，无需市电支持，不受地域限制，无需开凿敷设电缆，采用高光效、低损耗、超高亮度 LED 光源，全天自动闪烁发光，造型美观，安装简便，对提高道路交通安全具有良好的警示作用。

太阳能交通信号灯工作电压为 12 V，功率一般都小于 10 W，外壳材料一般采用聚碳酯注塑、铝合金压铸或铝合金板材加工成型，可在 -40 ~ +70℃ 的环境温度范围内正常工作，可每天 24 h 不间断工作，连续工作 7 ~ 15 个阴雨天。表 9-23 是部分太阳能交通信号灯的典型配置表。

表 9-23　太阳能交通信号灯典型配置

灯具类型	太阳能电池	蓄电池	控制器	光　源	闪烁频率	可视距离
黄闪	8 ~ 11 W	10 ~ 12 A · h/12 V	5 A/12 V	LED 黄光	40 次/min	正常环境下不小于 500 m
慢、黄闪	8 ~ 11 W	12 ~ 17 A · h/12 V	5 A/12 V	LED 红黄光	40 次/min	
慢、让闪	8 ~ 11 W	12 ~ 17 A · h/12 V	5 A/12 V	LED 红黄光	40 次/min	
爆闪	10 ~ 13 W	12 ~ 17 A · h/12 V	5 A/12 V	LED 红蓝光	交替频闪	
闪光警告标志牌	8 ~ 11 W	24 ~ 34 A · h/12 V	5 A/12 V	LED 黄色	40 次/min	
其他指示类标志牌	8 ~ 11 W	24 ~ 34 A · h/12 V	5 A/12 V	LED 黄白色	40 次/min	
闪光限速标志牌	7 ~ 10 W	17 ~ 24 A · h/12 V	5 A/12 V	LED 红黄色	40 次/min	
其他禁止类标志牌	7 ~ 10 W	17 ~ 24 A · h/12 V	5 A/12 V	LED 红黄色	40 次/min	

5. 太阳能楼宇照明系统

太阳能楼宇照明系统采用太阳能电池组件发电为楼道及楼门口的照明灯供电，每个单元配置一套系统，如图 9-71 所示。该系统具有节能、寿命长、不受停电影响、住户无共摊电费等优点。该照明系统还可以和单元的楼宇对讲系统及紧急通道指示灯等合并供电使用，实行一个单元一套系统，实现单元楼道公共用电的太阳能供电化。

（1）设计方案。

1）每层单元楼道安装一只 1 W 的 LED 灯，采用声光控开关，以 6 层楼为例，共安装 7 只 LED 灯。

2）每盏灯每次点亮后，会延时 1 ~ 2 min 熄灭，由于用电很省，所配蓄电池可以提供 10 ~ 15 个阴雨天的正常供电。

3）为防止长时间连续阴雨天，蓄电池得不到太阳能的能量补充，系统具备采用交流市电补充充电的功能，当蓄电池电量不足时，系统将自动切换到交流电充电模式，蓄电池充满后自动关断，系统又返回到太阳能充电模式。

4）太阳能电池组件安装在楼顶，面向正南向阳处。

（2）系统配置。

1）太阳能电池组件选用一块峰值发电功率 25 W、峰值工作电压 34 V 左右的晶体硅组件。

2)蓄电池选用24 A · h/12 V储能型铅酸蓄电池2块。

3)照明灯为1 W/24 V超高亮度LED灯7只。

4)控制箱部分如图9-72所示,包括充放电控制器、直流稳压器、蓄电池、交流充电器及工作状态显示数字表头等。

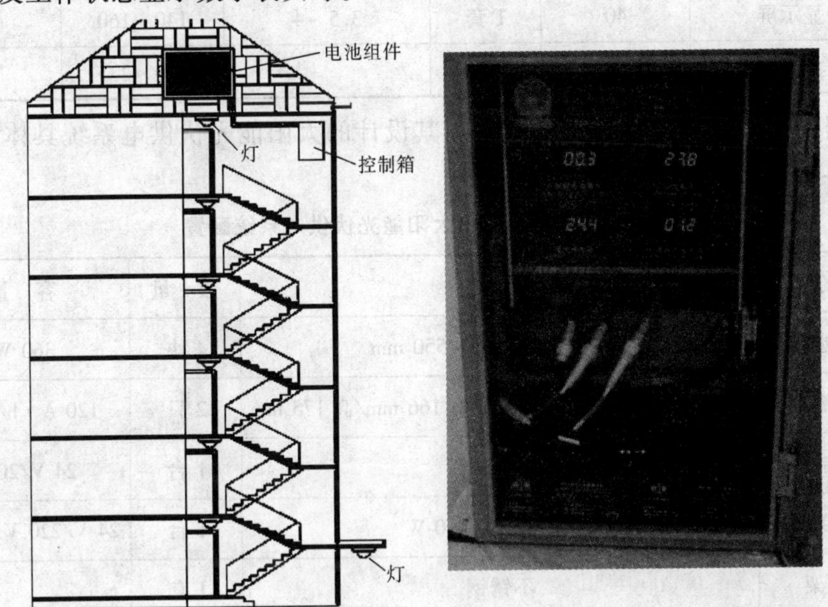

图9-71 太阳能楼宇照明系统示意图 图9-72 太阳能楼宇照明系统控制箱

9.14 其他太阳能光伏供电系统的设计与应用

1. 公园科普橱窗太阳能光伏供电方案

某公园科普橱窗因市电无法供应,故采用太阳能光伏供电系统供电,每个橱窗都有LED背景灯和LED滚动字幕显示屏,每套供电系统要为两个橱窗供电,如图9-73所示,单个橱窗负载及全天用电情况如表9-24所示。

图9-73 科普橱窗太阳能光伏供电系统

表 9-24　橱窗负载及全天用电情况表

负载名称	负载功率/W	数量	全天工作时间/h	日耗电量/W·h	连续阴雨天
LED 背景灯	25	1 套	2~3	50~75	4d
LED 显示屏	40	1 套	3.5~4	140~160	
合计	65			190~235	

根据橱窗负载用电情况，经计算，为其设计的太阳能光伏供电系统具体配置构成如表9-25所示。

表 9-25　科普橱窗太阳能光伏供电系统配置

名　称	规　格	数　量	容　量
太阳能电池组件	90 W、1 200 mm×550 mm	4 块	360 W
胶体铅酸蓄电池	120 A·h/12 V，长 350 mm/宽 166 mm/高 175 mm	2 只	120 A·h/24 V
光伏控制器	24 V/20 A	1 台	24 V/20 A
交流逆变器	24 V/220 V，500 W	1 台	24 V/220 V，500 W
组件支架	不锈钢	1 套	

2. 通信基站太阳能光伏供电方案

（1）常见直流供电系统配置。

1）用于超短波电台、小功率电台发射机等场合，供电电压为 DC12V，太阳能电池组件功率为 150 W，蓄电池容量为 200 A·h/12 V，光伏控制器为 12 V/8 A。

2）用于微波通信、光缆中继站等，供电电压为 DC24V，太阳能电池组件功率为 500 W，蓄电池容量为 500 A·h/2 V，12 只串联，光伏控制器为 24 V/30 A。

3）用于邮电、通信、寻呼台、基站、石油管道阴极保护等，供电电压为 DC48V，太阳能电池组件功率为 1~5 kW，蓄电池容量为 500~2 000 A·h/2 V，24 只串联，光伏控制器为 48 V/50 A。

（2）某区“村村通”工程太阳能供电案例。

1）负载基本情况。

“村村通”工程配置卫星电话机 2 部、电话计价器 1 台。卫星电话机工作电压范围：+44 ~ +54 V（典型值为 +48 V）；峰值工作电流为 1 000 mA；待机电流不大于 200 mA。电话计价器工作电压为 +12 V；工作电流为 250 mA。每部卫星电话机每天工作（通话）2 h，待机 22 h，要求蓄电池后备阴雨天数为 3 天（72 h）。

2）太阳能供电系统配置。

根据负载参数及要求，太阳能供电系统配置如表 9-26 所示。

表 9-26 "村村通"太阳能供电系统配置

名 称	规 格	数 量	容 量
太阳能电池组件	80 W	4 块	320 W
胶体蓄电池	100 A · h/12 V	4 块	100 A · h/48 V
光伏控制器	48 V/30 A	1 台	30 A/48 V

(3)"村村通"太阳能供电系统配置实例。

1)某"村村通"工程甲太阳能供电配置。

某"村村通"工程甲太阳能供电配置如表 9-27 所示。

表 9-27 某"村村通"工程甲太阳能供电配置

名 称	规 格	数 量	容 量
太阳能电池组件	峰值功率 80 W 多晶硅,峰值工作电压 17 V	2 块	160 W
胶体蓄电池	150 A · h/12 V	1 块	150 A · h/12 V
铅酸蓄电池	150 A · h/12 V	1 块	150 A · h/12 V
光伏控制器	12 V/30 A	1 台	12 V/30 A

2)某"村村通"工程乙太阳能供电配置。

某"村村通"工程乙太阳能供电配置如表 9-28 所示。

表 9-28 某"村村通"工程乙太阳能供电配置

名 称	规 格	数 量	容 量
太阳能电池组件	峰值功率 80W 多晶硅,峰值工作电压 17V	4 块	320W
胶体蓄电池	150A · h/12V	4 块	150A · h/48V 一组
铅酸蓄电池	150A · h/12V	4 块	150A · h/48V 一组
光伏控制器	48V/30A	1 台	48V/30A

9.15 太阳能并网发电系统的设计与应用

本节介绍几个太阳能并网发电系统设计应用的实例,以期帮助大家对各个实例的设计思路、技术应用等有一个系统的了解,达到学习和借鉴的目的。

9.15.1 办公区 10 kW 太阳能并网发电系统的设计与应用

该办公区地处大连市,主要负载为 10 台台式计算机和 1 台 3 匹空调,合计功率为 5 kW,还有些附加负载,预计最大负载功率合计为 6 kW。负载使用时间为正常上班时间,每天白天工作 8 h,平均日用电量为 40 kW · h,市电及负载电源均为单相 AC220V/50 Hz。

办公区屋顶有一个采光棚，可以安装规格尺寸为 1 580 mm × 808 mm × 40 mm 的 185 W 光伏组件 54 块，如图 9－74 所示。利用这 54 块组件为办公区供电，实现太阳能光伏发电与建筑结合，基本实现办公用电自给自足。

图 9－74　10 kW 太阳能光伏方阵

设计安装的 54 块光伏组件总容量为 185 W × 54 = 9 990 W，根据选定的并网逆变器输入电压要求，确定安装的光伏组件连接方式为每 18 块串联为 1 串，对应一台 3 kW 的组串式逆变器，3 个光伏组串对应 3 台组串式逆变器。系统构成框图如图 9－75所示。

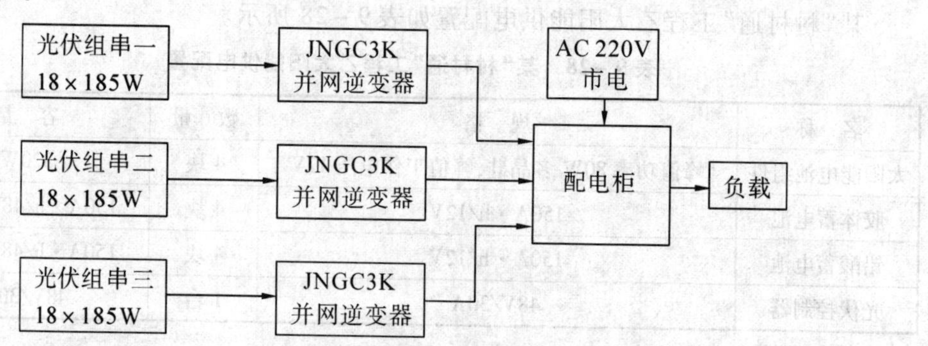

图 9－75　10 kW 太阳能并网发电系统构成框图

本系统设计时没有直接选用 1 台 10 kW 的并网逆变器，而是选用了 3 台 3 kW 的并网逆变器，主要原因有两点。

（1）10 kW 并网逆变器通常为三相逆变器，考虑用户负载不具备三相均衡分配条件，因此不宜选用单台 10 kW 逆变器将负载分配到三相上。

（2）选用 3 台 3 kW 并网逆变器可并联使用，可以满足不同容量负载使用的要求，不存在均衡分配问题，可以满足用户空调容量使用要求。

另外选用 3 kW 逆变器正好和光伏系统成为组串式，有利于光伏组件 MPPT 寻优调节，减少光伏组串因局部遮挡等原因带来的损失。

本方案选用的 JNGC3K 型并网逆变器可以挂壁安装，如图 9－76 所示。它可以像普通用电设备一样，通过断路器或插头、插座直接连接到交流 220 V 市电回路中。

由于本地负载用电时间与光伏发电的有效时间基本重合，扣除发电系统的损耗后，用电量略大于发电量，所以光伏逆变所产生的电能不会逆向流入电网。

实际运行中，当日照条件较好时，光伏逆变的电能完全可以满足本地负载使用，这时本系统几乎不从电网吸取能量；而当日照条件较差时，本系统会部分或全部从电网获取能量。这些状态的变化是连续的、不间断的，若从负载侧来看，就像普通市电供电的系统一样，唯一的区别只在于进线处的电度表转得很慢很慢。

图 9 – 76　并网逆变器挂壁安装

本方案在设计初期，也曾经考虑过采用离网运行方案，经过对比最终选择了并网运行方案。离、并网运行方案对比如下：

(1)适用性方面：两种方案都能充分发挥 9 990 W 光伏组件的发电作用，都能满足对所列负载的保障供电。

(2)实用性方面：并网方案结构简单，安装方便；而离网方案环节较多，系统自损耗较大，需要占用超过 20 m^2 的室内空间。

(3)经济性方面：从一次性投入来看，离网方案多出一个蓄电池设备，且蓄电池容量不能设计得太小，因为大电流充放电(相对于小容量蓄电池来说)及频繁深度充放电将严重影响蓄电池的寿命，所以如果蓄电池设计容量偏小，一般深充深放 200 次左右就可能损坏，为了延长蓄电池使用寿命又将导致投入较大，这是一对矛盾。从长期运行来看，离网方案中的蓄电池毕竟存在使用寿命问题，运行中还得再投入，并网方案则不存在这个问题；而且由于离网方案环节较多，各个环节的效率的乘积等于系统总效率，所以并网方案的系统总效率明显高于离网方案。通常，离网方案的优势在于储能环节，可以将光伏能量储存起来，使得日照条件不好时(比如夜间)也能向负载供电，但是这个优势在本系统中却不能体现，而并网系统发电运行与用电基本同步的优势则体现得非常明显。

9.15.2　深圳侨香村节能示范小区太阳能并网发电系统的设计与应用

深圳侨香村住宅区是深圳市的重点工程，也是国家节能示范小区，太阳能应用包括屋顶太阳能集热系统、太阳能并网发电系统、太阳能路灯系统及太阳能展示牌系统等。这里主要介绍各系统设计、性能特点和应用，总结小区太阳能节能应用的技术特点，结合实际工程，就如何在住宅小区中综合利用太阳能提出新的理念和方法，对以后低碳小区的建设具有较大的指导意义。

1. 工程概况

侨香村经济适用房住宅区总占地面积为127 790.62 m^2，住宅总户数为3 996户。分别在1栋商场4楼和23栋物业健康管理中心屋顶布置太阳能并网发电系统，光伏阵列安装面积约为1 000 m^2，直流峰值功率为106.92 kW，供给住宅区内部照明及备用电；在中心广场四周围绕11盏太阳能路灯系统、广场及路口布置5个太阳能展示牌系统，供广场夜间照明及宣传使用；在所有高层屋顶布置太阳能集热系统，24 h恒温恒压为住宅的厨房及卫生间供应热水。

2. 太阳能并网发电系统

(1)系统概况。此小区太阳能并网发电系统共包含两个光伏子系统，分别接入两个并网点。根据条件，在1栋4楼平屋顶安装太阳能电池组件369块，30 kW逆变器2台，接入1栋地下室照明配电柜；在23栋屋顶安装太阳能电池组件225块，逆变器30 kW和10 kW各1台，接入公共配电柜。组件均采用9串5并的方式接入直流汇流箱(其中有一组为6并)，每4个直流汇流箱接入1台30 kW集中式并网逆变器，另一个汇流箱单独接入1台10 kW逆变器。

(2)匹配分析。为保证发电量，选用单晶硅电池组件，其转换效率可达14.1%。逆变器选用合肥阳光电源有限公司的大型并网逆变器(SG30K3型)，最大输入功率为33 kW，最大输入电压和电流分别为450 V和150 A，最大功率跟踪范围(MPPT)为220～380 V。由组件数据可知，电池组件9组串联后的开路电压为397.8 V，极端低气温1.4℃下电池组件电压可升到432.1 V，小于450 V，工作运行电压331.2 V也在MPPT范围之内，能保证最大功率输出，接入逆变器的峰值功率为32.4 kW，也接近33 kW。由以上可见，电池组件与逆变器匹配性能完好。每个汇流箱设在各自区域的中央位置(所用光伏线缆最少)，组件出线采取9串联5并联的方式接入，由两芯B级阻燃电缆接入逆变器。

(3)方阵倾斜角及间距分析。为了使光伏方阵最大限度获得太阳能，光伏方阵安装的最佳倾斜角应满足在正午时的太阳光垂直射入采光面。倾斜角是相对地平面而言的，要求最佳倾斜角时冬天和夏天辐射量差异尽可能小，而全年总辐射量尽可能大，二者应兼顾。根据理论计算兼顾工程经验，电池板安装角度定为23°。

本工程采用单晶硅太阳能电池组件，如果有阴影遮挡将会对发电量产生比较大的影响。由于早上9时到下午15时这段时间太阳能辐射量最大，所以阵列间距应该能保证这段时间相互不被阴影遮挡。结合地理位置，通过阴影软件分析计算，电池板前后的安装间距定为1 m。

(4)监控与显示系统。侨香村太阳能并网发电系统的两个子系统通过一套监控系统集中控制与显示,通过RS485通信将1栋和23栋4台逆变器的运行参数传送至数据采集器,数据采集器接收逆变器和气象站(包括温、湿度和太阳辐射传感器)的信号将数据输送至监控计算机,通过软件进一步处理,可显示光伏电站的输出功率、当日(累计)发电量、当日(累计)发电时间、光伏阵列及电网电压与电流、日照强度和环境温度等所有运行参数,同时建立数据库,能查询历史当中任何一天的发电量记录。

侨香村太阳能并网发电系统属于自发自用的分布式电站,依据我国现有法令,暂时还不允许向电网倒送电(逆功率传输)。因此光伏发电系统配备了逆功率控制系统,逆功率控制系统能智能控制功率输出,自动投入与切除光伏子回路,当太阳能发电功率大于内部负荷时,立即切除部分回路,防止逆功率产生。

3. 太阳能路灯系统

侨香村共安装了11盏太阳能路灯,每盏路灯由无极灯、单晶硅太阳能电池组件、控制器、离网逆变器、蓄电池、定时器及断路器组成。除电池组件外,其他所有电气设备均设计安装在一个路灯箱里。

太阳能电池组件在光照下将光能转换成电能输入控制器,控制器连接着蓄电池和逆变器。白天电池组件通过控制器对蓄电池充电,到了晚上蓄电池反过来对控制器放电带动逆变器工作,逆变器将直流转换成220 V交流电源后供给路灯负载。

选择逆变器和交流无极灯的另一个原因就是市电互补功能,一般的太阳能路灯因恶劣天气和年久匹配性能变差等原因提前衰老,但这个项目中选用的逆变器具有市电互补功能,当无直流功率输入时,能自动切换到市电给负载供电,即无论何时都能保证路灯的正常工作。路灯箱还配置定时器,可对路灯开启和关闭的时间进行设定控制,也能自动感应白天和黑夜,自动启动和关闭路灯。

太阳能路灯系统设计过程:路灯负载功率为85 W,每天工作计算为6 h,则每天所需用电量为510 W·h。按照能连续支持3个阴雨天的工作,蓄电池的容量为$C=3RQ_0/(DDLT)$。其中,DD为蓄电池的放电深度(取0.7),LT为蓄电池的维修保养率(取0.8),R为供电可靠率(取1),则$C=2\ 732$ W·h。系统电压为24 V,可选用150 A·h/12 V的胶体蓄电池两个串联。计算太阳能电池组件功率P,深圳市平均每天峰值日照小时数为3.91 h,逆变器、控制器的效率按80%计算,保证15天内给蓄电池充电,则$(P\times3.91-510)\times15\times0.8=3\times510$,得$P=163$ W。

4. 太阳能展示牌系统

太阳能展示牌系统亦包括单晶硅太阳能电池组件、控制器、离网逆变器、定时器、蓄电池、开关箱及负载(导光板)等。

太阳能展示牌系统由4块180 W的太阳能电池组件并联接入至控制器,组件开路电压为44.2 V,工作电流为4.9 A,控制器连接12个400 A·h/2 V的胶体蓄电池,同时接负载逆变器。与太阳能路灯系统相同,太阳能电池组件的直流功率输入控制器,分别给蓄电池充电,给逆变器输出电能。逆变器具有市电互补功能,当无直流功率输入时,能自动切换到市电给负载供电。

展示牌负载为144 W的导光板,每天工作12 h,需用电1 728 W·h,按照太阳能独立系统计算公式,不考虑蓄电池自放电率情况下,可连续工作的天数为3.56 d,所需充电天数为14.6 d。

$$I = CDDLT/(RQ_0) = 3.56$$

所需充电天数为

$$NL = 14.6$$

即本太阳能展示牌系统亦能在15 d内给蓄电池充满电,供连续3~4 d的阴雨天工作。

9.15.3 万科中心太阳能并网发电系统的设计与应用

1. 万科中心及光伏发电工程项目简况

深圳万科中心位于广东省深圳市盐田区大梅沙旅游度假区,是将一系列不同的功能建筑的几何形态连贯在一起的城市片段。整个项目为一组集酒店、公寓、办公、娱乐休闲、会展、商业于一体的地标性建筑。其中万科总部是万科集团总部新的办公大楼,总建筑面积为14 400 m^2,申报国家可再生能源示范项目示范面积为14 400 m^2。结合万科中心节能、生态的设计理念,在万科中心(及总部)屋顶设置太阳能电池板,建设太阳能光伏并网发电系统,将清洁、环保的太阳能光伏并网发电技术融入设计。该项目的总目标:将万科总部项目设计成为国家可再生能源规模化利用示范工程项目,向社会推广可再生能源在建筑领域规模化应用的模式。

该项目整个太阳能发电工程分为3个部分:主体并网光伏电站、LED车库独立照明系统、光伏清洁对比系统。设计总峰值功率为282 kW,采用单晶硅电池板共1 567块,逆变器32套,成套电气设备40套,具体情况如表9-29所示。系统采用AC220/380 V三相五线制输出,分3个并网点,直接与万科地下总配电室630 kVA变压器二次侧并网运行。光伏发电系统具有逆功率保护、防孤岛、短路过电流、过电压等各种保护功能,确保光伏系统安全、可靠的发电并网运行。该工程已竣工验收全面投入并网运行,且运行稳定,日发电量为800~1350 kW·h。

表9-29 发电工程具体情况

系统名称	发电功率	电池板数量	系统形式	发电量统计/kW·h
主体光伏并网电站	272.7 kW	1515块	并网	297 634.5
光伏清洁对比系统	3.6 kW(2×1 800 W)	20块	并网	3 972.2
LED车库独立照明系统	5.76 kW	32块	独立	5 764.3

2. 万科中心太阳能发电工程总体技术要求

(1)系统容量满足 LEED 认证关于"可再生能源不小于总能耗 12.5%"的要求。

(2)年总发电量保证大于 280 MW。

(3)太阳能电池板合理排布安装后占屋顶面积小于 3 200 m^2。

(4)系统采用 AC220/400 V 低压并网运行,并网输出频率范围为50 Hz ±0.2 Hz。

(5)系统应具有多点并网特性,具有防对电网倒送电的逆向功率保护功能。

(6)系统效率在额定输出时,不低于90%。

3. 新颖的设计思路

针对万科中心太阳能发电工程的总体技术要求,通过全面系统的优化设计、分析、计算,从发电量、功率、电池板最优化的组串、系统效率的计算,电池板、逆变器、避雷针的选型,支架系统的设计、布局、电池板朝向、阴影分析,显示控制系统等,确保系统完全满足技术要求,系统效率最高,获得最大的发电量,同时降低了建造成本。现将工程设计思路阐述如下。

(1)太阳能电池组件的合理选型。深圳万科中心项目要求太阳能绿色环保可再生能源的年发电量不少于万科总部年电能消耗总量的 12.5%,同时要求太阳能电池板安装总占地面积约 3 200 m^2。经发电量的计算和综合因素的考虑,主体光伏并网电站设计安装峰值功率为 272.7 kW;通过电池方阵间距阴影分析,净太阳能电池板安装有效面积约为 1 900 m^2,因此要选用高转换率的电池组件。原设计方案选用 SANYOHIT(异质结)电池板能满足要求,但成本很高。经优化设计与成本对比分析,改采用 TSM－180 单晶硅组件,组件转换效率为 14.1%,性能稳定,完全满足要求,同时成本大大降低。太阳能电池组件参数对比如表 9－30 所示。

表 9－30 太阳能电池组件性能参数对比

型　号	HIT－210N	TSM－180
尺寸(长×宽×高)/mm	1581×789×46	1581×809×40
重量/kg	16	15.6
标准功率 P_m/W	210	180
峰值电压 U_m/V	41.3	36.8
峰值电流 I_m/A	5.03	4.9
开路电压 U_{oc}/V	50.9	44.2
短路电流 I_{sc}/A	5.57	5.35
系统电压/V	600	1 000
电流温度系数	1.95mA/℃	0.05%/℃
电压温度系数	－0.142V/℃	－0.35%/℃

续表

型　号	HIT-210N	TSM-180
功率温度系数	-0.336%/℃	-0.45%/℃
组件转换效率	16.70%	14.10%

(2)电池板统一朝正南安装。万科中心位于深圳,所处经纬度为东经114.1°、北纬22.5°。原方案电池板设计是顺向建筑物方向的,朝向不是正南的。为了追求在相同安装容量下获得最大年发电量,改为所有电池板安装朝向正南,同时通过对太阳能电站整体效果图模拟,电池板朝正南方向安装的效果很美观。朝正南方向发电量增加20%~30%。

(3)可调倾斜角的支架系统设计。项目原方案对太阳能支架系统的设计为25°固定倾斜角,经过对固定倾斜角和可调倾斜角对比分析,采用可调倾斜角方式,每年只要变动两次倾斜角,就可以使系统多发3.6%的电能,整个系统成本并未增加多少,而且变动倾斜角的工作总量并不大。

经计算与分析,支架系统设计为5°与25°可调的两个最优角度。支架系统设计为升降结构,根据季节来调整太阳能电池板的倾斜角。

春分日(3月21日)前后(4月1日至9月31日),电池板倾斜角调为5°。秋分日(9月23日)前后(10月1日至次年2月28日),电池板倾斜角调为25°。通过精确计算,可调倾斜角支架系统全年辐射量比原25°固定倾斜角增加3.6%。

(4)阴影分析、合理阵列间距。根据建设地的地理位置、太阳运动情况、支架高度等因素并由公式计算可得出屋顶太阳能支架系统前后排之间的距离,本方案太阳能电池方阵的间距可设计为1 m。此间距可保证在冬至日的上午9时至下午15时之间不会有前后排阴影遮挡的问题。

(5)技术先进、高效逆变器的选型。并网逆变器是光伏并网系统中最关键、最主要的设备。高转换效率是并网逆变器最主要的技术指标。该项目选用目前在全球用量最大、技术先进、转换效率高、质量稳定的德国SMA逆变器,保证了整个光伏发电系统并网的可靠性,同时逆变效率最高,输出电能最多。

主体光伏并网电站系统共采用24台SMC11000TL和3台SB5000TL逆变器,逆变器最高转换效率高达98.1%,采用MPPT最优化跟踪方式,内置光伏输入直流电子开关ESS,电网孤岛保护和步进式接入等技术。该设备还采用创新的功率平衡功能,能够在不同相上控制并平衡并网输出功率。

(6)合理组串的设计。万科中心太阳能发电站工程采用了多串、并组连接方式,保证了光伏方阵发电的一致性,提高了系统电能输出的平衡度。

电池板组串必须考虑全面,无论是低温还是高温,组串电压符合逆变器MPPT范围,且最优化,才能保证最大的发电量,这是非常关键的设计参数。深圳1月最冷,月平均最低气温为11.4℃;7月最热,月平均最高气温为24.5℃,电池板正常工作时本身温度约为70℃。经过最优化设计与软件计算,SMC11000TL逆变器的参数符合要求,电池板12块串联为一组,5组并联,共60块电池板,总功率10.8 kW为最佳配置。

开路电压与环境温度的变化关系成反比。假定组件串联数为S_n,串联后总开路电压为U_t,25℃时的组件开路电压为U_{oc},开路电压温度系数为K_{ut},则在温度t下串联组件总开路电压U_t为

$$U_t = S_n \times U_{oc} \times (1 + K_{ut})$$

用此公式校验12串,为最佳组串。

SB5000TL逆变器设计选型过程相同,组串设计过程类同。

(7)逆变器就近安装逆变交流输送。万科中心太阳能发电站分布的区域面积较大,该工程使用了27台逆变器,考虑到光伏阵列安装于屋面,远离强电间,设计中优化了逆变器就近电池板位置安装,采用直流汇流箱与逆变器一体柜就近安装的创新做法。就近将直流逆变成交流,减少直流线缆敷设量与长度,适当加大交流输送线缆的截面积,降低了线损,保障了整个系统效率最大化;同时降低了成本,因为直流光伏专用线缆成本相对交流线缆成本要高得多。

(8)可行的逆功率保护系统。为保证大楼负载较少时,太阳能发电不会回流至主电网,本套光伏并网系统设计了可控制逆变器自动并网运行的自动控制系统。控制分为手动控制与自动控制。自动控制系统采用单片机对并网点侧的变压器二次总输出电流进行闭环监控,根据监控电网各种情况控制光伏系统各回路的并网运行与停止。自动控制系统具有以下功能:

1)逆功率检测保护控制器功能是用了检测光伏发电系统并网点所连的变压器低压二次侧总出线的总输出功率情况,根据检测到的功率输出情况,给出相应的输出信号控制执行机构动作。

2)逆功率检测保护控制器根据检测到的输出功率的大小,控制光伏系统投入或停止并网运行的回路数,当出现倒送电负功率时,光伏发电系统回路全部切断并网运行。

(9)技术先进的防雷措施——提前放电式避雷针。本工程采用了3套SI40(H=5 m)提前放电式避雷针,保护整个太阳能发电站不受到雷击。提前放电式避雷针又名"主动式避雷针",这种避雷针在光伏行业应用较为广泛。它可以在较低的位置保护好更广的范围。在雷电情况下,当雷电下行先导接近地面时,任何导电的表面均会产生一个上行先导,提前放电式避雷针的上行先导的激发时间大大缩短。在雷电放电前的高静态电场特性情况下,提前放电式避雷针在针尖会产生可控幅度和频率的脉冲,这使避雷针产生一个上行先导并向上传播,从而截获雷云里发出的下行先导,提前将雷电流接收引入地下。根据以上参数,选型SI40(H=5 m),保护等

级为Ⅱ。提前放电式避雷针的优点如下：

1)该避雷针技术先进，在雷电情况下提前截获雷电导入大地，保护功能极强，保护范围大。

2)该避雷针能在较低的位置保护到较广的范围，且避雷针的外径较小，因此避雷针杆本身产生的阴影很小，几乎不影响电站的发电，在光伏行业应用较为广泛。

3)避雷针利用建筑物原有接地系统进行接地，冲击接地电阻不大于10 Ω；避雷针本身全部为不锈钢。

(10)完备监控显示系统。监控显示系统能全面监控整个光伏系统运行状态与参数，包括瞬时光伏方阵直流侧的电压、电流、功率，交流侧的电压、电流、频率、即时发电功率、日发电量、累计发电量、节能减排数据、环境参数、逆功率状态等指标。

4. 万科光伏项目的创新与示范技术

(1)光伏清洁对比系统。万科中心设计了光伏清洁对比系统，为研究电池组件表面附着灰尘对发电量的影响，设计了两个1 800 W的光伏系统，共3.6 kW。一个安装了自动清洁系统，每天定时自动清洁电池组件表面的灰尘；另一个未安装清洁系统。对比两个系统的日发电量、月发电量和年发电量，从中总结出自动清洁系统对提高光伏系统发电量的数据，为以后的光伏系统应用积累宝贵经验与数据。

自动光伏清洁系统通过一整套程序化控制系统，每天定时清洁电池组件上的灰尘，记录发电量，分析自动清洁系统对提高发电量的数据，积累经验。

(2)LED车库太阳能照明系统。万科中心设计了地下车库LED太阳能照明系统，一方面使用了绿色环保的太阳能发电，另一方面使用高效节能的LED照明灯具，节约能量。设计这个小型太阳能LED应用的范例，为以后推广太阳能与LED照明系统提供宝贵的数据、经验及示范，同时它也是倡导建筑节能与可再生绿色能源的先行者。LED地下车库照明系统设计光伏系统功率约为5.76 kW，包括太阳能电池、控制器逆变器一体、蓄电池、照明灯具等。系统组成示意如图9-77所示。

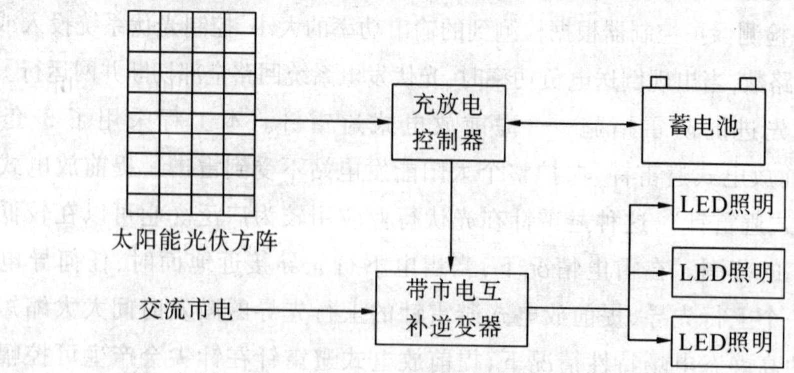

图9-77 LED地下车库太阳能照明系统原理图

第十章　太阳能发电系统

10.1　太阳能热发电系统的种类

太阳能热发电是指利用聚光器将低密度的太阳能汇聚到焦斑处，使其生成高密度的能量，然后由工作流体将其转换成热能，再利用热能发电。目前，已经达到商业化应用水平的太阳能热发电方式主要有塔式、槽式、碟式三种方式。

1. **塔式太阳能热发电系统**

塔式太阳能热发电系统将吸热器(单侧受光或四周受光)置于接收塔的顶部，若干台定日镜根据吸热器的类型，排列在接收塔的一侧或四周。这些定日镜自动跟踪太阳，使其反射光能够精确地投射到吸热器内。吸热器将太阳光能转变成热能，并加热盘管内流动着的介质(水或其他流体)产生中高温蒸汽(温度可达 5 600 ℃以上)驱动汽轮发电机组发电。目前，塔式热发电系统总效率 13% 左右，聚光-吸热部分效率为 70% 左右。研究表明，塔式热发电系统具有聚光比和温度高、热传递路程短、热损耗少、系统综合效率高等特点，极适合于大规模、大容量(一般在 30 ~ 400 MW 之间)商业化应用。但其一次性投入较大，每台定日镜都需一个单独的二维跟踪机构，装置结构和控制系统复杂，成本较高。

2. **槽式太阳能热发电系统**

槽式太阳能热发电系统，采用向一个方向弯曲的抛物线形槽式反射镜面将太阳光聚焦到位于焦线的吸热管上，使管内的传热工质(油或水)加热至一定温度，然后经热交换器产生蒸汽驱动汽轮发电机组发电。聚光-吸热装置采用一维自动跟踪系统跟踪太阳的运行。槽式热发电系统结构简单、成本较低，并可将多个聚光-吸热装置经串、并联排列，构成较大容量的热发电系统。但其聚热比较小、热传递回路长，传热工质温度难以提高，系统综合效率较低。

3. **碟式太阳能热发电系统**

碟式太阳能热发电系统，是利用旋转抛物面反射镜，将入射阳光聚集在镜面焦点处，而在该处可放置太阳能吸热器吸收太阳能并加热工质驱动汽轮发电机组发电。碟式热发电系统采用二维跟踪使得聚光镜面始终正对太阳，故其聚光效率最高。碟式热发电系统可单机标准化生产，具有使用寿命长、综合效率高、运行灵活性强等特点,可以单机使用或多台并联使用,非常适合边远山区离网分布式发电。

10.2 太阳能热发电的关键技术问题

太阳能热发电技术包括系统设计技术、光学技术、热学技术、材料技术、电气技术等。下面分别对各部分中的一些关键问题进行分析。

1. 系统设计技术

太阳能热发电系统优化设计的基点在于建立准确的太阳能热电站的“聚光—吸热—传热—储热—发电”过程的动态热力学模型,并进行多工况的模拟分析。研究太阳能热发电“光—热—电”系统在启动、正常运行、待机、停机和事故等多种正常和非正常工况下的性能,系统内各单元的相应动作以及对发电的影响。找到某种气象条件下电价成本最优的系统组成方案。

2. 光学问题

(1)高效率低成本塔式聚光场设计。太阳能热发电系统优化设计的基点在于建立准确的太阳能热电站的“聚光—吸热—传热—储热—发电”过程的动态热力学模型,并进行多工况的模拟分析。研究太阳能热发电“光—热—电”系统在启动、正常运行、待机、停机和事故等多种正常和非正常工况下的性能,系统内各单元的相应动作以及对发电的影响。找到某种气象条件下电价成本最优的系统组成方案。

(2)轻型高强度槽式聚光反射面。采用尽量轻的反射材料和支撑结构是降低槽式聚光器成本和自身能耗的重要措施。直接采用曲面玻璃镜作为反射面的槽式聚光技术是这一代技术的代表。

(3)高聚光比聚光技术。主要包括二次反射聚光、塔顶反射聚光、轮胎面聚光和分束聚光等技术。

(4)光学选择性涂层。它是对太阳辐射具有光学选择性的涂层,是各种高效吸热器的基础,具有高温化学稳定性。

3. 热学问题

(1)吸热器低热损机理。减少吸热器的反射损失、热发射损失和自然对流损失是提高吸热器效率的关键。

(2)吸热器安全性及寿命。吸热器长期工作在高密度、多变化的辐射热流条件下,工作环境非常恶劣。又由于它是太阳能热发电的核心部件之一,吸热器损坏必然造成电站停止运行,所以,吸热器的安全性非常重要。

(3)高温传热工质。提高吸热器工质的沸点,降低其熔点是提高工质性能的一个重要目标,也是提高发电效率的重要手段。水和混合熔融盐是目前最常用的传热储热工质。

(4)储热材料和换热方式。储热工质的工作温度范围决定了太阳能热发电设备的入口参数。要解决的关键问题包括储热材料换热器耦合的一体化设计方法,提高储热材料的热容、工作温度和工质的化学及物理稳定性,工质容器及输运管路的防腐等。

4.材料问题

太阳能热发电系统主要包括集热、传输、蓄热与热交换以及发电等四个单元。每个单元都涉及大量的材料研究开发和应用问题。材料性能的突破可能会带来太阳能热发电效率的大幅度提高或成本大幅度下降。太阳能热发电过程中需解决的材料问题主要有以下五类。

(1)太阳光反射材料。主要是以金属、玻璃及高分子材料为基材的太阳光反射材料的高反射率、材料反射表面防护技术、表面自洁净技术、高精度曲面反射镜等。

(2)光热转换材料。主要是槽式聚光器用金属(玻璃)真空管中的相关材料,以及耐高温太阳光谱选择性涂层。

(3)中高温蓄热材料。无机蓄热载体(如高性能水泥混凝土、耐热纤维、隔热保温材料等),中高温相变和化学反应蓄热介质,与蓄热材料相匹配的蓄热器结构设计。

(4)高温热量传输介质。高温热量传输材料和介质(水、盐、空气等),高温热量传输管道及其热防护材料。

(5)热电转换材料。高效热电转换材料是利用温差原理直接将热能转化成电能的新能源材料。

10.3 太阳能热发电技术在中国的应用前景

从中国太阳能分布情况看,西部和北部沙漠地区太阳能直射资源非常丰富。从太阳能热发电的原理可以看出,其发电过程需要适量的水,发电站需建在有水源的地方。通过有关部门的考察调研,以下几个地区适合建立大规模太阳能热发电站。

1.浑善达克沙地

分布于内蒙古高原东部,包括内蒙古锡林郭勒盟的南部和赤峰的西北部,总面积为 2.14×10^4 km^2。该地区太阳能辐射资源较丰富,年累计辐射量为 5 573 MJ/m^2。降水条件较好,有不少淡水湖泊分布,水资源条件良好。

2.科尔沁沙地

位于东北平原的西部,属于内蒙古、吉林地区,散布于西辽河下游干支流沿岸的冲积平原上,总面积为 4.23×10^4 km^2。以固定和半固定沙丘为主,流沙分布较少。太阳能辐射资源较丰富,年累计辐射量为 5 443 MJ/m^2。由于离海洋近,受湿润气流的影响，降水较丰富，水资源条件好。

3. 呼伦贝尔沙地

分布在内蒙古东北部呼伦贝尔高平原上，大致在海拉尔市和呼伦湖之间，总面积为 0.72×10^4 km²。大部分沙丘在冲积湖平原上，植被覆盖度在30%以上，是我国植被条件较好的一个沙区。太阳能幅射资源丰富，年累计辐射量为5 000 MJ/m²。水资源较丰富，有海拉河、呼伦湖等。

4. 准噶尔盆地沙漠

位于新疆北部，是我国沙漠分布最多的地区之一，总面积为 4.88×10^4 km²。这是我国面积最大的固定、半固定沙漠，属太阳能资源极丰富地区，年累计辐射量为6 732 MJ/m²。当地水资源不丰富，但水利工程比较完善，可从乌鲁木齐河引水。

附 录

1. 风荷载的计算

(1)垂直于建筑物表面上的风荷载的计算:

$$w_k = \beta_z \mu_s \mu_z w_0$$

式中,w_k——风荷载标准值,(kN/m^2);

β_z——高度 z 处的风振系数;

μ_s——风荷载体型系数;

μ_z——风压高度变化系数;

w_0——基本风压,kN/m^2。

(2)风压高度变化系数。对于平坦或稍有起伏的地形,风压高度变化系数应根据地面粗糙度类别按附表 1 确定。

地面粗糙度可分为 A,B,C,D 四类:

A 类指近海海面和海岛、海岸、湖岸及沙漠地区;

B 类指田野、乡村、丛林、丘陵以及房屋比较稀疏的乡镇和城市郊区;

C 类指有密集建筑群的城市市区;

D 类指有密集建筑群且房屋较高的城市市区。

附表 1　风压高度变化系数

离地面或海平面高度/m	地面粗糙度类别			
	D	A	B	C
5	1.17	1.00	0.74	0.62
10	1.38	1.00	0.74	0.62
15	1.52	1.14	0.74	0.62
20	1.63	1.25	0.84	0.62
30	1.80	1.42	1.00	0.62
40	1.92	1.56	1.13	0.73
50	2.03	1.67	1.25	0.84
60	2.12	1.77	1.35	0.93
70	2.20	1.86	1.45	1.02
80	2.27	1.95	1.54	1.11
90	2.34	2.02	1.62	1.19
100	2.40	2.09	1.70	1.27

续表

离地面或海平面高度/m	地面粗糙度类别			
	D	A	B	C
150	2.64	2.38	2.03	1.61
200	2.83	2.61	2.30	1.92
250	2.99	2.80	2.54	2.19
300	3.12	2.97	2.75	2.45
350	3.12	3.12	2.94	2.68
400	3.12	3.12	3.12	2.91
≥450	3.12	3.12	3.12	3.12

对于山区的建筑物，风压高度变化系数可按平坦地面的粗糙度分类，还应考虑地形条件的修正，修正系数分别按下述规定采用：

1）对于山峰和山坡，其顶部 B 处的修正系数可按下述公式计算：

$$\eta_B = \left[1 + k\mathrm{tg}a\left(1 - \frac{z}{2.5H}\right)\right]^2$$

式中，tg$a$——山峰或山坡在迎风面一侧的坡度，当 tg$a>0.3$ 时，取 tg$a=0.3$；

k——系数，对山峰取 3.2，对山坡取 1.4；

H——山顶或山坡全高，m；

z——建筑物计算位置离建筑物地面的高度，m；当 $z>2.5H$ 时，取 $z=2.5H$。

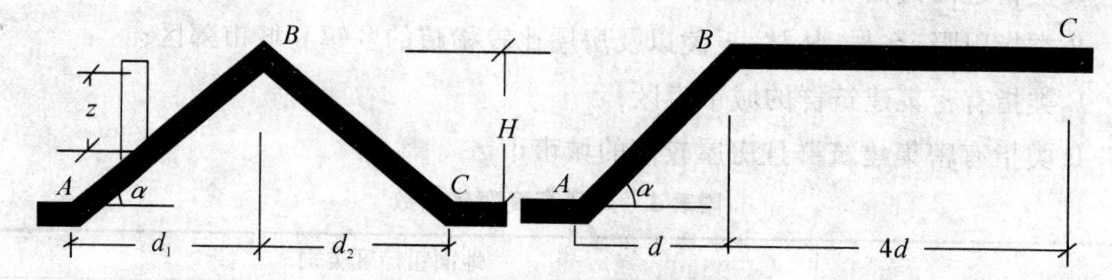

附图 1　山峰和山坡的示意

对于山峰和山坡的其他部位，可按附图 1 所示，取 A，C 处的修正系数 η_A，η_C 为 1，AB 间和 BC 间的修正系数按 η 的线性插值确定。

2）山间盆地、谷地等闭塞地形，$\eta=0.75\sim0.85$；对于与风向一致的谷口、山口，$\eta=1.20\sim1.50$。

3）对于远海海面和海岛的建筑物或构筑物，风压高度变化系数可按 A 类粗糙度类别，由附表 1 确定外，还应考虑附表 2 中给出的修正系数。

附表 2　远海海面和海岛的修正系数 η

距海岸距离/km	η
<40	1.0
40~60	1.0~1.1
60~100	1.1~1.2

(3)阵风系数。

计算直接承受风压的幕墙构件(包括门窗)风荷载时的阵风系数应按附表3确定。

对其他屋面、墙面构件阵风系数取1.0。

附表3　阵风系数

离地面高度/m	地面粗糙度类别			
	A	B	C	D
5	1.69	1.88	2.30	3.21
10	1.63	1.78	2.10	2.76
15	1.60	1.72	1.99	2.54
20	1.58	1.69	1.92	2.39
30	1.54	1.64	1.83	2.21
40	1.52	1.60	1.77	2.09
50	1.51	1.58	1.3	2.01
60	1.49	1.56	1.69	1.94
70	1.48	1.54	1.66	1.89
80	1.47	1.53	1.64	1.85
90	1.47	1.52	1.62	1.81
100	1.46	1.51	1.60	1.8
150	1.43	1.47	1.54	1.67
200	1.42	1.44	1.50	1.60
250	1.40	1.42	1.46	1.55
300	1.39	1.41	1.44	1.51

2.我国主要城市的辐射参数表(见附表4)

附表4　我国主要城市的辐射参数表

城市	纬度φ (°)	日辐射量 kW/(m²·d)	最佳倾角 Φ_{op} (°)	斜面日辐射量 kW/(m²·d)	修正系数 K_{op}
哈尔滨	45.68	12703	$\Phi+3$	15 838	1.140 0
长春	43.90	13 572	$\Phi+1$	17 127	1.154 8
沈阳	41.77	13 793	$\Phi+1$	16 563	1.067 1
北京	39.80	15 261	$\Phi+4$	18 035	1.097 6
天津	39.10	14 356	$\Phi+5$	16 722	1.069 2
呼和浩特	40.78	16 574	$\Phi+3$	20 075	1.146 8
太原	37.78	15 061	$\Phi+5$	17 394	1.100 5
乌鲁木齐	43.78	14 464	$\Phi+12$	16 594	1.009 2

续表

城 市	纬度 φ (°)	日辐射量 kW/(m² · d)	最佳倾角 Φ_{op} (°)	斜面日辐射量 kW/(m² · d)	修正系数 K_{op}
西宁	36.75	16 777	$\Phi+1$	19 617	1.136 0
兰州	36.05	14 966	$\Phi h+8$	15 842	0.948 9
银川	38.48	16 553	$\Phi h+2$	19 615	1.155 9
西安	34.30	12 781	$\Phi h+14$	12 952	0.927 5
上海	31.17	12 760	$\Phi h+3$	13 691	0.990 0
南京	32.00	13 099	$\Phi h+5$	14 207	1.024 9
合肥	31.85	12 525	$\Phi h+9$	13 299	0.998 8
杭州	30.23	11 668	$\Phi h+3$	12 372	0.936 2
南昌	28.67	13 094	$\Phi h+2$	13 714	0.864 0
福州	26.08	12 001	$\Phi h+4$	12 451	0.897 8
济南	36.68	14 043	$\Phi h+6$	15 994	1.063 0
郑州	34.72	13 332	$\Phi h+7$	14 558	1.047 6
武汉	30.63	13 201	$\Phi h+7$	13 707	0.903 6
长沙	28.20	11 377	$\Phi h+6$	11 589	0.802 8
广州	23.13	12 110	$\Phi h-7$	12 702	0.885 0
海口	20.03	13 835	$\Phi h+12$	13 510	0.876 1
南宁	22.82	12 515	$\Phi h+5$	12 734	0.823 1
成都	30.67	10 392	$\Phi h+2$	10 304	0.755 3
贵阳	26.58	10 327	$\Phi h+8$	10 235	0.813 5
昆明	25.02	14 194	$\Phi h-8$	15 333	0.921 6
拉萨	29.70	21 301	$\Phi h-8$	24 151	1.096 4

3. 我国主要城市日照时数及日照百分率（见附表5）

附表5　我国主要城市日照时数及日照百分率

地 名	日照时数/h			日照百分率/(%)		
	平均	冬	夏	平均	冬	夏
满洲里	2 750.5	176.3	272.4	62	65.7	58.3
海拉尔	2 763.1	188.8	267.2	62	69.7	57.0
呼和浩特	2 960.7	206.5	276.5	67	70.0	60.7
齐齐哈尔	2 902.9	202.8	275.5	65	73.3	59.7
长春	2 653.4	191.3	241.4	61	56.7	53.7
四平	2 751.8	206.8	235.2	63	71.3	52.3
抚顺	2 532.2	177.0	220.1	57	60.3	49.3
沈阳	2 546.9	170.8	229.9	57	58.7	51.7
鞍山	2 535.5	172.1	227.9	57	58.3	51.3

续表

地名	日照时数/h			日照百分率/(%)		
	平均	冬	夏	平均	冬	夏
锦州	2 761.7	201.6	232.4	62	68.7	52.3
张家口	2 832.1	200.3	258.2	65	67.7	58.0
北京	2 763.7	200.6	242.5	63	67.3	55.0
唐山	2 656.2	179.9	238.9	60	60.3	54.3
天津	2 850.3	195.8	269.8	64	65.3	61.7
保定	267.1	187.6	240.7	60	62.3	55.0
石家庄	2 664.0	191.8	233.1	60	63.7	53.7
大连	2 804.1	193.5	241.6	63	64.7	57.3
开封	2 327.6	153.4	228.6	53	50.0	53.7
郑州	2 451.6	173.1	238.0	55	56.3	56.0
洛阳	2 246.6	150.5	222.4	51	49.0	52.3
济南	2 776.3	188.0	260.5	63	61.7	60.3
青岛	2 550.8	175.4	181.2	57	58.0	49.7
大同	2 855.8	199.7	263.2	64	67.3	60.0
太原	2 756.0	202.5	250.3	62	67.0	58.3
蚌埠	2 179.7	143.9	218.7	49	46.0	51.7
合肥	2 287.9	142.5	247.9	51	45.7	58.7
徐州	2 400.4	155.9	234.9	54	50.7	55.0
南京	2 182.4	141.9	227.5	49	45.7	54.0
上海	1 986.1	132.2	215.6	45	41.7	51.3
杭州	1 902.1	122.8	203.9	43	40.0	49.3
宁波	2 019.7	129.0	229.9	46	40.7	54.7
宝鸡	1 958.1	144.1	198.4	44	45.7	46.6
西安	1 966.4	130.0	212.3	44	42.3	49.7
张掖	3 026.7	220.2	274.9	68	74.0	62.7
银川	3 028.6	236.0	295.0	68	72.0	67.3
兰州	2 571.4	183.6	247.1	58	60.0	57.3
延安	2 373.5	189.5	215.7	54	71.7	48.0
西宁	2 670.7	208.1	234.0	61	68.3	54.0
福州	1 859.7	114.2	219.2	43	34.3	53.7
厦门	2 338.8	152.7	235.3	51	46.6	57.3
基隆	1 370.1	46.9	241.4	31	14.0	58.0
南昌	1 968.3	110.8	235.5	44	34.7	55.7
武汉	1 967.0	111.4	226.6	45	36.0	54.3
长沙	1 815.1	94.3	235.4	41	29.0	56.6
衡水	1 711.0	80.4	240.8	39	25.2	50.7
桂林	1 675.5	91.3	199.1	38	29.3	48.7
南宁	1 843.1	101.9	198.9	41	30.7	89.3

续表

地名	日照时数/h			日照百分率/(%)		
	平均	冬	夏	平均	冬	夏
广州	1 951.4	132.3	207.7	44	40.0	5.3
湛江	1 982.8	115.8	203.7	45	37.0	50.7
东沙岛	1 745.3	87.4	179.8	39	26.0	44.0
成都	1 211.3	66.8	154.9	27	21.0	37.0
重庆	1 257.6	45.3	197.4	28	14.3	44.7
遵义	1 236.9	40.3	178.1	28	12.7	40.3
贵阳	1 404.3	63.1	127.1	32	19.3	42.3
昆明	2 521.9	257.5	158.9	57	73.0	39.6
乌鲁木齐	2 802.7	158.1	306.6	63	55.0	68.0
吐鲁番	3 126.6	216.4	314.5	73	73.3	70.0
玉门	3 212.6	216.4	309.6	73	73.3	70.0
哈密	3 310.4	206.8	329.4	75	71.7	73.3
拉萨	3 005.1	240.0	234.4	68	75.3	56.3

4. 目测风向风力

当没有测定风向风速的仪器,或虽有仪器但因故障而不能使用时,可用目测风向风力。

(1)估计风力。根据风对地面火海面的影响而引起的各种现象,按风力等级表估计风力,并记录其相应风速的中数值。

(2)目测风向。根据炊烟、旌旗、布条展开的方向及人的感觉,按八方位估计。目测风向风力时,观测者应站在空旷处,多选几个物体,认真地观测,以尽量减少主观的估计的估计误差。

(3)风力等级(见附表6)。

附表6　风力等级

风力等级	名称	海面大概的波高/m		海面和渔船征象	陆上地物征象	相当于平面10 m高处的风速/$m \cdot s^{-1}$	
		一般	最高			范围	中数
0	无风	——	——	海面平静	静、烟直上	0.0~0.2	0
1	软风	0.1	0.1	微波如鱼鳞起伏,没有浪花,一般渔船正好能驶舵	烟能表示风向,树叶略有摇动	0.3~1.5	1

续表

风力等级	名称	海面大概的波高/m		海面和渔船征象	陆上地物征象	相当于平面10 m高处的风速/m·s^{-1}	
		一般	最高			范围	中数
2	轻风	0.2	0.3	小波，波长尚短，但波形显著，波峰光亮但不破裂；渔船张帆时，可随风移行每小时1～2海里	树叶有微动旗子开始飘动，高的草开始动	1.6～3.3	2
3	微风	0.6	1.0	小波加大，波峰开始破裂，浪沫光亮，有时可有散见的白浪花；渔船开始颠簸，张帆随风移行3～4海里/h	树叶及小枝摇动不息，旗子展开，高的草摇动不息	3.4～5.4	4
4	和风	1.0	1.5	小浪，波长变长，白浪成群出现；渔船满帆时，可使船身倾于一侧	能吹起地面的灰尘、纸张，树枝动摇，高的草呈波浪起伏	5.5～7.9	7
5	轻劲风	2.0	2.5	中浪，具有较显著的长波形状，许多白浪形成（偶有飞沫）；渔船需缩帆一部分	有叶的小树摇摆，内陆的水面有小波，高的草波浪起伏明显	8.0～10.7	9
6	强风	3.0	4.0	轻度大浪开始形成，到处都有更大的白沫峰（有时有些飞沫）；渔船缩帆大部分，并注意风	大树枝摇动，电线呼呼有声，撑伞困难，高的草不时倾伏于地	10.8～13.8	12
7	疾风	4.0	5.5	轻度大浪，碎浪而成白沫沿风向呈条状；渔船不再出港，在海者下锚	全树摇动，大树枝弯下来，迎风步行感觉不便	13.9～17.1	16
8	大风	5.5	7.5	有中度的大浪，波长较长，波峰边缘开始破碎成飞沫片，白浪沿风向呈明显的条带；所有的近海渔船都要靠港，停留不出	可折毁小树枝，人迎风前行感觉阻力甚大	17.2～20.7	19
9	烈风	7.0	10.0	狂浪，沿风向白沫呈浓密的条带状，波峰开始翻滚，飞沫可影响能见度；机帆船航行困难	草房遭受破坏，屋瓦被掀起，大树枝可折断	20.8～24.4	23
10	狂风	9.0	12.5	狂涛，白沫成片出现，沿风向呈白色浓密条带，整个海面呈白色，海面颠簸加大有震动感，能见度受影响，机帆船航行颇困难	树木可被吹倒，一般建筑物遭毁坏	24.5～28.4	26
11	暴风	11.5	16.0	异常狂涛，海面完全被沿风向吹出的白沫片所掩盖，波浪到处破成泡沫，能见度受影响，机帆船遇之极危险	大树可被吹倒，一般建筑物遭严重毁坏	28.5～32.6	31
12	飓风	14.0	——	空中充满了白色的浪花和飞沫，海面完全变白，能见度严重的受到影响	陆上少见，其摧毁力极大	>32.6	>33

5. 太阳热水系统水质要求

由于各地的水质情况不同，对于水质较差的地区，使用太阳热水系统时，将严重影响使用效果，因此，要求客户在使用太阳热水系统时，其给水水质必须达到附表7所示的指标（参考《生活引用卫生水标准》），方可保证使用效果。

附表7　卫生水标准

项　目	指　标	项　目	指　标
总硬度/(mg/L^{-1})	≤250	溶解氧/(mg/L^{-1})	≤10
悬浮物/(mg/L^{-1})	≤5	含油量/(mg/L^{-1})	≤5
pH值(25°C)	≥7	含铁量/(mg/L^{-1})	≤0.3

（1）总硬度表示水中钙盐、镁盐的总含量。硬度分碳酸盐硬度和非碳酸盐硬度两种，前者表示水中溶解的重碳酸钙 $Ca(HCO_3)_2$ 和重碳酸镁 $Mg(HCO_3)_2$ 的含量，当加热到沸腾时，这些盐分以泥渣状态沉淀出来，所以又称为暂时硬度；后者表示水中溶解的氯化钙 $CaCl_2$、氯化镁 $MgCl_2$、硫酸钙 $CaSO_4$、硫酸镁 $MgSO_4$ 及其他钙镁盐的含量，这类盐分沸煮时不易沉淀，又称为永久硬度。这两种硬度总和称为总硬度，硬度单位用 mg/L。

（2）悬浮物悬浮物包括砂子、石子、铁屑等无机化合物和动植物有机体的微小碎片纤维或腐烂产物。

（3）pH值用来表示水的酸碱性，$pH=7$ 时，水为中性；$pH<7$ 时，水为酸性；$pH>7$ 时，水为碱性。

（4）含氧量表示水中氧的含量，用 mg/L 表示。

（5）氧气腐蚀氧是强烈的阴极去极化剂，能吸收阴极电子形成氢氧离子 OH^-，因而使腐蚀过程加剧。

（6）含油量表示水中油的含量，用 mg/L 表示。

（7）含铁量表水水总铁离子的含量，用 mg/L 表示。

（8）氧化铁垢，当水中含铁量过高时，会产生氧化铁垢，主要成分为铁的氧化物，这种水垢通常外表面为咖啡色，内层为灰色而垢下则有少量的白色盐类。

（9）垢下腐蚀，当金属表面有水垢时，在水垢下面发生的腐蚀称为垢下腐蚀。当热水系统水中游离的 NaOH 和多会发生碱性垢下腐蚀；当水中含有较多的 $CaCl_2$ 和 $MgCl_2$ 时，会生成盐酸，产生酸性垢下腐蚀。

若用户的水质达不到上述的要求时，应采取适当的措施，使水质满足要求。

6. 生活饮用水水质标准(GB5749——85,见附表8)

附表8 生活饮用水水质标准

项 目		标 准
感官形状和一般化学指标	色	色度不超过15度,并不得呈现其他异色
	混浊度	不超过3度,特殊情况不超过5度
	嗅和味	不得有异臭、异味
	肉眼可见物	不得含有
	pII	6.5~8.5
	总硬度(以碳酸钙计)	450 mg/L
	铁	<0.3 mg/L
	锰	0.1 mg/L
	铜	1.0 mg/L
	锌	1.0 mg/L
	挥发酚类(以苯酚计)	0.02/L
	阴离子合成洗涤剂	0.2 mg/L
	硫酸盐	250 mg/L
	氧化物	250 mg/L
	溶解性总固体	1 000 mg/L
毒理学指标	氟化物	1.0 mg/L
	氰化物	0.05 mg/L
	砷	0.05g/L
	硒	0.01 mg/L
	汞	0.001 mg/L
	镉	0.01 mg/L
	铬(六价)	0.05 mg/L
	铅	0.05 mg/L
	银	0.05 mg/L
	硝酸盐(以氮计)	20 mg/L
	氯仿	60 μg/L
	四氯化碳	3 μg/L
	苯并(α)比	0.01 μg/L
	滴滴涕	1 μg/L
	六六六	5 μg/L
细菌学指标	细菌总数	100个/L
	总大肠杆菌群	3个/L
	游离余氯	在与水接触30分钟后应不低于0.3 mg/L,集中式给水除出厂应符合上述要求外,管网末梢水不应低于0.05 mg/L
放射性指标	总α放射性	0.1Bq/L
	总β放射性	11Bq/L

7. **饮水开水量及小时变化系数**(见附表9)

附表9　饮水开水量及小时变化系数

建筑物名称	单　位	饮用开水量标准/L	小时变化系数/K
热车间	每人每班	3~5	1.5
一般车间	每人每班	2~4	1.5
工厂生活间	每人每班	1~2	1.5
办公楼	每人每班	1~2	1.5
集体宿舍	每人每班	1~2	1.5
教学楼	每学生每日	1~2	2.0
医院	每病床每日	2~3	1.5
影剧院	每观众每场	0.2	1.0
招待所、旅馆	每客人每日	2~3	1.5
体育馆	每观众每日	0.2	1.0

8. **能源当量热值及平均折算热值**(见附表10)

附表10　能源当量热值及平均折算热值

类　别		单　位	当量热值/kJ	折算热值	
				标准煤/kJ	标准煤/kg
电能		kW/h	3 599.5	11 925	0.407
蒸汽(低压)		Kg	2 687.7~2 762.4	3 976	0.136
石油制品	汽油柴油煤油 重油渣油燃料油	kg	43116 46 040 43 111 41 855 37 670 41 310	47 422 50 639 47 422 46 040 41 436 45 455	1.619 1.729 1.619 1.571 1.414 1.551
炼制品	焦炭城市燃气焦炉气	kg	28 416 16 742 17 998	33 484 32 228 21 179	1.143 1.100 0.723
炼厂气		m^3	43 948	48 343	1.650
液化石油气		m^3	50 226	55 249	1.886

注:煤的当量热值为29 298 kJ/kg。

此表主要用来进行热水系统经济效益分析、计算,根据各种能源的当量热值可计算出各种能源的消耗量。

例:2 000L水温度从20°C加热到60°C,采用下列几种方式加热,其能源消耗量分别式多少?

(1)燃煤锅炉,效率为65%。

(2)燃油锅炉,效率为80%。

(3)燃气锅炉,效率为85%。

(4)电锅炉,效率为95%。

计算:2 000L 水 20°C 加热到 60°C,所需热量为

$$Q = 2\ 000 \times (60 - 20) \times 4.18 = 334.4 \times 10^3 \text{kJ}$$

(5)耗煤量 334.4×103/(29 298×65%)=17.56 kg。

(6)耗油量 334.4×103/(46 040×80%)=9.08 kg。

(7)耗气量 334.4×103/(50 226×85%)=9.83 m^3。

(8)耗电量 334.4×103/(3 600×95%)=97.78°。

9. 低压流体输送用镀锌焊接钢管及焊接钢管(CB3091、3092—93)(见附表 11)

附表 11 低压流体输送用镀锌焊接钢管及焊接钢管

公称口径		外 径	普通钢管		加厚钢管	
mm	in	公称尺寸/mm	壁厚/m	理论质量/kg	壁厚/mm	理论质量/kg
6	1/8	10.0	2.00	0.39	2.50	0.46
8	1/4	13.5	2.25	0.62	2.75	0.73
10	3/8	17.0	2.25	0.82	2.75	0.97
15	1/2	21.3	2.75	1.26	3.25	1.45
20	3/4	26.8	2.75	1.63	3.50	2.01
25	1	33.5	3.25	2.42	4.00	2.91
32	11/4	42.3	3.25	3.13	4.00	3.78
40	11/2	48.0	3.50	3.84	4.25	4.58
50	2	60.0	3.50	4.88	4.50	6.16
70	21/2	75.5	3.75	4.64	4.50	7.88
80	3	88.5	4.00	8.34	4.75	9.81
100	4	114.0	4.00	10.85	5.00	13.44
125	5	140.0	4.50	15.04	5.50	18.24
150	6	165.0	4.50	17.81	5.50	21.63

10. 管径和流量比较(见附表 12)

附表 12 管径和流量比较

量格 数规 规格	DN15	DN20	DN25	DN32	DN40	DN50	DN70
DN15	1						
DN20	2	1					
DN25	3	1.5	1				
DN32	6.4	3.1	1.8	1			
DN40	9	4.5	2.6	1.5	1		
DN50	15	8.1	4.3	2.3	1.7	1	
DN70	24	12	7	3.8	2.75	1.7	1

此表主要用来进行配管选择的参考,其数值关系是指在相同流速的情况下,流量的比值。如:相同流速的情况下,DN70 的流量为 DN15 的 24 倍,DN20 的 12 倍;DN40 的流量为 DN32 的 1.5 倍。

11. 热水用水定额(见附表 13)

附表 13 热水用水定额

建筑物名称	单位	各温度时最高日用水定额/L					
		50°C	55°C	60°C	65°C	70°C	75°C
住宅(每户设淋浴设备)	人/d	107~160	96~144	87~131	80~120	74~111	69~103
集体宿舍							
有洗室	人/d	33~47	30~42	27~38	25~35	23~32	21~30
有洗室和集中浴室	人/d	47~67	42~60	38~55	35~50	32~46	30~43
普通旅馆、招待所							
有洗室	床/d	33~67	30~60	27~55	25~50	23~46	21~43
有洗室和集中浴室	床/d	67~133	60~120	50~109	50~100	46~92	43~86
设有浴盆的客房	床/d	133~200	120~180	109~164	100~150	92~138	86~129
宾馆客房	床/d	200~267	180~240	164~218	150~200	138~185	129~171
医院、疗养院等							
有洗室	病床/d	40~80	36~72	33~65	30~60	28~55	26~51
有洗室和集中浴室	病床/d	80~160	72~144	65~131	60~120	55~111	51~103
设有浴盆的病房	病床/d	200~267	180~240	164~218	150~200	138~185	129~171
门诊部、诊疗所	病人/次	7~11	6~10	5~9	5~8	5~7	4~7
公共浴室 设有淋浴、浴盆、浴池和理发室	顾客/次	67~133	60~120	55~109	50~100	46~92	43~86
理发室	顾客/次	7~16	6~14	5~13	5~12	5~11	4~10
洗衣房	干衣/kg	20~33	18~30	16~27	15~25	14~23	13~21
公共食堂							
营业食堂	顾客/次	5~8	5~7	4~7	4~6	4~6	3~5
工厂、机关、学校、居民食堂	顾客/次	4~7	4~6	3~5	3~5	3~5	3~4
幼儿园、托儿所							
有住宿	儿童/天	20~40	18~36	16~33	15~30	14~28	13~26
无住宿	儿童/天	11~20	10~18	9~16	8~15	7~14	7~13
体育场 运动员淋浴	人/次	33	30	27	25	23	21

12. 卫生器具 1 次和 1 小时热水用水量和水温（见附表 14）

附表 14　卫生器具 1 次和 1 小时热水用水量和水温

序　号	卫生器具名称	用水量（L/次）	用水量（L/h）	水温/°C
1	住宅、旅馆 带有淋浴器的浴盆 无淋浴器的浴盆 淋浴器 洗脸盆、洗槽水龙头 洗涤盆（池）	150 125 70 ~ 100 3 –	300 250 140 ~ 200 30 180	40 40 37 ~ 40 30 60
2	集体宿舍 淋浴器：有淋浴小间 无淋浴小间 洗槽水龙头	70 ~ 100 – 3 ~ 5	210 ~ 300 450 50 ~ 80	37 ~ 40 37 ~ 40 30
3	公共食堂 洗涤盆（池） 洗脸盆：工作人员用 顾客用 淋浴器	– 3 – 40	250 60 120 400	60 30 30 37 ~ 40
4	幼儿园、托儿所 浴盆：幼儿园 托儿所 淋浴器：幼儿园 托儿所 洗槽水龙头 洗涤盆（池）	100 30 30 15 1.5	400 120 180 90 25 180	35 35 35 35 30 60
5	医院、疗养院、休养所 洗手盆 洗涤盆（池） 浴盆	– – 125 ~ 150	15 ~ 25 300 250 ~ 300	35 60 40
6	公共浴室 浴盆 淋浴器：有淋浴小间 无淋浴小间 洗脸盆	125 100 ~ 150 – 5	250 200 ~ 300 450 ~ 540 50 ~ 80	40 37 ~ 40 37 ~ 40 35
7	理发室：洗脸盆	–	35	35
8	实验室 洗涤盆 洗手盆	– –	60 15 ~ 25	60 30
9	剧院 淋浴器 演员用洗脸盆	60 5	200 ~ 400 80	37 ~ 40 35
10	体育场：淋浴器	30	300	35

续表

序　号	卫生器具名称	用水量(L/次)	用水量(L/h)	水温/°C
11	工业企业生活间、淋浴器 一般车间 脏车间 洗脸盆或洗槽水龙头 一般车间 脏车间	 40 60 3 5	 180 ~ 480 360 ~ 540 90 ~ 120 100 ~ 150	 37 ~ 40 40 30 35
12	妇女卫生盆	10 ~ 15	120 ~ 180	30

13. 冷水计算温度

计算热水系统的耗热量时,必须决定冷水的计算温度,冷水的计算温度以当地最冷月平均水温资料确定,在无水温资料时参照附表15。

附表15　冷水计算温度

分　区	地　区	地面水温度/℃	地下水温度/℃
第一分区	黑龙江、吉林、内蒙古的全部,辽宁的大部分,河北、山西、陕西偏北部分,宁夏偏东部分	4	6 ~ 10
第二分区	北京、天津、山东全部,河北、山西、陕西的大部分,河南北部,甘肃、宁夏、辽宁的南部,青海偏东和江苏偏北的一小部分	4	10 ~ 15
第三分区	上海、浙江全部,江西、安徽、江苏的大部分,福建北部,湖南、湖北东部,河南南部	5	15 ~ 20
第四分区	广东、台湾全部,广西大部分,福建、云南的南部	10 ~ 15	20
第五分区	贵州全部,四川、云南的大部分,湖南、湖北的西部,陕西和甘肃秦岭以南的地区,广西偏北的一小部分	7	15 ~ 20

14. 给水塑料管水力计算表(见附表16)

附表16　给水塑料管水力计算表

q_g	DN15		DN20		DN25		DN32		DN40		DN50		DN70		DN80		DN100	
	v	i	v	i	v	i	v	i	v	i	v	i	v	i	v	i	v	i
0.10	0.50	0.275	0.26	0.06														
0.15	0.75	0.564	0.39	0.123	0.23	0.033												
0.20	0.99	0.94	0.53	0.206	0.30	0.055	0.20	0.02										
0.30	1.49	0.193	0.79	0.422	0.45	0.113	0.29	0.04										
0.40	1.99	0.321	1.05	0.703	0.61	0.188	0.39	0.067	0.24	0.021								

续表

q_g	DN15		DN20		DN25		DN32		DN40		DN50		DN70		DN80		DN100	
	v	i	v	i	v	i	v	i	v	i	v	i	v	i	v	i	v	i
0.50	2.49	4.77	1.32	1.04	0.76	0.279	0.49	0.099	0.30	0.031								
0.60	2.98	6.60	1.58	1.44	0.91	0.386	0.59	0.137	0.36	0.043	0.23	0.014						
0.70			1.84	1.90	1.06	0.507	0.69	0.181	0.42	0.056	0.27	0.019						
0.80			2.1	2.4	1.21	0.643	0.79	0.229	0.48	0.071	0.3	0.023						
0.90			2.37	2.96	1.36	0.792	0.88	0.282	0.54	0.088	0.34	0.029	0.23	0.018				
1.00					1.51	0.955	0.98	0.340	0.6	0.106	0.38	0.035	0.25	0.014				
1.50					2.27	1.96	1.47	0.698	0.90	0.217	0.57	0.072	0.39	0.029	0.27	0.012		
2.00							1.96	1.16	1.2	0.361	0.76	0.119	0.52	0.049	0.36	0.02	0.24	0.008
2.50							2.46	1.73	1.5	0.536	0.95	0.517	0.65	0.072	0.45	0.03	0.3	0.011
3.00									1.81	0.741	1.14	0.245	0.78	0.099	0.54	0.042	0.36	0.016
3.50									2.11	0.974	1.33	0.322	0.91	0.131	0.63	0.055	0.42	0.021
4.00									2.41	0.123	1.51	0.408	1.04	0.166	0.72	0.069	0.48	0.026
4.50									2.71	0.152	1.70	0.503	1.17	0.205	0.81	0.086	0.54	0.032
5.00											1.89	0.606	1.3	0.247	0.9	0.104	0.6	0.039
5.50											2.08	0.718	1.43	0.293	0.99	0.123	0.66	0.046
6.00											2.27	0.838	1.56	0.342	1.08	0.143	0.72	0.052
6.50													1.69	0.394	1.17	0.165	0.78	0.062
7.00													1.82	0.445	1.26	0.188	0.84	0.071
7.50													1.95	0.507	1.35	0.213	0.9	0.08
8.00													2.08	0.569	1.44	0.238	0.96	0.09
8.50													2.21	0.632	1.53	0.265	1.02	0.102
9.00													2.34	0.701	1.62	0.294	1.08	0.111
9.50													2.47	0.772	1.71	0.323	1.14	0.121
10.00															1.80	0.354	1.20	0.134

注：(1) q_g表示流量，L/s；DN 表示公称管径，mm；v 表示流速，m/s；i 表示单位管长水头损失，kPa/m。

(2) DN100 以上的给水管道水力计算，可参考《给水排水设计手册》第 1 册（中国建筑工业出版社，1986）

15.（钢管）热水管计算内径 d_j 值（YB234－63，附表 17）

附表 17 （钢管）热水管计算内径 dj 值（YB234－63）

单位：mm

公称内径 DN	外径 D	内径 d	计算内径 d_j
15	21.25	15.75	13.25
20	26.75	21.25	18.75
25	33.5	27.00	24.50
32	42.25	35.75	33.25
40	48.00	41.00	38.50
50	60.00	53.00	50.00
70	75.50	68.00	65.00
80	88.50	80.50	77.50
100	114.00	106.00	103.00
125	140.00	131.00	127.00
150	165.00	156.00	152.00
175	194.00	174.00	174.00
200	21.900	199.00	195.00

16. 热水管水力计算(见附表18)

附表18 热水管水力计算

Q		DN15		DN20		DN25		DN32		DN40		DN50		DN70	
(L/h)	(L/s)	R	v	R	v	R	v	R	v	R	v	R	v	R	v
18	0.005	0.65	0.04	0.12	0.02	0.04	0.01	0.01	0.01	–	–	–	–	–	–
36	0.010	2.16	0.07	0.41	0.04	0.12	0.02	0.03	0.03	0.01	0.01	–	–	–	–
54	0.015	4.42	0.11	0.83	0.05	0.23	0.03	0.05	0.05	0.03	0.01	0.01	0.01	–	–
72	0.020	7.39	0.15	1.37	0.07	0.38	0.04	0.09	0.09	0.04	0.02	0.01	0.01	0.01	0.01
90	0.025	11.04	0.18	2.03	0.09	0.56	0.05	0.13	0.13	0.07	0.02	0.02	0.01	0.01	0.01
108	0.030	15.37	0.22	2.81	0.11	0.77	0.06	0.18	0.03	0.09	0.03	0.03	0.02	0.01	0.01
126	0.035	20.37	0.25	3.69	1.13	1.01	0.07	0.23	0.04	0.12	0.03	0.03	0.02	0.01	0.01
144	0.040	26.04	0.29	4.69	1.14	1.28	0.08	0.30	0.05	0.15	0.03	0.04	0.02	0.01	0.01
162	0.045	32.36	0.33	5.80	0.16	1.58	0.10	0.36	0.05	0.18	0.04	0.05	0.02	0.02	0.01
180	0.050	39.35	0.36	7.01	0.18	1.90	0.11	0.44	0.06	0.22	0.04	0.06	0.03	0.02	0.02
198	0.055	47.00	0.40	8.34	0.20	2.25	0.12	0.52	0.06	0.26	0.05	0.07	0.03	0.02	0.02
216	0.060	55.31	0.44	9.76	0.22	2.63	0.13	0.60	0.07	0.30	0.05	0.09	0.03	0.02	0.02
234	0.065	64.58	0.47	11.30	0.24	3.03	0.14	0.69	0.07	0.34	0.06	0.10	0.03	0.03	0.02
252	0.070	74.90	0.51	12.94	0.25	3.46	0.15	0.79	0.08	0.39	0.06	0.11	0.04	0.03	0.02
270	0.075	85.98	0.54	14.69	0.27	3.92	0.16	0.89	0.09	0.44	0.06	0.13	0.04	0.04	0.02
288	0.080	97.82	0.59	16.54	0.29	4.40	0.17	1.00	0.09	0.49	0.07	0.14	0.04	0.04	0.02
306	0.085	110.43	0.62	18.50	0.31	4.91	0.18	1.11	0.10	0.55	0.07	0.16	0.04	0.04	0.03
324	0.090	123.81	0.65	20.56	0.33	5.45	0.19	1.23	0.10	0.60	0.08	0.17	0.05	0.05	0.03
342	0.095	137.94	0.69	22.73	0.34	6.01	0.20	1.35	0.11	0.66	0.08	0.19	0.05	0.05	0.03
360	0.100	152.85	0.73	25.00	0.36	6.60	0.21	1.48	0.12	0.73	0.09	0.21	0.05	0.06	0.03
396	0.110	184.94	0.80	29.86	0.40	7.85	0.23	1.75	0.13	0.86	0.09	0.24	0.06	0.07	0.03
432	0.120	220.10	0.87	35.13	0.43	9.21	0.25	2.05	0.14	1.00	0.10	0.28	0.06	0.08	0.04
468	0.130	258.31	0.94	41.02	0.47	10.67	0.28	2.36	0.15	1.16	0.11	0.33	0.07	0.09	0.04
504	0.140	299.58	1.02	47.57	0.51	12.23	0.30	2.70	0.16	1.32	0.12	0.37	0.07	0.11	0.04
540	0.150	343.91	1.09	54.61	0.54	13.89	0.32	3.06	0.17	1.49	0.13	0.42	0.08	0.12	0.05
576	0.160	391.29	1.16	62.13	0.58	15.65	0.34	3.44	0.18	1.68	0.14	0.47	0.08	0.13	0.05
612	0.170	441.73	1.23	70.14	0.62	17.52	0.36	3.84	0.20	1.87	0.15	0.52	0.09	0.15	0.05
648	0.180	495.22	1.31	78.64	0.65	19.48	0.38	4.26	0.21	2.07	0.15	0.58	0.09	0.16	0.05
684	0.190	551.78	1.38	87.62	0.69	21.55	0.40	4.70	0.22	2.28	0.16	0.64	0.10	0.18	0.06
720	0.200	611.39	1.45	97.09	0.72	23.72	0.42	5.16	0.23	2.50	0.17	0.70	0.10	0.20	0.06
900	0.250	955.29	1.81	51.70	0.91	36.75	0.53	7.76	0.29	3.75	0.21	1.04	0.13	0.29	0.08
1080	0.300	1357.62	2.18	218.44	1.09	52.93	0.64	10.88	0.35	5.23	0.26	1.44	0.15	0.40	0.09
1260	0.350	1872.62	2.54	297.32	1.27	72.04	0.74	14.49	0.40	6.95	0.30	1.90	0.18	0.53	0.11
1440	0.400	2445.55	2.90	338.34	1.45	94.09	0.85	18.65	0.46	8.90	0.34	2.43	0.20	0.67	0.12
1620	0.450	3095.15	3.26	491.50	1.63	119.08	0.95	23.60	0.52	11.08	0.39	3.01	0.23	0.83	0.14
1800	0.500			606.78	1.81	147.01	1.06	29.14	0.58	13.49	0.43	3.65	0.25	1.00	0.15
1980	0.550			734.21	1.99	177.89	1.17	35.26	0.63	16.21	0.47	4.34	0.28	1.19	0.17
2160	0.600			873.21	2.17	211.70	1.27	41.96	0.69	19.29	0.52	5.10	0.31	1.39	0.18
2340	0.650			1025.47	2.35	248.45	1.38	49.29	0.75	22.64	0.56	5.91	0.33	1.61	0.20
2520	0.700			1189.30	2.54	288.15	1.48	57.11	0.81	26.26	0.60	6.78	0.36	1.84	0.21

续表

Q		DN15		DN20		DN25		DN32		DN40		DN50		DN70	
(L/h)	(L/s)	R	v	R	v	R	v	R	v	R	v	R	v	R	v
2700	0.750			1365.26	2.72	330.78	1.59	65.56	0.86	30.14	0.64	7.71	0.38	2.08	0.23
2880	0.800			1553.37	2.90	376.36	1.70	74.59	0.92	34.30	0.69	8.70	0.41	2.34	0.24
3060	0.850			1753.61	3.08	424.87	1.80	84.21	0.98	38.72	0.73	9.75	0.43	2.62	0.26
3240	0.900			1965.98	3.26	476.33	1.91	94.40	1.04	43.14	0.77	10.86	0.46	2.91	0.27
3420	0.950			2190.49	3.44	530.72	2.02	105.18	1.09	48.36	0.82	12.10	0.48	3.91	0.29
3600	1.000					588.06	2.12	116.55	1.15	53.59	0.86	13.41	0.51	3.53	0.30
3780	1.050					648.33	2.23	128.49	1.21	59.08	0.90	14.79	0.53	3.87	0.32
3960	1.100					711.55	2.33	141.02	1.27	64.84	0.94	16.23	0.56	4.21	0.33
4140	1.150					777.71	2.44	154.13	1.32	70.87	0.99	17.74	0.59	4.58	0.35
4320	1.200					846.80	2.55	167.83	1.38	77.17	1.03	19.31	0.61	4.95	0.36
4500	1.250					918.84	2.65	182.11	1.44	83.73	1.07	20.95	0.64	5.34	0.38
4680	1.300					993.82	2.76	196.97	1.50	90.56	1.12	22.66	0.66	5.75	0.39
4860	1.350					1071.74	2.86	212.41	1.55	97.66	1.16	24.44	0.69	6.17	0.41
5040	1.400					1152.60	2.97	228.43	1.61	105.03	1.20	26.29	0.71	6.60	0.41
5220	1.450					1236.39	3.08	245.04	1.67	112.67	1.25	28.20	0.74	7.05	0.44
5400	1.500					1323.13	3.18	262.23	1.73	120.57	1.29	30.17	0.76	7.51	0.45
5580	1.550					1412.81	3.29	280.01	1.79	128.74	1.33	32.22	0.79	8.02	0.47
5760	1.600					1505.13	3.39	298.36	1.84	137.18	1.37	34.33	0.81	8.55	0.48
5940	1.650					1600.93	3.50	317.30	1.90	145.89	1.42	36.51	0.84	9.09	0.50
6120	1.700					–	–	336.82	1.96	154.87	1.46	38.76	0.87	9.65	0.51
6300	1.750							356.93	2.02	164.11	1.50	41.07	0.89	10.22	0.53
6480	1.800							377.62	2.07	173.62	1.55	43.45	0.92	10.82	0.54
6660	1.850							398.89	2.13	183.40	1.59	45.90	0.94	10.43	0.56
6840	1.900							420.74	2.19	193.45	1.63	48.41	0.97	12.05	0.57
7020	1.950							443.17	2.25	203.76	1.68	51.00	0.99	12.69	0.59
7200	2.000							466.19	2.30	214.35	1.72	53.64	1.02	13.35	0.60
7560	2.100							513.98	2.42	236.32	1.80	59.14	1.07	14.72	0.63
7920	2.200							564.09	2.53	259.36	1.89	64.91	1.12	16.16	0.66
8280	2.300							616.54	2.65	283.48	1.98	70.94	1.17	17.66	0.69
8640	2.400							671.32	2.76	308.46	2.06	77.25	1.22	19.23	0.72
9000	2.500							728.43	2.88	334.92	2.15	83.82	1.27	20.87	0.75
9360	2.600							787.87	2.99	362.25	2.23	90.66	1.32	22.57	0.78
9720	2.700							849.64	3.11	390.65	2.32	97.77	1.38	24.34	0.81
10080	2.800							913.74	3.22	420.12	2.41	105.14	1.43	26.17	0.84
10440	2.900							980.17	3.34	450.67	2.49	112.79	1.48	28.08	0.87
10800	3.000							1048.93	3.46	284.28	2.58	120.70	1.53	30.05	0.90
11160	3.100							–	–	514.97	2.66	128.88	1.58	32.08	0.93
11520	3.200							–	–	548.73	2.75	137.33	1.63	34.19	0.96
11880	3.300							–	–	583.56	2.83	146.00	1.68	36.36	0.99
12240	3.400							–	–	619.47	2.92	155.08	1.73	38.59	1.02

续表

Q		DN15		DN20		DN25		DN32		DN40		DN50		DN70	
(L/h)	(L/s)	*R*	*v*	*R*	*v*	*R*	*v*	*R*	*v*	*R*	*v*	*R*	*v*	*R*	*v*
12600	3.500									656.44	3.01	164.28	1.78	40.90	1.05
12960	3.600									694.49	3.09	173.81	1.83	43.27	1.08
13320	3.700									733.61	3.18	183.60	1.881.94	45.71	1.12
13680	3.800									773.80	3.26	193.65	1.99	48.21	1.15
14040	3.900									815.06	3.35	203.98		50.78	1.18
14400	4.000									857.39	3.44	214.58	2.04	53.42	1.21
14760	4.100									–	–	225.44	2.09	56.12	1.24
15120	4.200									–	–	236.57	2.14	58.89	1.27
15480	4.300									–	–	247.97	2.19	61.73	1.30
15840	4.400									–	–	259.64	2.24	64.63	1.33
16200	4.500											271.57	2.29	67.61	1.36
16560	4.600											283.78	2.34	70.64	1.39
16920	4.700											296.25	2.39	73.75	1.42
17280	4.800											308.99	2.44	76.29	1.45
17600	4.900											322.00	2.50	80.16	1.48
18000	5.000											335.27	2.55	83.46	1.51
18360	5.100											348.82	2.60	86.84	1.54
18720	5.200											362.63	2.65	90.27	1.57
19080	5.300											376.71	2.70	93.78	1.60
19440	5.400											391.06	2.75	97.35	1.63
19800	5.500											405.68	2.80	100.99	1.66
20160	5.600											420.57	2.85	104.70	1.69
20520	5.700											435.72	2.90	108.47	1.72
20880	5.800											451.14	2.95	112.31	1.75
21240	5.900											466.84	3.00	116.22	1.78
21600	6.000											482.79	3.06	120.19	1.81
21960	6.100											499.02	3.11	124.23	1.84
22320	6.200											515.52	3.16	128.33	1.87
22680	6.300											532.28	3.21	132.51	1.90
23040	6.400											549.31	3.26	136.75	1.93
23400	6.500											566.61	3.31	141.05	1.96
23760	6.600											584.18	3.36	145.43	1.99
21420	6.700											602.02	3.41	149.87	2.02
24480	6.800											620.12	3.46	154.38	2.05
24840	6.900											–	–	158.95	2.08
25200	7.000													163.59	2.11
25560	7.100													168.30	2.14
25920	7.200													173.07	2.17
26280	7.300													177.91	2.20
26640	7.400													182.82	2.23

续表

Q		DN15		DN20		DN25		DN32		DN40		DN50		DN70	
(L/h)	(L/s)	R	v	R	v	R	v	R	v	R	v	R	v	R	v
27000	7.500													187.79	2.26
27360	7.600													192.84	2.29
27720	7.700													197.94	2.32
28080	7.800													203.12	2.35
28440	7.900													208.36	2.38
28800	8.000													213.67	2.41
29160	8.100													219.04	2.44
29520	8.200													224.49	2.47
29880	8.300													229.99	2.50
30240	8.400													235.57	2.53
30600	8.500													241.21	2.56
30960	8.600													246.92	2.59
31320	8.700													252.70	2.62
31680	8.800													258.54	2.65
32040	8.900													264.45	2.68
32400	9.000													270.42	2.71
34500	9.100													276.47	2.74
34920	9.200													282.58	2.77
35280	9.300													288.75	2.80
35640	9.400													295.00	2.83
34200	9.500													301.31	2.86
34560	9.600													307.68	2.89
34920	9.700													314.13	2.92
35280	9.800													320.64	2.95
35640	9.900													327.21	2.98
36000	10.000													333.86	3.01
36900	10.250													350.76	3.09
37800	10.500													368.08	3.16
38700	10.750													385.81	3.24
39600	11.000													403.97	3.31
108	0.030	–	–												
126	0.035	–	–												
144	0.040	0.01	0.01												
162	0.045	0.01	0.01												
180	0.050	0.01	0.01												
198	0.055	0.01	0.01												
216	0.060	0.01	0.01												
234	0.065	0.01	0.01												
252	0.070	0.01	0.01												
270	0.075	0.02	0.02												

续表

Q		DN15		DN20		DN25		DN32		DN40		DN50		DN70	
(L/h)	(L/s)	R	v	R	v	R	v	R	v	R	v	R	v	R	v
288	0.080	0.02	0.02	–	–										
306	0.085	0.02	0.02	0.01	0.01										
324	0.090	0.02	0.02	0.01	0.01										
342	0.095	0.02	0.02	0.01	0.01										
360	0.100	0.03	0.02	0.01	0.01										
396	0.110	0.03	0.02	0.01	0.01										
432	0.120	0.04	0.03	0.01	0.01										
468	0.130	0.04	0.03	0.01	0.01										
504	0.140	0.05	0.03	0.01	0.02										
540	0.150	0.05	0.03	0.01	0.02										
576	0.160	0.06	0.03	0.02	0.02	0.01	0.01								
612	0.170	0.06	0.04	0.02	0.02	0.01	0.01								
648	0.180	0.07	0.04	0.02	0.02	0.01	0.01								
684	0.190	0.08	0.04	0.02	0.02	0.01	0.01								
720	0.200	0.09	0.04	0.02	0.02	0.01	0.02								
900	0.250	0.13	0.05	0.03	0.03	0.01	0.02	0.01	0.01	–	–				
1080	0.300	0.17	0.06	0.04	0.04	0.02	0.02	0.01	0.02	–	–				
1260	0.350	0.23	0.07	0.06	0.04	0.02	0.03	0.01	0.02	–	–				
1440	0.400	0.29	0.08	0.07	0.05	0.03	0.03	0.01	0.02	0.01	0.02				
1620	0.450	0.35	0.10	0.09	0.05	0.03	0.04	0.01	0.02	0.01	0.02				
1800	0.500	0.42	0.11	0.11	0.06	0.04	0.04	0.02	0.03	0.01	0.02	0.01	0.02		
1980	0.550	0.50	0.12	0.13	0.07	0.05	0.04	0.02	0.03	0.01	0.02	0.01	0.02		
2160	0.600	0.59	0.13	0.15	0.07	0.05	0.05	0.02	0.03	0.01	0.03	0.01	0.02		
2340	0.650	0.68	0.14	0.17	0.08	0.06	0.05	0.03	0.04	0.01	0.03	0.01	0.02		
2520	0.700	0.77	0.15	0.19	0.08	0.07	0.06	0.03	0.04	0.02	0.03	0.01	0.02		
2700	0.750	0.88	0.17	0.22	0.09	0.08	0.06	0.03	0.04	0.02	0.03	0.01	0.03		
2880	0.800	0.98	0.18	0.25	0.10	0.09	0.06	0.04	0.04	0.02	0.04	0.01	0.03		
3060	0.850	1.10	0.19	0.27	0.10	0.10	0.07	0.04	0.05	0.02	0.04	0.01	0.03		
3240	0.900	1.22	0.20	0.30	0.11	0.11	0.07	0.05	0.05	0.02	0.04	0.02	0.03		
3420	0.950	1.34	0.21	0.33	0.11	0.12	0.07	0.05	0.05	0.03	0.04	0.02	0.03		
3600	1.000	1.48	0.22	0.37	0.12	0.13	0.08	0.06	0.06	0.03	0.04	0.02	0.04		
3780	1.050	1.61	0.23	0.40	0.13	0.14	0.08	0.06	0.06	0.03	0.05	0.02	0.04		
3960	1.100	1.76	0.24	0.43	0.13	0.16	0.09	0.07	0.06	0.03	0.05	0.02	0.04		
4140	1.150	1.91	0.25	0.47	0.14	0.17	0.09	0.07	0.06	0.04	0.05	0.02	0.04		
4320	1.200	2.06	0.26	0.51	0.14	0.18	0.09	0.08	0.07	0.04	0.05	0.03	0.04		
4500	1.250	2.22	0.27	0.55	0.15	0.20	0.10	0.08	0.07	0.04	0.05	0.03	0.04		
4680	1.300	2.38	0.28	0.59	0.16	0.21	0.10	0.09	0.07	0.05	0.06	0.03	0.05		
4860	1.350	2.56	0.29	0.63	0.16	0.23	0.11	0.09	0.07	0.05	0.06	0.03	0.05		
5040	1.400	2.73	0.30	0.67	0.17	0.24	0.11	0.10	0.08	0.05	0.06	0.03	0.05		
5220	1.450	2.92	0.31	0.71	0.17	0.26	0.11	0.11	0.08	0.06	0.06	0.03	0.05		

续表

Q		DN15		DN20		DN25		DN32		DN40		DN50		DN70	
(L/h)	(L/s)	*R*	*v*	*R*	*v*	*R*	*v*	*R*	*v*	*R*	*v*	*R*	*v*	*R*	*v*
5400	1.500	3.10	0.32	0.76	0.18	0.27	0.12	0.11	0.08	0.06	0.07	0.04	0.05		
5580	1.550	3.30	0.33	0.86	0.19	0.29	0.12	0.12	0.09	0.06	0.07	0.04	0.05		
5760	1.600	3.50	0.34	0.85	0.19	0.31	0.13	0.13	0.09	0.07	0.07	0.04	0.05		
5940	1.650	3.70	0.35	0.90	0.20	0.32	0.13	0.13	0.09	0.07	0.07	0.04	0.06		
6120	1.700	3.92	0.36	0.95	0.20	0.34	0.13	0.14	0.09	0.07	0.07	0.04	0.06		
6300	1.750	4.13	0.37	1.00	0.21	0.36	0.14	0.15	0.10	0.08	0.07	0.05	0.06		
6480	1.800	4.35	0.38	1.05	0.22	0.38	0.14	0.16	0.10	0.08	0.08	0.05	0.06		
6660	1.850	4.58	0.39	1.11	0.22	0.40	0.15	0.17	0.10	0.09	0.08	0.05	0.06		
6840	1.900	4.82	0.40	1.16	0.23	0.42	0.15	0.17	0.10	0.09	0.08	0.05	0.06		
7020	1.950	5.06	0.41	1.22	0.23	0.44	0.15	0.18	0.11	0.09	0.08	0.05	0.07		
7200	2.000	5.30	0.42	1.28	0.24	0.46	0.16	0.19	0.11	0.10	0.08	0.06	0.07		
7560	2.100	5.80	0.45	1.40	0.25	0.50	0.17	0.21	0.12	0.11	0.09	0.06	0.07		
7920	2.200	6.36	0.47	1.52	0.26	0.54	0.17	0.22	0.12	0.12	0.09	0.07	0.07		
8280	2.300	6.95	0.49	1.65	0.28	0.59	0.18	0.24	0.13	0.13	0.10	0.07	0.08		
8640	2.400	7.57	0.51	1.79	0.29	0.63	0.19	0.26	0.13	0.14	0.10	0.08	0.08		
9000	2.500	8.21	0.53	1.93	0.30	0.68	0.20	0.28	0.14	0.15	0.11	0.08	0.08		
9360	2.600	8.88	0.55	2.07	0.31	0.73	0.21	0.30	0.14	0.16	0.11	0.09	0.09		
9720	2.700	9.58	0.57	2.22	0.32	0.78	0.21	0.32	0.15	0.17	0.11	0.10	0.09		
10080	2.800	10.30	0.59	2.38	0.34	0.84	0.22	0.35	0.15	0.18	0.12	0.10	0.09		
10440	2.900	11.05	0.61	2.54	0.35	0.89	0.23	0.37	0.16	0.19	0.12	0.11	0.10		
10800	3.000	11.83	0.64	2.70	0.36	0.95	0.24	0.39	0.17	0.20	0.13	0.12	0.10		
11160	3.100	12.63	0.66	2.87	0.37	1.01	0.24	0.42	0.17	0.21	0.13	0.12	0.10		
11520	3.200	13.46	0.68	3.05	0.38	1.07	0.25	0.44	0.18	0.23	0.13	0.13	0.11		
11880	3.300	14.31	0.70	3.22	0.40	1.13	0.26	0.47	0.18	0.24	0.14	0.14	0.11		
12240	3.400	15.19	0.72	3.41	0.41	1.20	0.27	0.49	0.19	0.25	0.14	0.15	0.11		
12600	3.500	16.10	0.74	3.60	0.42	1.26	0.28	0.52	0.19	0.27	0.15	0.15	0.12		
12960	3.600	17.03	0.76	3.79	0.43	1.33	0.28	0.54	0.20	0.28	0.15	0.16	0.12		
13320	3.700	17.99	0.78	3.98	0.44	1.40	0.29	0.57	0.20	0.29	0.16	0.17	0.12		
13680	3.800	18.98	0.81	4.20	0.46	1.47	0.31	0.60	0.21	0.31	0.16	0.18	0.13		
14040	3.900	19.99	0.83	4.43	0.47	1.54	0.31	0.63	0.21	0.32	0.16	0.19	0.13		
14400	4.000	21.03	0.85	4.66	0.48	1.61	0.32	0.66	0.22	0.34	0.17	0.19	0.13		
14760	4.100	22.09	0.87	4.89	0.49	1.69	0.32	0.69	0.23	0.35	0.17	0.20	0.14		
15120	4.200	23.18	0.89	5.13	0.50	1.76	0.33	0.72	0.23	0.37	0.18	0.21	0.14		
15480	4.300	24.30	0.91	5.38	0.52	1.84	0.34	0.75	0.24	0.39	0.18	0.22	0.14		
15840	4.400	25.45	0.93	5.63	0.53	1.92	0.35	0.79	0.24	0.40	0.19	0.23	0.15		
16200	4.500	26.62	0.95	5.89	0.54	2.01	0.36	0.82	0.25	0.42	0.19	0.24	0.15		
16560	4.600	27.81	0.98	6.16	0.55	2.09	0.36	0.85	0.25	0.44	0.19	0.25	0.15		
16920	4.700	29.03	1.00	6.43	0.56	0.17	0.37	0.89	0.26	0.45	0.20	0.26	0.16		
17280	4.800	30.28	1.02	6.71	0.58	0.26	0.38	0.92	0.26	0.47	0.20	0.27	0.16		
17600	4.900	31.56	1.04	6.99	0.59	0.35	0.39	0.96	0.27	0.49	0.21	0.28	0.16		

续表

Q		DN15		DN20		DN25		DN32		DN40		DN50		DN70	
(L/h)	(L/s)	R	v	R	v	R	v	R	v	R	v	R	v	R	v
18000	5.000	32.86	1.06	7.28	0.60	2.44	0.39	0.99	0.28	0.51	0.21	0.29	0.17		
18360	5.100	34.19	1.08	7.57	0.61	2.53	0.40	1.03	0.28	0.53	0.21	0.30	0.17		
18720	5.200	35.54	1.10	7.87	0.62	2.63	0.41	1.07	0.29	0.55	0.22	0.31	0.17		
19080	5.300	36.92	1.12	8.18	0.64	2.72	0.42	1.11	0.29	0.56	0.22	0.32	0.18		
19440	5.400	38.33	1.14	8.49	0.65	2.82	0.43	1.14	0.30	0.58	0.23	0.33	0.18		
19800	5.500	39.76	1.17	8.80	0.66	2.92	0.43	1.18	0.30	0.60	0.23	0.34	0.18		
20160	5.600	41.22	1.19	9.13	0.67	3.01	0.44	1.22	0.31	0.62	0.24	0.36	0.19		
20520	5.700	42.70	1.21	9.46	0.68	3.12	0.45	1.26	0.31	0.65	0.24	0.37	0.19		
20880	5.800	44.21	1.23	9.79	0.70	3.23	0.46	1.31	0.32	0.67	0.24	0.38	0.19		
21240	5.900	45.75	1.25	10.13	0.71	3.34	0.47	1.35	0.33	0.69	0.25	0.39	0.20		
21600	6.000	47.32	1.27	10.48	0.72	3.45	0.47	1.39	0.33	0.71	0.25	0.40	0.20		
21960	6.100	48.91	1.29	10.83	0.73	3.57	0.48	1.43	0.34	0.73	0.26	0.42	0.20		
22320	6.200	50.52	1.31	11.19	0.74	3.69	0.49	1.48	0.34	0.75	0.26	0.43	0.21		
22680	6.300	52.17	1.34	11.55	0.76	3.81	0.50	1.52	0.35	0.77	0.26	0.44	0.21		
23040	6.400	53.83	1.36	11.92	0.77	3.93	0.51	1.57	0.35	0.80	0.27	0.45	0.21		
23400	6.500	55.53	1.38	12.30	0.78	4.05	0.51	1.61	0.36	0.82	0.27	0.47	0.22		
23760	6.600	57.25	1.40	12.68	0.79	4.18	0.52	1.66	0.36	0.84	0.28	0.48	0.22		
21420	6.700	59.00	1.42	13.07	0.80	4.31	0.53	1.71	0.37	0.87	0.28	0.49	0.22		
24480	6.800	60.77	1.44	13.46	0.82	4.43	0.54	1.75	0.37	0.89	0.29	0.51	0.23		
24840	6.900	62.57	1.46	13.86	0.83	4.57	0.54	1.80	0.38	0.92	0.29	0.52	0.23		
25200	7.000	64.40	1.48	14.26	0.84	4.70	0.55	1.85	0.39	0.94	0.29	0.53	0.23		
25560	7.100	66.26	1.51	14.67	0.85	4.83	0.56	1.90	0.39	0.97	0.30	0.55	0.24		
25920	7.200	68.13	1.53	15.09	0.86	4.97	0.57	1.95	0.40	0.99	0.30	0.56	0.24		
26280	7.300	70.14	1.55	15.51	0.88	5.11	0.58	2.00	0.40	1.02	0.31	0.58	0.24		
26640	7.400	71.97	1.57	15.94	0.89	5.25	0.58	2.05	0.41	1.04	0.31	0.59	0.25		
27000	7.500	73.93	1.59	16.37	0.90	5.39	0.59	2.11	0.41	1.07	0.32	0.61	0.25		
27360	7.600	75.92	1.61	16.81	0.91	5.54	0.60	2.16	0.42	1.10	0.32	0.62	0.25		
27720	7.700	77.93	1.63	17.26	0.92	5.69	0.61	2.21	0.42	1.12	0.32	0.64	0.26		
28080	7.800	79.96	1.65	17.71	0.94	5.83	0.62	2.27	0.43	1.15	0.33	0.65	0.26		
28440	7.900	82.03	1.67	18.16	0.95	5.99	0.62	2.32	0.44	1.18	0.33	0.67	0.26		
28800	8.000	84.12	1.70	18.63	0.96	6.14	0.63	2.37	0.44	1.20	0.34	0.68	0.27		
29160	8.100	86.23	1.72	19.10	0.97	6.29	0.64	2.43	0.45	1.23	0.34	0.70	0.27		
29520	8.200	88.38	1.74	19.57	0.98	6.45	0.65	2.49	0.45	1.26	0.34	0.71	0.27		
29880	8.300	90.54	1.76	20.05	1.00	6.61	0.66	2.55	0.46	1.29	0.35	0.73	0.28		
30240	8.400	92.74	1.78	20.54	1.01	6.77	0.66	2.61	0.46	1.32	0.35	0.75	0.28		
30600	8.500	94.96	1.80	21.03	1.02	6.93	0.67	2.67	0.47	1.35	0.36	0.76	0.28		
30960	8.600	97.21	1.82	21.53	1.03	7.09	0.68	2.74	0.47	1.38	0.36	0.78	0.29		
31320	8.700	99.48	1.84	22.03	1.04	7.26	0.69	2.80	0.48	1.41	0.37	0.80	0.29		
31680	8.800	101.78	1.87	22.54	1.06	7.43	0.69	2.87	0.48	1.44	0.37	0.81	0.29		
32040	8.900	104.11	1.89	23.05	1.07	7.60	0.70	2.93	0.49	1.47	0.37	0.83	0.30		
32400	9.000	106.46	1.91	23.57	1.08	7.77	0.71	3.00	0.50	1.50	0.38	0.85	0.30		
34500	9.100	108.84	1.93	24.10	1.09	7.94	0.72	3.06	0.50	1.53	0.38	0.86	0.30		
34920	9.200	111.24	1.95	24.63	1.10	8.12	0.73	3.13	0.51	1.56	0.39	0.88	0.31		
35280	9.300	113.68	1.97	25.17	1.12	8.29	0.73	3.20	0.51	1.59	0.39	0.90	0.31		
35640	9.400	116.13	1.99	25.72	1.13	8.47	0.74	3.27	0.52	1.63	0.40	0.92	0.31		
34200	9.500	118.62	2.01	26.27	1.14	8.66	0.75	3.34	0.52	1.66	0.40	0.94	0.32		
34560	9.600	121.13	2.04	26.82	1.15	8.84	0.76	3.41	0.53	1.69	0.40	0.95	0.32		
34920	9.700	123.66	2.06	27.38	1.16	9.02	0.77	3.48	0.53	1.72	0.41	0.97	0.32		
35280	9.800	126.23	2.08	27.95	1.18	9.21	0.77	3.55	0.54	1.76	0.41	0.99	0.33		
35640	9.900	128.82	2.10	28.53	1.19	9.40	0.78	3.63	0.55	1.79	0.42	1.01	0.33		

续表

Q		DN15		DN20		DN25		DN32		DN40		DN50		DN70	
(L/h)	(L/s)	*R*	*v*	*R*	*v*	*R*	*v*	*R*	*v*	*R*	*v*	*R*	*v*	*R*	*v*
36000	10.000	131.43	2.12	29.10	1.20	9.59	0.79	3.70	0.55	1.82	0.42	1.03	0.33		
36900	10.250	138.09	2.17	30.58	1.23	10.08	0.81	3.89	0.56	1.91	0.43	1.08	0.34		
37800	10.500	144.90	2.23	32.09	1.26	10.57	0.83	4.08	0.58	1.99	0.44	1.13	0.35		
38700	10.750	151.89	2.28	33.63	1.29	11.08	0.85	4.28	0.59	2.09	0.45	1.18	0.36		
39600	11.000	159.03	2.33	35.22	1.32	11.60	0.87	4.48	0.61	2.19	0.46	1.23	0.37		
40500	11.250	166.34	2.38	36.84	1.35	12.14	0.89	4.48	0.62	2.29	0.47	1.28	0.38		
41400	11.500	173.82	2.44	38.49	1.38	12.68	0.91	4.89	0.63	2.39	0.48	1.33	0.39		
42300	11.750	181.46	2.49	40.18	1.41	13.24	0.93	5.11	0.65	2.50	0.49	1.39	0.39		
43200	12.000	189.26	2.54	41.91	1.44	13.81	0.95	5.33	0.66	2.60	0.50	1.45	0.40		
44100	12.250	197.23	2.60	43.68	1.47	14.39	0.97	5.55	0.68	2.71	0.52	1.50	0.41		
45000	12.500	205.36	2.65	45.48	1.50	14.99	0.99	5.78	0.69	2.82	0.53	1.56	0.42		
45900	12.750	213.66	2.70	47.31	1.53	15.59	1.01	6.02	0.70	2.94	0.54	1.62	0.43		
46800	13.000	222.12	2.76	49.19	1.56	16.21	1.03	6.25	0.72	3.05	0.55	1.68	0.44		
47700	13.250	230.75	2.81	51.10	1.59	16.84	1.05	6.50	0.73	3.17	0.56	1.73	0.44		
48600	13.500	239.54	2.86	53.04	1.62	17.48	1.07	6.74	0.74	3.29	0.57	1.80	0.45		
49500	13.750	248.49	2.91	55.03	1.65	18.13	1.09	7.00	0.76	3.42	0.58	1.87	0.46		
50400	14.000	257.61	2.97	57.05	1.68	18.80	1.11	7.25	0.77	3.54	0.59	1.94	0.47		
51300	14.250	266.89	3.02	59.10	1.71	19.47	1.12	7.51	0.79	3.67	0.60	2.01	0.48		
52200	14.500	276.34	3.07	61.19	1.74	20.16	1.14	7.78	0.80	3.80	0.61	2.08	0.49		
53100	14.750	285.95	3.13	63.32	1.77	20.87	1.16	8.05	0.81	3.93	0.62	2.15	0.49		
54000	15.000	295.72	3.18	65.49	1.80	21.58	1.18	8.33	0.83	4.07	0.63	2.22	0.50		
55800	15.500	315.77	3.29	69.92	1.86	23.04	1.22	8.89	0.85	4.34	0.65	2.37	0.52		
57600	16.000	336.47	3.39	74.51	1.92	24.55	1.26	9.47	0.88	4.63	0.67	2.53	0.54		
59400	16.500	357.82	3.50	79.24	1.98	26.11	1.30	10.07	0.91	4.92	0.69	2.69	0.55		
61200	17.000	–	–	84.11	2.04	27.72	1.34	10.69	0.94	5.22	0.71	2.86	0.57		
63000	17.500			89.13	2.10	29.37	1.38	11.33	0.96	5.54	0.74	3.03	0.59		
64800	18.000			94.30	2.16	31.07	1.42	11.99	0.99	5.86	0.76	3.20	0.60		
66600	18.500			99.61	2.22	32.82	1.46	12.66	1.02	6.19	0.78	3.38	0.62		
68400	19.000			105.07	2.28	34.62	1.50	13.36	1.05	6.53	0.80	3.57	0.64		
70200	19.500			110.67	2.34	36.47	1.54	14.07	1.07	6.87	0.82	3.76	0.65		
72000	20.000			116.42	2.40	38.36	1.58	14.80	1.10	7.23	0.84	3.95	0.67		
73800	20.500			122.31	2.46	40.30	1.62	15.55	1.13	7.60	0.86	4.15	0.69		
75600	21.000			128.35	2.52	42.29	1.66	16.32	1.16	7.97	0.88	4.36	0.70		
77400	21.500			134.54	2.58	44.33	1.70	17.10	1.18	8.36	0.90	4.57	0.72		
79200	22.000			140.87	2.64	46.22	1.74	17.91	1.21	8.75	0.93	4.78	0.74		
81000	22.500			147.34	2.70	48.55	1.78	18.37	1.24	9.15	0.95	5.00	0.75		
82800	23.000			153.96	2.76	50.73	1.82	19.57	1.27	9.56	0.97	5.23	0.77		
84600	23.500			160.73	2.82	52.96	1.86	20.43	1.30	9.98	0.99	5.46	0.79		
86400	24.000			167.64	2.88	55.24	1.89	21.31	1.32	10.41	1.01	5.69	0.80		
88200	24.500			174.70	2.94	57.57	1.93	22.21	1.35	10.85	1.03	5.93	0.82		
90000	25.000			181.90	3.00	59.94	1.97	23.13	1.38	11.30	1.05	6.18	0.84		
91800	25.500			189.25	3.06	62.36	2.01	24.06	1.41	11.75	1.07	6.43	0.85		
93600	26.000			196.75	3.12	64.83	2.05	25.01	1.43	12.22	1.09	6.68	0.87		
95400	26.500			204.39	3.18	67.35	2.09	25.98	1.46	12.69	1.11	6.94	0.89		
97200	27.000			212.17	3.24	69.91	2.13	26.97	1.49	13.18	1.14	7.20	0.90		
99000	27.500			220.10	3.30	72.53	2.17	27.98	1.52	13.67	1.16	7.47	0.92		
100800	28.000			228.18	3.36	75.19	2.21	29.01	1.54	14.17	1.18	7.75	0.94		
102600	28.500			236.40	3.42	77.90	2.25	30.06	1.57	14.68	1.20	8.03	0.95		
104400	29.000			244.77	3.48	80.66	2.29	31.12	1.60	15.20	1.22	8.31	0.97		
106200	29.500			–	–	83.46	2.33	32.20	1.63	15.73	1.24	8.60	0.99		

续表

Q		DN15		DN20		DN25		DN32		DN40		DN50		DN70	
(L/h)	(L/s)	R	v	R	v	R	v	R	v	R	v	R	v	R	v
108000	30.000					86.31	2.37	33.30	1.65	16.27	1.26	8.89	1.00		
109800	30.500					89.22	2.41	34.42	1.68	16.81	1.28	9.19	1.02		
111600	31.000					92.16	2.45	35.56	1.71	17.37	1.30	9.50	1.04		
113400	31.500					95.16	2.49	36.72	1.74	17.94	1.32	9.80	1.05		
115200	32.000					98.21	2.53	37.89	1.76	18.51	1.35	10.12	1.07		
117000	32.500					101.30	2.57	39.08	1.79	19.09	1.37	10.44	1.09		
118800	33.000					104.44	2.61	40.30	1.82	19.68	1.39	10.76	1.10		
120600	33.500					107.63	2.64	41.53	1.85	20.29	1.41	11.09	1.12		
122400	34.000					110.87	2.68	42.77	1.87	20.90	1.43	11.42	1.14		
124200	34.500					114.15	2.72	44.04	1.90	21.51	1.45	11.76	1.16		
126000	35.000					117.48	2.76	45.33	1.93	22.14	1.47	12.10	1.17		
127800	35.500					120.86	2.80	46.63	1.96	22.78	1.49	12.45	1.19		
129600	36.000					124.29	2.84	47.96	1.98	23.43	1.51	12.81	1.21		
131400	36.500					127.77	2.88	49.30	2.01	24.08	1.53	13.61	1.22		
133200	37.000					131.29	2.92	50.66	2.04	24.75	1.56	13.53	1.24		
135000	37.500					134.87	2.96	52.03	2.07	25.42	1.58	13.90	1.26		
136800	38.000					138.49	3.00	53.43	2.09	26.10	1.60	14.27	1.27		
138600	38.500					142.16	3.04	54.85	2.12	26.79	1.62	14.65	1.29		
140400	39.000					149.64	3.08	56.28	2.15	27.49	1.64	15.03	1.31		
142200	39.500					149.64	3.12	57.73	2.18	28.20	1.66	15.42	1.32		
144000	40.000					153.45	3.16	59.20	2.20	28.92	1.68	15.81	1.34		
145800	40.500					157.31	3.20	60.69	2.23	29.65	1.70	16.21	1.36		
147600	41.000					161.22	3.24	62.20	2.26	30.38	1.72	16.61	1.37		
149400	41.500					165.17	3.28	63.73	2.29	31.13	1.75	17.02	1.39		
151200	42.000					169.18	3.32	65.27	2.31	31.89	1.77	17.43	1.41		
153000	42.500					173.23	3.35	66.84	2.34	32.65	1.79	17.85	1.42		
154800	43.000					177.33	3.39	68.42	2.37	33.42	1.81	18.27	1.44		
156600	43.500					181.48	3.43	70.02	2.40	34.20	1.83	18.70	1.46		
158400	44.000					185.67	3.47	71.64	2.42	34.99	1.85	19.13	1.47		
160200	44.500					–	–	73.27	2.45	35.79	1.87	19.57	1.49		
162000	45.000							74.93	2.48	36.60	1.89	20.01	1.51		
163800	45.500							76.60	2.51	37.42	1.91	20.46	1.52		
165600	46.000							78.30	2.54	38.25	1.93	20.91	1.54		
167400	46.500							80.01	2.56	39.08	1.96	21.37	1.56		
169200	47.000							81.74	2.59	39.93	1.98	21.83	1.57		
171000	47.500							83.49	2.62	40.78	2.00	22.29	1.59		
172800	48.000							85.25	2.65	41.65	2.02	22.77	1.61		
174600	48.500							87.04	2.67	42.52	2.04	23.24	1.62		
176400	49.000							88.84	2.70	43.40	2.06	23.73	1.64		
178200	49.500							90.67	2.73	44.29	2.08	24.21	1.66		
180000	50.000							92.51	2.76	45.19	2.10	24.70	1.67		
181800	50.500							94.37	2.78	46.10	2.12	25.20	1.69		
183600	51.000							96.24	2.81	47.01	2.14	25.70	1.71		
185400	51.500							98.14	2.84	47.94	2.17	26.21	1.72		
187200	52.000							100.05	2.87	48.88	2.19	26.72	1.74		
189000	52.500							101.99	2.89	49.82	2.21	27.24	1.76		
190800	53.000							103.94	2.92	50.77	2.23	27.76	1.77		
192600	53.500							105.91	2.95	51.74	2.25	28.28	1.79		
194400	54.000							107.90	2.98	52.71	2.27	28.81	1.81		
196200	54.500							109.91	3.00	53.69	2.29	29.35	1.82		

续表

Q		DN15		DN20		DN25		DN32		DN40		DN50		DN70	
(L/h)	(L/s)	R	v	R	v	R	v	R	v	R	v	R	v	R	v
198000	55.000							111.93	3.03	54.68	2.31	29.89	1.84		
199800	55.500							113.98	3.06	55.68	2.33	30.44	1.86		
201600	56.000							116.04	3.09	56.68	2.36	30.99	1.88		
203400	56.500							118.12	3.11	57.70	2.38	31.54	1.89		
205200	57.000							120.22	3.14	58.73	2.40	32.10	1.91		
207000	57.500							122.34	3.17	59.76	2.42	32.67	1.93		
208800	58.000							124.48	3.20	60.81	2.44	33.24	1.94		
210600	58.500							126.63	3.22	61.86	2.46	33.82	1.96		
212400	59.000							128.81	3.25	62.92	2.48	34.40	1.98		
214200	59.500							131.00	3.28	63.99	2.50	34.98	1.99		
216000	60.000							133.21	3.31	65.07	2.52	35.57	2.01		
217800	60.500							135.44	3.33	66.16	2.54	36.17	2.03		
219600	61.000							137.69	3.36	67.26	2.57	36.77	2.04		
221400	61.500							139.95	3.39	68.37	2.59	37.37	2.06		
223200	62.000							142.24	3.42	69.48	2.61	37.98	2.08		
225000	62.500							144.54	3.44	70.16	2.63	38.60	2.09		
226800	63.000							146.86	3.47	71.74	2.65	39.22	2.11		
228600	63.500							149.20	3.50	72.88	2.67	39.84	2.13		
230400	64.000							–	–	74.04	2.69	40.47	2.14		
232200	64.500							–	–	75.20	2.71	41.11	2.16		
234000	65.000									76.37	2.73	41.75	2.18		
235800	65.500									77.55	2.75	42.39	2.19		
237600	66.000									78.74	2.78	43.04	2.21		
239400	66.500									79.93	2.80	43.70	2.23		
241200	67.000									81.14	2.80	44.36	2.24		
243000	67.500									82.36	2.84	45.02	2.26		
244800	68.000									83.58	2.86	45.69	2.28		
246600	68.500									84.81	2.88	46.37	2.29		
248400	69.000									86.06	2.90	47.05	2.31		
250200	69.500									87.31	2.92	47.73			
252000	70.000									88.57	2.94	48.42	2.33		
253800	70.500									89.84	2.96	49.11	2.34		
255600	71.000									91.12	2.99	49.81	2.36		
257400	71.500									92.14	3.01	50.52	2.38		
259200	72.000									93.70	3.03	51.23	2.39		
261000	72.500									95.01	3.05	51.24	2.41		
262800	73.000									96.32	3.07	52.66	2.43		
264600	73.500									97.65	3.09	53.38	2.44		
266400	74.000									98.98	3.11	54.11	2.46		
268200	74.500									100.32	3.13	54.84	2.48		
270000	75.000									101.67	3.15	55.58	2.49		
271800	75.500									103.03	3.18	56.33	2.51		
273600	76.000									104.40	3.20	57.07	2.53		
277200	76.500									105.78	3.22	57.83	2.56		
279000	77.000									107.17	3.24	58.59	2.58		
280800	77.500									108.57	3.26	59.35	2.60		
282600	78.000									109.97	3.28	60.12	2.61		
284400	78.500									111.39	3.30	60.89	2.63		
286200	79.000									112.39	3.32	61.67	2.65		
284400	79.500									114.24	3.34	62.45	2.66		

续表

Q		DN15		DN20		DN25		DN32		DN40		DN50		DN70	
(L/h)	(L/s)	R	v	R	v	R	v	R	v	R	v	R	v	R	v
286200	80.000									115.68	3.36	63.24	2.68		
288000	80.500									117.13	3.39	64.03	2.70		
289800	81.000									118.59	3.41	64.83	2.71		
293400	81.500									120.06	3.43	65.63	2.73		
295200	82.000									121.54	3.45	66.44	2.75		
297000	82.500									123.03	3.47	67.26	2.76		
298800	83.000									124.52	3.49	68.07	2.78		
300600	83.500									–	–	68.90	2.80		
302400	84.000									–	–	69.72	2.81		
304200	84.500									–	–	70.56	2.83		
306000	84.500											71.39	2.85		
307800	85.000											72.24	2.86		
309600	85.500											73.08	2.88		
311400	86.000											73.93	2.90		
313200	86.500											74.79	2.91		
315000	87.000											75.65	2.93		
316800	87.500											76.52	2.95		
318600	88.000											77.39	2.96		
320400	88.500											78.27	2.98		
322200	89.000											79.15	3.00		
324000	90.000											80.04	3.01		
325800	90.500											80.93	3.03		
327600	91.000											81.83	3.05		
329400	91.500											82.73	3.06		
331200	92.000											83.64	3.08		
333000	92.500											84.55	3.10		
334800	93.000											85.46	3.11		
336600	93.500											86.39	3.13		
338400	94.000											87.31	3.15		
340200	94.500											88.24	3.16		
342000	95.000											89.18	3.18		
348300	95.500											90.12	3.20		
345600	96.000											91.07	3.21		
347400	96.500											92.02	3.23		
349200	97.000											92.97	3.25		
351000	97.500											93.93	3.26		
352800	98.000											94.90	3.28		
354600	98.500											95.87	3.30		
356400	99.000											96.85	3.31		
358200	99.500											97.83	3.33		
360000	100.000											98.81	3.35		
361800	100.500											99.80	3.37		
363600	101.000											100.80	3.38		
365400	101.500											101.80	3.40		
367200	102.000											102.81	3.42		
369000	102.500											103.82	3.43		
370800	103.000											104.83	3.45		
372600	103.500											105.85	3.47		
374000	104.000											106.88	3.48		
376200	104.500											107.91	3.50		

注：R 为水头损失（mmH_2O/m）；V 为流速（m/s）。

17. 热水管局部水头损失计算(见附表19)

附表19　热水管局部水头损失计算

水头损失 h / $\Sigma\xi$ / 流速 v /m·s^{-1}	$\Sigma\xi$									
	1	2	3	4	5	6	7	8	9	10
	水头损失 h(毫米水柱)									
0.02	0.02	0.06	0.06	0.08	0.1	0.12	0.14	0.16	0.18	0.2
0.04	0.08	0.16	0.24	0.32	0.4	0.48	0.56	0.64	0.72	0.8
0.06	0.18	0.36	0.54	0.72	0.9	1.08	1.26	1.44	1.62	1.8
0.08	0.32	0.64	0.96	1.28	1.6	1.91	2.23	2.55	2.87	3.19
0.1	0.5	1	1.5	1.99	2.49	2.99	3.49	3.99	4.49	4.99
0.12	0.72	1.44	2.15	2.87	3.6	4.31	5.03	5.75	6.46	7.18
0.14	0.98	1.95	2.93	3.91	4.89	5.86	6.84	7.82	8.79	9.77
0.16	1.28	2.55	3.83	5.11	6.38	7.66	8.93	10.2	11.5	12.8
0.18	1.62	3.23	4.85	6.45	8.08	9.69	11.3	12.9	14.5	16.2
0.20	2	4	5.98	7.98	9.97	12	14	16	18	20
0.22	2.42	4.84	7.25	9.68	12.1	14.5	16.9	19.4	21.8	24.2
0.24	2.87	5.74	8.61	11.5	14.4	17.2	20.1	23	25.8	28.7
0.26	3.37	6.74	10.1	13.5	16.8	20.2	23.6	27	30.3	33.7
0.28	3.91	7.82	11.7	15.6	19.5	23.4	27.4	31.3	35.2	39.1
0.30	4.49	8.97	13.5	17.9	22.4	26.9	31.4	35.9	40.4	44.9
0.35	6.11	12.2	18.3	24.4	30.5	36.6	42.7	48.9	55	61.1
0.4	7.98	16	23.9	31.9	39.9	47.9	55.8	63.8	71.8	79.8
0.45	10.1	20.2	30.3	40.4	50.2	60.6	70.7	80.8	90.9	100.9
0.5	12.5	24.9	37.4	49.9	62.3	74.6	87.2	99.7	112.2	124.6
0.6	17.4	34.7	52.1	69.4	86.8	104.1	121.5	138.8	156.2	173.5
0.7	25.1	50.3	75.4	100.5	125.6	150.8	175.9	201	226.2	251.3
0.8	31.9	63.8	95.7	127.6	159.5	191.4	223.3	256.2	287.1	319
0.9	39.5	79	118.5	157.9	197.4	235.9	276.4	315.9	355.4	394.9
1.0	49.9	99	149.6	199.4	249.3	299.1	349	393	449	499
1.2	71.8	143.6	215.4	287.1	358.9	431	502	574	646	718
1.4	90.7	195.4	293.1	390.8	469	586	684	782	879	977
1.5	112.2	224.3	336.5	449	561	673	785	897	1009	1122
1.6	127.6	255.2	382.8	510	538	765	893	1021	1149	1276
1.7	144.1	288.1	432	576	720	864	1008	1153	1297	1441
1.8	162	323	485	646	808	969	1131	1292	1454	1620
1.9	180	359	540	720	980	1080	1260	1440	1620	1800
2.0	199	396	598	798	997	1195	1395	1595	1795	1994

注：$P = mgh - (\rho v^2 + R)$(其中 R 为管道阻力与沿程损失之和)

18. 给排水图例

根据给排水国家标准，摘录了部分给排水图例，详见附表20。

附表20　给排水图例

管道连接		气开隔膜阀		热媒回水管	—RMH—	雨水斗-系统	YD-
承插连接		隔膜阀		热水给水管	—RJ—	自动冲洗水箱-平面	
法兰堵盖		角阀		热水回水管	—RH—	自动冲洗水箱-系统	
法兰连接		截止阀 DN50 以下		生活给水管	—J—	吸气阀	
管道丁字上接		截止阀 DN50 及以上		生活污水管	—SW—	通气帽-成品	—SW—
管道丁字下接		球阀		通气管		通气帽-铅丝球	—T—
管道交叉		三通阀		循环给水管		仪表	
盲板	—XJ—	四通阀		循环回水管		PH 值传感器	—XH—
三通连接	PH	止回阀		压力废水管		碱传感器	—YF—
四通连接	Na	闸阀		压力污水管		水表	—YW—
弯折管		自动排气阀-平面		压力雨水管		酸传感器	—YY—
阀门		自动排气阀-平面		雨水管		温度传感器	—Y—
除垢器		疏水管		蒸汽管		温度计	—Z—
定量泵		吸水喇叭口-平面		中水给水管		压力表	
浮球液位器		吸水喇叭口-系统		管道附件		压力传感器	P
管道泵		温度调节阀		V 形除污器		真空表	
搅拌器		压力调节器		波纹管		转子流量计 1	
开水器 1		气动阀		挡墩		转子流量计 2	
开水器 2		流动阀		方形地漏 1		自动记录流量计	

续表

管道连接		气开隔膜阀		热媒回水管	—RMH—	雨水斗 -系统	YD-
快速管式 热交换器		延时自闭 冲洗阀		方形地漏2		自动记录 压力表	
立式热 交换器		消声止回阀		方形伸缩器		压力控制器	
喷射器		旋塞阀 -平面		防回流 污染止回阀		余氯传感器	
潜水泵		旋塞阀 -系统		刚性 防水套管		给水配件	
水泵-平面		平衡 锤安全阀		管道 固定支架		放水龙头1	
水泵-系统		管道图例		管道 滑动支架		放水龙头2	
水锤消除器		伴热管		减压孔板		化验龙头1	
卧式 热交换器		保温管		可曲挠 橡胶接头		化验龙头2	
阀门		地沟管		立管检查口		化验龙头3	
电磁阀		多孔管		毛发聚焦器 -平面		混合 水笼头1	
弹簧 安全阀1		防护套管		毛发聚焦器 -系统		混合 水笼头2	
弹簧 安全阀2		废水管	—F—	排水漏头 -平面		洒水(栓) 龙头	
减压阀		管道立管 -平面	XL-1	排水漏斗 -系统		旋转水龙头	
电动阀		管道立管 -系统	XL-1	清扫口 -平面		浴盆带混合 水龙头	
底阀1		空调 凝结水管	—KN—	清扫口 -系统		肘式龙头	
底阀2		凝结水管	—KN—	柔性 防水套管		脚踏开关	
蝶阀		排水暗沟	坡向	套管伸缩器		皮带龙头1	
浮球阀 -平面		排水明沟	坡向	圆形地漏 -平面		皮带龙头2	

续表

管道连接		气开隔膜阀		热媒回水管	—RMH—	雨水斗-系统	YD-
浮球阀-系统		膨胀管	—PZ—	圆形地漏-系统		管件	
气闭隔膜阀		热媒给水管	—RM—	雨水斗-平面	YD-	存水弯1	
存水弯2		卫生设备及水池		中和池	ZC	水幕灭火给水管	—SM—
存水弯3		带沥水板洗涤盆		水表井		自动喷洒头(闭式)-上下喷-系统	
短管1		蹲式大便盆		水封井		自动喷洒头(闭式)-下喷-平面	
短管2		妇女卫生盆		雨水口 单口	ZC	自动喷洒头(闭式)-下喷-系统	
短管3		挂式洗脸盆			消防措施	水炮	
喇叭口1		挂式小便斗		侧喷式喷洒斗-平面		水炮灭火给水管	—SP—
喇叭口2		舆洗槽		侧喷式喷洒头-系统		推车式灭火器	
偏心异径管		化验盆洗涤盆		侧墙式自动喷洒头平面		消火栓给水管	—XH—
弯头1		立式洗脸盆		侧墙式自动喷洒头系统		遥控信号阀	
弯头2		立式小便器		干式报警阀平面		雨淋阀平面	
弯头3		淋浴喷头1		干式报警阀系统		雨淋阀系统	
斜三通1		淋浴喷头2		末端测试阀平面		雨淋灭火给水管	—YL—
斜三通2		台式洗脸盆		末端测试阀系统		预作用报警阀平面	
斜四通		污水池		湿式报警阀平面		预作用报警阀系统	

续表

管道连接		气开隔膜阀		热媒回水管	—RMH—	雨水斗-系统	YD-
已字管		小便池		湿式报警阀系统		自动喷洒头(开式)-平面	
异径管1		浴盆		自动喷洒头(闭式)-上喷-平面		自动喷洒头(开式)-系统	
异径管2		坐式大便器		自动喷洒头(闭式)-上喷-系统		自动喷水给水管	—ZP—
异径管3		小型给水排水构筑物		自动喷洒头(闭式)-上下喷-平面			
浴盆排水件1		沉淀池	OC	室内消火栓(单口)平面			
浴盆排水件2		跌水井		室内消火栓(单口)系统			
正三通1		阀门井检查井1		室内消火栓(双口)平面			
正三通2		阀门井检查井2		室内消火栓(双口)系统			
正三通3		隔油池	YC	室外消火栓			
正四通1	+	降温池	JC	手提式灭火器			
正四通2		矩形化粪池	HC	水泵接合器			
正四通3		雨水口 双口		水力警铃			
转动接头		圆型化粪池	HC	水流指示器	L		

19. 常用单位制及其换算(见附表21)

附表21 常用单位制及其换算

物理量名称	符号	换算系数		
		国际单位制	工程单位制	英制
质量	M	kg	kg	lb
		9.8067	1	21.6179
		1	0.10197	2.2046
		0.4536	0.04625	1

续表

物理量名称	符号	换算系数		
		国际单位制	工程单位制	英制
力	F	N	kg	lbf
		9.8067	1	2.2046
		1	0.10197	0.2248
		4.4484	0.4536	1
长度	L	m	m	ft(12in)
		1	1	3.2808
		0.3048	0.3048	1
压力	P	巴 bar,($105N/m^2$)	大气压 atm,(kgf/cm^2)	磅每平方英寸 psi,(lbf/in^2)
		1	1.0197	14.5038
		0.98067	1	14.2233
		0.06895	0.070307	1
热量	Q	kJ	kcal	Btu
		1	0.2389	0.9478
		4.1868	1	3.968
		1.055	0.2582	1
导线系数	K	W/(m·℃)	kcal/(m·h·℃)	Btu/(ft·h·℉)
		1	0.8598	0.5778
		1.163	1	0.6720
		1.7307	1.4882	1
换热系数及传热系数	h 及 K	W/(m^2·℃)	kcal/(m^2·h·℃)	Btu/(ft^2·h·℉)
		1	0.8598	0.1761
		1.160	1	0.2048
		5.6782	4.8824	1
功率	N	W(J/s)	kcal/h	lbf·ft/s
		1	0.8598	0.7376
		1.163	1	0.8578
		9.8067	8.4337	7.2330
		1.3558	1.1658	1
汽化潜热	r	kJ/kg	kcal/kgf	Btu/lb
		4.1868	1	1.80
		1	0.239	0.43
		2.326	0.556	1

20. 全国各城市的50年一遇雪压和风压(见附表22)

附表22　全国各城市的50年一遇雪压和风压

省市名	城市名	海拔高度/m	风压/(kN/m²)			雪压/(kN/m²)			雪荷载准永久值系数分区
			$n=10$	$n=50$	$n=100$	$n=10$	$n=50$	$n=100$	
北京		54.0	0.30	0.45	0.50	0.25	0.40	0.45	Ⅱ
天津	天津市	3.3	0.30	0.50	0.60	0.25	0.40	0.45	Ⅱ
	塘沽	3.2	0.40	0.55	0.60	0.20	0.35	0.40	Ⅱ
上海		2.8	0.40	0.55	0.60	0.10	0.20	0.25	Ⅲ
重庆		259.1	0.25	0.40	0.45				
河北	石家庄市	80.5	0.25	0.35	0.40	0.20	0.30	0.35	Ⅱ
	蔚县	909.5	0.20	0.30	0.35	0.20	0.30	0.35	Ⅱ
	邢台市	6.8	0.20	0.30	0.35	0.25	0.35	0.40	Ⅱ
	丰宁	659.7	0.30	0.40	0.45	0.15	0.25	0.30	Ⅱ
	围场	842.8	0.35	0.45	0.50	0.20	0.30	0.35	Ⅱ
	张家口市	724.2	0.35	0.55	0.60	0,15	0.25	0.30	Ⅱ
	怀来	536.8	0.25	0.35	0.40	0.15	0.20	0.25	Ⅱ
	承德市	377.2	0.30	0.40	0.45	0.20	0.30	0.35	Ⅱ
	遵化	54.9	0.30	0.40	0.45	0.25	0.40	0.50	Ⅱ
	青龙	227.2	0.25	0.30	0.35	0.25	0.40	0.45	Ⅱ
	秦皇岛市	2.1	0.35	0.45	0.50	0.15	0.25	0.30	Ⅱ
	霸县	9.0	0.25	0.40	0.45	0.20	0.30	0.35	Ⅱ
	唐山市	27.8	0.30	0.40	0.45	0.20	0.35	0.40	Ⅱ
	乐亭	10.5	0.30	0.40	0.45	0.25	0.40	0.45	Ⅱ
	保定市	17.2	0.30	0.40	0.45	0.20	0.35	0.40	Ⅱ
	饶阳	18.9	0.30	0.35	0.40	0.20	0.30	0.35	Ⅱ
	沧州市	9.6	0,30	0.40	0.45	0.20	0.30	0.35	Ⅱ
	黄骅	6.6	0.30	0.40	0.45	0.20	0.30	0.35	Ⅱ
	南宫市	27.4	0,25	0.35	0.40	0.15	0.25	0.30	Ⅱ
山西	太原市	778.3	0.30	0.40	0.45	0.25	0.35	0.40	Ⅱ
	右玉	1345.8				0.20	0.30	0.35	Ⅱ
	大同市	1067.2	0.35	0.55	0.65	0.15	0.25	0.30	Ⅱ
	河曲	861.5	0.30	0.50	0.60	0.20	0.30	0.35	Ⅱ
	五寨	1401.0	0.30	0.40	0.45	0.20	0.25	0.30	Ⅱ
	兴县	1012.6	0,25	0.45	0.55	0.20	0.25	0.30	Ⅱ
	原平	828.2	0.30	0.50	0.60	0.20	0.30	0.35	Ⅱ
	离石	950.8	0.30	0.45	0.50	0.20	0.30	0.35	Ⅱ
	阳泉市	741.9	0.30	0.40	0.45	0.20	0.35	0.40	Ⅱ
	榆社	1041.4	0.20	0.30	0.35	0.20	0.30	0.35	Ⅱ
	隰县	1052.7	0.25	0.35	0.40	0.20	0.30	0.35	Ⅱ
	介休	743.9	0.25	0.40	0.45	0.20	0.30	0.35	Ⅱ
	临汾市	449.5	0.25	0.40	0.45	0.15	0.25	0.30	Ⅱ
	长治县	991.8	0.30	0.50	0.60				
	运城市	376.0	0.30	0.40	0.45	0.15	0.25	0.30	Ⅱ
	阳城	659.5	0.30	0.45	0.50	0.20	0.30	0.35	Ⅱ

续表

省市名	城市名	海拔高度/m	风压/(kN/m²)			雪压/(kN/m²)			雪荷载准永久值系数分区
			$n=10$	$n=50$	$n=100$	$n=10$	$n=50$	$n=100$	
内蒙古	呼和浩特市	1063.0	0.35	0.55	0.60	0.25	0.40	0.45	Ⅱ
	额右旗拉布达林	581.4	0.35	0.50	0.60	0.35	0.45	0.50	Ⅰ
	牙克石市图里河	732.6	0.30	0.40	0.45	0.40	0.60	0.70	Ⅰ
	满洲里市	661.7	0.50	0.65	0.70	0.20	0.30	0.35	Ⅰ
	海拉尔市	610.2	0.45	0.65	0.75	0.35	0.45	0.50	Ⅰ
	鄂伦春小二沟	286.1	0.30	0.40	0.45	0.35	0.50	0.55	Ⅰ
	新巴尔虎右旗	554.2	0.45	0.60	0.65	0.25	0.40	0.45	Ⅰ
	新巴尔虎左旗阿木古朗	642.0	0.40	0.55	0.60	0.25	0.35	0.40	Ⅰ
	牙克石市博克图	739.7	0.40	0.55	0.60	0.35	0.55	0.65	Ⅰ
	扎兰屯市	306.5	0.30	0.40	0.45	0.35	0.55	0.65	Ⅰ
	科右翼前旗阿尔山	1027.4	0.35	0.50	0.55	0.45	0.60	0.70	Ⅰ
	科右翼前旗索伦	501.8	0.45	0.55	0.60	0.25	0.35	0.40	Ⅰ
	乌兰浩特市	274.7	0.40	0.55	0.60	0.20	0.30	0.35	Ⅰ
	东乌珠穆沁旗	838.7	0.35	0.55	0.65	0.20	0.30	0.35	Ⅰ
	额济纳旗	940.50	0.40	0.60	0.70	0.05	0.10	0.15	Ⅱ
	额济纳旗拐子湖	960.0	0.45	0.55	0.60	0.05	0.10	0.10	Ⅱ
	阿左旗巴彦毛道	1328.1	0.40	0.55	0.60	0.05	0.10	0.15	Ⅱ
	阿拉善右旗	1510.1	0.45	0.55	0.60	0.05	0.10	0,10	Ⅱ
	二连浩特市	964.7	0.55	0.65	0.70	0.15	0.25	0.30	Ⅱ
	那仁宝力格	1181.6	0.40	0.55	0.60	0.20	0.30	0.35	Ⅰ
	达茂旗满都拉	1225.2	0.50	0.75	0.85	0.15	0.20	0.25	Ⅱ
	阿巴嘎旗	1126.1	0.35	0.50	0.55	0.25	0.35	0.40	Ⅰ
	苏尼特左旗	1111.4	0.40	0.50	0.55	0.25	0.35	0.40	Ⅰ
	乌拉特后旗海力素	1509.6	0.45	0.50	0.55	0.10	0.15	0.20	Ⅱ
	苏尼特右旗朱日和	1150.8	0.50	0.65	0.75	0.15	0.20	0.25	Ⅱ
	乌拉特中旗海流图	1288.0	0.45	0.60	0.65	0.20	0.30	0.35	Ⅱ
	百灵庙	1376.6	0.50	0.75	0.85	0.25	0.35	0.40	Ⅱ
	四子王旗	1490.1	0.40	0.60	0.70	0.30	0.45	0.55	Ⅱ
	化德	1482.7	0.45	0.75	0.85	0.15	0.25	0.30	Ⅱ

续表

省市名	城市名	海拔高度/m	风压/(kN/m²)			雪压/(kN/m²)			雪荷载准永久值系数分区
			$n=10$	$n=50$	$n=100$	$n=10$	$n=50$	$n=100$	
内蒙古	杭锦后旗陕坝	1056.7	0.30	0.45	0.50	0.15	0.20	0.25	Ⅱ
	包头市	1067.2	0.35	0.55	0.60	0.15	0.25	0.30	Ⅱ
	集宁市	1419.3	0.40	0.60	0.70	0.25	0.35	0.40	Ⅱ
	阿拉善左旗吉兰泰	1031.8	0.35	0.50	0.55	0.5	0.10	0.15	Ⅱ
	临河市	1039.3	0.30	0.50	0.60	0.15	0.25	0.30	Ⅱ
	鄂托克旗	1380.3	0.35	0.55	0.65	0.15	0.20	0.20	Ⅱ
	东胜市	1460.4	0.30	0.50	0.60	0.25	0.35	0.40	Ⅱ
	阿腾席连	1329.3	0.40	0.50	0.55	0.20	0.30	0.35	Ⅱ
	巴彦浩特	1561,4	0.40	0.60	0.70	0.15	0.20	0.25	Ⅱ
	西乌珠穆沁旗	995.9	0.45	0.55	0.60	0.30	0.40	0.45	Ⅰ
	扎鲁特鲁北	265.0	0.40	0.55	0.60	0.20	0.30	0.35	Ⅱ
	巴林左旗林东	484.4	0.40	0.55	0.60	0.20	0.30	0.35	Ⅱ
	锡林浩特市	989.5	0.40	0.55	0.60	0.25	0.40	0.45	Ⅰ
	林西	799.0	0.45	0.60	0.70	0.25	0.40	0.45	Ⅰ
	开鲁	241.0	0.40	0.55	0.60	0.20	0.30	0.35	Ⅱ
	通辽市	178.5	0.40	0.55	0.60	0.20	0.30	0.35	Ⅱ
	多伦	1245.4	0.40	0.55	0.60	0.20	0.30	0.35	Ⅰ
	翁牛特旗乌丹	631.8				0.20	0.30	0.35	Ⅱ
	赤峰市	571.1	0.30	0.55	0.65	0.20	0.30	0.35	Ⅱ
	敖汉旗宝国图	400.5	0.40	0.50	0.55	0.25	0.40	0.45	Ⅱ
辽宁	沈阳市	42.8	0.40	0.55	0.60	0.30	0.50	0.55	Ⅰ
	彰武	79.4	0.35	0.45	0.50	0.20	0.30	0.35	Ⅱ
	阜新市	144.0	0.40	0.60	0.70	0.25	0.40	0.45	Ⅱ
	开原	98.2	0.30	0.45	0.50	0.30	0.40	0.45	Ⅰ
	清原	234.1	0.25	0.40	0.45	0.35	0.50	0.60	Ⅰ
	朝阳市	169.2	0.40	0.55	0.60	0.30	0.45	0.55	Ⅱ
	建平县叶柏寿	421.7	0.30	0.35	0.40	0.25	0.35	0.40	Ⅱ
	黑山	37.5	0.45	0.65	0.75	0.30	0.45	0.50	Ⅱ
	锦州市	65.9	0.40	0.60	0.70	0.30	0.40	0.45	Ⅱ
	鞍山市	77.3	0.30	0.50	0.60	0.30	0.40	0.45	Ⅱ
	本溪市	185.2	0.35	0.45	0.50	0.40	0.55	0.60	Ⅰ
	抚顺市章党	118.5	0.30	0.45	0.50	0.35	0.45	0.50	Ⅰ
	桓仁	240.3	0.25	0.30	0.35	0.35	0.50	0.55	Ⅰ
	绥中	15.3	0.25	0.40	0.45	0.25	0.35	0.40	Ⅱ
	兴城市	8.8	0.35	0.45	0.50	0.20	0.30	0.35	Ⅱ
	营口市	3.3	0.40	0.60	0.70	0.30	0.40	0.45	Ⅱ
	盖县熊岳	20.4	0.30	0.40	0.45	0.25	0.40	0.45	Ⅱ
	本溪县草河口	233.4	0.25	0.45	0.55	0.35	0.55	0.60	Ⅰ
	岫岩	79.3	0.30	0.45	0.50	0.35	0.50	0.55	Ⅱ
	宽甸	260.1	0.30	0.50	0.60	0.40	0.60	0.70	
	丹东市	15.1	0.35	0.55	0.65	0.30	0.40	0.45	Ⅱ
	瓦房店市	29.3	0.35	0.50	0.55	0.20	0.30	0.35	Ⅱ
	新金县皮口	43.2	0.35	0.50	0.55	0.20	0.30	0.35	Ⅱ
	庄河	34.8	0,35	0.50	0.55	0.25	0.35	0.40	Ⅱ
	大连市	91.5	0.40	0.65	0,75	0.25	0.40	0.45	Ⅱ

续表

省市名	城市名	海拔高度/m	风压/(kN/m²)			雪压/(kN/m²)			雪荷载准永久值系数分区
			$n=10$	$n=50$	$n=100$	$n=10$	$n=50$	$n=100$	
吉林	长春市	236.8	0.45	0.65	0.75	0.25	0.35	0.40	Ⅰ
	白城市	155.4	0.45	0.65	0.75	0.15	0.20	0.25	Ⅱ
	乾安	146.3	0.35	0.45	0.50	0.15	0.20	0.25	Ⅱ
	前郭尔罗斯	134.7	0.30	0.45	0.50	0.15	0.25	0.30	Ⅱ
	通榆	149.5	0.35	0.50	0.55	0.15	0.20	0.25	Ⅱ
	长岭	189.3	0.30	0.45	0.50	0.15	0.20	0.25	Ⅱ
	扶余市三岔河	196.6	0.35	0.55	0.65	0.20	0.30	0.35	Ⅰ
	双辽	114.9	0.35	0.50	0.55	0.20	0.30	0.35	Ⅱ
	四平市	164.2	0.40	0.55	0.60	0.20	0.35	0.40	Ⅰ
	磐石县烟筒山	271.6	0.30	0.40	0.45	0.25	0.40	0.45	Ⅰ
	吉林市	183.4	0.40	0.50	0.55	0.30	0.45	0.50	Ⅰ
	蛟河	295.0	0.30	0.45	0.50	0.40	0.65	0.75	Ⅰ
	敦化市	523.7	0.30	0.45	0.50	0.30	0.50	0.60	Ⅰ
	梅河口市	339.9	0.30	0.40	0.45	0.30	0.45	0.50	Ⅰ
	桦甸	263.8	0.30	0.40	0.45	0.40	0.65	0.75	Ⅰ
	靖宇	549.2	0.25	0.35	0.40	0.40	0.60	0.70	Ⅰ
	抚松县东岗	774.2	0.30	0.40	0.45	0.60	0.90	1.05	Ⅰ
	延吉市	176.8	0,35	0.50	0.55	0.35	0.55	0.65	Ⅰ
	通化市	402.9	0.30	0.50	0.60	0.50	0.80	0.90	Ⅰ
	浑江市临江	332.7	0.20	0.30	0.35	0.45	0.70	0.80	Ⅰ
	集安市	177.7	0.20	0.30	0.35	0.45	0.70	0.80	Ⅰ
	长白	1016.7	0.35	0.45	0.50	0.40	0.60	0.70	Ⅰ
黑龙江	哈尔滨市	142.3	0.35	0.55	0.65	0.30	0.45	0.50	Ⅰ
	漠河	296.0	0.25	0.35	0.40	0.50	0.65	0.70	Ⅰ
	塔河	357.4	0.25	0.30	0.35	0.45	0.60	0.65	Ⅰ
	新林	494.6	0.25	0.35	0.40	0.40	0.50	0.55	Ⅰ
	呼玛	177.4	0.30	0.50	0.60	0.35	0.45	0.50	Ⅰ
	加格达奇	371.7	0.25	0.35	0.40	0.40	0.55	0.60	Ⅰ
	黑河市	166.4	0.35	0.50	0.55	0.45	0.60	0.65	Ⅰ
	嫩江	242.2	0.40	0.55	0,60	0.40	0.55	0.60	Ⅰ
	孙吴	234.5	0.40	0.60	0.70	0.40	0.55	0.60	Ⅰ
	北安市	269.7	0.30	0.50	0.60	0.40	0.55	0.60	Ⅰ
	克山	234.6	0.30	0.45	0.50	0.30	0.50	0.55	Ⅰ
	富裕	162.4	0.30	0.40	0.45	0.25	0.35	0.40	Ⅰ
	齐齐哈尔市	145.9	0.35	0.45	0.50	0.25	0.40	0.45	Ⅰ
	海伦	239.2	0.35	0.55	0.65	0.30	0.40	0.45	Ⅰ
	明水	249.2	0.35	0.45	0.50	0.25	0.40	0.45	Ⅰ
	伊春市	240.9	0.25	0.35	0.40	0.45	0.60	0.65	Ⅰ
	鹤岗市	227.9	0.30	0.40	0.45	0.45	0.65	0.70	Ⅰ

续表

省市名	城市名	海拔高度/m	风压/(kN/m²)			雪压/(kN/m²)			雪荷载准永久值系数分区
			$n=10$	$n=50$	$n=100$	$n=10$	$n=50$	$n=100$	
黑龙江	富锦	64.2	0.30	0.45	0.50	0.35	0.45	0.50	Ⅰ
	泰来	149.5	0.30	0.45	0.50	0.20	0.30	0.35	Ⅰ
	绥化市	179.6	0.35	0.55	0.65	0.35	0.50	0.60	Ⅰ
	安达市	149.3	0.35	0.55	0.65	0.20	0.30	0.35	Ⅰ
	铁力	210.5	0.25	0.35	0.40	0.50	0.5	0.85	Ⅰ
	佳木斯市	81.2	0.40	0.65	0.75	0.45	0.65	0.70	Ⅰ
	依兰	100.1	0.45	0.65	0.75				
	宝清	83.0	0.30	0.40	0.45	0.35	0.50	0.55	Ⅰ
	通河	108.6	0.35	0.50	0.55	0.50	0.75	0.85	Ⅰ
	尚志	189.7	0.35	0.55	0.60	0.40	0.55	0.60	Ⅰ
	鸡西市	233.6	0.40	0.55	0.65	0.45	0.65	0.75	Ⅰ
	虎林	100.2	0.35	0.45	0.50	0.50	0.70	0.80	Ⅰ
	牡丹江市	241.4	0.35	0.50	0.55	0.40	0.60	0.65	Ⅰ
	绥芬河市	496.7	0.40	0.60	0.70	0.40	0.55	0.60	Ⅰ
山东	济南市	51.6	0.30	0.45	0.50	0.20	0.30	0.35	Ⅱ
	德州市	21.2	0.30	0.45	0.50	0.20	0.35	0.40	Ⅱ
	惠民	11.3	0.40	0.50	0.55	0.25	0.35	0.40	Ⅱ
	寿光县羊角沟	4.4	0.30	0.45	0.50	0.15	0.25	0.30	Ⅱ
	龙口市	4.8	0.45	0.60	0.65	0.25	0.35	0.40	Ⅱ
	烟台市	46.7	0.40	0.55	0.60	0.30	0.40	0.45	Ⅱ
	威海市	46.6	0.45	0.65	0.75	0.30	0.45	0.50	Ⅱ
	荣成市成山头	47.7	0.60	0.70	0.75	0.25	0.40	0.45	Ⅱ
	莘县朝城	42.7	0.35	0.45	0.50	0.25	0.35	0.40	Ⅱ
	泰安市泰山	1533.7	0.65	0.85	0.95	0.40	0.55	0.60	Ⅱ
	泰安市	128.8	0.30	0.40	0.45	0.20	0.35	0.40	Ⅱ
	淄博市张店	34.0	0.30	0.40	0.45	0.30	0.45	0.50	Ⅱ
	沂源	304.5	0.30	0.35	0.40	0.20	0.30	0.35	Ⅱ
	潍坊市	44.1	0.30	0.40	0.45	0.25	0.35	0.40	Ⅱ
	莱阳市	30.5	0.30	0.40	0.45	0.15	0.25	0.30	Ⅱ
	青岛市	76.0	0.45	0.60	0.70	0.15	0.20	0.25	Ⅱ
	海阳	65.2	0.40	0.55	0.60	0.10	0.15	0.15	Ⅱ
	荣城市石岛	33.7	0.40	0.55	0.65	0.10	0.15	0.15	Ⅱ
	菏泽市	49.7	0.25	0.40	0.45	0.20	0.30	0.35	Ⅱ
	兖州	51.7	0.25	0.40	0.45	0.25	0.35	0.45	Ⅱ
	莒县	107.4	0.25	0.35	0.40	0.20	0.35	0.40	Ⅱ

续表

省市名	城市名	海拔高度/m	风压/(kN/m²)			雪压/(kN/m²)			雪荷载准永久值系数分区
			$n=10$	$n=50$	$n=100$	$n=10$	$n=50$	$n=100$	
山东	临沂	87.9	0.30	0.40	0.45	0.25	0.40	0.45	Ⅱ
	日照市	16.1	0.30	0.40	0.45				
江苏	南京市	8.9	0.25	0.40	0.45	0.40	0.65	0.75	Ⅱ
	徐州市	41.0	0.25	0.35	0.40	0.25	0.35	0.40	Ⅱ
	赣榆	2.1	0.30	0.45	0.50	0.25	0.35	0.40	Ⅱ
	盱眙	34.5	0.25	0.35	0.40	0.20	0.30	0.35	Ⅱ
	淮阴市	17.5	0.25	0.40	0.45	0.25	0.40	0.45	Ⅱ
	射阳	2.0	0.30	0.40	0.45	0.15	0.20	0.25	Ⅲ
	镇江	26.5	0.30	0.40	0.45	0.25	0.35	0.40	Ⅲ
	无锡	6.7	0.30	0.45	0.50	0.30	0.40	0.45	Ⅲ
	泰州	6.6	0.25	0.40	0.45	0.25	0.35	0.40	Ⅲ
	连云港	3.7	0.35	0.55	0.65	0.25	0.40	0.45	Ⅱ
	盐城	3.6	0.25	0.45	0.55	0.20	0.35	0.40	Ⅲ
	高邮	5.4	0.25	0.40	0.45	0.20	0.35	0.40	Ⅲ
	东台市	4.3	0.30	0.40	0.45	0.20	0.30	0.35	Ⅲ
	南通市	5.3	0.30	0.45	0.50	0.15	0.25	0.30	Ⅲ
	启东县吕泗	5.5	0.35	0.50	0.55	0.10	0.20	0.25	Ⅲ
	常州市	4.9	0.25	0.40	0.45	0.20	0.35	0.40	Ⅲ
	溧阳	7.2	0.25	0.40	0.45	0.30	0.50	0.55	Ⅲ
	吴县东山	17.5	0.30	0.45	0.50	0.25	0.40	0.45	Ⅲ
浙江	杭州市	41.7	0.30	0.45	0.50	0.30	0.45	0.50	Ⅲ
	临安县天目山	1505.9	0.55	0.0	0.80	0.100	0.160	0.185	Ⅱ
	平湖县乍浦	5.4	0.35	0.45	0.50	0.25	0.35	0.40	Ⅲ
	慈溪市	7.1	0.30	0.45	0.50	0.25	0.35	0.40	Ⅲ
	嵊泗	79.6	0.85	1.30	1.55				
	嵊泗县嵊山	124.6	0.95	1.50	1.5				
	舟山市	35.7	0.50	0.85	1.00	0.30	0.50	0.60	Ⅲ
	金华市	62.6	0.25	0.35	0.40	0.35	0.55	0.65	Ⅲ
	嵊县	104.3	0.25	0.40	0.50	0.35	0.55	0.65	Ⅲ
	宁波市	4.2	0.30	0.50	0.60	0.20	0.30	0.35	Ⅲ
	象山县石浦	128.4	0.75	1.20	1.40	0.20	0.30	0.35	Ⅲ
	衢州市	66.9	0.25	0.35	0.40	0.30	0.50	0.60	Ⅲ
	丽水市	60.8	0.20	0.30	0.35	0.30	0.45	0.50	Ⅲ
	龙泉	198.4	0.20	0.30	0.35	0.35	0.55	0.65	Ⅲ
	临海市括苍山	1383.1	0.60	0.90	1.05	0.40	0.60	0.70	Ⅲ
	温州市	6.0	0.35	0.60	0.70	0.25	0.35	0.40	Ⅲ
	椒江市洪家	1.3	0.35	0.55	0.65	0.20	0.30	0.35	Ⅲ
	椒江市下大陈	86.2	0.90	1.40	1.65	0.25	0.35	0.40	Ⅲ
	玉环县坎门	95.9	0.70	1.20	1.45	0.20	0.35	0.40	Ⅲ
	瑞安市北麂	42.3	0.95	1.60	1.90				

续表

省市名	城市名	海拔高度/m	风压/(kN/m²)			雪压/(kN/m²)			雪荷载准永久值系数分区
			$n=10$	$n=50$	$n=100$	$n=10$	$n=50$	$n=100$	
安徽	合肥市	27.9	0.25	0.35	0.40	0.40	0.60	0.70	Ⅱ
	砀山	43.2	0.25	0.35	0.40	0.25	0.40	0.45	Ⅱ
	亳州市	37.7	0.25	0.45	0.55	0.25	0.40	0.45	Ⅱ
	宿县	25.9	0.25	0.40	0.50	0.25	0.40	0.45	Ⅱ
	寿县	22.7	0.25	0.35	0.40	0.30	0.50	0.55	Ⅱ
	蚌埠市	18.7	0.25	0.35	0.40	0.30	0.45	0.55	Ⅱ
	滁县	25.3	0.25	0.35	0.40	0.25	0.40	0.45	Ⅱ
	六安市	60.5	0.20	0.35	0.40	0.35	0.55	0.60	Ⅱ
	霍山	68.1	0.20	0.35	0.40	0.40	0.60	0.65	Ⅱ
	巢县	22.4	0.25	0.35	0.40	0.30	0.45	0.50	Ⅱ
	安庆市	19.8	0.25	0.40	0.45	0.20	0.35	0.40	Ⅲ
	宁国	89.4	0.25	0.35	0,40	0.30	0.50	0.55	Ⅲ
	黄山	1840.4	0.50	0.70	0.80	0.35	0,45	0.50	Ⅲ
	黄山市	142.7	0.25	0.35	0.40	0.30	0.45	0.50	Ⅲ
	阜阳市	30.6				0.35	0.55	0.60	Ⅱ
江西	南昌市	46.7	0.30	0.45	0.55	0.30	0.45	0.50	Ⅲ
	修水	146.8	0.20	0.30	0.35	0.25	0.40	0.50	Ⅲ
	宜春市	131.3	0.20	0.30	0.35	0.25	0.40	0.45	Ⅲ
	吉安	76.4	0.25	0.30	0.35	0.25	0.35	0.45	Ⅲ
	宁冈	263.1	0.20	0.30	0.35	0.30	0.45	0.50	Ⅲ
	遂川	126.1	0.20	0.30	0.35	0.30	0.45	0.55	Ⅲ
	赣州市	123.8	0.20	0.30	0.35	0.20	0.35	0.40	Ⅲ
	九江	36.1	0.25	0.35	0.40	0.30	0.40	0.45	Ⅲ
	庐山	1164.5	0.40	0.55	0.60	0.55	0.75	0.85	Ⅲ
	波阳	40.1	0.25	0.40	0.45	0.35	0.60	0.70	Ⅲ
	景德镇市	61.5	0.25	0.35	0.40	0.25	0.35	0.40	Ⅲ
	樟树市	30.4	0.20	0.30	0.35	0.25	0.40	0.45	Ⅲ
	贵溪	51.2	0.20	0.30	0.35	0.35	0.50	0.60	Ⅲ
	玉山	116.3	0.20	0.30	0.35	0.35	0.55	0.65	Ⅲ
	南城	80.8	0.25	0.30	0.35	0.20	0.35	0.40	Ⅲ
	广昌	143.8	0.20	0.30	0.35	0.30	0.45	0.50	Ⅲ
	寻乌	303.9	0.25	0.30	0.35				
	福州市	83.8	0.40	0.70	0.85				
	邵武市	191.5	0.20	0.30	0.35	0.25	0.35	0.40	Ⅲ
	铅山县七仙山	1401.9	0..55	0.70	0.80	0.40	0.60	0.70	Ⅲ
	浦城	276.9	0.20	0.30	0.35	0.35	0.55	0.65	Ⅲ
	建阳	196.9	0.25	0.35	0.40	0.35	0.50	0.55	Ⅲ
	建瓯	154.9	0.25	0.35	0.40	0.25	0.35	0.40	Ⅲ
	福鼎	36.2	0.35	0.70	0.90				

续表

省市名	城市名	海拔高度/m	风压/(kN/m²)			雪压/(kN/m²)			雪荷载准永久值系数分区
			n=10	n=50	n=100	n=10	n=50	n=100	
福建	泰宁	342.9	0.20	0.30	0.35	0.30	0.50	0.60	Ⅲ
	南平市	125.6	0.20	0.35	0.45				
	福鼎县台山	106.6	0.75	1.00	L10				
	长汀	310.0	0.20	0.35	0.40	0.15	0.25	0.30	Ⅲ
	上杭	197.9	0.25	0.30	0.35				
	永安市	206.0	0.25	0.40	0.45				
	龙岩市	342.3	0.20	0.35	0.45				
	德化县九仙山	1653.5	0.60	0.80	0.90	0.25	0.40	0.50	Ⅲ
	屏南	896.5	0.20	0.30	0.35	0.25	0.45	0.50	Ⅲ
	平潭	32.4	0.75	1.30	1.60				
	崇武	21.8	0.55	0.80	0.90				
	厦门市	139.4	0.50	0.80	0.95				
	东山	53.3	0.80	1.25	1.45				
陕西	西安市	397.5	0.25	0.35	0.40	0.20	0.25	0.30	Ⅱ
	榆林市	1 057.5	0.25	0.40	0.45	0.20	0.25	0.30	Ⅱ
	吴旗	1 272.6	0.25	0.40	0.50	0.15	0.20	0.20	Ⅱ
	横山	1 111.0	0.30	0.40	0.45	0.15	0.25	0.30	Ⅱ
	绥德	929.7	0.30	0.40	0.45	0.20	0.35	0.40	Ⅱ
	延安市	957.8	0.25	0.35	0.40	0.15	0.25	0.30	Ⅱ
	长武	1 206.5	0.20	0.30	0.35	0.20	0.30	0.35	Ⅱ
	洛川	1 158.3	0.25	0.35	0.40	0.25	0.35	0.40	Ⅱ
	铜川市	978.9	0.20	0.35	0.40	0.15	0.20	0.25	Ⅱ
	宝鸡市	612.4	0.20	0.35	0.40	0.15	0.20	0.25	Ⅱ
	武功	447.8	0.20	0.35	0.40	0.20	0.25	0.30	Ⅱ
	华阴县华山	2064.9	0.40	0.50	0.55	0.50	0.70	0.75	Ⅱ
	略阳	794.2	0.25	0.35	0.40	0.10	0.15	0.15	Ⅲ
	汉中市	508.4	0.20	0.30	0.35	0.15	0.20	0.25	Ⅲ
	佛坪	1 087.7	0.25	0.30	0.35	0.15	0.25	0.30	Ⅲ
	商州市	742.2	0.25	0.30	0.35	0.20	0.30	0.35	Ⅱ
	镇安	693.7	0.20	0.30	0.35	0.20	0.30	0.35	Ⅲ
	石泉	484.9	0.20	0.30	0.35	0.20	0.30	0.35	Ⅲ
	安康市	290.8	0.30	0.45	0.50	0.10	0.15	0.20	Ⅲ

续表

省市名	城市名	海拔高度/m	风压/(kN/m²)			雪压/(kN/m²)			雪荷载准永久值系数分区
			$n=10$	$n=50$	$n=100$	$n=10$	$n=50$	$n=100$	
甘肃	兰州市	1 517.2	0.20	0.30	0.35	0.10	0.15	0.20	Ⅱ
	吉诃德	966.5	0.45	0.55	0.60				
	安西	1 170.8	0.40	0.55	0.60	0.10	0.20	0.25	Ⅱ
	酒泉市	1 477.2	0.40	0.55	0.60	0.20	0.30	0.35	Ⅱ
	张掖市	1 482.7	0.30	0.50	0.60	0.05	0.10	0.15	Ⅱ
	武威市	1 530.9	0.35	0.55	0.65	0.15	0.20	0.25	Ⅱ
	民勤	1 367.0	0.40	0.50	0.55	0.05	0.10	0.10	Ⅱ
	乌鞘岭	3 045.1	0.35	0.40	0.45	0.35	0.55	0.60	Ⅱ
	景泰	1 630.5	0.25	0.40	0.45	0.10	0.15	0.20	Ⅱ
	靖远	1 398.2	0.20	0.30	0.35	0.15	0.20	0.25	Ⅱ
	临夏市	1 917.0	0.20	0.30	0.35	0.15	0.25	0.30	Ⅱ
	临洮	1 886.6	0.20	0.30	0.35	0.30	0.50	0.55	Ⅱ
	华家岭	2 450.6	0.30	0.40	0.45	0.25	0.40	0.45	Ⅱ
	环县	1 255.6	0.20	0.30	0.35	0.15	0.25	0.30	Ⅱ
	平凉市	1 346.6	0.25	0.30	0.35	0.15	0.25	0.30	Ⅱ
	西峰镇	1 421.0	0.20	0.30	0.35	0.25	0.40	0.45	Ⅱ
	玛曲	3 471.4	0.25	0.30	0.35	0.15	0.20	0.25	Ⅱ
	夏河县合作	2 910.0	0.25	0.30	0.35	0.25	0.40	0.45	Ⅱ
	武都	1 079.1	0.25	0.35	0.40	0.05	0.10	0.15	Ⅲ
	天水市	1 141.7	0.20	0.35	0.40	0.15	0.20	0.25	Ⅱ
	马宗山	1 962.7				0.10	0.15	0.20	Ⅱ
	敦煌	1 139.0				0.10	0.15	0.20	Ⅱ
	玉门市	1 526.0				0.15	0.20	0.25	Ⅱ
	金塔县鼎新	1 177.4				0.05	0.10	0.15	Ⅱ
	高台	1 332.2				0.05	0.10	0.15	Ⅱ
	山丹	1 764.6				0.15	0.20	0.25	Ⅱ
	永昌	1 976.1				0.10	0.15	0.20	Ⅱ
	榆中	1 874.1				0.15	0.20	0.25	Ⅱ
	会宁	2 012.2				0.20	0.30	0.35	Ⅱ
	岷县	2 315.0				0.10	0.15	0.20	Ⅱ

续表

省市名	城市名	海拔高度/m	风压/(kN/m²)			雪压/(kN/m²)			雪荷载准永久值系数分区
			n=10	n=50	n=100	n=10	n=50	n=100	
宁夏	银川市	1 111.4	0.40	0.65	0.75	0.15	0.20	0.25	Ⅱ
	惠农	1 091.0	0.45	0.65	0.0	0.05	0.10	0.10	Ⅱ
	陶乐	1 101.6				0.05	0.10	0.10	Ⅱ
	中卫	1 225.7	0.30	0.45	0.50	0.05	0.10	0.15	Ⅱ
	中宁	1 183.3	0.30	0.35	0.40	0.10	0.15	0.20	Ⅱ
	盐池	1 347.8	0.30	0.40	0.45	0.20	0.30	0.35	Ⅱ
	海源	1 854.2	0.25	0.30	0。35	0.25	0.40	0.45	Ⅱ
	同心	1 343.9	0.20	0.30	0.35	0.10	0.10	0.15	Ⅱ
	固原	1 753.0	0.25	0.35	0.40	0.30	0.40	0.45	Ⅱ
	西吉	1 916.5	0.20	0.30	0.35	0.15	0.20	0.20	Ⅱ
青海	西宁市	2261.2	0.25	0.35	0.40	0.15	0.20	0.25	Ⅱ
	茫崖	3 138.5	0.30	0.40	0.45	0.05	0.10	0.10	Ⅱ
	冷湖	2 733.0	0.40	0.55	0.60	0.05	0.10	0.10	Ⅱ
	祁连县托勒	3 367.0	0.30	0.40	0.45	0.20	0.25	0.30	Ⅱ
	祁连县野牛沟	3 180.0	0.30	0.40	0.45	0.15	0.20	0.20	Ⅱ
	祁连	2 787.4	0.30	0.35	0.40	0.10	0.15	0.15	Ⅱ
	格尔木市小灶火	2767.0	0.30	0.40	0.45	0.05	0.10	0.10	Ⅱ
	大柴旦	3 173.2	0.30	0.40	0.45	0.10	0.15	0.15	Ⅱ
	德令哈市	2 981.5	0.25	0.35	0.40	0.10	0.15	0.20	Ⅱ
	刚察	3 301.5	0.25	0.35	0.40	0.20	0.25	0.30	Ⅱ
	门源	2 850.0	0.25	0.35	0.40	0.15	0.25	0.30	Ⅱ
	格尔木市	2 807.6	0.30	0.40	0.45	0.10	0.20	0.25	Ⅱ
	都兰县诺木洪	2 790.4	0.35	0.50	0.60	0.05	0.10	0.10	Ⅱ
	都兰	3 191.1	0.30	0.45	0.55	0.20	0.25	0.30	Ⅱ
	乌兰县茶卡	3 087.6	0.25	0.35	0.40	0.15	0.20	0.25	Ⅱ
	共和县恰卜恰	2 835.0	0.25	0.35	0.40	0.10	0.15	0.15	Ⅱ
	贵德	2 237.1	0.25	0.30	0.35	0.05	0.10	0.10	Ⅱ
	民和	1 813.9	0.20	0.30	0.35	0.10	0.10	0.15	Ⅱ
	唐古拉山五道梁	4612.2	0.35	0.45	0.50	0.20	0.25	0.30	Ⅰ
	兴海	3 323.2	0.25	0.35	0.40	0.15	0.20	0.20	Ⅱ
	同德	3 289.4	0.25	0.30	0.35	0.20	0.30	0.35	Ⅱ
	泽库	3 662.8	0.25	0.30	0.35	0.30	0.40	0.45	Ⅱ
	格尔木市托托河	4 533.1	0.40	0.50	0.55	0.25	0.35	0.40	Ⅰ

续表

省市名	城市名	海拔高度/m	风压/(kN/m²)			雪压/(kN/m²)			雪荷载准永久值系数分区
			n=10	n=50	n=100	n=10	n=50	n=100	
青海	治多	4 179.0	0.25	0.30	0.35	0.15	0.20	0.25	Ⅰ
	杂多	4 066.4	0.25	0.35	0.40	0.20	0.25	0.30	Ⅱ
	曲麻莱	4 231.2	0.25	0.35	0,40	0.15	0.25	0.30	Ⅰ
	玉树	3 681.2	0.20	0.30	0.35	0.15	0.20	0.25	Ⅱ
	玛多	4 272.3	0.30	0.40	0.45	0.25	0.35	0.40	Ⅰ
	称多县清水河	4 415.4	0.25	0.30	0.35	0.20	0.25	0.30	Ⅰ
	玛沁县仁峡姆	4 211.1	0.30	0.35	0.40	0.15	0.25	0.30	Ⅰ
	达日县吉迈	3 967.5	0.25	0.35	0.40	0.20	0.25	0.30	Ⅰ
	河南	3 500.0	0.25	0.40	0.45	0.20	0.25	0.30	Ⅱ
	久治	3 628.5	0.20	0.30	0.35	0.20	0.25	0.30	Ⅱ
	昂欠	3 643.7	0.25	0.30	0.35	0.10	0.20	0.25	Ⅱ
	班玛	3 750.0	0.20	0.30	0.35	0.15	0.20	0.25	Ⅱ
新疆	乌鲁木齐市	917.9	0.40	0.60	0.70	0.60	0.80	0.90	Ⅰ
	阿勒泰市	735.3	0.40	0.70	0.85	0。85	1.25	1.40	Ⅰ
	博乐市阿拉山口	284.8	0.95	1.35	1.55	0.20	0.25	0.25	Ⅰ
	克拉玛依市	427.3	0.65	0.90	1.00	0.20	0.30	0.35	Ⅰ
	伊宁市	662.5	0.40	0.60	0.70	0.70	1.00	1.15	Ⅰ
	昭苏	1 851.0	0.25	0.40	0.45	0.55	0.75	0.85	Ⅰ
	乌鲁木齐县达板城	1 103.5	0.55	0.80	0.90	0.15	0.20	0.20	Ⅰ
	和静县巴音布鲁克	2 458.0	0.25	0.35	0.40	0.45	0.65	0.75	Ⅰ
	吐鲁番市	34.5	0.50	0.85	1.00	0.15	0.20	0.25	Ⅱ
	阿克苏市	1 103.8	0.30	0.45	0.50	0.15	0.25	0.30	Ⅱ
	库车	1 099.0	0.35	0.50	0.60	0.15	0.25	0.30	Ⅱ
	库尔勒市	931.5	0.30	0.45	0.50	0.15	0.25	0,30	Ⅱ
	乌恰	2 175.7	0.25	0.35	0.40	0.35	0.50	0.60	Ⅱ
	喀什市	1 288.7	0.35	0.55	0.65	0.30	0.45	0.50	Ⅱ
	阿合奇	1 984.9	0.25	0.35	0.40	0.25	0.35	0.40	Ⅱ
	皮山	1 375.4	0.20	0.30	0.35	0.15	0.20	0.25	Ⅱ
	和田	1 374.6	0.25	0.40	0.45	0.10	0.20	0.25	Ⅱ

续表

省市名	城市名	海拔高度/m	风压/(kN/m²)			雪压/(kN/m²)			雪荷载准永久值系数分区
			n=10	n=50	n=100	n=10	n=50	n=100	
新疆	民丰	1 409.3	0.20	0.30	0.35	0.10	0.15	0.15	Ⅱ
	民丰县安的河	1 262.8	0.20	0.30	0.35	0.05	0.05	0.05	Ⅱ
	于田	1 422.0	0.20	0.30	0.35	0.10	0.15	0.15	Ⅱ
	哈密	737.2	0.40	0.60	0.70	0.15	0.20	0.25	Ⅱ
	哈巴河	532.6				0.55	0.75	0.85	Ⅰ
	吉木乃	984.1				0.70	1.00	1.15	Ⅰ
	福海	500.9				0.30	0.45	0.50	Ⅰ
	富蕴	807.5				0.65	0.95	1.05	Ⅰ
	塔城	534.9				0.95	1.35	1.55	Ⅰ
	和布克赛尔	1 291.6				0.25	0.40	0.45	Ⅰ
	青河	1 218.2				0.55	0.80	0.90	Ⅰ
	托里	1 077.8				0.55	0.75	0.85	Ⅰ
	北塔山	1 653.7				0.55	0.65	0.70	Ⅰ
	温泉	1 354.6				0.35	0.45	0.50	Ⅰ
	精河	320.1				0.20	0.30	0.35	Ⅰ
	乌苏	478.7				0.40	0.55	0.60	Ⅰ
	石河子	442.9				0.50	0.70	0.80	Ⅰ
	蔡家湖	440.5				0.40	0.50	0.55	Ⅰ
	奇台	793.5				0.55	0.75	0.85	Ⅰ
	巴仑台	1 752.5				0.20	0.30	0.35	Ⅱ
	七角井	873.2				0.05	0.10	0.15	Ⅱ
	库米什	922.4				0.05	0.10	0.10	Ⅱ
	焉耆	1 055.8				0.15	0.20	0.25	Ⅱ
	拜城	1 229.2				0.20	0.30	0.35	Ⅱ
	轮台	976.1				0.15	0.25	0.30	Ⅱ
	吐尔格特	3 504.4				0.35	0.50	0.55	Ⅱ
	巴楚	1 116.5				0.10	0.15	0.20	Ⅱ
	柯坪	1 161.8				0.05	0.10	0.15	Ⅱ
	阿拉尔	1 012.2				0.05	0.10	0.10	Ⅱ
	铁干里克	846.0				0.10	0.15	0.15	Ⅱ
	若羌	888.3				0.10	0.15	0.20	Ⅱ
	塔吉克	3 090.9				0.15	0.25	0.30	Ⅱ
	莎车	1 231.2				0.15	0.20	0.25	Ⅱ
	且末	1 247.5				0.10	0.15	0.20	Ⅱ
	红柳河	1 700.0				0.10	0.15	0.15	Ⅱ

续表

省市名	城市名	海拔高度/m	风压/(kN/m^2)			雪压/(kN/m^2)			雪荷载准永久值系数分区
			$n=10$	$n=50$	$n=100$	$n=10$	$n=50$	$n=100$	
河南	郑州市	110.4	0.30	0.45	0.50	0.25	0.40	0.45	Ⅱ
	安阳市	75.5	0.25	0.45	0.55	0.25	0.40	0.45	Ⅱ
	新乡市	72.7	0.30	0.40	0.45	0.20	0.30	0.35	Ⅱ
	三门峡市	410.1	0,25	0.40	0.45	0.15	0.20	0.25	Ⅱ
	卢氏	568.8	0.20	0.30	0.35	0.20	0.30	0.35	Ⅱ
	孟津	323.3	0.30	0.45	0.50	0.30	0.40	0.50	Ⅱ
	洛阳市	137.1	0.25	0.40	0.45	0.25	0.35	0.40	Ⅱ
	栾川	750.1	0.20	0.30	0.35	0.25	0.40	0.45	Ⅱ
	许昌市	66.8	0.30	0.40	0.45	0.25	0.40	0.45	Ⅱ
	许昌市	66.8	0.30	0.40	0.45	0.25	0.40	0.45	Ⅱ
	开封市	72.5	0.30	0.45	0.50	0.20	0.30	0.35	Ⅱ
	西峡	250.3	0.25	0.35	0.40	0.20	0.30	0.35	Ⅱ
	南阳市	129.2	0.25	0.35	0.40	0.30	0.45	0.50	Ⅱ
	宝丰	136.4	0.25	0.35	0.40	0.20	0.30	0.35	Ⅱ
	西华	52.6	0.25	0.45	0.55	0.30	0.45	0.50	Ⅱ
	驻马店市	82.7	0.25	0.40	0.45	0.30	0.45	0.50	Ⅱ
	信阳市	114.5	0.25	0.35	0.40	0.35	0.55	0.65	Ⅱ
	商丘市	50.1	0.20	0.35	0.45	0.30	0.45	0.50	Ⅱ
	固始	57.1	0.20	0.35	0.40	0.35	0.50	0.60	Ⅱ
湖北	武汉市	23.3	0.25	0.35	0.40	0.30	0.50	0.60	Ⅱ
	郧县	201.9	0,20	0.30	0.35	0.25	0.40	0.45	Ⅱ
	房县	434.4	0.20	0.30	0.35	0.20	0.30	0.35	Ⅲ
	老河口市	90.0	0.20	0.30	0.35	0.25	0.35	0.40	Ⅱ
	枣阳市	125.5	0.25	0.40	0.45	0.25	0.40	0.45	Ⅱ
	巴东	294.5	0.15	0.30	0.35	0.15	0.20	0.25	Ⅲ
	钟祥	65.8	0.20	0.30	0.35	0.25	0.35	0.40	Ⅱ
	麻城市	59.3	0.20	0.35	0.45	0.35	0.55	0.65	Ⅱ
	恩施市	457.1	0.20	0.30	0.35	0.15	0.20	0.25	Ⅲ
	巴东县绿葱坡	1 819.3	0.30	0.35	0.40	0.55	0.75	0.85	Ⅲ
	五峰县	908.4	0.20	0.30	0.35	0.25	0.35	0.40	Ⅲ
	宜昌市	133.1	0.20	0.30	0.35	0,20	0.30	0.35	Ⅲ
	江陵县荆州	32.6	0.20	0.30	0.35	0.25	0,40	0.45	Ⅱ
	天门市	34.1	0.20	0.30	0.35	0.25	0.35	0.45	Ⅱ
	来风	459.5	0.20	0.30	0.35	0.15	0.20	0.25	Ⅲ
	嘉鱼	36.0	0.20	0.35	0.45	0.25	0.35	0.40	Ⅲ
	英山	123.8	0.20	0.30	0.35	0.25	0.40	0,45	Ⅲ
	黄石市	19.6	0.25	0.35	0.40	0.25	0.35	0.40	Ⅲ

续表

省市名	城市名	海拔高度/m	风压/(kN/m²)			雪压/(kN/m²)			雪荷载准永久值系数分区
			n=10	n=50	n=100	n=10	n=50	n=100	
湖南	长沙市	44.9	0.25	0.35	0.40	0.30	0.45	0.50	Ⅲ
	桑植	322.2	0.20	0.30	0.35	0.25	0.35	0.40	Ⅲ
	石门	116.9	0.25	0.30	0.35	0.25	0.35	0.40	Ⅲ
	南县	36.0	0.25	0.40	0.50	0.30	0.45	0.50	Ⅲ
	岳阳市	53.0	0.25	0.40	0.45	0.35	0.55	0.65	Ⅲ
	吉首市	206.6	0.20	0.30	0.35	0.20	0.30	0.35	Ⅲ
	沅陵	151.6	0.20	0.30	0.35	0.20	0.35	0.40	Ⅲ
	常德市	35.0	0.25	0.40	0.50	0.30	0.50	0.60	Ⅱ
	安化	128.3	0.20	0.30	0.35	0.30	0.45	0.50	Ⅱ
	沅江市	36.0	0.25	0.40	0.45	0.35	0.55	0.65	Ⅲ
	平江	106.3	0.20	0.30	0.35	0.25	0.40	0.45	Ⅲ
	芷江	272.2	0.20	0.30	0.35	0.25	0.35	0.45	Ⅲ
	雪峰山	1 404.9				0.50	0.75	0.85	Ⅱ
	邵阳市	248.6	0.20	0.30	0.35	0.20	0.30	0.35	Ⅲ
	双峰	100.0	0.20	0.30	0.35	0.25	0.40	0.45	Ⅲ
	南岳	1 265.9	0.60	0.75	0.85	0.45	0.65	0.75	Ⅲ
	通道	397.5	0.25	0.30	0.35	0.15	0.25	0.30	Ⅲ
	武岗	341.0	0.20	0.30	0.35	0.20	0.30	0.35	Ⅲ
	零陵	172.6	0.25	0.40	0.45	0.15	0.25	0.30	Ⅲ
	衡阳市	103.2	0.25	0.40	0.45	0.20	0.35	0.40	Ⅲ
	道县	192.2	0.25	0.35	0.40	0.15	0.20	0.25	Ⅲ
	郴州市	184.9	0.20	0.30	0.35	0.20	0.30	0.35	Ⅲ
广东	广州市	6.6	0.30	0.50	0.60				
	南雄	133.8	0.20	0.30	0.35				
	连县	97.6	0.20	0.30	0.35				
	韶关	69.3	0.20	0.35	0.45				
	佛岗	67.8	0.20	0.30	0.35				
	连平	214.5	0.20	0.30	0.35				
	梅县	87.8	0.20	0.30	0.35				
	广宁	56.8	0.20	0.30	0.35				
	高要	7.1	0.30	0.50	0.60				
	河源	40.6	0.20	0.30	0.35				
	惠阳	22.4	0.35	0.55	0.60				
	五华	120.9	0.20	0.30	0.35				
	汕头市	1.1	0.50	0.80	0.95				
	惠来	12.9	0.45	0.75	0.90				
	南澳	7.2	0.50	0.80	0.95				
	信宜	84.6	0.35	0.60	0.70				
	罗定	53.3	0.20	0.30	0.35				
	台山	32.7	0.35	0.55	0.65				
	深圳市	18.2	0.45	0.75	0.90				
	汕尾	4.6	0.50	0.85	1.00				
	湛江市	25.3	0.50	0.80	0.95				
	阳江	23.3	0.45	0.70	0.80				
	电白	11.8	0.45	0.70	0.80				
	台山县上川岛	21.5	0.75	1.05	1.20				
	徐闻	67.9	0.45	0.75	0.90				

续表

省市名	城市名	海拔高度/m	风压/(kN/m²)			雪压/(kN/m²)			雪荷载准永久值系数分区
			$n=10$	$n=50$	$n=100$	$n=10$	$n=50$	$n=100$	
广西	南宁市	73.1	0.25	0.35	0.40				
	桂林市	164.4	0.20	0.30	0.35				
	柳州时	96.8	0.20	0.30	0.35				
	蒙山	145.7	0.20	0.30	0.35				
	贺山	108.8	0.20	0.30	0.35				
	百色市	173.5	0.25	0.45	0.55				
	靖西	739.4	0.20	0.30	0.35				
	桂平	42.5	0.20	0.30	0.35				
	梧州市	114.8	0.20	0.30	0.35				
	龙州	128.8	0.20	0.30	0.35				
	灵山	66.0	0.20	0.30	0.35				
	玉林	81.8	0.20	0.30	0.35				
	东兴	18.2	0.45	0.75	0.90				
	北海市	15.3	0.45	0.75	0.90				
	涠州岛	55.2	0.70	1.00	1.15				
海南	海口市	14.1	0.45	0.75	0.90				
	东方	8.4	0.55	0.85	1.00				
	儋县	168.7	0.40	0.70	0.85				
	琼中	250.9	0.30	0.45	0.55				
	琼海	24.0	0.50	0.85	1.05				
	三亚市	5.5	0.50	0.85	1.05				
	陵水	13.9	0.50	0.85	1.05				
	西沙岛	4.7	1.05	1.80	2.20				
	珊瑚岛	4.0	0.70	1.10	1.30				
四川	成都市	506.1	0.20	0.30	0.35	0.10	0.10	0.15	Ⅲ
	石渠	4 200.0	0.25	0.30	0.35	0.30	0.45	0.50	Ⅱ
	若尔盖	3 439.6	0.25	0.30	0.35	0.30	0.40	0.45	Ⅱ
	甘孜	3 393.5	0.35	0.45	0.50	0.25	0.40	0.45	Ⅱ
	都江堰市	706.7	0.20	0.30	0.35	0.15	0.25	0.30	Ⅲ
	绵阳市	470.8	0.20	0.30	0.35				
	雅安市	627.6	0.20	0.30	0.35	0.10	0.20	0.20	Ⅲ
	资阳	357.0	0.20	0.30	0.35				
	康定	2 615.7	0.30	0.35	0.40	0.30	0.50	0.55	Ⅱ
	汉源	795.9	0.20	0.30	0.35				
	九龙	2 987.3	0.20	0.30	0.35	0.15	0.20	0.20	Ⅲ
	越西	1 659.0	0.25	0.30	0.35	0.15	0.25	0.30	Ⅲ
	昭觉	2 132.4	0.25	0.30	0.35	0.25	0.35	0.40	Ⅲ
	雷波	1 474.9	0.20	0.30	0.35	0.20	0.30	0.35	Ⅲ
	宜宾市	340.8	0.20	0.30	0.35				

续表

省市名	城市名	海拔高度/m	风压/(kN/m^2)			雪压/(kN/m^2)			雪荷载准永久值系数分区
			$n=10$	$n=50$	$n=100$	$n=10$	$n=50$	$n=100$	
四川	越西	1 659.0	0.25	0.30	0.35	0.15	0.25	0.30	Ⅲ
	昭觉	2 132.4	0.25	0.30	0.35	0.25	0.35	0.40	Ⅲ
	雷波	1 474.9	0.20	0.30	0.35	0.20	0.30	0.35	Ⅲ
	宜宾市	340.8	0.20	0.30	0.35				
	盐源	2 545.0	0.20	0.30	0.35	0.20	0.30	0.35	Ⅲ
	西昌市	1 590.9	0.20	0.30	0.35	0.20	0.30	0.35	Ⅲ
	会理	1 787.1	0.20	0.30	0.35				
	万源	674.0	0.20	0.30	0.35	0.50	0.10	0.15	Ⅲ
	阆中	382.6	0.20	0.30	0.35				
	巴中	358.9	0.20	0.30	0.35				
	达县市	310.4	0.20	0.35	0.45				
	奉节	607.3	0.25	0.35	0.40	0.20	0.35	0.40	Ⅲ
	遂宁市	278.2	0.20	0.30	0.35				
	南充市	309.3	0.20	0.30	0.35				
	梁平	454.6	0.20	0.30	0.35				
	万县市	186.7	0.15	0.30	0.35				
	内江市	347.1	0.25	0.40	0.50				
	涪陵市	273.5	0.20	0.30	0,35				
	泸州市	334.8	0.20	0.30	0.35				
	叙永	377.5	0.20	0.30	0.35				
	德格	3 201.2				0.15	0.20	0.25	Ⅱ
	色达	3 893.9				0.30	0.40	0.45	Ⅱ
	道孚	2 957.2				0.15	0.20	0.25	Ⅱ
	阿坝	3 275.1				0.25	0.40	0.45	Ⅱ
	马尔康	2 664.4				0.15	0.25	0.30	Ⅱ
	红原	3 491.6				0.25	0.40	0.45	Ⅱ
	小金	2 369.2				0.10	0.15	0.15	Ⅱ
	松潘	2 850.7				0.20	0.30	0.35	Ⅱ
	新龙	3 000.0				0.10	0.15	0.15	Ⅱ
	理塘	3 948.9				0.35	0.50	0.60	Ⅱ
	稻城	3 727.7				0.20	0.30	0.35	Ⅲ
	峨眉山	3 047.4				0.40	0.50	0.55	Ⅱ
	金佛山	1 905.9				0.35	0.50	0.60	Ⅱ
贵州	贵阳市	1 074.3	0.20	0.30	0.35	0.10	0.20	0.25	Ⅲ
	威宁	2 237.5	0.25	0.35	0.40	0.25	0.35	0.40	Ⅲ
	盘县	1 515.2	0.25	0.35	0.40	0.25	0.35	0.45	Ⅲ
	桐梓	972.0	0.20	0.30	0.35	0.10	0.15	0.20	Ⅲ
	习水	1 180.2	0.20	0.30	0.35	0.15	0.20	0.25	Ⅲ
	毕节	1 510.6	0.20	0.30	0.35	0.15	0.25	0.30	Ⅲ

续表

省市名	城市名	海拔高度/m	风压/(kN/m²)			雪压/(kN/m²)			雪荷载准永久值系数分区
			$n=10$	$n=50$	$n=100$	$n=10$	$n=50$	$n=100$	
贵州	遵义市	843.9	0.20	0.30	0.35	0.10	0.15	0.20	Ⅲ
	湄潭	791.8				0.15	0.20	0.25	Ⅲ
	思南	416.3	0.20	0.30	0.35	0.10	0.20	0.25	Ⅲ
	铜仁	279.7	0.20	0.30	0.35	0.20	0.30	0.35	Ⅲ
	黔西	1 251.8				0.15	0.20	0.25	Ⅲ
	安顺市	1 392.9	0.20	0.30	0.35	0.20	0.30	0.35	Ⅲ
	凯里市	720.3	0.20	0.30	0.35	0.15	0.20	0.25	Ⅲ
	三穗	610.5				0.20	0.30	0.35	Ⅲ
	兴仁	1 378.5	0.20	0.30	0.35	0.20	0.35	0.40	Ⅲ
	罗甸	440.3	0.20	0.30	0.35				
	独山	1 013.3				0.20	0.30	0.35	Ⅲ
	榕江	285.7				0.10	0.15	0.20	Ⅲ
云南	昆明市	1 891.4	0.20	0.30	0.35	0.20	0.30	0.35	Ⅲ
	德钦	3 485.0	0.25	0.35	0.40	0.60	0.90	1.05	Ⅱ
	贡山	1 591.3	0.20	0.30	0.35	0.50	0.85	1.00	Ⅱ
	中甸	3 276.1	0.20	0.30	0.35	0.50	0.80	0.90	Ⅱ
	维西	2 325.6	0.20	0.30	0.35	0.40	0.55	0.65	Ⅲ
	昭通市	1 949.5	0.25	0.35	0.40	0.15	0.25	0.30	Ⅲ
	丽江	2 393.2	0.25	0.30	0.35	0.20	0.30	0.35	Ⅲ
	华坪	1 244.8	0.25	0.35	0.40				
	会泽	2 109.5	0.25	0.35	0.40	0.25	0.35	0.40	Ⅲ
	腾冲	1 654.6	0.20	0.30	0.35				
	泸水	1 804.9	0.20	0.30	0.35				
	保山市	1 653.5	0.20	0.30	0.35				
	大理市	1 990.5	0.45	0.65	0.75				
	元谋	1 120.2	0.25	0.35	0.40				
	楚雄市	1 772.0	0.20	0.35	0.40				
	曲靖市沾益	1 898.7	0.25	0.30	0.35	0.25	0.40	0.45	Ⅲ
	瑞丽	776.6	0.20	0.30	0.35				
	景东	1 162.3	0.20	0.30	0.35				
	玉溪	1 636.7	0.20	0.30	0.35				
	宜良	1 532.1	0.25	0.40	0.50				
	泸西	1 704.3	0.25	0.30	0.35				
	孟定	511.4	0.25	0.40	0.45				
	临沧	1 502.4	0.20	0.30	0.35				
	澜沧	1 054.8	0.20	0.30	0.35				
	景洪	552.7	0.20	0.40	0.50				
	思茅	1 302.1	0.25	0.45	0.55				
	元江	400.9	0.25	0.30	0.35				
	勐腊	631.9	0.20	0.30	0.35				
	江城	1 119.5	0.20	0.40	0.50				
	蒙自	1 300.7	0.25	0.30	0.35				

续表

省市名	城市名	海拔高度/m	风压/(kN/m²)			雪压/(kN/m²)			雪荷载准永久值系数分区
			$n=10$	$n=50$	$n=100$	$n=10$	$n=50$	$n=100$	
云南	屏边	1 414.1	0.20	0.30	0.35				
	文山	1 271.6	0.20	0.30	0.35				
	广南	1 249.6	0.25	0.35	0.40				
西藏	拉萨市	3 658.0	0.20	0.30	0.35	0.10	0.15	0.20	Ⅲ
	班戈	4 700.0	0.35	0.55	0.65	0.20	0.25	0.30	Ⅰ
	安多	4 800.0	0.45	0.75	0.90	0.20	0.30	0.35	Ⅰ
	那曲	4 507.0	0.30	0.45	0.50	0.30	0.40	0.45	Ⅰ
	日喀则市	3 836.0	0.20	0.30	0.35	0.10	0.15	0.15	Ⅲ
	乃东县泽当	3 551.7	0.20	0.30	0.35	0.10	0.15	0.15	Ⅲ
	隆子	3 860.0	0.30	0.45	0.50	0.10	0.15	0.20	Ⅲ
	索县	4 022.8	0.25	0.40	0.45	0.20	0.25	0.30	Ⅰ
	昌都	3 306.0	0.20	0.30	0.35	0.15	0.20	0.20	Ⅱ
	林芝	3 000.0	0.25	0.35	0.40	0.10	0.15	0.15	Ⅲ
	葛尔	4 278.0				0.10	0.15	0.15	Ⅰ
	改则	4 414.9				0.20	0.30	0.35	Ⅰ
	普兰	3 900.0				0.50	0.70	0.80	Ⅰ
	申扎	4 672.0				0.15	0.20	0.20	Ⅰ
	当雄	4 200.0				0.25	0.35	0.40	Ⅱ
	尼木	3 809.4				0.15	0.20	0.25	Ⅲ
	聂拉木	3 810.0				1.85	2.90	3.35	Ⅰ
	定日	4 300.0				0.15	0.25	0.30	Ⅱ
	江孜	4 040.0				0.10	0.10	0.15	Ⅲ
	错那	4 280.0				0.50	0.70	0.80	Ⅲ
	帕里	4 300.0				0.60	0.90	1.05	Ⅱ
	丁青	3 873.1				0.25	0.35	0.40	Ⅱ
	波密	2 736.0				0.25	0.35	0.40	Ⅲ
	察隅	2 327.6				0.35	0.55	0.65	Ⅲ
台湾	台北	8.0	0.40	0.0	0.85				
	新竹	8.0	0.50	0.80	0.95				
	宜兰	9.0	1.10	1.85	2.30				
	台中	78.0	0.50	0.80	0.90				
	花莲	14.0	0.40	0.70	0.85				
	嘉义	20.0	0.50	0.80	0.95				
	马公	22.0	0.85	1.30	1.55				
	台东	10.0	0.65	0.90	1.05				
	冈山	10.0	0.55	0.80	0.95				
	恒春	24.0	0.70	1.05	1.20				
	阿里山	2 406.0	0.25	0.35	0.40				
	台南	14.0	0.60	0.85	1.00				
香港	香港	50.0	0.80	0.90	0.95				
	横澜岛	55.0	0.95	1.25	1.40				
澳门		57.0	0.75	0.85	0.90				

21. 常规能源介绍

(1)燃气。燃气是各种气体燃料的总称,它能燃烧而放出热量,供城市居民和工业企业使用。燃气通常由一些单一气体混合而成,其组分主要是可燃气体,同时也含有一些不可燃气体。

燃气热值的确定:1 N·m^3 燃气完全燃烧所放出的热量称为该燃气的热值。单位为 MJ/(N·m^3)。热值可分为高热值和低热值。

(N·m^3:标准立方米,我国规定是0℃,101.3 kPa 大气压下为标准状态,不少国家标准状态的温度定为25℃或20℃,使用时需注意)。

燃气通常有如下几类:

1)天然气(NaturalGas),代号 T。

以北京地区为例,主要成分如下:

CH_4 = 82.18%,C_2H_6 = 7.4%,C_4H_6 = 1.65%,C_5H_{12} = 0.55%,CO_2 = 2.53%,N_2 = 1.83

低热值:Q_p = 40.82 MJ/m^3(9 760 kcal/m^3),密度:0.743 5 kg/(N·m^3),当地的实际测量也许与此不同。

再以成都地区为例:天然气主要成分如下:

CH_4 = 96.087%,C_2H_6 = 2.154%,C_3H_8 = 0.327%,C_4H_{10} = 0.103%,C_5H_{12} = 0.007%,N_2 = 1.049%

低热值:Q_p = 36.323 MJ/m^3(8675 kcal/m^3),当地的实际测量也许与此不同。

总之,天然气的主要成分是以 CH_4(甲烷)为主,含量一般大于80%。不同地区的天然气成分与热值比较接近,因此燃用天然气的产品适应性比较好。天然气成分干燥,杂质少、气质较好。

2)液化石油气(L. P. Gas),代号 Y。

仍以北京为例,主要成分如下:

C_3H_8 = 54%,C_4H_{10} = 25.2%,C_2H_6 = 9%,C_2H_4 = 1%,CH_4 = 1.5%,C_3H_6 = 4.5%,C_5 = 3.8%

低热值 Q_p = 110.3 MJ/m^3(26 386 kcal/m^3),密度:2.527 2 kg/(N. m^3),当地的实际测量值也许与此不同。

总之,液化石油气的主要成分是以丙烷(C_3H_8)为主,但也有的液化石油气中丁烷(C_4H_{10})成分比较高,其热值为22 000 ~ 29 000 kcal/m^3,范围较大,产品需在适应气质上调整。

液化石油气分为罐装和管道输送两种方式。管道输送的液化气石油气又分为两种:一种为空气稀释后送入用户,一种为加热气化后输送。所以,要对实际的情况了解清楚,以确定其燃值的大小。

对于罐装的液化石油气，一般 1 m^3 气体压缩液化状为 2.3 kg。计算 15 kg 的小瓶液化气时，相当于扩散为 6.5 m^3，其热值为 168 220kcal/(15 kg 小瓶)，而 50 kg 大瓶相当于 22 m^3/大瓶，其热值 560 300kcal/(50 kg 大瓶)。

3）人工煤气（城市煤气 ManufacturedGas），代号 R。

人工煤气为成分比较复杂的气质。因各地生产煤气的煤不同，生产工艺不同。

以北京地区为例，其成分如下：

$H_2 = 53.6\%$，$O_2 = 0.72\%$，$N_2 = 4.6\%$，$CH_4 = 24.4\%$，$CO = 8.68\%$，$CO_2 = 2.6\%$，$C_2H_4 = 4.33\%$，$C_2H_6 = 1.07\%$

低热值：$O_p = 18.9$ MJ/m^3（4 526 kcal/m^3），当地的实际测量值也许与此不同。

以南京的煤气为例，其成份如下：

$H_2 = 54.18\%$，$CO = 12.28\%$，$CH_4 = 11.68\%$，$O_2 = 1.03\%$，$N_2 = 12.12\%$，$CO_2 = 6.68\%$，$C_mH_n = 2.01\%$

低热值：$Q_p = 18.9$ MJ/m^3（4 526 kcal/m^3）

从北京和南京的煤气成分看，有较大的区别。北京的人工煤气中 CH_4 含量很高，热值较高。另外，各地区煤质不同，人工煤气的杂质也不同，特别是含硫和焦油的成分，都对燃气在燃烧状态有很大的影响。有时，同一城市的不同地区用户在使用不同的煤气厂生产的煤气时，煤气的成分也会不同，甚至因为煤气生产工艺的变化，气质也会随着时间变化。销售以人工煤气为燃料的热水炉，一定要对当地的气质了解清楚，以便在燃烧中进行调整和维修。

4）其他气种：如甲烷、丙烷、沼气等。

（2）油类。柴油等。一般燃油的热水炉，主要燃用轻柴油，也有燃用重油的。

热值：$Q_p = 41.86$ MJ/kg（约 10 000 kcal/kg）

（3）电力。即用电来加热。热值：1 kW·h = 3.59 MJ = 860 kcal。

22. 太阳能热水系统换热器面积计算数据

（1）换热器换热面积 F 的计算：

$$F = \frac{C_t Q_z}{\varepsilon K \Delta t_j}$$

式中，F——换热面积，m^2；

Q_z——集热系统换热量，W；

K——传热系数，根据换热器厂家技术参数确定；

ε——结垢影响系数，0.6～0.8；

C_t——集热系统热损失系数，1.1～1.2；

Δt_j——计算温度差，宜取 5～10℃，集热性能好，温差取高值，否则取低值。

假设，集热系统换热量为 50 757.14 W，传热系数为 5 000，结垢影响系数取 0.7，集热系统热损失系数取 1.2,计算温度差取 8℃,经计算换热面积为 2.175m^2。

(2)推荐换热器换热面积(见附表 23)。

附表 23　推荐换热器换热面积

太阳能集热面积单位/m^2	50	80	100	150	200
集热系统换热量/W	38 263	61 221	76 526	114 789	153 052
传热系数/(W·(m^{-2}·°C^{-1}))	3 000	3 000	3 000	3 000	3 000
结垢影响系数	0.7	0.7	0.7	0.7	0.7
集热系统热损失系数	1.2	1.2	1.2	1.2	1.2

集热系统换热量的计算如下

$$Q_Z = \frac{k_t \times f \times q_{rd} \times C \times \rho_r \times (t_e - t_L) \times 1\,000}{3\,600 \times S_Y}$$

式中,Q_Z——集热系统换热量,W;

k_t——太阳辐照度时变系数,一般取 1.5 ~1.8,取高限对太阳能利用率有利;

f——太阳能保证率,按照太阳能实际保证率计算;

q_{rd}——日均用水量,kg;

C——工质的定压比热容,4.18 kJ/(kg·℃);

ρ_r——工质密度 1(kg/L);

t_e——贮水箱内水的设计温度,℃;

t_L——水的初始温度,℃;

S_Y——年平均日日照小时数,h。

假设,太阳辐照度时变系数取 1.7,太阳能保证率取 60%,日均用水量为 10 t,工质的定压比热容为 4.18 kJ/(kg·℃),工质(水)密度为 1(kg/L),储水箱内水的设计温度为 45℃,水的初始温度为 15℃,年平均日日照小时数为 7 h/d 的条件下,经计算集热系统换热量为 50 757.14 W。不同面积的参数取值及换热量见附表 24。

附表 24　不同面积的参数取值及换热量

集热面积/m^2	50	80	100	150	200
太阳辐照度时变系数	1.7	1.7	1.7	1.7	1.7
太阳能保证率	0.7	0.7	0.7	0.7	0.7
日均用水量/kg	4 000	6 400	8 000	12 000	16 000
设计热水温度/℃	60	60	60	60	60
初始水温/℃	15	15	15	15	15
年平均日照小时数/h	6.5	6.5	6.5	6.5	6.5
集热系统换热量/W	38 263	61 221	76 526	114 789	153 052

参考文献

[1] 罗运俊,何梓年,王长贵.太阳能利用技术[M].北京:化学工业出版社,2013.

[2] 王长贵,王斯成.太阳能光伏发电实用技术[M].北京:化学工业出版社,2005.

[3] 沈辉,曾祖勤.太阳能光伏发电技术[M].北京:化学工业出版社,2005.

[4] 谢建.太阳能利用技术[M].北京:中国农业大学出版社,1999.

[5] 罗运俊.太阳热水器与太阳灶[M].北京:化学工业出版社,1999.

[6] 张春阳.太阳能热利用技术[M].杭州:浙江科学技术出版社,2009.

[7] 王长贵,王斯成.太阳能光伏发电实用技术[M].北京:化学工业出版社,2009.

[8] 李钟实.太阳能光伏发电系统设计施工与维护[M].北京:人民邮电出版社,2010.

[9] 戴永庆.溴化锂吸收式制冷技术及应用[M].北京:机械工业出版社,1997.

[10] 王长贵,崔容强,周篁.新能源发电技术[M].北京:中国电力出版社,2003.

[11] 贾振航.新农村可再生能源实用技术手册[M].北京:化学工业出版社,2009.

[12] 杨世铭,陶文铨.传热学[M]·4版.北京:高等教育出版社,2006.